Modèles de la ville durable en Asie

Utopies, circulation des pratiques, gouvernance

P.I.E. Peter Lang

Bruxelles · Bern · Berlin · Frankfurt am Main · New York · Oxford · Wien

Divya Leducq, Helga-Jane Scarwell
et Patrizia Ingallina (dir.)

Modèles de la ville durable en Asie

Utopies, circulation des pratiques, gouvernance

Asian models of sustainable city

Utopias, circulation of practices, governance

EcoPolis
Vol. 29

Ouvrage publié grâce au soutien financier des Laboratoires UMR CNRS 7324 CITERES et EA 4477 TVES.

Photographie de couverture : Helga-Jane Scarwell, Hanoi (2017).

This publication has been peer-reviewed.

Éditions scientifiques internationales
Brussels, 2017
1 avenue Maurice, B-1050 Brussels, Belgium
www.peterlang.com ; brussels@peterlang.com

Printed in Germany

ISSN 1377-7238
ISBN 978-2-8076-0424-7
ePDF 978-2-8076-0425-4
ePub 978-2-8076-0426-1
Mobi 978-2-8076-0427-8
DOI 10.3726/b11630
D/2017/5678/67

Cip available from the British Library, UK and from the Library of Congress, USA.

Bibliographic information published by "Die Deutsche Nationalbibliothek".

"Die Deutsche Nationalbibliothek" lists this publication in the "Deutsche National-bibliografie"; detailed bibliographic data is available on the Internet at <http://dnb.de>.

Table des matières

Remerciements

Les coordinatrices de l'ouvrage remercient chaleureusement les membres du comité scientifique du colloque Asie 2017 « Connaissance, gouvernance et objectifs de la ville durable en Asie » qui s'est tenu à Lille les 12 et 13 janvier 2017. Elles et Ils ont ainsi participé au succès de l'évènement par l'expertise des communications retenues qui se retrouvent pour partie rassemblées dans le présent ouvrage.

Dominique BADARIOTTI, Professor, Strasbourg University, UMR CNRS 7362 Laboratoire Image, Ville, Environnement (LIVE)

Hyojung BAE, Associate Research Fellow, Seoul, Korea Research Institute for Human Settlements (KRIHS)

Emmanuel CERISE, Co-director, Hanoi, Institut des Métiers de la Ville (IMV)

Panki CHO, Seoul, Korea Research Institute for Human Settlements (KRIHS)

Christophe DEMAZIÈRE, Professor, Tours University, UMR CNRS 7324 CItés, TERritoires, Environnement et Sociétés (CITERES)

Sylvie FANCHETTE, Senior researcher, Institut of Research for Development (IRD)

Manuelle FRANCK, Head of INALCO-Langues'O, UMR 245 CESSMA

Charles GOLDBLUM, Professor, Paris 8 University, ENSAPB, IPRAUS

Ludovic HALBERT, Researcher, ENPC, Université Paris-Est, UMR CNRS 8134 Techniques, Territories and Societies Research Centre (LATTS)

Jean-François HUCHET, Professor, Paris, INALCO-Langues'O, Head EA 4512 ASIEs, Vice-director GIS-Réseau Asie CNRS

Loraine KENNEDY, Senior researcher, EHESS, UMR CNRS 8564 Center for South Asian Studies (CEIAS)

Nathalie LANCRET, Senior researcher, UMR CNRS 3329 Architecture Urbanisme Société : Savoir Enseignement Recherche (AUSser)

Fréderic LANDY, Professor, Paris West University Nanterre La Défense, Laboratoire Mosaïques UMR CNRS 7218 Laboratoire Architecture Ville Urbanisme Environnement (LAVUE), fellow lab. CEIAS

Jungyoon PARK, Research fellow, University of Hanyangn, Seoul

Karine Peyronnie, Researcher, Institut of Research for Development (IRD)

Le Quan, Professor, Rector, Hanoi Architectural University

Thierry Sanjuan, Professor, Paris-Sorbonne University, UMR CNRS 8586 Pôle de Recherche pour l'Organisation et la Diffusion de l'Information Géographique (PRODIG)

Daniel Weissberg, Professor, Toulouse University, UMR CNRS 5193 Laboratoire Interdisciplinaire Solidarités, Sociétés, Territoires (LISST), Centre Interdisciplinaire d'Études Urbaines (CIEU)

Marie-Hélène Zerah, Research fellow, Institut of Research for Development (IRD)

Jian Zhuo, Professor, Tongji University, Shanghai

Les éditrices tiennent également à mentionner leur reconnaissance envers les quatre keynote speakers de la conférence Asie 2017, pour leur point de vue éclairant sur les modes de production d'un urbanisme plus ou moins durable en Asie du Sud et du Sud-Est.

Klaus R. Kunzmann, Professor Emeritus Technical University Dortmund, First President of AESOP

Hyun-Chan Bahk, Senior researcher at The Seoul Institute, Member of Architectural Institute of Korea, Urban Design Institute of Korea et Korea Landscape Council

Frédéric Durand, Professeur, Chercheur au LISST-CIEU, UMR 5193, Chercheur associé à l'Institut de Recherches Asiatiques, IrAsia UMR 7306, Toulouse

Laurent Perrin, Architecte-Urbaniste, Paris Region development and urban planning Institute, Institut d'Aménagement et d'Urbanisme d'Ile-de-France

Nous adressons encore nos remerciements aux étudiants vietnamiens en doctorat : notamment à Dinh Huong, Ngoan Pham et Quốc Đat Nguyễn ; en Master : Kien Vu, Hung Mai Duong, Minh Dung Nguyen et A Kien Trần. Cette équipe d'étudiants nous a largement aidé à produire une manifestation scientifique de qualité. Nous les remercions pour leur professionnalisme, leur compétence et leur disponibilité durant ces deux journées.

Enfin, les éditrices tiennent à souligner l'indispensable soutien financier des laboratoires CITERES, CNRS-Université de Tours et EA TVES de l'Université de Lille 1. Elles remercient également Muriel Hourlier *(UMR CITERES)* du CNRS pour son précieux travail de préparation éditoriale.

Avant propos

La ville durable en Asie

Des enjeux et des urgences pour une utopie transcendée ?

Christophe Gibout[1]

Sociologue, Professeur en aménagement et urbanisme,
Université du Littoral, Côte d'Opale (ULCO)

Les qualités de la vie urbaine au 21e siècle définiront les qualités de la civilisation elle-même.
Mais si l'on juge superficiellement l'état des villes mondiales, les générations futures ne trouveront pas que cette civilisation soit particulièrement conviviale.
David Harvey (2001)

Le renoncement au meilleur des mondes
n'est pas le renoncement à un monde meilleur.
Edgar Morin (12 mars 2009)[2]

Si « la ville durable [apparaît comme] une injonction universelle et consensuelle » (Lévy, Hajek, 2015, 9), cet impératif est certainement encore plus manifeste en Asie, tant ce continent, aujourd'hui, témoigne d'une exacerbation des enjeux inhérents à la ville durable comprise de façon globale. C'est ce qu'il convient de rappeler en préambule à cet ouvrage en soulignant d'abord la spécificité du continent et de la ville asiatiques, en précisant ensuite les contours renouvelés de la soutenabilité urbaine, en posant ensuite, point de rencontre des deux premiers temps, la question de l'utopie de la ville asiatique durable.

---

1 Chercheur au sein du laboratoire « Territoires, Villes, Environnement & Société » (TVES, EA 4477, COMUE Lille, Nord de France) et membre du Conseil Scientifique du « Learning Center Ville Durable » (http://learningcenters.nordpasdecalais.fr/ville-durable/fr).

2 *cf*: https://twitter.com/edgarmorin/status/1315468521

L'Asie apparaît aujourd'hui comme le continent par excellence des grands bouleversements du monde contemporain. D'une part, elle concentre une part essentielle de la population mondiale avec plus d'un habitant sur deux de la planète (près de 60 % en fait) dont près d'un sur deux a moins de vingt ans. Et ce, même si des disparités importantes existent entre des pays à forte croissance démographique comme la Chine, la Malaisie, l'Indonésie ou ceux de la péninsule indochinoise qui doivent construire – quantitativement – des villes pour accueillir une population toujours plus nombreuse, et des pays à faible croissance (i.e. Brunei), voire à stagnation ou repli programmé à l'instar du Japon dont la population vieillissante oblige à penser différemment l'offre urbaine avec davantage de qualité dans l'accompagnement des individus. D'autre part, le continent regroupe aujourd'hui parmi les plus importantes économies du monde, avec la Chine (deuxième économie mondiale), le Japon (troisième économie mondiale) et les petits dragons (Corée du Sud, Hong Kong, Singapour et Taïwan) et autres tigres asiatiques (Thaïlande, Malaisie, Indonésie, Philippines et Vietnam) qui ont considérablement développé leur économie respective depuis un quart de siècle et, aujourd'hui, implémentent, définissant et réalisant des projets de développement à l'échelle locale, voire régionale ou internationale. Cette économie asiatique fondée très majoritairement sur le secteur primaire (agriculture, pêche) au tournant du XXe siècle a d'ailleurs opéré un changement radical au profit des secteurs secondaire (transformation des matières premières, manufactures et construction) puis, maintenant, tertiaire (services). Cette congruence appelle évidemment des conséquences importantes en termes d'utilisation des ressources naturelles locales, de transport, de logement, de traitement des déchets ou encore de pollution. Ainsi, le lien entre ces deux dernières données s'affiche d'abord de façon brutale avec l'explosion urbaine que connaît le continent asiatique avec des taux annuels actuels de 2,9 % (Asie du Sud) à 3,8 % (Asie du Sud-Est) et une Chine où plus de 500 millions de ruraux ont rejoint les villes depuis 1970 (Delcourt, 2007). Il se dévoile enfin sous la forme d'une contamination sidérante qui accapare les villes asiatiques, entre le smog épais et suffocant qui signe la pollution atmosphérique et des rivières ou lacs sombres ou chargés de sustrats chimiques qui témoignent de la pollution aquatique, sans parler de la difficile gestion des immondices et autres déchets liés aux activités humaines, ou encore de la saturation des réseaux de transports individuels ou collectifs… Ceci est d'ailleurs parfaitement confirmé par le fait que, pour plusieurs spécialistes, le continent asiatique est le lieu par excellence de manifestation de l'anthropocène :

> The new strata of plastics, concrete, and nuclear irradiated substances laid down by human activities since 1950. The past seventy years (...) form the most anomalous and unrepresentative period in the 200,000-year-long history of relations between our species and the biosphere. During this strange time, three-quarters of the human-caused loading of the atmosphere with carbon dioxide took place; the number of motor vehicles rose from 40 million to 850 million; the number of human beings tripled to about 7.4 billion ; 1 million tons of plastic became 300 million tons; 4 million tons of synthesized nitrogen (mainly for fertilizers) rose to more than 85 million; the levels of methane and phosphorus are unprecedented in the experience of our species. And on and on. These changes are not merely taxing ecosystems; they are transforming those processes irrevocably. (Adeney Thomas et *al.*, 2016, 931).

Ainsi, penser la question de l'Asie, et de la ville asiatique plus spécifiquement, c'est s'obliger à prendre en compte un bouleversement radical de la relation entre les groupes humains et leur environnement, c'est s'astreindre à intégrer l'idée d'une double explosion – humaine et urbaine – qui interfère directement avec la biodiversité, avec les anciens équilibres naturels et culturels, avec le boom économique des territoires et leur industrialisation rapide. De la sorte, penser la question de la ville asiatique d'aujourd'hui et de demain c'est interroger, au-delà de la théorie des biens premiers chère à Rawls (1971), la capabilité (Sen, 1985) de cette dernière, sa liberté réelle d'user de ses ressources matérielles et formelles, ce dont elle jouit effectivement pour mener à bien un projet, ici celui de la durabilité urbaine.

Le vocable de « ville durable » n'est, pour sa part, pas exempt de contenus et de perspectives qui éclatent le champ des possibles (Theys, émelianoff, 2001). Les textes fondateurs, auxquels référence est faite le plus souvent sont le rapport – dit Brundtland – de la Commission mondiale sur l'environnement et le développement en 1987 et la Conférence des Nations Unies sur l'Environnement et le Développement (CNUED) ou « Sommet Planète Terre » en juin 1992 à Rio-de-Janeiro. Le rapport Brundtland définissait alors le développement durable comme un développement répondant aux besoins du présent sans compromettre les possibilités des générations futures à satisfaire les leurs propres. Quatre grands principes étaient alors mis en exergue : la protection de la biodiversité et du patrimoine humain, l'existence d'une croissance qui puisse perdurer dans le temps, la préservation des processus écologiques, enfin la planification et la prise de décision holistiques préservant les intérêts des communautés humaines. Ce rapport, comme les rencontres ultérieures de Rio-de-Janeiro, le « Sommet Planète Terre + 5 » ou les différentes « COP » (*Conferences of the Parties*) annuelles réunissant les pays du monde et associations intégrés dans le cadre de la CCNUCC (Convention-Cadre des Nations Unies sur les Changements Climatiques), ont sensibilisé les populations à l'échelle mondiale aux nécessités de protéger et préserver les ressources naturelles et culturelles, de garantir une meilleure santé pour tous, de garantir l'intégrité optimale de l'écosystème, de changer/adapter les modes de production et de consommation à une échelle globale. « Tous et chacun sont conscients qu'il faut assurer un développement harmonieux des dimensions économique, environnemental, social, et l'équité intergénérationnelle » (Marcotte, Bourdeau, 2010, 276). à l'échelle urbaine, le défi est donc de tenir cet équilibre multidimensionnel en développant – ou en créant – des villes où les préoccupations sociales, environnementales, économiques et politiques ne s'ignorent pas mutuellement (Theys, 2007). Si les bases de la ville durable sont posées dès la Conférence de Rio 1992 et par la Campagne des villes européennes lancée en 1994 à Aalborg, il faudra attendre plusieurs années pour que les projets de « villes durables» s'imposent dans les agendas politiques des villes – et plus encore des métropoles – à l'échelon mondial. En ancrant à l'échelle locale le paradigme de la soutenabilité initialement conçu à un niveau global, il s'est agi d'en démontrer l'urgence pratique aux États et d'« encourager les collectivités locales, et particulièrement les villes, à se l'approprier et à rechercher des solutions – transversales, conciliant économie, équité et environnement – à l'épuisement des ressources naturelles et des écosystèmes » (Lévy, Hajek, *ibid.*). Et, au-delà des nouvelles donnes nécessaires, imaginées ou à éprouver, qui concernent la distribution d'énergie, les réseaux de transports, le recours aux technologies de l'information et de la communication, la préservation de la biodiversité, les normes de la construction et de l'habiter, la gestion des déchets, l'amélioration de la santé humaine et de la justice sociale, l'existence d'éco-quartiers ou de zones « vertes » ou « écologiques » au sein de l'ensemble urbain, il apparait que l'accent doive être mis sur la gouvernance de ces programmes et de ces expériences. La fabrique d'une ville soutenable soulève ainsi des questions car, même si c'est loin d'être toujours le cas dans les expériences présentées ci-après, elle exige la concertation, la coopération et le partenariat entre tous les acteurs du développement durable impliqués ou concernés à l'échelle de chacun des territoires, voire à un niveau plus macroscopique de l'état ou du globe.

La rencontre des réalités asiatiques avec les contingences de la soutenabilité urbaine apparaît relever d'une autre urgence. Dans la continuité du propos précédent, il nous semble que c'est la question de la gouvernance des projets urbains soutenables qui doit ici être posée. Et, le prisme de l'utopie nous apparait pertinent pour interroger les expériences en cours. En effet, si, d'hier à aujourd'hui, l'Asie a produit bien des utopies urbaines, ce qui se joue aujourd'hui me semble encore d'une autre nature. La Cité interdite de Beijing apparait aisément comme un espace urbain utopique en tant qu'elle a été pensée comme construction d'un espace dégagé et marqué par des cérémoniels, un espace idéel centré autour de la figure de l'empereur du Milieu puis de ses successeurs. Présentement la nouvelle ville de Songdo, sur une zone de polders récemment gagnée sur la baie du Kyŏnggi à proximité de Séoul, suggère l'ambition de maintenir le rôle de la capitale sud-coréenne dans le réseau des villes mondiales tout en organisant un lieu qui respecte davantage les préceptes de l'éco-responsabilité en conciliant *smart-city* et *green-city* (Gelézeau, Köppen, 2014). Hier encore, la ville-capitale de Kyoto, capitale du vieux Japon, présentait, enserrés entre des montagnes, un plan en damiers, des palais impériaux et une succession de temples bouddhistes et shintoïstes qui rappelaient le caractère sacré du monarque nippon et le lieu indéfectible entre le projet national et la personne d'un souverain distant et mystérieux. Aujourd'hui encore, Astana, la nouvelle capitale kazakhe semble prise en tensions entre, d'une part, le projet d'une ville « métabolique », durable et adaptable, imaginée par Kishio Kurokawa (son architecte initial) comme étant au service des citadins et, d'autre part, une tentation monumentaliste et symbolique qui entend en faire l'expression de la centralité nationale et un carrefour urbanistique euro-asiatique (Gelézeau, Köppen, 2014). Ainsi que le montrent, par exemple, les travaux de Nathalie Lancret (2009) ou ceux développés par l'UMR l'UMR AUSser[3] dans le cadre du programme de recherche européen « Urban Knowledge Network Asia », la planification urbaine en Asie reflète des imaginations et des projections liées au futur, élaborées en partant d'horizons culturels hétéroclites et ancrées dans des régimes éthiques, politiques et philosophiques différents. Et, comme point de rencontre entre des traditions locales et des imaginaires mondialisés, entre des cultures urbaines indigènes et des injonctions internationales à la soutenabilité, cette planification urbaine asiatique envisage des futurs urbains qui concilient villes « où il fait bon vivre » et

[3] « Architecture, Urbanisme, Société : savoirs, enseignements, recherches » est une Unité Mixte de Recherche (n°3329) entre le Centre National de la Recherche Scientifique et 4 écoles nationales d'architectures (Marne-la-Vallée, Paris-Belleville, Paris-La Villette et Paris-Malaquais).

Bibliographie

Abdallah-Pretceille M., Porcher L., 1996, *Éducation et communication interculturelle*, Paris, PUF.

Adeney Thomas J., Parthasarathi P., Linrothe R., Fan F.-T., Pomeranz K. & Ghosh A., 2016, «*JAS* Round Table On Amitav Ghosh, The Great Derangement: Climate Change And The Unthinkable», *The Journal Of Asian Studies,* vol. 75, n°4 (November 2016), 929-955.

Delcourt L. (dir.), 2007, *Explosion urbaine et mondialisation. Points de vue du Sud.* Louvain-la-Neuve : CETRI, Syllepse.

Gelézeau V., Köppen B., 2014, « Habiter les utopies urbaines du XXIe siècle : deux méga-projets urbains euro-asiatiques en construction à Songdo (Corée du Sud) et Astana (Kazakhstan) », Communication au *Festival International de Géographie de Saint-Dié,* « Habiter le monde », 3 octobre 2014.

Harvey D., 2001, *Megacities. Lecture 4.* Amersfoort: Twijnstra Gudde.

Lancret N., 2009, *La fabrication de la ville et de ses architectures en Asie du Sud-Est contemporaine entre héritages et projets.* Mémoire d'Habilitation à Diriger les Recherches en Aménagement et Urbanisme présentée le 18/03/2009 à l'Université Paris VIII.

Lévi-Strauss C., 1990, 1ère éd. 1962, *La pensée sauvage,* Paris, Pocket Agora.

Lévy J.-P., Hajek I., 2015, « La ville durable : une injonction universelle et consensuelle ? », in I. Hajek, Ph. Hamman & J.-P. Lévy (dir.), *De la ville durable à la nature en ville.* Villeneuve d'Ascq, Presses universitaires du Septentrion, 9-15.

Maffesoli M., 2004, « Utopie ou utopies interstitielles », *Diogène,* n°206, 32-36.

Marcotte P., Bourdeau L., 2010, « La promotion des sites du patrimoine mondial de l'UNESCO : Compatible avec le Développement Durable ? », *Management & Avenir*, n°34 (2010/4), 270-288.

Rawls J., 1971, *A Theory of Justice.* Oxford: Clarendon Press.

Renouvier C., 1876, *Uchronie (l'utopie dans l'histoire) : Esquisse historique apocryphe du développement de la civilisation européenne tel qu'il n'a pas été, tel qu'il aurait pu être,* Paris, La Critique philosophique.

Sen A., 1985, *Commodities and Capabilities*, Oxford, Elsevier Science Publishers.

Theys J., Émelianoff C., 2001, « Les contradictions de la ville durable », *Le Débat*, n°113 (2001/1), 122-135.

Theys J., 2007, « Pourquoi les préoccupations sociales et environnementales s'ignorent-elles mutuellement ? Un essai d'interprétation à partir du thème des inégalités écologiques », in P. Cornu, T. Bauer & F. Zaccai (dir.), *Environnement et inégalités sociales.* Bruxelles : éditions de l'Université de Bruxelles, 23-35. le renoncement au meilleur des mondes n'est pas le renoncement à un monde meilleur.

Préface

Which sustainable future for the Asian city?

Compact, creative, intelligent, smart or even social? Reflections on Sustainable Urban Development in the Asian Century

Klaus R. Kunzmann

Professor technical university Dortmund, First President of AESOP

Many observers of global economic development have branded the 21st century the Asian century. Population growth in Asia is expected to continue through the first half of the 21st century. At 4 billion people in the beginning of the 21st century, half of the world's population is living in Asia. While its percent of the world population is not expected to change in the coming decades, North American and European shares of the global population are expected to decline. Urbanization in Asia is gtowing rapidly and mega city regions are evolving. The application of new digital technologies and innovative industrial production are growing fast. Rich natural resources (oil, gas, rare materials) are available. China has become military world power.

The contributions of Asian countries to economic development still differ considerably. While China is rising to be a global economic player and leader competing only with the United States of America, leaving Europe behind, other Asian countries are struggling to benefit from the promises of the Asian Century. Economic growth is the prime development aim in all Asian countries. It receives uncontested political priority in all Asian states. Environmental issues in turn have been very much disregarded in the past. The exception are only the island states in the Asian Pacific where global warming will have considerable impacts on their survival. However, even in other Asian countries a rising concern for the environment can be observed.

1. A brief epigrammatic overview

For economic reasons, for overcoming rural poverty and rescaling agricultural production China is speeding-up urbanization in the country. The number of cities with more than ten or one million people is mushrooming. In 2016 eight cities had a population of more than 10 million, 101 cities one of more than 1 million. Three mega-city regions evolved: Pearl River Delta (Hong Kong, Shenzhen, Guangzhou *et al*: pop. 2016 around 100 million); Yangtze River Delta (Shanghai, Nanjing, Suzhou, Hangzhou *et al.*; pop, 2016 around 80 million); and Jingjinji (Beijing, Tianjin *et al.*; pop. 2016, around 80 million) Such unprecedented urbanization is the major cause for growing environmental problems (CO2 emissions, air and water pollution, waste, noise). Following government policies, car ownership (2014 already 205/1000 people) is rising enormously. Only recently, however, China has realized that environmental challenges have become a serious problem for further economic growth and social development, as well as for its image and reputation. Confronted with the negative impact of coal energy production, China has decided to invest in renewable energy (water, solar and wind). In addition, to meet the energy demand of its growing economy, there are plans to build more than 100 nuclear power plants in the country (and sell such plants to neighbouring countries). Policies to strengthen and enforce environmental control are gradually formulated and partially implemented, partially by combining economic with environmental policies and with much eco-branding of economic innovations. More recently, during the Paris Conference, China has announced that it wants to become a world power in global warming policies and eco-development.

Japan, traditionally an inward looking society now suffering from considerable demographic decline is gradually loosing its former economic primacy against China. Its once innovative economy is stagnating and the transformation of a society guided by traditional values to a globalizing cosmopolitan society is very slow. Urban development is very much concentrated in two mega regions (Tokyo and Kansai). Car ownership is the highest in Asia. Since the 1950s and 1960s, after having experienced severe pollution problems Japan has been strengthening its environmental policy and proclaimed regulations over water and air quality. In the

1990s global warming became a policy issue in the country Japan has been active in domestic measures to mitigate emissions of greenhouse gases, such as disseminating technologies on renewable energy and energy conservation: Moreover Japan signed international agreements on climate change. In 2005 the country hosted a conference that launched the Kyoto Protocol. While the Fukushima event in Germany caused a remarkable energy turn bringing the production of nuclear energy to a halt by 2022, Japan is returning to former energy policies, relying on nuclear power for the increasing energy demand of the country. The country has a strong environmentally conscious civil society continuously opposing top-down policies of the government. Environmental policies combine regulatory measures and the promotion of environmental technologies.

India, with its more than1.3 billion people is struggling to cope with extreme internal polarisation between a small affluent worldwide acting ruling class and millions of poor and uneducated people in rural areas. According to a survey by the UN State of the World Population report in 2007, by 2030, more than 40 % of country's population are expected to reside in urban areas. Six megacities (Bombay, Delhi, Chennai, Kolkata, Bangalore and Ahmadabad) with populations of 5 million and above have evolved over the last decades. Nevertheless the urbanisation degree of India is still considerably below that of China. Like in China accelerated urbanization and the growing demand for energy are causing enormous environmental challenges in the country (water resources, air pollution, etc.). All over India land degradation is reducing the country's capability to feed the growing population. Car ownership is still very low, though are CO2 emissions.

Indonesia, the biggest Muslim society in the world (population 2017: 264 million) is densely populated. The economy is concentrated in the capital city region of Djakarta and a few other large cities. Due to high population growth, rapid industrialization, high levels of poverty and generally weak governance, environmental policies do not receive much public support. Environmental concerns (air pollution, traffic congestion, garbage management, and reliable water and waste water services) are very much neglected. Deforestation and the destruction of peatlands make Indonesia the world's third largest emitter of greenhouse gases.

Korea the still divided country in East Asia is offering a contrasting picture. Within a few decades South Korea (pop. 2017: 51 million) has become a remarkable economic power, exporting cars and high tech communication technology to consumers all over the world. The population is concentrated in one mega city region (Seoul) and a few other large cities, where national and local governments are confronted with immense environmental challenges. Environmental problems are serious, particularly with regard to air quality. The country has seen the OECD's largest increase in CO2 emissions since the 1990s, and is dramatically expanding nuclear-power use without having solved the waste management issue. Public transportation use is growing, but cars are still given planning priority. The government subsidizes energy use. Environmental policies are insufficient to protect the environment or to preserve the sustainability of resources. Environmental problems are massive, particularly when it comes to CO2 air quality. For a brief period only, the environment benefitted from a « green growth » concept, but the policy has been discontinued by a more neo-liberal government. **North Korea**, in turn, is lagging much behind Southern Korea. Kept by China in a weak economic position and protected politically, the country cannot benefit from its endogenous potentials and follow the example of the Southeast Asian countries. Not much factual information is available on their environmental policies.

The tiger countries of South East Asia in the shadow of China, particularly **Thailand, Vietnam and Malaysia and the Philippines**, are catching up economically, despite unsolved internal political problems. **Singapore,** the autocratically governed city state is heavily investing in innovation policies to bridge the city state with the Western world. The city sate tells the media world that it is aiming to become a modern smart city, where new technologies are saving the environment. A smart city district as a model is under development under the scientific guidance of a Futures Cities Laboratory, a Swiss-Singaporean think tank. Another model city (Forest City) is built in Malaysia on the border to Singapore.

Table 1 : Population, urbanization, car ownership and CO2 emissions in Asia

	Population	**Urbanization**	**Car ownership**	**CO2 emissions**	**Mega Cities**
	2017 in millions 1.	2011/2015 2.	Motor vehicles per 1000 people (2014) 3.	% share of world emissions in 2014 4.	Cities more than 10 million people 5.
China	1,388	56,1	205	29.50	9
India	1,342	50,0	18	6.56	5
Indonesia	264	50,7	68	1.27	1

	Population 2017 in millions 1.	**Urbanization** 2011/2015 2.	**Car ownership** Motor vehicles per 1000 people (2014) 3.	**CO2 emissions** % share of world emissions in 2014 4.	**Mega Cities** Cities more than 10 million people 5.
Japan	126	91,5	591	14.95	2
Vietnam	95	31,0	23	0.53	-
Thailand	68	48,6	70	0.76	1
S- Korea	51	91,8	376	1.71	1
Germany	*81*	*73,9*	*572*	*2.15*	*16*
France	*65*	*85,8*	*578*	*0.91*	*1*

Sources: 1. http://www.worldometers.info, rerieved 12.02.2017

2. https://en.wikipedia.org/wiki/Urbanization_by_country. retrieved 12.02-2017
3. https://en.wikipedia.org/wiki/List_of_countries_by_vehicles_per_capita, retrieved 12.02-2017
4. https://en.wikipedia.org/wiki/List_of_countries_by_carbon_dioxide_emissions, retrieved 12.02-2017
5. http://www.bing.com/search?q=megacities&pc=cosp&ptag=C1N0566D011216A316A5D3C6E&form=CONMHP&conlogo=CT3210127
6. The RhineRuhr agglomerations with more than 11 million citizens is just a brainchild of geographers, certainly not a megacity, but a polycentric agglomeration of cities, that are not wiling to cooperate.

Except China and Japan, many Asian countries will not be able to make the necessary investments in infrastructure, education and government policies that would help them to successfully adress both economic and environmental challenges. Growing inequality within Asian countries is rather widening than narrowing down. In all Asian countries wealth and opportunities are confined to upper echelons of the society. Such disparities undermine social cohesion and stability and slow down policies to protect the environment. Competition for finite natural resources, such as land, water, fuel or food. is intense. Global warming and climate change could threaten agricultural production, coastal populations, and numerous major urban areas. The prospects are gloomy.

Despite all rhetoric the environmental concerns receive still insufficient support from governments. Economic growth is seen as the only way to bring people out of poverty (China has proven the validity of such expectations). Environmental awareness is just emerging in the newly evolving new middle class, which, understandingly, aspires higher standards of living. Efforts to regulate are emerging, though enforcement is still weak and corruption remains a major issue. It makes sustainable urban development difficult. in the end it seems that in the Asian market economies emerging environmental industries seem to be more successful to sell their products and services to consumers and raise environmental awarness.

2. Sustainablity, a flexible concept, driven by vested corporate interests

Sustainability (not only in Asia) is a flexible concept. Most Asian countries are in search of appropriate visions for sustainable urban development. Urban development paradigms such as the eco, resilient, the creative, the compact, the sponge, the intelligent, the knowledge, the smart or the new garden city are promoted by architects, urbanists and planners are very popular among local and national governments. The paradigms suggest aims, principles and guidelines for sustainable urban development, and provide easy brands for convincing local politicians, citizens and media. However, in all such paradigms sustainable urban development remains a fuzzy concept. As a rule, the advocates of the respective paradigm focus on selected dimensions of the suggested approach to sustainable urban development. Other dimensions are neglected. Either the values of residents and consumers are not considered, or the economic dimensions are neglected and the social implications are just pushed aside. The sustainable label is often just used to sell the concept to citizens, local governments and media, or to remove local constraints. Smart city advocates and of the global corporations providing smart city development concepts. They promise that the new technologies can contribute to a more efficient use of scarce resources and a more efficient management of mobility and logistics in city regions. This is certainly accurate. Without such technologies Asian city region governments will not be able to deal with the immense challenges of urban development. Albeit vested interests of global corporations and their local forward and backward linkages are driving the introduction of smart technologies (products and services), they can provide. As a rule local administrations in cities are not equipped and not trained to balance public concerns and corporate interests.

One more remark: When analysing sustainable urban development in Asia one should not forget that it took 50 years and of radical ecological movements in Europe to raise ecological awareness. Sustainable policies in Europe are the outcome of almost fifty years of awareness raising and policies at five tiers of planning and decision-making. And even in Europe, awareness of the need from sustainable development differs from country to country, from Northern Europe to Southern Europe. Under increasing control of European policies and regulations, the more affluent countries have successfully addressed ecological challenges; others are still struggling to balance economic and environmental aims. The urban system in Europe has evolved over a period of two millenniums. It is polycentric, with only two real metropolitan cities (Paris and London), a few larger capital cities and numerous small and medium-sized cities offering jobs and a better standard of liveability.

3. Towards good governance of sustainable urban development

Urbanization in Asia is still seen as the driving force to economic growth. In times of globalization city regions attract most of urban growth. Larger cities expand to polycentric megapolitan city regions with 30 and up to 100 million people, reaching out 100 and more kilometres from the core city. Small towns and middle-size cities are gradually transforming into suburban communities. Some are just sleeping towns, other are benefitting from government policies, turning them into university towns, industrial location cities or innovative smart cities. The complexity of sustainable urban development at such spatial scales makes any concerted action difficult. Promoting and achieving sustainable development in its ecological dimension requires integrated action in multiple policy areas, a combination of rigid top-down policies and supporting bottom-up strategies. It requires leadership, professional competence and citizen's participation. Just producing green state-of-the arts blue prints and applying energy and water saving technologies in newly built residential quarters would not be sufficient.

The immense policy dilemmas are obvious. Experience shows that all well-meant eco-city development programmes cannot hide the immense difficulties in all Asian countries to balance economic, social and ecological development in large city regions. Beyond government policies that promote renewable energies and new mobility or provide incentives to environmental industries other supporting policies have to be launched, a few exemplary strategies are briefly sketched:

- *Slowing down urbanization and balancing spatial growth.* Political and economic interests are driving rapid urbanization in China as well as in other Asian countries. It comes with numerous challenges and social, ecological, and even economic implications. Following the rationale of economic stakeholders, spatial development is concentrated in a few central nodes only, leaver other parts of a territory behind. This creates spatial and social imbalances and disparities. Strategic regional development has to find ways and means to cushion the spatial disparities, driven by economic growth. Slowing down urbanisation processes and balancing spatial development must receive prime political priority of local, regional and national governments. This has to be done to stop, or rather to reduce the exploitation of the environment and scarce natural resources and to avoid further spatial and social disparities.

An essential strategic approach to guide balanced urbanization processes would be to slow down urbanization processes by a leapfrogging concept. The idea of the leapfrogging urbanization concept is that rural farmers and villagers, forced or willing to leave their home village, move first to the next small town, where they find work, public services and affordable social housing, and where their children get appropriate education and training. Rural to urban migration would then happen from town to town over generations along the urban hierarchy. Leapfrog urbanization raises the status of small and medium sized towns and allows migrants to return easily to their rural life in their home villages, if they wish to be with family and friends, or feel that life in the new location does not offer, what they had expected. Though action has to be taken to gradually improve the quality of life in small and mediums-sized towns. Leapfrog development will not stop migration processes to mega cities. Though in a combination of top-down and bottom-up efforts, however, such a strategy could relieve some of the pressure on the large urban agglomerations, and reduce costly and unsustainable urban development. Implementing leapfrog development requires strategic regional planning, an approach to combining economic, social, and spatial and environmental dimensions of regional development, assigning functions to nodes in the regional urban system, identifying infrastructural needs and setting priorities for public investments. Wisely applied IT technologies can help to raise the quality of public services and improve mechanisms of participation.

Figure 1 : *Leapfrog development*

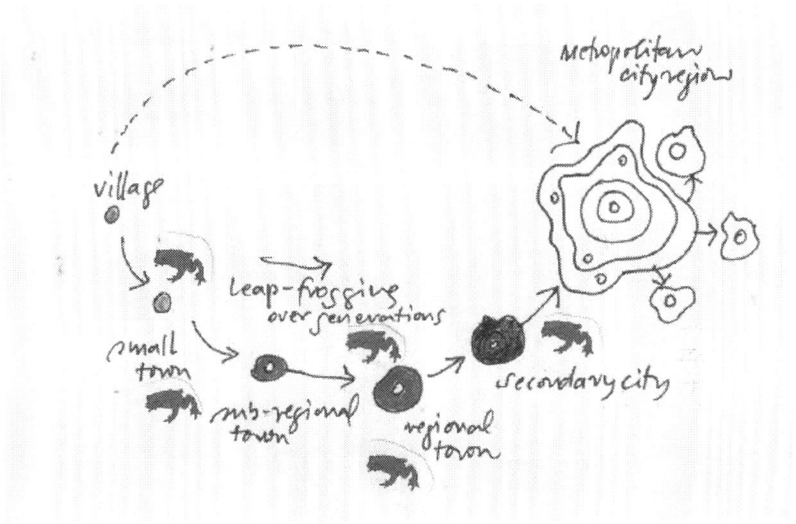

Source: Own draft

- *Improving intersectoral communication and cooperation.* Sustainable urban development can only be successfully be carried out. once governmental and administrative silos (sector ministries) communicate and cooperate. Such communication and cooperation is time consuming and openness. It also requires trust among those involved in developing appropriate strategies, programmes, instruments and public incentives for sustainable urban development. Only by open communication the multiple and mutual implications of sector policies on sustainable urban development can be identified and addressed.
- *Supporting innovative environmental industries.* In market-led economies, environmental industries that develop and manufacture environmental products and offer related services are crucial for the implementation of any sustainable urban development strategy. As a rule, they do better than the public sector to convince consumers and investors when marketing their products and services to consumers. Government policies that promote such industries either by sharpening environmental regulation or by providing economic and financial incentives will be more successful than by enacting top-down environmental regulation. Nevertheless assuring efficient legal enforcement remains an important policy dimension.

- *Establishing research and introducing continuous monitoring.* Environmental knowledge on the environment and on changing environmental conditions is essential to develop local and regional polices and strategies. Consequently governments have to intensify their support of quantitative and qualitative environmental research and development at universities, academies and research institutes as much as they support research on innovative economic development. Local tacit knowledge, particularly farmers and villagers is a rich source of learning. Transferring knowledge from Western countries has limits as local and regional conditions vary.
- *Mobilizing the civil society and involving intermediate non-governmental organisations.* Experience in Europe shows that sustainable development needs an active civil society to mobilize, citizens and global as well as local non-governmental organisations to control government policies and corporate activities. Without such support the continuous monitoring of illegal and interventions would not happen, no pressure on local, regional and national governments to act would take place. In most Asian countries (Japan is an exception) this civic counter power to political and corporate supremacy is extremely weak and without much influence. In China, action of the civil society is even hindered by law.
- *Raising environmental awareness.* Without raising environmental awareness among citizens, the environment has no voice and consequently no advocate. Much effort has been undertaken in Europe and North America to introduce environmental concerns into curricula of schools and universities, to communicate environmental concerns to journalists and other multipliers. Without applying new intelligent policies, technologies and make use of traditional and new social media that monitor environmental challenges and explain the need of sustainable policies and public action to citizens, and policy makers awareness will not raise. Communicating local success stories of civic action to environmental protection are contributing much to encourage citizens and local governments to take action.

The fields of action suggested above demonstrate that good environmental governance requires the willingness of all stakeholders to accept the limits of economic growth. Then balancing economic growth and sustainable urban development has a chance.

4. Sustainable urban development is a never-ending learning process!

Sustainable urban development is a continuous, never ending learning process. All public institutions, private enterprises and citizens living and working in a city learn from each other, from experience and local knowledge, from requirements and commitment, from errors and mistakes. Just producing green decorated state-of-the-art blue prints and applying energy and water saving technologies in newly built residential quarters are not sufficient Sustainable urban development is not a collection of impressive data and spatial information, not a promotional tool of eco-minded architects and action groups of the local civil society, not a catalogue of aims and projects; Sustainable urban development is not a government agenda that explains where, and what should be done and how and when, and which subsidies are given to which size of cities, what kind of investors and developers. Promoting and achieving sustainable development in its ecological dimension requires integrated action in multiple policy areas, a combination of rigid top-down policies and supporting bottom-up strategies. It requires leadership, professional competence and citizen's participation.

In the coming decades more people in Asia will be living in cities. Cities will grow despite future efforts to slow down urbanization and deconcentrate economic development from mega-cities. Helped by smart intelligent technologies and driven by the producers of these technologies as well as by citizens who love the convenience of such technologies governments will try to balance economic growth and vested interests of environmental industries with ecological requirements. Governments at all tiers of planning and decision-making in Asia will gradually have to learn how to find compromises between economic and ecological goals. The question is not whether awareness rising educational policies and governmental regulation and enforcement are more important than the application of smart technologies in urban development. Asia and Asian cities will have no other choice than combining both approaches to save the environment and reduce global warming.

Introduction

Modèles de la ville durable en Asie

Utopies, circulation des pratiques et gouvernance

Divya Leducq
UMR CITERES, Tours

Helga-Jane Scarwell
TVES, Lille

Le monde est désormais entré dans l'ère de l'urbain : 54 % des habitants de la planète vivent en ville cette proportion devrait atteindre 66 % en 2050 et presque les deux-tiers de la population mondiale vit en Asie, dans des conditions d'une extrême variabilité, de la ville-monde à la ville campagne. Cette transition urbaine, sans précédent, touche tout à la fois des mégalopoles (Tokyo, Osaka, Kobe), des métropoles (Shanghai, Mumbai, Bangkok, Hanoi, Seoul, Jakarta, etc.) mais aussi des villes petites et moyennes. Ce qui a rendu incontournable la question des modes potentiels de fabrique de la ville durable en Asie. Mentionnons aussi le fait que nombre de pays Asiatique – tel que l'Inde, la Chine, le Japon – revêtent un rôle majeur sur les scènes politique et économique, affectant les standards promus ou choisis. En outre, la position stratégique du continent asiatique – en tant que moteur majeur de l'économie accélère et influence la recherche de modèles de villes durables. Par ailleurs, la croissance des villes implique une consommation toujours plus importante d'espace, d'énergie et de ressources. L'Asie concentre plus de la moitié de villes vulnérables au monde.

De nombreux défis soulignent le fait que si, en Asie comme dans le reste du monde, les villes occupent moins de surfaces qu'elles n'usent de ressources (eau, énergie, nature, etc.), elles ont clairement un rôle majeur à jouer dans les stratégies d'adaptation et d'atténuation face au changement climatique global. L'importance de ce phénomène nous a incité à mener une réflexion transversale sur les systèmes de pensée, les modèles, les outils et les modes de fabrication de la ville contemporaine asiatique qui devront être « durables », qu'il s'agisse des villes des pays développés comme celles des pays en développement – du moins tout le monde s'accorde à le reconnaître (CNUEH-Habitat, 2001).

Le thème de la ville durable en Asie s'est imposé comme central pour les chercheurs et les politiques depuis au moins deux décennies, en raison de la puissance économique de nombreux pays émergents se trouvant dans cette aire géographique et également pour la réflexivité des modèles urbains mis en œuvre pour répondre aux défis de l'urbanisation croissante et de la métropolisation, qui touchent à la fois les Nords et les Suds. Si le vocable de « ville durable » recouvre des contenus et des horizons différents, les orientations de cet ouvrage visent à confronter nos visions de la ville de demain, quel que soit son poids dans la hiérarchie urbaine, à détecter les tendances d'évolution, à imaginer les futurs possibles en réponse aux nombreux défis que sont l'habitat écologique, le recyclage des eaux, la valorisation des déchets, le transport non polluant, la préservation de la biodiversité, l'efficacité énergétique et le changement climatique, la santé et la justice sociale, la gouvernance, etc. Une réflexion sur le développement durable de la ville conduit à s'interroger sur les problèmes et les enjeux que soulève l'expansion urbaine, sur la pertinence des politiques d'aménagement passées, sur les politiques mises en œuvre en matière de transport, sur les niveaux de consommation énergétique et de pollution atmosphérique des différents modes de déplacements urbains et sur la viabilité des stratégies de long terme proposées dans ce domaine, etc.

1. Des réflexions issues d'un colloque international et transdisciplinaire

Les débats soulevés par cet ouvrage sont aux prises avec l'actualité, qui nous rappelle que nous sommes dans l'ère de l'urbain et du développement durable. Ces chapitres s'inscrivent dans la perspective plus vaste de l'aménagement durable des territoires. Ils sont le résultat des échanges fructueux qui ont eu lieu lors du colloque « Objectifs, connaissance et gouvernance de la ville durable en Asie »[1], ayant permis d'identifier les pratiques dans ce domaine, les nouvelles orientations à donner, de dire

[1] https://asie2017.sciencesconf.org/, 12 et 13 janvier 2017 à Lille.

vers quels objectifs, quelles méthodes, quels outils pourraient évoluer nos recherches et nos réflexions.

Cet ouvrage collectif rassemble un nombre conséquent de spécialistes de la ville durable et de l'aire culturelle Asie (de l'Inde au Japon en passant par la Chine, etc.), en faisant justement dialoguer cette double entrée thématique et géographique. Il s'agit, sur le plan des disciplines, de géographes et d'aménageurs, y compris de la « jeune recherche » (des doctorants ou jeunes docteurs, des ATER, etc.). Le fait d'associer des textes en français et en anglais permet d'avoir des points de vue différents sur l'Asie, de la part de chercheurs de différents horizons géographiques, et ceci participe du dialogue scientifique.

Le pari relevé par cet ouvrage est de donner à saisir ce que peut signifier aujourd'hui un paradigme de la « ville durable asiatique » – il manque en effet un ouvrage pluriel et informé sur cet enjeu saillant pour les études urbaines et d'environnement, à l'heure actuelle. Cette question, sous-jacente, d'une éventuelle spécificité ou d'un modèle asiatique (ou de la diffusion d'un modèle mondialisé ?) est au cœur du sujet, les matériaux analysés le permettent à partir d'une pluralité de cas et d'entrées.

2. Contextualisation et positionnement scientifique

Les villes et les métropoles d'Asie constituent des laboratoires d'expérimentations ou de déclinaisons à la fois transactionnels et transitionnels de modèles de durabilité urbaine (Hamman, 2011 ; Hajek, Hamman, Lévy, 2015). En effet, les nouveaux enjeux environnementaux, tels que l'effet de serre et le changement climatique, nécessitent d'opérer une réflexion en matière de choix urbanistiques. Les administrateurs urbains doivent faire face à de nombreux défis afin de rendre leurs villes plus soutenables. Des mobilités contrariées et bâtiments inefficaces énergétiquement aux inégalités sociales et manque de logements, les problèmes sont nombreux, complexes et difficiles à appréhender, mais pas insurmontables. À ce titre, la recherche renseigne l'action.

Les contributions de cet ouvrage s'inscrivent à la croisée des approches critiques sur la fabrique de la ville néo-libérale qui mettent en débat la question des modèles et des modalités de mise en œuvre de l'engagement mondial en faveur du nouvel agenda urbain durable souhaité lors de la conférence ONU-Habitat III (Quito, 2016) à la suite du Sommet sur les Objectifs de Développement Durable et de la Conférence Climat en 2015.

La diversité des cas d'étude rassemblés dans cet ouvrage couvre ce que peut désigner la ville asiatique durable (Chine, Hong Kong, Indonésie, Philippines, Corée, Vietnam, Japon, Inde, Népal, Bangladesh, aspect vue d'Europe). De plus, plusieurs chapitres et regards sur chaque cas national autorisent, avec grand intérêt, au lecteur plusieurs niveaux de comparaisons : à la fois entre des aires élargies et les circulations de modèles et/ou de pratiques (regards européens sur l'Asie, etc.) ; entre pays et/ou traditions nationales ou régimes politiques ; et entre (grandes) villes d'un même État ou d'États différents, etc.

La pluralité des entrées thématiques et géographiques des chapitres s'inscrit donc dans le cadre d'une littérature abondante depuis le tournant des années 2000. Ainsi, les auteur-e-s soulèvent des questionnements scientifiques forts autour de la circulation des modèles (Healey, Upton, 2012 ; Robinson, 2011 ; Söderstrom, 2013), des références et des normes sous-jacentes mobilisées et de leur rôle dans la régulation urbaine (Bourdin, Idt, 2015), de l'hybridation des possibles (Gwiazdzinski, 2016), de la capacité à faire utopie (Paquot, 2007) et du renouvellement des pensées politiques (Haëntjens, 2017). À notre connaissance, aucun ouvrage ne rassemble une telle diversité et complémentarité de contributions autour des modèles de la ville durable en Asie, tout en diffractant la catégorie de la ville en plusieurs échelles et en proposant des méthodologies empiriques adaptées aux problématiques de l'assemblage des modèles (Ward, 2000 ; Dolowitz, March, 2006 ; Mc Cann, Ward, 2012). La ville durable asiatique appréhendée dans le projet d'ouvrage est d'abord celle de la grande ville voire de la métropole mondialisée (Roy, Ong, 2011) mais également dans une certaine mesure celle des petites villes et villes moyennes. Par ailleurs, l'ouvrage s'intéresse aux débats et enjeux des « quartiers durables » et à l'échelle du bâti développés par les travaux européens dont le primat fréquent de la lecture par la performance énergétique.

3. Lignes de force de l'ouvrage et apport des chapitres

L'ouvrage pose une série de questionnements que les avant-propos (Christophe Gibout) et préface (Klaus R. Kunzmann) synthétisent autour :

(i) des modèles de durabilité ou éco-soutenabilité urbaine : comment se décline la ville durable en Asie et selon quels modèles ? Quels sont les canaux de transfert Nords-Suds, de circulation régionale, de mimétisme, différenciation, etc. ?

(ii) de la dimension maitrise d'ouvrage urbaine – maitrise d'œuvre de la ville en lien avec l'éco-soutenabilité et les projets de territoire.
(iii) des décisions et des jeux d'acteurs : quels sont les acteurs de la gouvernance, les changements de rôle, d'échelle et de périmètre d'action en cours ? Quels sont les valeurs et les conflits y afférents ?
(iv) et des représentations et perceptions de la ville durable.

Les chapitres contribuent diversement à alimenter la réflexion sur les modèles, les acteurs et les enjeux.

Au regard de ces problématiques, l'ouvrage s'organise en trois parties : une première intitulée « La recherche d'un monde urbain plus durable », une seconde autour des « Modes de faire : entre technotopie et anthropolis » et enfin la dernière interroge la capacité des modèles et des pratiques de villes durables en Asie à « Répondre aux urgences sociétales ? ».

3.1. Modèles et circulation des pratiques

Les écarts importants entre les idées et concepts défendus dans la planification et les réalisations concrètes de terrain nous poussent à interroger : les référentiels mobilisées dans la construction de la ville durable (ville inclusive, compétitive, innovante, résiliente, etc.) ; les acteurs et la distribution des rôles dans la fabrique urbaine (entre starchitectes et nouveaux activistes urbains) ; les canaux spécifiques de la circulation internationale des modèles (labels, bonnes pratiques, principes d'aménagement, etc.).

La partie I « La recherche d'un monde urbain plus durable » se subdivise en plusieurs axes, portant sur les démarches et méthodes de l'urbanisme durable. L'axe 1.1 explore les dimensions écologiques de la ville et des bâtiments : discours, normes et circulation des bonnes pratiques. Ainsi, Lucie Morand explore les succès d'un modèle environnemental inspiré de l'occident et adapté à Xiamen (chapitre 1). Afin de compléter les réflexions du premier axe, l'axe 1.2 porte sur la ville utopique et la construction d'un idéal urbain fonctionnel. Catherine Bernie-Boissard explore l'habitabilité urbaine de l'utopie urbaine en Chine (chapitre 5).

La partie II de l'ouvrage porte sur les modes de faire entre technotopie et anthropolis (Choay, 1965) et les chapitres apportent des éclairages sur comment se construit le bien-être urbain, à l'aune de deux stratégies, l'une relevant de l'option progressiste et l'autre relevant de l'adaptation aux risques climatiques. L'axe 2.1 porte sur la ville intelligente ou quand les technologies « smart » sont au cœur de la ville (in)soutenable. Julien Birgi et Mardiansjah Fadjar Hari posen la question de la pertinence de l'écocité pour l'urbanisme des pays émergents à travers le cas du projet Ecodistrict Banjir Kanal Barat à Semarang (chapitre 2). Morgan Mouton et Alvaro Artigas, via le prisme de l'économie politique de l'efficacité énergétique, se demandent si le bâtiment « vert » peut-être au service de la ville durable dans le Grand Manille (chapitre 3).

Dans la troisième partie, l'axe 3.1 porte sur la ville compacte comme stratégie d'adaptation à la pression urbaine et au changement climatique. André Meunié, Laetitia Guilhot et Guillaume Pouyanne montrent que la ville compacte influence la pollution atmosphérique et réciproquement (chapitre 16). Sophie Buhnik met en relation la stratégie de ville compacte avec le vieillissement de la population urbaine (chapitre 17). Jungyoon Park explique les discours théoriques soutenant la politique de ville compacte en Corée (chapitre 15).

3.2. Acteurs et gouvernance

L'ouvrage propose également des approches transversales de l'urbain entre planification en *top-down* et des stratégies de durabilité en *bottom-up*, questionnant ainsi l'évolution des modes de gouvernance et du rôle des acteurs au sein des ces espaces de co-construction spatiale et politique. Éric Leclerc nous renseigne sur le rêve d'une capitale en Andhra Pradesh porté par un premier ministre d'État régional indien (chapitre 6). D'autres auteurs nous renseignent sur des espaces particuliers dans la ville : le quartier, les espaces publics ou encore des zones aéroportuaires : Lély Tan voit ainsi dans quelles mesure l'exemple de la Gubei Pedestrian Promenade à Shanghai permet de produire à hauteur d'homme (chapitre 4). Jacques Grangé analyse la mise en œuvre de Songdo smart-city (chapitre 11). Katja Hackenberg revisite la construction de l'utopie urbaine asiatique à Hong Kong à l'aune des outils d'évaluation des performances environnementales (chapitre 7).

L'axe 2.2 du présent ouvrage prend la contrepartie en explorant les stratégies *bottom-up* de ville résiliente et d'adaptation au changement climatique. Ainsi, Vincent Rotgé s'attarde sur les stratégies de résilience aux inondations, de gouvernance et de durabilité des villes du Bangladesh (chapitre 12). Saloni Shrestha et Laura Verdelli s'intéressent à la portée de l'aménagement participatif dans la reconstruction urbaine post-séisme (chapitre 13).

La circulation nord-sud des modèles est tantôt le fruit d'une intégration volontaire tantôt contrainte mais toujours difficile, qui plus est dans des contextes métropolitains en évolution. Helga-Jane Scarwell, Divya Leducq et Hai Nam Tran (chapitre 14) partent du cas d'étude de Hanoi, pour voir quelle peut-être la contribution de l'eau dans la fabrique des espaces urbains durables autour des nombreux lacs. Hu Wenbo, Luc Gwiazdzinski et Wanggen Wan explore le chrono-urbanisme au service du développement soutenable dans la métropole de Shanghaï (chapitre 21).

Qui produit la ville et à destination de qui ? Quels sont les jeux d'acteurs et leur rapport de force ? Quelles sont les évolutions dans le temps et l'espace ? Raphaël Languillon (chapitre 9) et Nicolas Leprêtre (chapitre 10) explorent les dimensions japonaises des villes intelligentes, et questionnent ainsi les cas fréquents où la ville durable devient le fruit de la production des majors du BTP ou de l'informatique en tension avec l'émergence des communautés de pratiques.

Rendre la ville meilleure et habitable est l'objectif affichée de nombre de politiques publiques et cela passe par le discours, l'image et la communication : *marketing* urbain et *story-telling* sont ainsi mobilisés pour renforcer l'acceptabilité sociale de projets dont la durabilité est sujette à débat, au vue des nombreux défis à surmonter, dans des contextes de croissance (ville en voie de développement et ville émergente) ou de décroissance urbaine.

3.3. Les enjeux de l'utopie

Certaines villes ont déjà commencé à mettre en œuvre des documents de planification stratégique innovants, testent des technologies de pointe (villes intelligentes, écocités, villes nouvelles) ou entreprennent de nouveaux modèles de gouvernance plus participatifs ou inclusifs. Les succès comme les échecs des expérimentations, tendraient ainsi à montrer qu'avec un regard juste et en y allouant les moyens nécessaires, la croissance économique, la qualité de vie et la protection de l'environnement peuvent ne pas rester utopiques et tendre vers un optimum. Ainsi, les contributions de la partie III montre que les modèles de villes durables tentent de répondre aux urgences sociétales en adaptant ou en réinventant des pratiques d'aménagement générant ainsi des moments de rupture et de continuité dans l'urbanisme ordinaire.

L'axe 3.2 porte sur l'économie de la connaissance au service de la ville intelligente et éco-soutenable et les rapports entre dimension technique et sociale qui semblent parfois ne pas se conjuguer. Patrizia Ingallina explore les concepts et pratiques du développement urbain basé sur les mini-clusters en Corée (chapitre 18). Christine Liefooghe s'intéresse au renouvellement urbain et à la ville créative en Chine (chapitre 20). L'échec d'une conception urbaine approximative trop rapide et des villes fantômes. Divya Leducq, Helga Scarwell et Du Dinh Tran (chapitre 19) explorent le cas d'Hoa Lac au Vietnam.

Le chapitre de Klaus R. Kunzmann interroge de manière différentes, mais à partir d'une distanciation européenne commune des possibilités pour le modèle chinois de dépasser des considérations économiques (chapitre 8). Les causes à ces problèmes semblent être multiples : des politiques urbaines inappropriées, un manque de réformes structurelles, l'inefficacité et l'inadéquation des cadres juridiques et réglementaires ou encore les déficiences structurelles dans la répartition des richesses et des revenus, les défis liés au manque de moyens financiers ou techniques. Les réponses les plus adéquates tiennent tant à la reconfiguration des modèles de gouvernance – qu'à une participation différente et puissante de différents niveaux de gouvernement, à la redéfinition de l'échelle d'intervention et encore, à la nécessité de rendre opérationnel le concept de ville durable.

Enfin, l'ouvrage s'achève sur une note optimiste pour atteindre de nouvelles formes de conjugalité. La postface de Frédéric Durand conclue sur le passage des problématiques de la durabilité à la résilience, après 25 ans de mise en œuvre de l'agenda durable dans les villes asiatiques. La seconde postface de Christiophe Demazière souligne l'importance et les défis posés par la formation des étudiants des « urban studies » et de l'approche *one world* promue par ONU-Habitat vers de nouvelles urbanités qui polluerait moins, qui ne détruirait plus et qui préserveraient la planète.

Bibliographie

Bourdin A., Idt J., 2016, *L'urbanisme des modèles. Références, benchmarking et bonnes pratiques*, La Tour d'Aigues, L'Aube.

Choay F., 1965, *L'urbanisme, utopies et réalités. Une anthologie*, Paris, Seuil.

Dolowitz D., Marsh D., 1996, « Who learns what from whom: a review of the policy transfer literature », *Political studies*, 44(2), 343-357.

Gwiazdzinski L., 2016, *L'hybridation des mondes*, Éditions Élya.

Haëntjens J., 2017, « Villes modèles versus villes laboratoires », *Urbanisme*, 404.

Hajek I., Hamman P., Lévy J-P. (dir.), 2015, *De la ville durable à la nature en ville*, Villeneuve d'Ascq, Presses universitaires du Septentrion.

Hamman P., 2011, La « ville durable » comme produit transactionnel, *Espaces et sociétés*, 147(4), 25-40.

Healey P., Upton R. (dir.), 2012, *Crossing Borders: International Exchanges and Planning Practices*, Londres, Routledge.

McCann, E., Ward, K., 2012, « Assembling urbanism: following policies and 'studying through' the sites and situations of policy making », *Environment and Planning A*, vol. 44, 42-51.

Paquot T., 2007, *Utopies et utopistes*, Paris, La Découverte.

Robinson J., 2011, « Cities in a world of cities: the comparative gesture », *International Journal of Urban and Regional Research*, 35, 1-23.

Roy A., Ong A., 2011, *Worlding cities: Asian experiments and the Art of being Global*, Oxford, Willey-Blackwell.

Söderström O. *et al.* (eds.), 2013, *Critical Mobilities*, London, Routledge.

Ward K., 2000, « Reexamining the international diffusion of planning » *in* Freestone R. (ed.) *Urban planning in a changing world*, London, E. & F.N. Spon, 40-60.

Première partie – La recherche d'un monde urbain plus durable

Part I – The quest for a sustainable urban future

Axe 1.1 – De la ville au bâtiment écologique : discours, normes et circulation des bonnes pratiques

À la recherche d'un modèle urbain pour la Chine par l'étude des plans urbains

L'exemple de Xiamen, ville environnementale

Lucie Morand

Architecte HMONP, Laboratoire ACS (Paris Malaquais), école doctorale VTT, Université Paris-Est

La Chine est un laboratoire d'expérimentations urbaines visant à élaborer un modèle de développement (Friedmann, 2005) à la fois adapté à l'échelle de son territoire et à la vitesse de son développement (Feng, 2007) au sein duquel la problématique écologique se traduit par une production foisonnante d'images et de slogans. Pourtant, la majorité des projets écologiques sont des effets d'annonce ou des échecs (Baeumler *et al.*, 2012), illustrant la difficulté de la Chine à esquisser un véritable modèle urbain éco-durable.

Il existe cependant un exemple original, la ville ancienne Xiamen, aujourd'hui considérée comme un succès de reconversion environnementale ayant relevé le défit de maintenir à la fois une croissance économique soutenue, un développement urbain intense et une protection de l'environnement efficace. Quels ont été les influences et les forces directrices qui ont inspiré cette stratégie d'urbanisation durable ? Quel type de nouveau modèle urbain propose Xiamen pour la Chine entière ? Nous viserons à observer les références et les modèles, étrangers ou chinois, qui ont influencé sa reconversion en termes d'idéologies et de pratiques. Cette étude se développera autour d'un corpus de plans collectés au bureau d'urbanisme de Xiamen entre 2007 et 2015[1]. Nous analyserons les typologies, les langages graphiques ainsi que les objectifs de ses plans.

Dans un premier temps, nous verrons que la recherche d'un modèle urbain n'est pas une question récente en Chine, et nous présenterons les héritages des anciennes traditions chinoises liées à l'image de la « ville idéale » impériale. Nous verrons ensuite comment les influences politiques, idéologiques, puis économiques du XXe siècle viennent bouleverser la conception et la représentation de la ville chinoise. Enfin, nous remarquerons l'originalité de la planification de Xiamen mise en place à partir des années 1990, proposant une stratégie eco-durable portée par de nouveaux types de plans directeurs.

1. La peinture et la cartographie comme témoins d'une recherche ancestrale de la ville « harmonieuse »

1.1. Le Fengshui : concevoir et représenter l'harmonie

Le Fengshui pratiqué en Chine depuis le IIIe siècle av. J.C est fondé sur l'idée que le monde est composé d'un système dichotomique d'énergies opposées qui réagissent entre elles, créant ainsi le « qi », mouvement ou « souffle créateur » du monde. Au sein de cette image de « souffle », l'homme serait placé au centre, faisant le lien entre le ciel et la terre, avec l'objectif d'en assurer l'harmonie et l'équilibre (Eitel, 2012). Les premières représentations picturales et cartographiques des territoires chinois visaient à représenter cette recherche d'harmonie et d'équilibre, essentielles pour garantir la place de l'homme dans l'univers autant que pour assurer la reconnaissance du pouvoir divin, incarné par l'Empereur, sur le territoire. En effet, les plans et les représentations urbaines servaient d'une part à la propagande militaire, politique et à l'instruction des classes aristocrates (Pegg, 2014) portant des messages d'ordre idéologiques et stratégiques associés à l'espace physique d'un site et à une époque dynastique[2]. D'autre part, les plans visaient à retranscrire

---

1 Cette étude s'appuie sur plusieurs travaux de Master commencé en 2009 à l'école d'architecture de Paris Malaquais, puis de recherche doctorale intitulée « Le plan, outil générateur de stratégie d'urbanisation durable en Chine » développée depuis 2014 au sein du laboratoire ACS/EDVTT rattachée à l'université de Paris-Est.

2 Les indications de dates étaient données sur les cartes ou les peintures en fonction des noms des Empereurs en règne et des dynasties en cours.

de façon symbolique l'inscription divine et permanente de l'homme en toutes choses par l'exercice du Fengshui.

L'exemple de la représentation de Xiamen vers la fin du XVIIIe siècle (illustration 1) illustre les caractéristiques Fengshui de la cartographie ancienne chinoise. Divers procédés de représentation et de composition de l'œuvre soulignent l'importance d'une organisation et d'une hiérarchie du territoire : le premier est le choix du format horizontal ou vertical selon le sens donné à la lecture, produisant ainsi le récit d'une histoire ou d'un parcours à travers le paysage, et permettant de décrire un lieu par plusieurs points de vue continus ou discontinus, tel un regard omniscient à la fois créateur et spectateur du monde (Smith, 2013). Dans certains cas, les cartes anciennes superposent plusieurs époques dynastiques dans une même œuvre, créant ainsi des anachronismes sur l'édification d'une ville et de ses frontières, et permettant de suggérer la pérennité d'une dynastie ou d'un empereur sur le territoire. La projection future du territoire est également une pratique courante dans la cartographie ancienne chinoise, avec l'objectif de représenter ce que le territoire a l'ambition de devenir plutôt que ce qu'il est dans la réalité à un moment donné. Par exemple l'une des plus anciennes carte de la Chine, le « Hua Yi Tu » gravée sur une pierre en 1136[3], représente l'intégralité de la grande muraille de Chine alors que seules quelques parties étaient réellement en cours de construction à l'époque de la réalisation de la carte (Cao, 1990). Par ces procédés, les représentations urbaines anciennes sont soucieuses de retranscrire un ordre harmonieux et pérenne du territoire, à la tête duquel l'Empereur incarne la légitimité divine.

[3] Plan extrait de *An atlas of ancient Maps in China*, ed. Wanru Cao and others, 1990.

Illustration 1 : *Xiamen, vue entière du comté de Tong'an à l'époque Jia Qing de la dynastie Qing (1760-1820)*

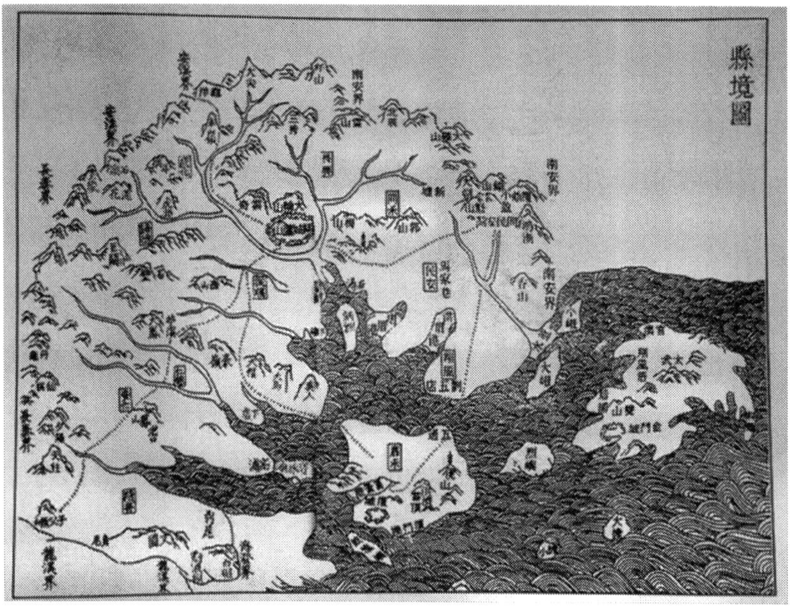

Source : Bureau d'urbanisme de Xiamen, reproduction par Lucie Morand en 2015

Le Fengshui s'exprime également par de nombreux autres procédés graphiques et notamment par l'invention de symboles, visant à exprimer une idée via la simplification de sa représentation. En effet François Cheng[4] explique comment le processus créatif de la calligraphie transforme les formes et les couleurs en significations et en énergies sur le papier, dans une pensée Fengshui du paysage. Ainsi, des symboles simples tels que les vagues de la mer pour représenter l'eau et ses courants, puis des figures plus abstraites comme des pointillés, des triangles, des hachures, visent à localiser des espaces ou à déterminer leur fonction ou leur mouvement dans une composition picturale d'ensemble.

L'originalité des représentations Fengshui est qu'elles sont à la fois œuvres scientifiques visant des représentations précises du territoire créés par des cartographes savants astrologues, calligraphes et peintres, et en même temps des représentations de paysages qui tendent à l'abstraction de la réalité avec une part d'imaginaire et de mystique liées à la géomancie.

[4] « Vide et plein » de Francois Cheng, 1991.

En ce sens, le Fengshui au sein des œuvres illustre le caractère culturel des représentations urbaines et témoigne des codes et des repères d'une société à une époque donnée.

1.2. Le Kaogongji : schéma militaire pour l'édification d'une capitale idéale

Si les peintures et cartes anciennes visent une représentation de paysages urbanisés harmonieux et équilibrés, les textes fondateurs proposent des directives précises pour l'implantation et la réalisation de « villes idéales », devant être un haut-lieu de perfection et de sécurité. Un texte fondateur datant du Ve siècle av. JC, le Kaogongji[5], mentionne les procédures de conception pour les villes capitales (Wu, 2015 ; Douady, 2011). Le Kaogongji propose un schéma de « ville idéale » par des principes d'organisation et des phases d'édification précises. La première étape est le repérage des points cardinaux afin de tracer le périmètre de la muraille protectrice de la ville, de 4,5 km de coté. La seconde étape consiste à tracer neufs voies à l'intérieur de la Cité carrée, suivant trois axes verticaux (orientés nord-sud) et trois horizontaux (orientés est-ouest), créant ainsi un parcellaire régulier et douze portes d'entrée sur l'enceinte de la Cité. L'emplacement du palais se trouve au centre de ce système hiérarchique protecteur. Le schéma du Kaogongji réalisé à l'époque contemporaine de Confucius, représente en réalité un ordre social et militaire de la Cité, qui est reproduit de la même façon à toutes les échelles administratives de la Chine (Wu, 2015).

Les traces du Fengshui et du Kaogongji dans les représentations urbaines apportent le témoignage d'une Chine impériale en recherche d'un modele urbain garant de stabilité et de durabilité, usant de techniques fondées sur la philosophie autant que sur les sciences et les techniques militaires. Ces pratiques ancestrales ont-elles traversés les siècles, ont-elles conservé l'efficacité de leur concepts idéologiques et visuels ?

---

5 Le Kaogongji est organisé en différents chapitres relatant de diverses techniques et usages de l'artisanat et des sciences.

2. La circulation de nouveaux modèles : l'influence coloniale puis l'empreinte soviétique pour une ville plus fonctionnelle

2.1. Les influences hygiénistes des colons européens permettent à Xiamen de se développer

En 1842, le traité de Nankin permet à cinq villes chinoises[6] de s'ouvrir au commerce international et donne l'autorisation aux colons de s'y établir, en dehors de la ville fortifiée chinoise. à Xiamen, Gulang Yu est une ile de l'archipel divisée en quartiers selon les nationalités, au sein desquels les colons peuvent appliquer leurs propres codes et techniques de construction. La nette amélioration de la qualité de vie sur Gulang Yu ainsi que la construction de nouvelles architectures en pierre deviennent rapidement des modèles pour la population locale qui voit, au travers l'esthétique et les méthodes hygiénistes importées de l'occident, une référence de progrès et de modernité. Les colons proposent progressivement d'intervenir dans le développement de la ville chinoise et les résultats positifs sont visibles sur le plan réalisé à l'époque Tong Zhi de la dynastie Qing (1856-1875)[7] (illustration 2) : les zones insalubres et marécageuses sont remplacées par des quartiers neufs et de nouveaux usages du foncier comme des jardins, des places publiques et des promenades de bords de mer qui donnent davantage d'importance aux espaces publics aménagés et paysagers. La nouvelle trame viaire proposée est plus large et désengorge le centre urbain. Ces transformations introduisent une nouvelle façon de penser l'espace et la place de l'homme dans la ville chinoise qui, pour la première fois, rompt avec les pratiques traditionnelles du Fengshui pour expérimenter des procédés d'urbanisation plus fonctionnels et performants. Mais l'impact le plus important de l'époque coloniale est sans aucun doute l'essor de premières réflexions sur le développement urbain réalisé par le travail commun d'architectes occidentaux et chinois, aboutissant à l'élaboration de plans officiels qui immortalisent la transformation progressive de la ville. En effet, au travers du changement de la forme urbaine mais également au travers de l'évolution des codes de représentation des plans, nous observons un mélange de cultures et de styles, avec d'une part l'usage de techniques traditionnelles chinoises comme les multiples perspectives,

[6] Xiamen, Fuzhou, Ningbo, Shanghai, Guangzhou.

[7] Plan exposé au Bureau d'urbanisme de Xiamen photographié en septembre 2015.

les symboles et les caractères chinois, d'autre part les techniques classiques occidentales comme l'utilisation d'une échelle graphique, d'une légende et d'un parcellaire poché avec des hachures.

Illustration 2 : *Xiamen, plan de la ville chinoise réalisé à l'époque Tong Zhi de la dynastie Qing (1856-1875)*

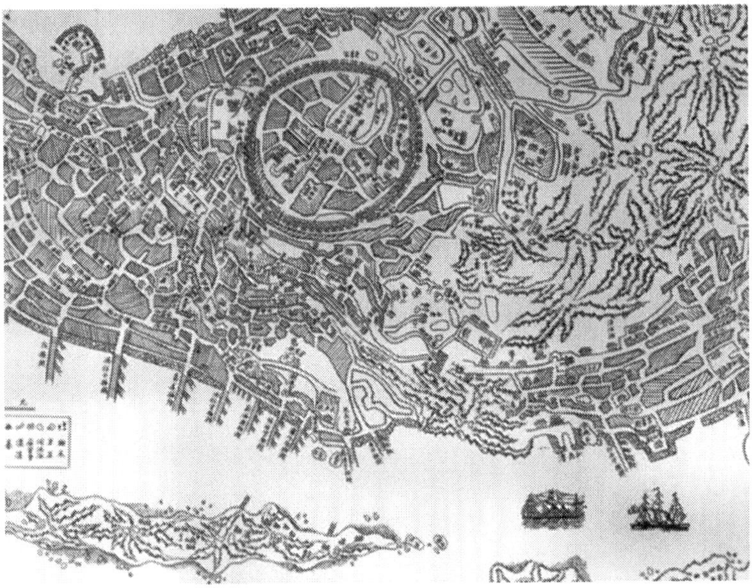

Source : Bureau d'urbanisme de Xiamen, reproduction par Lucie Morand en 2015

Si l'époque coloniale influence progressivement les chinois en terme de pratiques et de représentation urbaine pour en améliorer la qualité de vie et la gestion (Wu, 2014), les plans urbains continuent néanmoins d'exprimer la dimension politique autoritaire de l'Empire chinois, qui reste un pays conservateur et protectionniste peu enclin aux changements jusqu'au grands bouleversements du communisme.

2.2. La forte rupture idéologique de la ville idéale communiste

La longue période d'influence soviétique depuis la proclamation de la République de Chine jusqu'à l'ère maoïste efface toute trace du passé et façonne de nouveaux modèles idéologiques qui se prolongent dans la fabrication urbaine. Le texte fondateur « La ville idéale communiste » dirigé par Alexei Gutnov retrace les principales lignes directrices de l'aménagement urbain sous la pensée communiste. Ce manifeste est une tentative « d'interprétation physique de ce que les idéaux (communistes) peuvent réaliser » (Mayo, 1996, 81), en proposant un nouveau type d'organisation de l'espace et des hommes dans le but d'esquisser une ville idéale. De la même façon que le Kaogongji chinois, le manifeste communiste propose un schéma d'organisation traduisant l'idéologie en formes spatiales. Bien que largement utopique, la ville idéale communiste est toutefois pensée pour être fonctionnelle, productive et égalitaire (Myers, 2008). C'est à partir de ce modèle que la Chine s'approprie le concept de « Nouvelle Unité d'habitation »[8] proposant une méthode d'organisation du territoire sans voitures, où les logements sont équidistants à pied de chaque lieu d'activité quotidienne comme le travail ou les loisirs, et entourés de ceintures vertes. Ce système prend le nom de « Danwei »[9] en Chine, composé de logements collectifs assez denses organisés autour de parcs ou de jardins publics, et supervisés par les entreprises d'État. La Chine s'inspire également des calendriers de planification quinquennaux[10] soviétiques fondés sur le développement économique, sur lesquels s'alignent les grands tracés urbains directeurs. Ce système crée de nouvelles typologies urbaines, comme les « villes satellites » dessinées à côté des pôles urbains majeurs dans le but de désenclaver les grandes villes et de repartir équitablement les sites de production sur le territoire. Les plans urbains dessinés sous l'influence idéologique communiste prennent des allures monumentales : dans la capitale pékinoise la place Tian'anmen devient un symbole de l'urbanisme politique, tandis qu'à Xiamen les plans de 1927 puis de 1958 montrent un tracé rouge pour de nouveaux grands axes, de larges places et avenues, mais également une nouvelle façon d'organiser les espaces urbains par un découpage fonctionnel du foncier reprenant la technique soviétique du zonage. En dehors du centre-ville, la politique urbaine est restrictive et s'applique presque de façon anti-urbaine, avec un strict contrôle de l'occupation des sols et de l'exploitation des terrains désormais nationalisés.

Bien qu'il soit en rupture profonde avec les traditions anciennes, le système communiste est toutefois pensé pour assurer la stabilité et la durabilité du pouvoir politique sur un territoire unifié. Les villes sont

[8] New Unit of Settlement, NUS.

[9] Traduit littéralement « unité » en chinois.

[10] Le premier plan quinquennal en Chine couvre la période de 1953 à 1957.

pensées comme les instruments de communication et d'application de l'idéologie, prônant les valeurs du travail et des relations sociales. Encore une fois, il semble que la recherche de la « ville idéale » chinoise vise en premier lieu à établir un ordre autoritaire et durable de la société par une puissance gouvernante.

3. La quête moderne de l'harmonie urbaine : Xiamen se façonne un modèle urbain sur mesure

3.1. Les débuts difficiles de l'écologie en Chine : expérimentations et marketing urbain

La seconde moitié du XXe siècle marque un tournant dans la façon de concevoir et de représenter la ville chinoise. En effet, la croissance économique due aux réformes de 1979[11] favorise la croissance urbaine[12] (Yeh, 1995) et provoque irrémédiablement une pollution drastique de l'air et des sols. Face aux contestations populaires croissantes[13], la mise en place d'une politique écologique est d'abord pensée comme une nouvelle stratégie garante de stabilité politico-économique, mais devient également un nouvel objet de désir touchant toutes les générations et les catégories sociales. C'est pourquoi dès le début des années 1990 le gouvernement central prend l'initiative d'élaborer ses propres références comme les « National Garden city » (1992), « National Model City for environmental Protection » (1997), ou encore « Liveable City » (2005). Ces labels donnent jours à de nombreux projets emblématiques dont la majorité sont des villes nouvelles inspirées des villes satellites soviétiques pratiquant la Tabula Rasa. Ces projets génériques proposent d'appliquer un « plan urbain modèle » avec des solutions environnementales séduisantes et toutefois évasives. Les projets d'envergure pour les JO de Pékin en

---

11 Les réformes impliquent notamment l'ouverture des zones économiques spéciales de Chine. Les premières sont Shenzhen, Shantou, Xiamen, Zhuhai et le Pudong à Shanghai.

12 Voir la carte intitulée : « 60 Years of China's urbanization: 1949-2009 », *Urban china*, vol. 40, 20-21.

13 Les crises environnementales du début des années 90 sont le début de contestations en Chine, notamment dans la région du Fujian qui est le premier foyer de révoltes. Les contestations sont suivies et soutenues par la communauté internationale et les ONG de protection de l'environnement.

2008[14] puis de l'exposition universelle de Shanghai en 2010[15], appuyés par le slogan de la « société harmonieuse » qui prône la réduction des écarts de richesse ainsi que la valorisation des loisirs, de la culture et des plaisirs de la ville (Léger, 2007), ont pourtant l'ambition de devenir des vitrines urbaines à l'échelle nationale et internationale, prouvant la volonté et l'efficacité du gouvernement à proposer des solutions et à produire des projets de qualité. La Chine se tourne également vers l'occident pour trouver de nouveaux modèles, notamment en reproduisant des villes à l'identique ou en imitant des « styles » urbains sensés garantir la qualité de vie (Douady, 2011) : ainsi naissent Thames Town (style anglais) ou Tianducheng dans la province du Zhejiang (style français) avec sa Tour Eiffel grandeur nature.

Cependant, la surproduction d'images virtuelles et utopiques qui accompagnent ces projets démontrent que l'apprentissage de la ville durable chinoise ressemble davantage à une stratégie marketing de développement urbain (Douay, Cory, 2014) plutôt qu'à une véritable recherche de modèle de développement (Friedmann, 2005) *a fortiori* durable.

3.2. Xiamen élabore son propre système de planification : évolution des pratiques et des représentations

Dans cette ébullition de projets, le début des années 2000 voit paradoxalement surgir des propositions originales. Ces projets se démarquent parce qu'ils ne sont ni des copies, ni des plans génériques mais concernent plus spécifiquement des villes de taille moyenne déjà existantes, proposant des méthodes singulières de reconversion éco-durable. C'est le cas de Xiamen, nommée zone économique spéciale par le gouvernement central en 1980, puis ville écologique pilote en 1992 après avoir souffert d'une crise écologique désastreuse provoquée par les déchets toxiques de sites industriels. L'affaire a également révélé des affaires de corruption, obligeant la municipalité à repenser le système de planification de façon plus transparente et à s'engager dans une vision écologique au long terme, sans toutefois nuire au développement économique. Au même moment, la municipalité choisit de soutenir des projets autonomes comme le « Xiamen Démonstration Project » initié par l'Organisation Internationale Maritime (IMO) et l'université de

[14] Le slogan des JO de pékin de 2008 est « Un monde, un rêve ».
[15] Le slogan de l'exposition universelle de Shanghai en 2010 est « Better city, Better life ».

Xiamen, ainsi que plusieurs projets de dépollution des baies lancés par des entreprises privées locales[16] (PEMSEA, 2009). Ces initiatives sont les premières actions locales qui, grâce à leurs retombées financières avantageuses, deviennent le moteur de la reconversion urbaine au long terme.

Le plan directeur de Xiamen en 1995 (illustration 3) porte clairement les signes du changement de planification vers des objectifs environnementaux : tout d'abord, la qualification de l'usage des sols par le système de zonage couvre seulement une partie réduite du territoire municipal, essentiellement l'ouest et le nord, tandis qu'une grande partie des districts continentaux n'est pas encore planifiée, laissant envisager un développement urbain par étapes progressives. Le plan propose également trois premières intentions écologiques majeures : la première est la prise en compte de l'environnement naturel du site, avec une qualification précise des éléments topographiques par le biais d'une légende de couleurs, distinguant par exemple les zones marécageuses, la foret, les plaines, etc. La légende propose aussi cinq nuances de couleurs vertes définissant les degrés de qualification des espaces « verts » : le vert foncé pour la montagne naturelle, vert pour les jardins, vert clair pour les espaces aménagés et de loisir. De façon générale, le plan résulte d'un verdissement radical couvrant presque la moitié du territoire municipal. La seconde intention environnementale est une organisation hiérarchique de l'ensemble des réseaux de transport à l'échelle urbaine et territoriale, visant à la fois une amélioration de leur performance et la réduction de la consommation d'énergie. À l'échelle territoriale, les réseaux sont conçus pour être rapides et interconnectés, avec la construction de pôles multimodaux, de ponts et de tunnels joignant les îles aux districts continentaux. À l'échelle de la ville, les réseaux sont pensés pour être doux et écologiques, avec la création de pistes cyclables, des rues piétonnes ainsi que d'une ligne aérienne de bus électriques séparés du trafic automobile[17]. Enfin, la troisième intention environnementale est le développement de la notion de « patrimoine » urbain, architectural ou naturel à protéger, identifié par différentes couleurs : vert foncé pour les espaces naturels et rose pour les quartiers d'habitation anciens.

---

16 Voir le projet de « Yuandang Bay » entre 1988 et 1996, cité dans l'article « Xiamen, construction d'un modèle d'intégration environnementale », Morand (2016).

17 Le projet de réseau public s'appelle « BRT, Bus Rapid Transit » réalisé en 2008.

Illustration 3 : *Plan directeur de Xiamen en 1995*

Source : Bureau d'urbanisme de Xiamen

3.3. Le plan directeur de l'Eco-City de Xiamen: un dessin novateur inspiré par Chora

En 2002, un nouveau plan directeur est proposé par le bureau de protection environnementale de Xiamen pour la conception et le cadrage du projet de « Xiamen Eco-City » (Fang, 2006). Si ce plan reste un document officiel de planification suivant les codes conventionnels de représentation, il comporte néanmoins une innovation majeure : il est avant tout considéré comme un outil de travail et non plus comme un plan de référence figé correspondant à une politique quinquennale (Morand, 2016).

En effet, ce plan appelé « Elémentaire » propose de nouvelles pratiques en terme de montage de projet, de concept et de dessin, en partie inspirées par le groupe Chora[18] invité en 2009 à travailler sur un « plan masse de la performance énergétique et du développement d'énergies renouvelables » appelé « Xiamen City Energy Master Plan » (Chora, 2009) (illustration 4). Le plan de Chora possède un graphisme épuré, usant de symboles pour préciser la performance énergétique des sites. Un grand cercle au centre de la Municipalité représente le réseau circulaire de production d'énergies locales qui seront ensuite redistribuées à l'échelle des districts, dans une dynamique territoriale. L'atout du projet de Chora est de proposer des projets cohérents mettant en valeur le site naturel et les structures déjà existantes sur le territoire.

Illustration 4 : *« Xiamen City Energy Master Plan » par Chora (2009)*

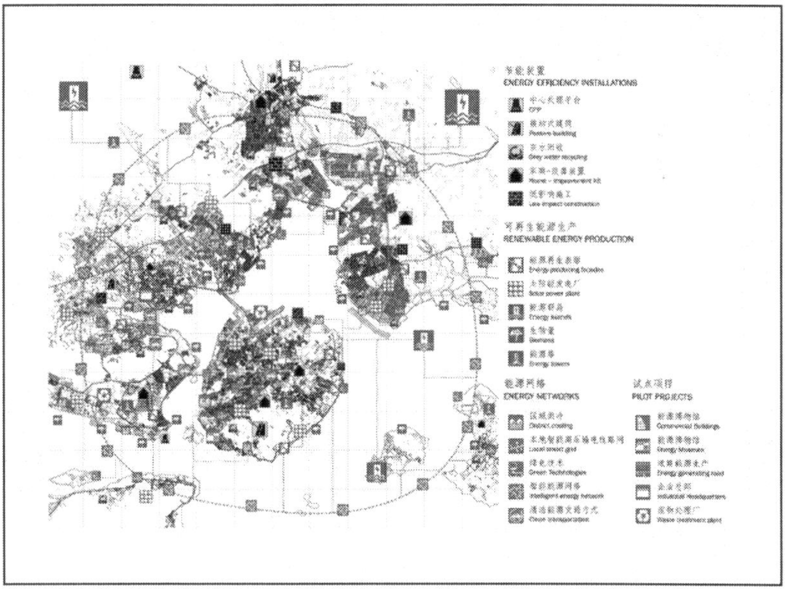

Source : Chora, 2009

18 Chora est un groupe de recherche urbaine résidant à Londres, dirigé par Raoul Bunschoten. L'agence a travaillé sur plusieurs projets à Xiamen de 2009 à 2013. http://www.chora.org

Plusieurs idées du groupe Chora se retrouvent dans la planification de Xiamen : la première est la conception d'une vision globale du territoire avec des échéances de planification plus flexibles (Morand, 2016, 77-81). La seconde idée est l'utilisation de références et de scénarii d'urbanisation, desquels naissent une série de plans secondaires aux thématiques diverses, apportant des précisions sur l'organisation du territoire ainsi que sur la qualité de sa reconversion urbaine. Enfin, l'idée la plus importante est sans aucun doute la sélection de projets pilotes, déterminés en fonction de la qualité du site existant et de leur potentiel écologique. Ces projets pilotes sont les moteurs de la réalisation de « Xiamen Eco-city » par phases successives.

Le plan de « Xiamen Eco-City » est reconnu pour son engagement à urbaniser raisonnablement le territoire, assurer le contrôle de l'étalement et de la densification urbaine, ainsi que la protection des espaces naturels et des espèces animales et végétales en danger. En ce sens, le processus de planification que Xiamen met en place est une recherche d'équilibre entre les intérêts économiques et écologiques du territoire. Mais cet d'équilibre amorcé est fragile et le plan de Xiamen reste un cas expérimental qui doit continuellement faire ses preuves.

Conclusion

Les représentations urbaines de la Chine retracent l'importance des idéologies et des modes de gouvernance dans l'aménagement du territoire et de la ville. La philosophie du Fengshui puis le confucianisme ont esquissé les lignes directrices d'implantation et de construction de la ville « idéale » ancienne, destinée à être en harmonie avec son site mais aussi à accueillir la puissance souveraine régissant l'ensemble du territoire. Les périodes d'influences coloniales puis soviétiques importent de nouvelles idéologies et proposent une organisation socio-économique du territoire en rupture avec les dessins traditionnels. Enfin, l'instrumentalisation de la ville à des fins politiques et économiques s'intensifie avec l'ouverture économique de la Chine, tandis que les enjeux écologiques deviennent l'opportunité de réinventer l'image de la « ville idéale » contemporaine.

Parmi les nombreuses tentatives de conception de modèles urbains, Xiamen incarne l'exemple d'une reconversion environnementale réussie, cherchant l'équilibre entre le respect de l'environnement et la croissance économique, et proposant un nouveau concept de durabilité des projets par le moyen d'une planification raisonnable et raisonnée. Dans la richesse de ses influences historiques et contemporaines, Xiamen forge et expérimente progressivement son propre modèle de planification, plus respectueux de l'environnement mais surtout plus « intelligent » en terme de pratiques d'urbanisation. À défaut d'esquisser un modèle de ville idéale, Xiamen n'est-elle pas en train d'esquisser un modèle de planification équilibrée où s'affirme un nouveau mode de penser l'urbanité contemporaine chinoise?

Bibliographie

Cao W. (ed.), 1990, *An atlas of ancient Maps in China.*

Cheng F., 1991, *Vide et plein, le langage pictural chinois*, Paris, Seuil.

Douady C.-N., 2011, *Lire la ville chinoise*, L'Harmattan.

Douay N., 2008, « Shanghai: l'évolution des styles de la planification urbaine », *Revue Perspectives chinoises*, 4/2008, 16-26.

Douay N., Cory T., 2014, « Développement urbain durable en Chine : entre apprentissage et mirage marketing » chap. 10, in *Les Grands Projets Urbains Territoires, acteurs et stratégies*, Les Presses de l'Université de Montréal, 239-262.

Eitel E. J., 2012, *What Is Feng-Shui?: The Classic Nineteenth-Century Interpretation,* Dover publication.

Fang Q., Zhang L., Hong H., 2015, « Towards adaptive town environmental planning: the experience from Xiamen, China », *Environment & Urbanization*, International Institute for Environment and Development (IIED), vol. 18(1), 87-101.

Feng X., 2007, *La politique chinoise de la protection de l'environnement,* Contribution pour le Congrès Marx International V, Paris Sorbonne et Nanterre. Paris-Sorbonne et Nanterre, 3/6 octobre 2007.

Gutnov A., 1968, *The Ideal communist City*, Braziller.

Friedmann J., 2005, *China's Urban Transition,* Minneapolis, University of Minnesota Press.

Lin T., Xue X., Shi L., Gao L., 2013, « Urban spatial expansion and its impacts on island ecosystem services and landscape pattern: A case study of the island city of Xiamen, Southeast China », in Elsevier *Ocean & Coastal Management*, vol. 81, 90-96.

Ma L., Schmitt F., 2008, « Développement et conflits environnementaux en Chine », *Perspectives chinoises*, n° 103, 100-109.

Mayo J. M., 1996, « The Manifestation of Politics in Architectural Practice », *Journal of Architectural Education*, vol. 50, n° 2, 76-88, 81.

Morand L., 2016, « Xiamen, construction d'un modele d'intégration environnementale », *L'information Géographique*, vol. 80, septembre 2016, 72-88.

Myers J. C., 2008, « Traces of Utopia: Socialist Values and Soviet Urban Planning », *Cultural Logic: An Electronic Journal of Marxist Theory & Practice*, vol. 11, 1.

Partnerships in Environmental Management for the Seas of East Asia (PEMSEA), 2009, *Xiamen's Transition to orderly seas*, vol. 1, n° 2.

Pegg R. A., 2014, *Cartographic Traditions in East Asian Maps*, University of Hawai'I Press, The MacLean collection.

Smith R. J., 2013, *Mapping China and Managing the World: Culture, Cartography and Cosmology in Late Imperial times*. Abingdon, Oxon: Routledge.

Tang L., Zhao Y., Yin K., Zhao J., 2012, « Xiamen », *City Profile*, Elsevier, vol. 31, 615-624.

UN Habitat *et al.*, 2014, *The State of China's Cities 2014/2015*, Beijing, China City Press.

Urban Planning Bureau of Xiamen, 2009, *Xiamen, a coastal City on the West Bank of Taiwan Straits, Development and Planning of in-island and off-island- Integrative Construction of Xiamen*. Xiamen, China.

Wu F., 2015, « Planning for Growth: Urban and Regional Planning in China'. The RTPI Library series, Routledge.

Yeh Gar- On A., Wu F., 1995, « Internal Structure of Chinese Cities in the midst of Economic Reform », *Urban geography*, 16-6, 521-554.

Zhifeng Y., 2013, « Eco City Xiamen Plan », *Eco-cities: A Planning Guide*. Boca Raton: CRC, chapitre 10 275-333.

Les écoquartiers, un concept pertinent pour les politiques urbaines des pays émergents ?

Le cas du projet Banjir Kanal Barat à Semarang, Indonésie

Julien BIRGI
UMR CESSMA, CNRS, université Paris Diderot

Fadjar Hari MARDIANSJAH
Université Diponegoro, Semarang

Introduction

Au cours des dix dernières années, la Ville s'est imposée comme Mecque du développement durable. Dans leur majorité, États, chercheurs et grandes entreprises partagent un même discours sur la capacité des villes en forte croissance à assurer l'avènement d'un monde plus durable[1].

Ce contexte est particulièrement propice à l'émergence de nouveaux concepts de ville durable, au premier rang desquels :

- les écocités et écoquartiers, en tant qu'expression urbaine des politiques publiques de développement durable (comme nous le verrons ici) ;
- la « ville intelligente », essentiellement portée par le secteur privé, qui investit le champ des services urbains à l'appui des nouvelles technologies (Pinson *et al.*, 2016, 3) ;

[1] Discours dont la Déclaration finale de la Conférence des Nations Unies sur le développement durable Rio+20 offre un parfait résumé : « Nous constatons que les villes, si elles sont bien planifiées et organisées, notamment grâce à des méthodes de planification et de gestion intégrées, peuvent favoriser le développement à long terme des sociétés sur les plans économique, social et environnemental » (Nations Unies, 2012, Art. 134).

– la ville inclusive ou progressiste, défendue par les Organisations non-gouvernementales (ONG) et certains chercheurs (Douglass, 2016), qui revendiquent un urbanisme plus participatif et plus attentif aux retombées sociales (Clavel, 2014).

Plus anciens, davantage institutionnalisés et mieux documentés, écocités et écoquartiers sont probablement les concepts de ville durable permettant le meilleur retour d'expérience. Le cas d'un écoquartier indonésien développé avec l'appui de la coopération française offre à cet égard un exemple intéressant de processus de diffusion d'un modèle dans des contextes urbains très différents. D'autres couples pays émergent/ pays industrialisé auraient pu être privilégiés. Mais France et Indonésie présentent des similitudes intéressantes en termes de droit de l'urbanisme et d'attachement à l'habitat individuel, qui appellent des solutions alternatives aux formes urbaines verticales dominantes en Asie[2] et dès lors, une déclinaison particulière des modèle urbains.

1. Genèse des modèles d'écocité et d'écoquartier

1.1. Au niveau international

Le concept d'écocité a été formalisé pour la première fois par un militant écologiste californien soucieux d'un urbanisme plus durable (Register, 1987). Mais il prend son essor à partir du Forum de la Terre de Rio en 1992, qui marque l'avènement du développement durable dans l'agenda international.

Dès lors, états et collectivités locales le mobilisent pour décliner dans le champ urbain leur ambition environnementale (Roseland, 1997). Cela sous des formes très diverses (Joss, 2010), dénommées écoquartiers quand l'échelle relève de la proximité, écocité pour des territoires plus étendus. En Europe, les expériences pionnières de l'écoquartier Vauban à Fribourg (Allemagne), puis de BedZED à Londres (Royaume-Uni), ont suscité un réel engouement parmi les urbanistes. En parallèle, les institutions ont œuvré à formaliser le concept. Publié en 2011 par l'Union Européenne sous l'impulsion de la France, le Cadre de référence pour des villes durables (RSFC ou *Reference framework for sustainable cities*) l'érige ainsi en véritable modèle international.

[2] Entretien avec Satrio Sang Raksono, chercheur au Service Recherche et Développement du PUPR, à Surabaya le 23 Juillet 2016.

Né et muri dans les pays occidentaux, ce modèle s'est répandu au tournant du siècle dans les nouveaux pays industrialisés du Moyen-Orient, d'Extrême-Orient et d'Amérique Latine (Zhou, Williams, 2013). Tous ces pays disposent en effet d'une gouvernance et de ressources financières et techniques suffisantes pour le déployer. Pour autant, est-il pertinent dans des pays émergents comme l'Indonésie, où la croissance urbaine incontrôlée et la prévalence du secteur informel défient les politiques publiques ?

1.2. L'écocité à la française : écoquartier et HQE-Aménagement

En France, le programme Ecoquartiers est né en 2008 à l'initiative du Ministère du Logement et de l'Habitat Durable (MLHD). Il consiste en un référentiel pour la conception, la réalisation et la gestion par des aménageurs (publics ou privés) de nouveaux quartiers (MLHD, 2016). Ce guide méthodologique identifie vingt cibles liées à la conception urbaine, l'environnement, la mobilité, le développement économique, la participation citoyenne, la bonne gouvernance et la gestion urbaine durables. Il insiste particulièrement sur la prévalence du contexte local sur les solutions techniques prédéterminées[3]. Depuis 2012, des appels à projets annuels organisés par le MLHD ont permis de labelliser à ce jour trente-neuf écoquartiers, en centre-ville comme en périphérie.

Pour autant, l'affirmation d'un modèle dans un domaine aussi emblématique que la ville durable ne va pas de soi. Bien que soutenu par l'État, l'Écoquartier a pâti de la concurrence du label HQE-Aménagement (Haute Qualité Environnementale-Aménagement) qui promeut dix-sept cibles adressant essentiellement des enjeux écologiques (association HQE, 2011). Sa gouvernance associative plus flexible et le large réseau de praticiens publics et privés impliqués ont permis à ce label alternatif de se développer plus rapidement, y compris, comme nous allons le voir, à l'étranger.

1.3. L'expression du modèle en Indonésie : Kota hijau

En Indonésie, l'appréhension des questions environnementales dans les politiques urbaines s'est concentrée sur la planification réglementaire (PUPR, 2011, 2). Mais la Loi n° 26/2007 sur la planification et le dévelop-

---

3 « Un écoquartier est un projet d'aménagement urbain qui respecte les principes du développement durable tout en s'adaptant aux caractéristiques de son territoire » (MLHD, 2016).

pement territorial a introduit de nouveaux objectifs d'harmonie entre constructions et environnement, et de sensibilisation de la population. Inspirée de chercheurs étrangers et d'institutions internationales (PUPR, 2011), cette politique s'est traduite par la formalisation en 2010 du concept de « Ville verte » (*Kota hijau*), définie comme « une ville développée sans porter atteinte aux ressources locales, mais qui au contraire les valorise de manière continue. Ces ressources sont à la fois humaines, naturelles et servicielles » (PUPR, 2011).

Ce concept a été déployé via le Programme pour le développement des villes vertes (P2KH ou *Program pengembangan kota hijau*), fondé sur les principes (i) d'inclusion et de gouvernance partagée (via la participation des communautés de bénéficiaires et le partenariat avec les autorités locales), (ii) de transversalité des projets (qui intègrent huit paramètres : urbanisme, espaces publics, déchets, eau, mobilité, énergie, bâtiments, communauté) et (iii) de formalisation de leur processus de mise en œuvre, sous l'impulsion de l'État (qui intervient en appui des collectivités locales). Le P2KH a donné lieu à des appels à projets successifs :

- En 2011, 60 villes et comtés (sur un total de 491 dans le pays) ont été sélectionnés sur des critères de volontarisme politique, d'exemplarité des politiques locales d'urbanisme, et d'engagement à investir du temps et des fonds (Kirmanto *et al.*, 2012, 7).
- En 2012, ces collectivités se sont dotées de Plans d'actions pour des villes vertes (RAKH ou *Rencana aksi kota hijau*), variant selon les priorités locales (aménagement de parcs urbains, recyclage des déchets, développement des transports en commun, etc.). La constitution de « communautés vertes » (*Komunitas hijau*), structures associatives engagées dans la promotion du vélo, l'agriculture urbaine ou le nettoyage des berges des rivières, a été fortement encouragée.
- En 2013, le BPIW a entrepris de changer d'échelle en réalisant des projets urbains majeurs qui déclinent les huit paramètres du P2KH. Un référentiel écoquartier indonésien inspiré du HQE-Aménagement est alors mis au point avec l'aide d'une assistance technique française, et un appel à projets lancé, qui voit neuf villes et comtés retenus.
- En 2014, des séances de travail en Indonésie et des visites de sites en France ont familiarisé les acteurs locaux avec le modèle français de ville durable.
- En 2015, les neuf villes ont bénéficié d'un appui technique pour arrêter le périmètre, identifier les acteurs à associer et définir les objectifs de chaque écoquartier. Les résultats se sont révélés

en-deçà des attentes, si bien qu'en 2016, seules les trois collectivités les plus avancées (les villes de Yogyakarta et Semarang et le comté de Wonosobo, tous situés dans la province de Java Centre) ont poursuivi le programme.

Le P2KH est piloté par le Ministère des Travaux Publics et du Logement Social (PUPR ou *Kementerian Pekerjaan umum dan perumahan rakyat*), en partenariat avec les collectivités locales candidates, municipalités (*kota*) ou comtés[4] ruraux (*kabupaten*). De ce point de vue, il reflète le nouvel équilibre des pouvoirs dans le contexte de décentralisation à l'œuvre depuis 2001. Il est important de souligner qu'au sein du PUPR, le P2KH a été porté par la Direction du Développement des infrastructures régionales (BPIW ou *Badan pengembangan insfrastruktur wilayah*). Ce service ministériel est reconnu pour sa connaissance des problèmes locaux et son appétence pour l'innovation. Mais il ne peut s'appuyer sur les moyens techniques et financiers dont dispose la toute puissante Direction des travaux publics (CK ou *Cipta karya*), en charge de la réalisation des infrastructures cofinancées par l'État, qui a pris les commandes du programme en 2016.

Il convient de souligner ici que pour les villes et comtés impliqués, le modèle *Kota hijau* n'est pas tant importé de l'étranger que de Jakarta. Le référentiel indonésien a en effet été élaboré par les fonctionnaires de l'administration centrale (*Pusat*) et proposé aux collectivités locales (*Daerah*), à l'appui d'incitations financières pour la réalisation des infrastructures. Dans un pays où la décentralisation est récente, cette immixtion de l'état dans les projets urbains locaux a pu perturber des collectivités locales, qui peinent encore à concevoir et mettre en œuvre leurs propres politiques publiques (Sutarto, Jarvie, 2012).

1.4. Circulation du modèle

Cette genèse des concepts français et indonésien de ville durable révèle plusieurs traits communs. Tous proposent une définition du développement durable qui articule préoccupations écologiques et sociales (la dimension économique étant plus en retrait). Le modus operandi retenu par les pouvoirs publics parie sur la réalisation de projets pilotes

---

4 Ce terme, qui fait référence aux *counties* britanniques, reflète à notre sens mieux l'histoire, les compétences et l'échelle des *kabupaten* que les traductions souvent employées de « département » ou « régence ».

exemplaires pour inspirer les politiques locales d'aménagement, avec un partage des rôles entre l'État moteur et garant du modèle, et les collectivités locales responsables de sa mise en œuvre. Enfin, ces modèles revendiquent un caractère universel, pertinent aussi bien dans les contextes urbains que ruraux, à l'échelle des quartiers comme celle de territoires métropolitains. Pour toutes ces raisons, il nous paraît possible de parler dans le cas d'espèce de modèle commun d'écoquartier.

Ces similitudes ont constitué un terreau propice au développement d'une coopération entre les deux pays, qui ont développé chacun leur propre référentiel. Cette coopération initiée par un petit nombre d'individus. Du côté indonésien, le haut-fonctionnaire en charge du P2KH au BPIW, M. Endra S. Atmawidjaja (ESA), a étudié en France, où il a acquis la conviction du rôle majeur de l'aménagement urbain pour l'avènement de villes plus durables. Ce parcours et sa francophilie ont indéniablement favorisé les liens avec les modèles français.

Du côté français, un consultant que nous appellerons F.[5], ingénieur de formation, s'est imposé comme un intermédiaire clef entre les agences gouvernementales françaises et les interlocuteurs indonésiens. En 2012, F. croise le chemin d'ESA, qui expose la nouvelle orientation du P2KH vers des projets urbains pilotes. F. n'était alors pas familier des questions d'aménagement urbain, mais cette perspective ouvrait des opportunités pour son entreprise. De retour en France, il propose à la coopération française un programme d'assistance au Gouvernement indonésien sur la base du HQE-Aménagement et obtient un cofinancement de plusieurs agences gouvernementales, dont l'ADEME (Agence de l'environnement et de la maîtrise de l'énergie).

Cette rencontre des concepts français et indonésien de ville durable a donné lieu à plusieurs distorsions. Tout d'abord, le choix par F. du HQE-Aménagement, mieux référencé et plus facilement exportable grâce notamment aux cofinancements de l'ADEME que le label Écoquartier pourtant sensé être le label promu par l'État français. Ensuite, un parangonnage de contextes urbains français très éloignés des réalités indonésiennes. Si bien que les équipements de haute-technologie et les projets d'habitat collectif dense mis en avant ont pu donner l'illusion aux acteurs indonésiens que leurs projets passaient par ces solutions, au détriment de la recherche de solutions ad-hoc promue par le modèle.

---

5 Étant toujours partie prenante du programme écoquartiers en Indonésie, nous préserverons son anonymat.

Enfin, du fait même du portage du programme, les acteurs institutionnels ont pu y être surreprésentés aux dépens des acteurs locaux (bénéficiaires, opérateurs privés, élus de terrain, universitaires) qui jouent pourtant un rôle encore plus important en Indonésie qu'en France.

2. Le projet d'écoquartier Banjir Kanal Barat (BKB)

2.1. Contexte urbain, politique et technique

Peuplée de 1,5 million d'habitants sur 374 km^2, Semarang est la capitale administrative et économique de la province de Java-Centre, la plus densément peuplée d'Indonésie. Dans les années 1950 et 1960, les activités industrielles et des quartiers populaires se sont développés dans la plaine côtière qui s'étire entre la Mer de Java au nord et les contreforts du massif volcanique d'Ungaran au sud (illustration 1).

Illustration 1 : *Plan de situation de l'écoquartier BKB*

Source : J. Birgi

Depuis le début des années 1990, cette partie de la ville a été confrontée à des problèmes écologiques croissants. La déforestation et l'artificialisation des sols en amont ont aggravé la vulnérabilité aux inondations pluviales. Dans le même temps, le phénomène du « rob » (conjonction d'un affaissement des sols, provoqué par le pompage de la nappe phréatique, et de la hausse du niveau de la mer du fait du réchauffement climatique) cause des inondations quotidiennes qui affectent des dizaines de milliers d'habitants et d'entreprises. à ce titre, tant en Indonésie qu'à l'étranger, Semarang incarne les défis écologiques urbains contemporains, comme en témoignent une littérature riche et les nombreux programmes de coopération. Aussi, le choix de Semarang parmi les neuf puis trois sites retenus pour l'accueil d'un écoquartier était-il évident pour le Gouvernement indonésien.

Le site proposé par la Ville de Semarang se trouve de part et d'autre de BKB, canal de dérivation creusé à l'époque coloniale et récemment réhabilité avec le soutien technique et financier de l'Agence japonaise pour l'investissement et la coopération (JICA). Mais cet investissement dans l'infrastructure n'a pas eu d'effet d'entraînement sur les tissus urbains alentours. D'où la volonté de la Ville de profiter du P2KH pour promouvoir une destination attractive et emblématique de nouvelles valeurs écologiques.

Le périmètre retenu de 74,3 ha (dont 15 ha pour le canal et ses rives) compte environ 16 000 habitants, soit une densité de l'ordre de 275 hab./ha. Il est organisé en bandes fonctionnelles nord-sud, avec (i) au centre, le canal proprement dit, (ii) de part et d'autre les quais bordés d'activités industrielles, commerciales et de négoce, majoritairement informelles et (iii) à l'ouest, plusieurs *kampung*[6] et un long parc urbain.

[6] *Kampung* est un terme malais qui désigne les quartiers dits spontanés, souvent murés et autogérés par leur communauté[8] et qui représentent encore l'essentiel du tissu urbain en Indonésie. Le terme de « village urbain » (Goldblum, 1988) traduit bien l'origine rurale de la première génération d'habitants (bien que l'on trouve par exception par exception dans les cités côtières des *kampung* ethniques issues de communautés marchandes anciennes) et la vie communautaire très développée qui les rythme. En référence à l'anglais *community*, qui exprime mieux la dimension communautaire de l'indonésien *masyarakyat*, souvent traduit par « société ».

2.2. Conception du projet à l'appui du modèle

Le processus d'élaboration du projet BKB a respecté la méthodologie inspirée du HQE-Aménagement et les principes de *Kota Hijau*. Après une série d'ateliers et de visites destinés à les familiariser avec le concept d'écoquartier, le BPIW et F. ont orienté leur intervention sur la formation des élus et des agents de la Ville de Semarang en appréhendant le projet comme une étude de cas.

Cette approche pédagogique a pu faciliter l'appropriation du modèle, mais au détriment de la conception technique du projet. Sous pression du PUPR, désireux de résultats rapidement visibles sur le terrain, l'équipe de consultants de F. s'est donc impliquée plus directement dans la définition du projet à partir de 2016. Contraints par le temps et leur budget, ils se sont concentrés sur les questions jugées prioritaires (l'eau, les déchets, les projets immobiliers) ou familières (l'énergie), au détriment d'autres dimensions (mobilité, vie de proximité, etc.). Certains objectifs de l'écoquartier ont pu s'en trouver négligés, dérogeant ainsi à l'ambition totalisante du modèle. En revanche, les consultants ont insisté pour impliquer les habitants via des ateliers participatifs animés par l'Université Diponegoro de Semarang (UNDIP), démarche confortée par le Maire de Semarang qui a veillé à les associer au comité de pilotage pour les consulter.

À ce jour, ce processus a abouti à un plan-guide (illustration 2) officiellement adopté par le Maire et le BPIW lors d'un comité de pilotage, le 5 août 2016. Ce document décline au sein d'un projet d'ensemble cohérent les actions à engager pour atteindre les objectifs de l'écoquartier. Outre l'aménagement d'équipements et d'espaces publics, le plan-guide identifie des projets immobiliers destinés à être réalisées par le secteur privé et des activités portées par la société civile, ce qui est inhabituel en Indonésie où le secteur public ne s'intéresse d'ordinaire qu'aux infrastructures. Il n'y a cela dit pas de garantie que cette cohérence se pérennise dans les phases à venir de réalisation du projet.

Illustration 2 : *Évolution du périmètre de l'écoquartier BKB*

Source : J. Birgi

3. Résultats et perspectives

3.1. Valeur ajoutée et effets pervers du modèle

Plusieurs paramètres ont compliqué la mise en œuvre du modèle écoquartier à Semarang. Tout d'abord, la faible tradition d'aménagement urbain public en Indonésie (i), où prévaut une culture de la planification réglementaire et de la réalisation d'infrastructures peu attentive aux tissus constitués. De manière très révélatrice, le périmètre proposé à l'origine par la Ville de Semarang ne portait que sur le domaine public stricto sensu du canal et de ses berges (illustation 3). Même une fois actée son extension aux quartiers riverains, les services de la Ville se sont avérés très réservés dans la formulation de propositions sur ces espaces pourtant dégradés ou « sous-valorisés » par des fonctions urbaines de faible intensité.

La question foncière (ii) peut expliquer pour partie cette difficulté à penser le domaine privé. Héritier à la fois du droit coutumier (*adat*), du système colonial néerlandais, et de politiques postcoloniales d'inspiration socialiste, le droit des sols indonésien est complexe, peu fiable, et favorise les occupants (fussent-ils sans titre) au détriment des propriétaires (Moeliono, 2011). En conséquence, acquérir du foncier en milieu urbain est un processus long, coûteux et incertain qui dissuade aussi bien les promoteurs privés que les pouvoirs publics, sauf quand la pression immobilière est telle[7] que les perspectives de profit motivent des procédés détournant la Loi (Dorléans, 1993). Le foncier privé occupé est ainsi assimilé à du foncier non mobilisable.

Les principes de participation et de transversalité promus par le modèle se sont également heurtés dans les faits à la culture bureaucratique du pays (iii). Les fonctionnaires municipaux ont réduit à la portion congrue leur implication dans les ateliers participatifs, peut-être vécus comme une remise en cause de leurs prérogatives de sachants, qui plus est devant des tiers (consultants français et agents du PUPR). En interne, la persistance du cloisonnement technique a considérablement freiné la conception d'un projet intégré, avec des incohérences persistantes entre infrastructure, programmation immobilière, et stratégie urbaine élargie. Le décalage entre l'appropriation unanime du modèle dans les discours et la persistance flagrante de pratiques contradictoires tend à montrer qu'il demeure une abstraction pour les acteurs locaux.

Le déploiement du modèle a enfin été perturbé par les logiques propres aux institutions vectrices de sa diffusion (iv). La pression de CK et de l'AFD auprès des gouvernements indonésien et français pour définir au plus vite un programme ambitieux (et partant, coûteux) d'infrastructures à financer a abouti à la reprise en main courant 2016 du P2KH et à l'éviction du BPIW. La rupture avec le long processus d'appropriation

7 Notamment à Jakarta et les centres d'affaires d'une poignée de grandes villes. Pour le reste, le développement urbain privilégie l'étalement urbain au redéveloppement de quartiers existants.

initié en 2014 et le retour à des considérations purement techniques portent en germe le détournement d'un modèle en théorie attentif aux solutions locales, concertées et financièrement soutenables. Il ne s'agit pas ici d'opposer deux approches indéniablement complémentaires, mais force est de constater que la culture technocratique et les intérêts financiers majeurs des organisations qui ont repris les commandes du programme compromettent le fragile processus de montée en compétence et d'appropriation du projet par les acteurs locaux jusqu'alors privilégiés.

En dépit de tous ces obstacles, la conception de BKB respecte à ce jour les grands principes énoncés dans le modèle indonésien d'écoquartier, tant dans la méthode que le parti d'aménagement. Au-delà du projet urbain proprement dit, le concept d'écoquartier incarne désormais pour la majorité des acteurs impliqués dans le programme un projet intégré, participatif et durable (Suara Merdeka, 2016). De ce point de vue, l'objectif d'exemplarité de nouveaux modes de faire peut être considéré atteint. Sur le terrain des réalisations en revanche, l'appétit de Jakarta pour les infrastructures dispendieuses, la force de frappe des promoteurs immobiliers de quartiers clef-en-main et le tropisme bureaucratique des services de la Ville vont durement éprouver la capacité du modèle à changer la donne dans les faits. De ce point de vue, la déclinaison du modèle se trouve début 2017 au milieu du gué.

Illustration 3 : *Plan-guide de BKB approuvé le 5 août 2016 (Ville de Semarang)*

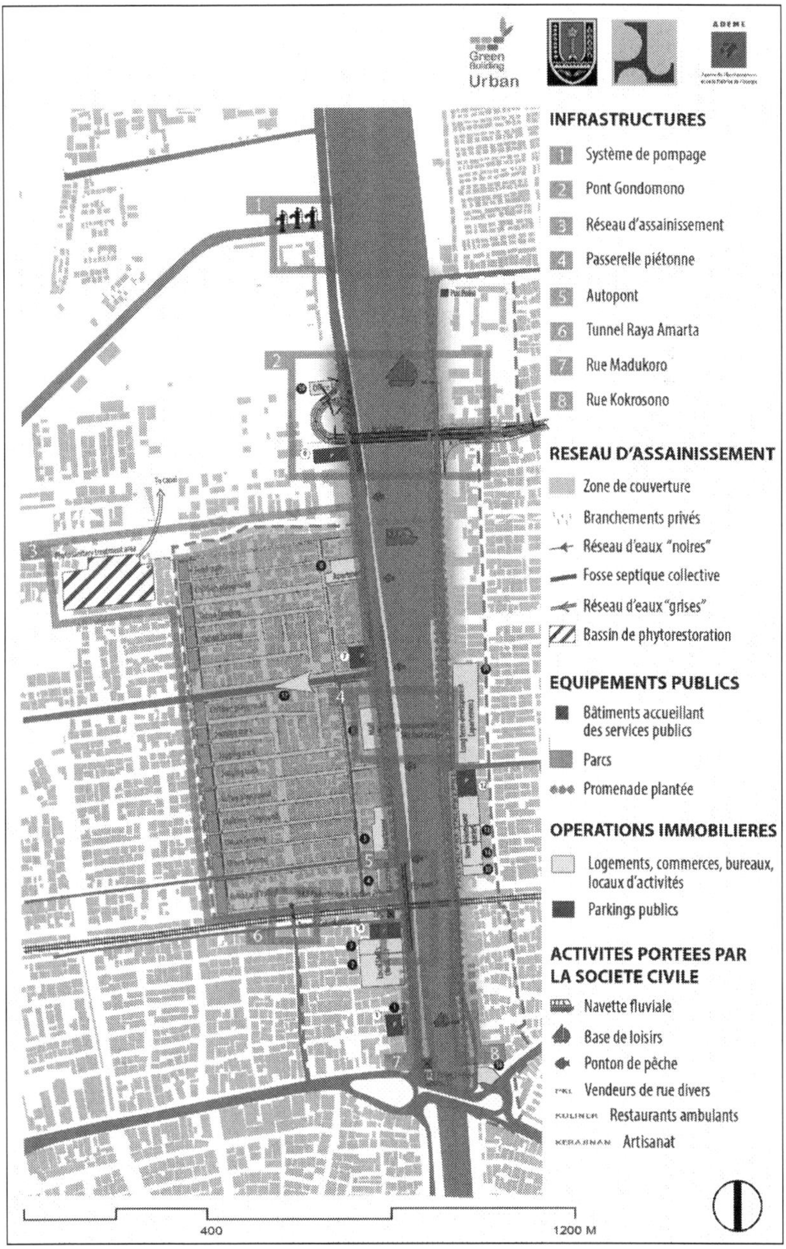

Source : Ville de Semarang, 2016

3.2. Comment et où le modèle pourrait être mieux exploité ?

Le défi de tout modèle est de s'adapter au contexte. À cet égard, les difficultés rencontrées dans l'exemple de BKB révèlent-elles l'inéligibilité de pays émergents comme l'Indonésie au modèle écoquartier ?

La réponse se trouve peut-être non tant dans le modèle en soi que dans son champ d'application. Ainsi, la plupart des dix-sept cibles inspirées du HQE-Aménagement retenues pour les écoquartiers indonésiens pourraient être mieux valorisées en s'appuyant sur les organisations de proximité, plutôt que sur les seuls services techniques des collectivités qui n'ont pas la même capacité à agir qu'en France. Les Unités de voisinage (RT ou *Rukun tetangga*) représentent en effet un excellent potentiel pour la participation, la prise de conscience environnementale, la cohésion sociale, l'auto-entrepreneuriat, et le microfinancement (Yuliastuti, Saraswati, 2013), qui sont autant d'alternatives au déficit de ressources techniques et financières de l'urbanisme institutionnel.

Cette orientation impliquerait d'adapter l'échelle des projets d'écoquartiers au périmètre d'intervention de ces organisations locales, qui représentent des communautés d'intérêts. Une approche qui a fait ses preuves dans d'autres contextes (Moench, Gyawali, 2008), et qui serait mieux appropriée aux zones péri-urbaines confrontées à une urbanisation rapide et une gouvernance faible (Mardiansjah, 2013) qu'aux centres villes, terrain d'application on ne peut plus ardu pour un modèle émergent. En Indonésie, le modèle écoquartier pourrait ainsi renouveler les politiques de rénovation urbaine orphelines du KIP[8] (*Kampung Improvement Program*). Complété à l'échelle métropolitaine par son modèle frère d'écocité, il pourrait contribuer à une meilleure articulation entre quartiers et grand territoire qui fait aujourd'hui cruellement défaut (Syahbana, 2008).

---

8 Mené entre 1968 et la Crise asiatique de 1997 par le gouvernement indonésien avec l'appui technique et financier de la Banque Mondiale, le KIP est un programme de viabilisation des quartiers d'habitat informel exceptionnel par son ampleur – 30 millions de bénéficiaires dans 800 villes (Syahbana, 2008) – et sa longévité. Impliquant fortement les bénéficiaires et adressant des problématiques sociales et économiques en même temps que les infrastructures, il a contribué à améliorer significativement les conditions de vie des urbains les plus pauvres sans bouleverser l'organisation des villes indonésiennes, pour un coût modeste (Silas, 1989). D'autres aspects du KIP sont plus controversés, comme le contrôle social renforcé par son entremise (Goldblum, 1988).

Enfin, la réponse aux enjeux de maîtrise foncière et de partenariat vertueux avec le secteur privé sous-tendus par la dimension intégrative des écoquartiers appellent de nouveaux outils opérationnels – de type aménageur public – qui permettraient en outre un pilotage transversal des projets.

Conclusion

Le cas de BKB a mis en évidence des mécanismes de circulation d'un modèle de ville durable qu'une analyse sur les autres collectivités impliquées dans le programme écoquartier indonésien (Wonosobo et Yogyakarta) viendrait confirmer. Il s'agit donc d'un exemple potentiellement riche d'enseignements pour les politiques publiques menées à l'appui de modèles urbains.

Le premier réside dans le rôle décisif des jeux d'acteurs, y compris individuels, dans la circulation du modèle. Produit d'une hybridation (celle du HQE-Aménagement étranger et du *Kota Hijau* local) suivie d'une territorialisation (de Paris et Jakarta à Semarang), l'écoquartier indonésien a été conçu et déployé par une poignée d'individus et d'organisations qui ont tiré parti d'un agenda international favorable. Dans ce processus, le modèle a été plus ou moins consciemment réinterprété au gré des intérêts et des cultures professionnelles de chacun. Cette distorsion vertueuse pour adapter le modèle au contexte local peut aboutir à son détournement lorsque les valeurs qu'il promeut sont trop éloignées de celles des institutions qui se l'approprient. Alors le modèle devient moyen pour les pouvoirs en place (qu'il s'agisse de personnes publiques, morales ou physiques) de renouveler leur légitimité face à des contre-pouvoirs émergents. Ce phénomène étudié dans le cadre de régimes autoritaires (Barthel *et al.*, 2013) est ici vérifié dans un contexte plus démocratique, où la décentralisation menace l'ordre établi. D'où l'importance de veiller à la cohérence des valeurs entre le modèle et les vecteurs désignés pour le déployer.

Le deuxième enseignement est celui de l'importance du contexte, qui plaide pour une lecture du modèle distincte de celles qui ont fait son succès ailleurs. En Indonésie comme dans beaucoup de pays émergents où l'état peine à agir sur le fait urbain, les territoires d'application et les leviers permettant de tirer le meilleur parti des écoquartiers ne sont pas les mêmes qu'en France. Retenons ainsi l'apport majeur que pourrait représenter dans ce contexte le principe de gouvernance élargie aux communautés locales et au secteur privé – parents pauvres de l'urbanisme institutionnel et de ce fait, acteurs majeurs de l'urbanisation incontrôlée – par rapport aux ressors technicistes souvent mis en avant dans ces concepts de ville durable, ici difficilement applicables.

Enfin, il convient d'être conscient du coût en termes de temps, de compétences et dès lors, de moyens financiers, qu'implique l'appropriation d'un modèle, par essence en rupture avec les pratiques. Leur mobilisation appelle ainsi un financement de l'immatériel trop souvent sous-estimé dans les nouvelles politiques d'aménagement et la coopération internationale.

Bibliographie

Association HQE, 2011, *La démarche HQE-Aménagement*, document en ligne consulté le 14-05-2016 : http://www.hqegbc.org/amenagement/.

Barthel P.-A., Clerc V., Philifert P., 2013, « La 'ville durable' précipitée dans le monde arabe : essai d'analyse généalogique et critique », *Environnement urbain*, vol. 7, 16-30.

Clavel P., 2014, *Progressive City Literature*, document en ligne consulté le 17-09-2016 : http://progressivecities.org/author/pc29/.

Dorleans B., 1993, « Problèmes d'aménagement urbain et spéculation foncière à Jakarta », *Archipel*, vol. 46.

Douglass M., 2016, « The Rise of progressive Cities in Asia: Towards Human Flourishing in Asia's Urban Transition », *Asia Research Institute Working Paper Series*, n°248.

Goldblum C., 1988, *Métropoles de l'Asie du Sud-Est. Stratégies urbaines et politiques du Logement*, Paris, L'Harmattan.

Mardiansjah F. H., 2013, *Urbanisation durable des territoires et politiques de développement urbain en Indonésie: étude de trois* kabupaten *en voie d'urbanisation rapide dans l'île de Java*, thèse de doctorat, Marne-la-Vallée, Université Paris Est.

Joss S., 2010, *Eco-Cities. A Global Survey 2009*, Londres, University of Westminster.

Kirmanto D., Ernawi I. S., Djakapermana R. D., 2012, « Indonesia Green City Development Program: an Urban Reform », *48th ISOCARP Congress*, document en ligne consulté le 15-05-2016, http://www.isocarp.net/data/case_studies/2124.pdf.

MLHD, 2016, *Les Écoquartiers*, [en ligne] consulté le 18-09-2016, http://www.logement.gouv.fr/les-ecoquartiers.

Moeliono T., 2011, *Spatial Management in Indonesia: From Planning to Implementation. Cases from West Java and Bandung. A Socio-legal Study*, thèse de doctorat, Leiden University.

Moench M., Gyawali D., 2008, *Desakota: reinterpreting the urban-rural continuum. Conceptual Foundations for Understanding the Role Ecosystem Services Play in the Livelihoods of the Poor in Regions Undergoing Rapid Change*, Londres, DFID.

Pinson G. *et al.*, 2016, 1er atelier SMACK, Pessac, 13 octobre.

PUPR, 2011, *Program Pengembangan Kota Hijau (P2KH). Panduan Pelaksanaan 2011,* Jakarta.

Register R., 1987, *Ecocity Berkeley: Building Cities for a Healthy Future*, Berkeley CA, North Atlantic Books.

Roseland M., 1997, « Dimension of the Ecocity », *Cities*, vol. 14, n°4 : 197-202.

Silas J., 1989, « Marginal Settlements in Surabaya, Indonesia: Problem or Potential? », *Environment and Urbanization,* vol. 1, n°2, October.

Suara M., 2016, « Rancang Eco District, Pemkot Gandeng Prancis », *Suara Merdeka*, Semarang, 30 Juillet.

Sutarto R., Jarvie J., 2012, « Integrating Climate Resilience Strategy into City Planning in Semarang, Indonesia », *Climate Resilience Working Paper* n°2, Boulder CO, ISET.

Syahbana J. A., 2008, « Kampung Improvement Program leads to appropriate urban renewal in Indonesian cities », in Atkinson (ed.) *Stratégies pour un Développement Durable Local. Renouvellement Urbain et Processus de Transformations Informelles,* Berlin, Univerlagtuberlin.

Yuliastuti N., Saraswati N., 2013, « Environmental Quality in Urban Settlement: the Role of Local Community Association in East Semarang Sub-District », *Procedia-Social and Behavioral Sciences,* vol. 135, 31-35.

Zhou N., Williams C., 2013, *An International Review of Eco-City Theory, Indicators, and Case Studies*, Berkeley CA, Berkeley Lab.

Le bâtiment « vert » au service de la ville durable ?

Une économie politique de l'efficacité énergétique dans le Grand Manille (Philippines)

Morgan Mouton[1]
Doctorant, Laboratoire Techniques, Territoires, Sociétés (LATTS)

Alvaro Artigas[2]
Chercheur associé au CERI

Introduction

Depuis plusieurs années déjà les villes apparaissent comme une échelle pertinente pour soulever la question énergétique. Au niveau des transports d'abord, avec les travaux largement diffusés de Newman et Kenworthy (1989) et les commentaires qu'ils ont suscités , mais aussi plus avec une réflexion générale sur le rôle des villes dans les politiques de transition énergétique (Coutard, Rutherford, 2010 ; Bulkeley *et al.*, 2011 ; Hodson *et al.*, 2013 ; Bulkeley *et al.*, 2014 ; Jaglin, Verdeil, 2013). La question de l'énergie est désormais de plus en plus abordée sous l'angle des consommations et de la demande énergétique, avec une analyse des usages et de la construction des normes qui les conditionnent (Guy, Shove, 2000 ; Shove, 2004), mais également avec des questionnements sur les propriétés énergétiques des bâtiments (Graham, 2004 ; Lévy *et al.*,

1 Morgan Mouton travaille sur les enjeux énergétiques dans le Grand Manille, et s'intéresse à ce titre aux liens qu'entretiennent le changement urbain et le service électrique dans la région-capitale philippine.

2 Alvaro Artigas est chercheur associé à Sciences Po Paris (École Urbaine, CERI) et enseignant du Master Governing the Large Metropolis. Il travaille sur les programmes publics de développement des infrastructures et co-dirige le projet GREENUT (USPC-NUS Singapour) sur la croissance verte en Asie du Sud Est.

2014), dont le poids est substantiel dans la part des émissions de gaz à effets de serre (GES).

Dans les pays du Sud, l'enjeu de l'efficience énergétique des bâtiments reste cependant peu étudié (IEA 2015), bien que cette question soit particulièrement pertinente dans le contexte d'une attention accrue portée aux défis environnementaux, comme c'est le cas en Asie du Sud Est. Cette région se trouve sur la ligne de front des enjeux environnementaux mondiaux à la fois du fait de sa contribution au changement climatique (progression constante de sa population urbaine, progression constante et peu maîtrisée de sa consommation énergétique : voir Bicknell, Dodman *et al.*, 2009) et du fait de son exposition à ce phénomène (IPCC, 2014). Nous souhaitons ainsi apporter une contribution à ce débat sur la base d'une étude du cas de la région métropolitaine de Manille, aux Philippines. Plusieurs raisons rendent ce poste d'observation particulièrement pertinent pour alimenter une discussion sur la durabilité des villes asiatiques. En premier lieu, les Philippines sont souvent considérées comme un pays de second rang[3] par rapport aux « grands émergents », mais les économies en développement auront un impact agrégé important et croissant sur les émissions de GES dans les années à venir, et constituent ainsi un lieu privilégié pour étudier les politiques de développement durable. Il suffit pour s'en convaincre d'observer les pratiques émergentes en matière de climatisation qui s'installent dans les pays du sud-est asiatique marqués par la sortie de la pauvreté d'une part substantielle de la population (Sahakian, 2014). Sivak (2009) propose d'évaluer la demande énergétique potentielle qu'entraînerait l'usage de la climatisation pour les cinquante aires métropolitaines les plus peuplées : les onze villes les plus énergivores (potentiellement) sont asiatiques, et Manille arrive à la cinquième place de ce classement. Pour caractériser cette situation, soulignons que climatiser tout Mumbai nécessiterait une consommation en électricité équivalente à un quart de l'*ensemble* de la consommation électrique des États-Unis. Ainsi, si la consommation d'électricité par habitant est faible aux Philippines[4], celle-ci connaît depuis une vingtaine d'années une forte hausse.

Après cet argument géographique, notons en second lieu que le moment est opportun pour se livrer à une étude des politiques de promotion de

[3] Les Philippines ont longtemps été considérées comme « l'homme malade de l'Asie » (Krinks, 2003)w

[4] 692 kwh/habitant en 2013 à comparer avec la France (7 374) ou la Chine (3 762) (source : IEA).

l'efficience énergétique : le Grand Manille connaît en effet une croissance démographique et économique soutenue, de sorte que les constructions se multiplient, et conditionnent largement les consommations énergétiques à venir (Ballesteros, 2010, National Statistics Office, 2012). Finalement, il est également pertinent de s'intéresser à cette question du fait qu'elle se situe à l'intersection d'enjeux environnementaux, mais également d'enjeux de sécurisation de l'approvisionnement en électricité et de réduction des dépenses liées à l'électricité chez les ménages[5] – ces enjeux étant bien souvent, dans les pays du Sud, prévalent sur le premier (Verdeil, 2015).

Ce chapitre s'appuie principalement sur un travail de terrain réalisé en mai 2016, durant lequel des entretiens semi-directifs ont pu être réalisés avec les acteurs publics et privés du secteur de l'efficacité énergétique. Il s'attachera à documenter les initiatives visant à améliorer l'efficience énergétique du cadre bâti dans la région-capitale philippine, et à analyser les conditions de leur déploiement et de leur généralisation. Ce faisant, l'analyse soulève un certain nombre de questions. Elle interroge d'abord la capacité des acteurs publics, à différentes échelles (nationale, métropolitaine ou municipale), à mettre en œuvre leurs politiques publiques. Elle met ensuite en question le rôle des acteurs privés dans la production de normes encadrant la production de bâtiments « durables », et leur relation avec la puissance publique.

1. Les normes de l'efficience énergétique : une diffusion progressive aux Philippines

Qu'entend-t-on par « efficience énergétique » ? Il s'agit, pour une unité d'énergie alimentant un système donné, de maximiser le service fourni. Cela se traduit concrètement, dans un contexte urbain, au niveau des bâtiments et des équipements électriques : éclairages basse consommation, systèmes de climatisation optimisés, isolation des bâtiments, contrôle plus fin des températures dans les bâtiments, etc. Le coût de telles améliorations est bien souvent recouvré puisque l'investissement est compensé, dans le temps, par la réduction des dépenses énergétiques (McKinsey, 2010 ; Forester, 2015). On comprend donc facilement l'intérêt d'une amélioration de l'efficience énergétique dans le contexte

---

5 Le coût de l'électricité aux Philippines est l'un des plus élevés de la région (American Chamber of Commerce of the Philippines 2010).

d'un pays désormais intégré à la globalisation des échanges et des services, dont les classes moyennes développent des attentes fortes en matière de confort, tout en peinant à augmenter les capacités de production d'électricité pour suivre l'évolution de la demande. De fait, des projets « pilotes » en matière de bâtiments « verts » ont été mis en place en Asie, et mis en valeur par les organisations internationales et régionales. L'enjeu est cependant de passer à une phase de généralisation de telles pratiques, puisque la Banque Asiatique de Développement estime que pour les seuls pays d'Asie du Sud-Est, des investissements d'au moins 11 milliards de dollars américains sont nécessaires pour que ces pays puissent tenir leurs engagements de réduction des émissions de GES (Adb, 2013, 6).

Cette généralisation, justement, dépend largement de l'adoption de normes par les acteurs du secteur immobilier. Le processus habituel de conception des bâtiments repose généralement sur la réalisation d'objectifs définis par une méthode d'évaluation des qualités environnementales. De telles méthodes d'évaluation peuvent être privées – c'est le cas du *Building Research Establishment's Environmental Assessment Method* (BREEAM) au Royaume-Uni ou du *Leadership in Energy and Environmental Design* (LEED) américain, qui sont utilisés dans le monde entier. Le LEED, en particulier, lancé en 1998 par l'*US Green Building Council*, est parvenu à acquérir une position dominante : ce standard qui repose sur une évaluation par un tiers a été adopté dans plus de quarante pays (dont le Brésil, le Canada, la Chine, l'Inde, les Emirats Arabes Unis ou les Philippines), au sein desquels plus de 83 000 bâtiments ont été certifiés[6], depuis les maisons individuelles jusqu'aux sièges sociaux de grandes entreprises.

Ces systèmes permettent de mesurer et certifier les différents impacts environnementaux des bâtiments, et cherchent à agréger leurs résultats. Parvenir à un système de classement simple et lisible est en effet un enjeu majeur, puisqu'il conditionne la possibilité, pour le promoteur immobilier, de transformer cette « valeur environnementale » en valeur pécuniaire du bien immobilier. Dans le contexte d'une attention croissante du public portée aux performances environnementales des bâtiments, la certification d'un bâtiment peut en effet faire augmenter de manière substantielle sa valeur à l'achat.

Le *World Green Building Council* a participé ainsi, en amont, de la dissémination de ces standards à l'échelle globale. Aux Philippines,

---

6 http://www.usgbc.org/leed.

les systèmes de certification étrangers ont donc été mobilisés par des développeurs soucieux de proposer des bâtiments qui puissent être promus sur la base de leurs performances environnementales. On note cependant la conception d'un système de certification « indigène », qui permette de coller au mieux aux contraintes locales – en matière de climat, notamment – avec le *Philippine Green Building Council* (PhilGBC). Cette association à but non-lucratif a été créée en 2007 et a produit trois ans plus tard un système d'évaluation, le *Building for Ecologically Responsive Design Excellence* (BERDE)[7]. Le guide qui consigne les principes du BERDE est mis à disposition de tous afin de favoriser la diffusion des pratiques de construction « responsables » sur le plan environnemental, et l'organisation tire la majeure partie de ses financements de son activité d'évaluation[8]. Autrement dit, suivre le BERDE ne coûte rien, mais un développeur qui souhaite faire certifier un bâtiment doit s'acquitter d'honoraires qui serviront à faire fonctionner le PhilGBC et à lui permettre d'employer des experts-évaluateurs[9].

2. Hétérogènes et très locales : les politiques encadrant le bâtiment « vert » aux Philippines

L'articulation de ces initiatives internationales et nationales avec un développement territorial efficace du point de vue énergétique soulève des enjeux importants qui ont trait au contrôle par le politique au moyen de la coopération ou du partenariat (Papadopoulos, 2007), ou encore à l'absence de décision (Lascoumes, Le Galès, 2012) en matière environnementale. Qui met en place des politiques de promotion de l'efficience énergétique du bâtiment dans le Grand Manille, et selon quelles modalités ? Cette section permet de mettre en évidence le rôle de l'échelon municipal, tout en soulignant la manière dont la fragmentation territoriale de l'action publique se traduit par une hétérogénéité des politiques développées.

---

7 Il s'agit d'un jeu de mot : l'acronyme signifie « vert » en tagalog.

8 Le reliquat de ses revenus est tiré d'une participation des « sponsors » du PhilGBC – principalement des entreprises de promotion immobilière.

9 PhilGBC compte dix employés à temps plein et mobilise, suivant l'intensité de son activité, jusqu'à trente consultants. Source : entretien avec le président de PhilGBC (mai 2016).

2.1. À la recherche d'une capacité d'action : à quelle(s) échelle(s) se joue l'efficience énergétique dans le Grand Manille ?

Quel est le rôle direct du gouvernement sur la question de l'efficience énergétique ? Le *Department of Energy* (DoE) est le ministère qui, aux Philippines, définit la politique énergétique du pays. Cette organisation est structurée en plusieurs « bureaux » : l'un d'entre eux prend en charge l'enjeu de la gestion de l'utilisation des ressources énergétiques, et a créé une division en charge de l'efficience énergétique, au sein de laquelle travaillent dix personnes. L'essentiel de leur activité de régulation porte cependant sur la mise en place de normes relatives à l'équipement électrique plutôt qu'au bâtiment (création d'une signalétique unifiée et obligatoire pour évaluer la consommation des réfrigérateurs ou des climatiseurs par exemple). Sur le plan de l'efficience énergétique des bâtiments, leur action porte davantage sur la communication que sur la construction et l'imposition de normes : remise d'un prix annuel du bâtiment le plus écologique, actions de promotion auprès des développeurs, etc[10]. À ce jour, un code de la construction s'applique au niveau national, mais ce dernier ne contient pas de dispositions relatives à l'efficience énergétique : il n'y a donc pas, à l'échelle du territoire philippin, de normes qui concernent cet aspect de la production du bâti.

Cela nous incite à porter notre regard sur des échelles plus locales, et notamment à soulever la question des codes de construction « verte » adoptés par les dix-sept villes et municipalités[11] qui constituent la région-capitale philippine. Avec le « Local Government Code » de 1991 que vient consolider l'« Urban Development and Housing Act » de 1992, les Philippines ont adopté une importante réforme de décentralisation qui dote les gouvernements locaux de prérogatives étendues (voir notamment pour une discussion de ces réformes et de leurs effets : Shatkin, 2000 ; Porio, 2012 ; Boquet, 2014). Parmi ces prérogatives, trois sont liées à la question de l'urbanisme « vert » : l'application de la législation sur l'environnement, l'application du code national de la construction et le traitement et l'approbation des plans de lotissement. Ces échelons du gouvernement sont donc dotés de prérogatives et d'appareils administratifs

[10] Entretien avec le directeur de l'Energy efficiency and conservation Division du DoE, mai 2016, Taguig.

[11] Les villes et municipalités sont deux statuts que peuvent prendre les gouvernements locaux (local government units, dans la terminologie locale). Pour les besoins de cette discussion, il n'est pas nécessaire d'opérer de distinction entre les deux.

qui leur permettent de développer des politiques d'incitation à l'efficience énergétique. C'est ainsi trois expériences qui vont être présentées dans la suite de cette section : celles de Quezon City, de Pasig et de Makati. Deux remarques doivent cependant être soulignées. En premier lieu, ces villes sont « pionnières » dans ce domaine, et leurs expériences ne sont pas représentatives des pratiques qui ont cours dans le reste de la région-capitale ou du pays. Par ailleurs, ces « expériences pilotes » n'ont pas été initiées en même temps, et sont à des stades inégaux de mise en application : les conclusions qui peuvent en être tirées doivent tenir compte de ces disparités.

2.2. Des modèles différents : 3 études de cas dans le Grand Manille

2.2.1. Quezon City

Le cas de Quezon City est plus antérieur de nos cas d'étude : la municipalité adopte en 2009 sa *Green Building Ordinance*, qui instaure le *Quezon City Green Building Rating System*. Ce dispositif vise à promouvoir l'efficacité énergétique et plus généralement les performances environnementales des bâtiments neufs ou rénovés. Il a été nourri par des consultations avec les principaux développeurs immobiliers, qui disposaient d'une expertise sur cette question. Il prend en compte la collecte et le traitement des déchets et des eaux usées, mais aussi l'utilisation d'énergie renouvelable et l'efficience énergétique. Ce dernier point se décline autour de plusieurs éléments : conception de l'enveloppe du bâtiment, ventilation naturelle, système de climatisation, réduction de la consommation électrique, etc. Sur la base de ces éléments, les agents de la municipalité attribuent aux bâtiments qui présentent une demande de certification un « niveau de conformité » qui va de 1 à 6, et donne droit à des exemptions fiscales qui augmentent en même temps que les performances du bâtiment. C'est en 2012 que le premier bâtiment acquiert sa certification municipale[12].

On note par ailleurs que ce système d'évaluation municipal s'inscrit dans une démarche de long terme de l'administration de Quezon City, qui réalise au cours des années 2010 des évaluations régulières des émissions de GES sur son territoire. La ville forme par ailleurs un partenariat

---

12 Il s'agit du Robinson's Magnolia Town Center (voir : http://quezoncity.gov.ph/index.php/recent-news/936-green-building-cert).

avec l'*International Institute for Energy Conservation* (IIEC), dans le but d'organiser un programme de rénovation des bâtiments publics (écoles, hôpitaux, etc.) pour améliorer leur efficience énergétique.

Le bilan de ce dispositif est en demi-teinte. En premier lieu, le premier « niveau de conformité » n'est pas plus contraignant que le cadre réglementaire national : autrement dit, ce code de construction « vert » n'augmente pas le niveau d'exigence pour l'ensemble des bâtiments qui se construisent, mais cherche plutôt à inciter les développeurs à faire mieux en ce domaine. En second lieu, les développeurs immobiliers n'effectuent pas systématiquement la démarche de demander une certification à la municipalité, même lorsque leur bâtiment vise des objectifs environnementaux ambitieux (une certification LEED Gold par exemple) et pourrait leur apporter des avantages fiscaux. Obtenir la certification de Quezon City signifie s'engager dans un processus long, qui s'accorde mal avec les contraintes de temps fortes qui poussent les promoteurs immobiliers à construire au plus vite. Les incitations fiscales ne l'emportent pas sur le retard causé par la certification[13].

2.2.2. *Pasig City*

La municipalité de Pasig a adopté une toute autre approche pour établir son code de l'urbanisme « vert ». L'administration municipale a déclenché cette initiative il y a quelques années dans le cadre du programme « Green City Vision », une politique particulièrement mise en valeur visant à donner à Pasig l'image d'une ville écologique – stratégie qui semble par ailleurs fonctionner, si l'on en juge par les prix obtenus par l'administration[14]. Cette politique se traduit par l'adoption de mesures visibles telles que l'instauration de « journées sans voitures » sur certains grands axes routiers alors piétonnisés, ou alors la mise en circulation de « e-jeepneys » et « e-tricycles »[15]. C'est dans ce cadre que s'est posée la question de l'élaboration de normes encadrant la construction de bâtiments à hautes performances environnementales : l'enjeu était important pour l'administration municipale. Cette-dernière a ainsi voulu faire preuve d'une certaine exemplarité, en développant une politique qui soit en accord avec les « bonnes pratiques » diffusées aux niveaux régional et international : le processus d'élaboration des normes a été voulu aussi

---

[13] Entretiens avec des promoteurs immobiliers (printemps 2014) et des membres de l'administration municipale de Quezon City (juin 2014).

[14] Notamment l'*International Awards for Liveable Communities* (2013).

[15] Les jeepneys et tricycles sont des formes populaires de transport collectif.

participatif que possible et a reposé sur des consultations multiples avec des parties prenantes diverses (gestionnaires de bâtiments, représentants d'entreprises, responsables publics, universitaires, associations de propriétaires, représentants des *barangays*[16]).

Le dispositif en lui même est différent. Au lieu de créer un code de la construction ex-nihilo, l'administration municipale a formé un partenariat avec le PhilGBC mentionné plus haut, et utilise son système de certification, le BERDE. De BERDE 1 – le simple respect de la réglementation nationale – à BERDE 5 – les normes environnementales les plus élevées – les incitations varient de 2 à 10 % de réduction sur les taxes foncières. L'ordonnance municipale qui met en place un tel système créé une *Green Building Division* sous la responsabilité de l'*Environment and Natural Ressources Management Bureau*, afin de mettre en œuvre cette politique. Cette division ne comporte cependant qu'un personnel réduit : deux agents dirigés par un responsable. C'est en fait le PhilGBC qui prend en charge le travail d'évaluation et de certification des bâtiments. Le contrat qui lie Pasig à le PhilGBC dure cinq ans, et la situation sera réévaluée à cette issue. Il pourra alors être envisagé pour l'administration de la ville de gérer les certifications en interne, mais pour le moment ce travail repose entièrement sur le PhilGBC[17].

2.2.3. Makati

Enfin, le cas de Makati présente également un intérêt pour étudier la question de l'efficience énergétique, notamment parce que c'est la ville qui accueille le quartier d'affaires le plus ancien et le plus important de la ville et qui concentre donc le plus de richesses de la ville. De nombreuses tours de bureaux y sont installées, ce qui en fait un lieu particulièrement énergivore et donc stratégique pour le déploiement de politiques environnementales.

L'administration municipale a établi un document qui a été voté en 2016 et dont les dispositions seront mises en œuvre sous peu. Le code de la construction qui en découle a été élaboré en interne, par les ingénieurs de la ville, sur la base de principes et de plans promus par l'*International Finance Corporation* (IFC), l'organe de la Banque mondiale pour l'aide au

---

[16] Les *barangays* sont les plus petites entités politico-administratives du pays (une municipalité peut souvent comporter plusieurs dizaines de *barangays*).

[17] Entretien avec la directrice de l'*Environment and Natural Ressources Management Bureau* de l'administration municipale de Pasig (mai 2016).

développement – même si un protocole a été signé avec le PhilGBC pour promouvoir le développement de l'efficience énergétique.

Conclusion : quelles perspectives de généralisation des normes d'efficience énergétique ?

Quelles leçons pouvons-nous tirer de ces exemples d'élaboration de politiques environnementales « par le bas » ? Soulignons d'abord la pluralité des modèles qui semblent émerger. En l'absence de directives générales émanant du gouvernement, les municipalités élaborent des dispositifs très différents les uns des autres. Chacune des administrations municipales semble avoir noué un partenariat avec un acteur différent afin d'acquérir une expertise sur la question des normes de construction (l'IIEC, le PhilGBC, ou encore l'IFC), et la nature de ce partenariat diffère également – il peut être limité à l'élaboration des normes comme pour Quezon City et Makati, ou s'étendre à leur application avec le cas de Pasig. Derrière ces différences, il y a une concurrence implicite et des enjeux d'exportation du modèle adopté et de susciter un changement d'échelle. Un ingénieur de l'administration municipale de Quezon City explique ainsi : « We want to fuel the national debate »[18]. Il n'y a pas d'institution formelle permettant d'unifier les dispositifs qui naissent dans les différents gouvernements locaux. À Manille, la Metro Manila Development Authority (MMDA) n'a que des prérogatives limitées (la gestion de la circulation, des déchets, la maîtrise des crues, la santé, le renouvellement urbain et les plans de zonage), et dispose de ressources institutionnelles faibles par rapport à des gouvernements locaux puissants et indépendants, placés dans une situation de compétition. Une institution plus informelle existe, la *Philippine League of Local ENROs*. Cette association a pour vocation le partage d'expériences parmi les responsables municipaux en charge des politiques environnementales dans le pays, mais son rôle n'apparaît pas être structurant et à même d'apporter plus de cohérence dans les politiques menées.

Une deuxième conséquence découle de cette fragmentation territoriale des politiques de l'efficience énergétique : la difficulté à établir des normes contraignantes qui s'appliqueraient à tous, au profit de l'instauration de systèmes incitatifs. Ainsi, les promoteurs immobiliers sont encouragés à

[18] Entretien avec un ingénieur de la municipalité de Quezon City en charge de l'élaboration de Green Building Ordinance (juin 2014, Quezon City).

améliorer les performances environnementales de leurs bâtiments, mais ils ne sont en aucun cas contraints de le faire. De fait, les gouvernements locaux ont pris soin de ne pas apparaître trop « agressifs » vis-à-vis des acteurs du bâtiment. Une personne en charge du projet de Pasig insiste ainsi sur l'idée que l'administration municipale ne souhaitait pas se lancer dans un bras de fer contre les développeurs : « We did a very reasonable ordinance. It's not harsh, we didn't impose it without consultation »[19]. Cette volonté des villes de ne pas se montrer trop contraignantes dans leur action s'explique en partie par la situation de concurrence dans laquelle elles sont placées en l'absence d'un cadre de régulation national qui s'appliquerait partout. Un responsable de la planification urbaine de la ville de Santa Rosa, au sud de Manille, résume clairement la situation : « Can you imagine if we go further than the government, and it increases the cost [of building], and we say to developers 'you have to pay more'! »[20]. Les promoteurs immobiliers, confrontés à des normes trop strictes, pourraient tout simplement localiser leurs projets dans des villes voisines qui leur laissent une marge de manœuvre plus importante. Cette situation renvoie à une compétition inter-urbaine largement décrite (Brenner, 2011 ; Theodore, Peck et Brenner, 2011).

On observe bien dans le Grand Manille une réelle mise en avant, depuis quelques années, de la question de l'efficience énergétique par les principaux promoteurs immobiliers. Prenons l'exemple d'Ayala Land, Inc., l'une des plus anciennes et des plus importantes sociétés immobilières du pays (Lorrain, Mouton, à paraître). L'entreprise prend graduellement en considération la construction « verte » et change sa communication afin d'y inclure des éléments qui renvoient à la question environnementale. Extérieurement, cela se traduit par la diffusion d'une image de marque autour notamment de grands projets, tels que Nuvali, dans le sud de la région-capitale, qui est présenté comme une « communauté durable ». En interne, cela se traduit par de nouveaux titres pour ses dirigeants – la division de la planification urbaine et régionale comprend désormais un certain nombre d'« agents de développement durable » – et par la formation de leurs architectes aux normes de construction écologique.

Cependant, cet intérêt pour les performances environnementales est sélectif, et ne s'appuie que marginalement sur les codes de construction

[19] Entretien avec un responsable de l'environnement et de la gestion des ressources dans l'administration municipale de Pasig (mai 2016).

[20] Entretien avec un responsable de la planification urbaine dans l'administration municipale de Santa Rosa, au sud du Grand Manille (automne 2015).

locaux. Aux Philippines, la demande de certification des bâtiments émane très majoritairement d'immeubles de bureaux[21]. Elle est alimentée par une demande des entreprises qui s'y installent, motivée à la fois par le souci d'afficher des engagements écologiques et par la possibilité de réduire, à terme, leurs coûts associés à la consommation d'électricité. Le secteur de l'immobilier résidentiel est, par contraste, largement ignoré par les efforts de verdissement du bâti. Les ménages ne semblent en effet pas être en mesure de s'acquitter du surcoût que représente une amélioration de l'efficience énergétique. L'absence de contraintes ne vient pas remettre en question cet écart. Par ailleurs, les dispositifs municipaux manquent de visibilité pour les promoteurs immobiliers qui cherchent à promouvoir leurs bâtiments « verts ». Ces derniers privilégient donc souvent des standards internationaux (LEED) ou *a minima* nationaux (BERDE).

Ainsi, on observe que l'efficience énergétique est, dans le Grand Manille, cantonnée à nombre restreint de « projets phares ». Le cas de Nuvali, la « communauté durable » d'Ayala Land, est assez révélateur à cet égard. Ce grand projet à usage mixte est commercialisé comme un projet « vert », mais le terme se réfère en fait à la présence de parcs et d'arbres, plutôt qu'à ses performances environnementales en matière de réduction des émissions de GES. Le tissu résidentiel n'a été soumis à aucune forme de certification de bâtiment écologique, et ni les zones commerciales. Un seul bâtiment a été en fait certifié : un immeuble de bureaux en argent LEED, Nuvali One Evotech. Sa présence donne la légitimité à la revendication du promoteur d'être en train de construire une « communauté durable », mais le projet dans son ensemble ne prend guère en compte les questions d'efficacité énergétique. Cet exemple illustre un obstacle important pour la région-capitale philippine : celui de la généralisation des normes écologiques des bâtiments. En l'absence d'initiatives nationales, les formes émergentes de régulation au niveau municipal semblent peu adaptées à une telle généralisation.

Bibliographie

Adb, 2013, *Same energy, more power: accelerating energy efficiency in Asia*, Metro Manila, Philippines: Asian Development Bank.

[21] Entretien avec le Président du PhilGBC (mai 2016)..

American chamber of commerce of the Philippines, 2010, *Arangkada Philippines, 2010: A Business Perspective.* Makati City, Philippines: American Chamber of Commerce of the Philippines.

Bicknell J. *et al.*, (dir.), 2009, *Adapting Cities to Climate Change: understanding and addressing the development challenges.* London, Earthscan.

Boquet Y., 2014, « Les défis de la gouvernance urbaine à Manille », *Bulletin de l'Association de géographes français* 91 (4), 461-78.

Brenner N., 2011, « Urban Locational Policies and the Geographies of Post-Keynesian Statehood in Western Europe », in Davies D. et N. Libertun De Duren, *Cities and Sovereignty: Identity Politics in Urban Spaces.* Bloomington, Indiana University Press.

Bulkeley H. *et al.*, 2011, « Cities and the low carbon transition », *European Finanancial Review,* August-September, 24-27.

Bulkeley H. *et al.*, 2014, « Low-carbon Transitions and the Reconfiguration of Urban Infrastructure », *Urban Studies,* 51 (7), 1471-86.

Coutard O., Rutherford Jonathan, 2010, « Energy transition and city–region planning: understanding the spatial politics of systemic change », *Technology Analysis & Strategic Management* 22 (6), 711-27.

Forester B. (dir.), 2015, *Green Buildings in the U.S. and China: Development and Policy Comparisons.* Nova SciencePub Inc., New York.

Graham P., 2003, *Building Ecology: First Principles for a Sustainable Built Environment.* Blackwell, Oxford.

Guy S., Shove é., 2000, *A sociology of energy, buildings and the environment: constructing knowledge, designing practice.* London, Routledge.

Hodson M. *et al.*, 2013, « The Intermediary Organisation of Low Carbon Cities: A Comparative Analysis of Transitions in Greater London and Greater Manchester », *Urban Studies* 50 (7), 1403-22.

IEA, 2015, Energy Efficiency Market Report 2015, OECD/IEA, Paris.

Intergovernemental panel on climate change, 2014, *Climate Change 2014 – Impacts, Adaptation and Vulnerability: Regional Aspects,* Cambridge University Press.

Jaglin S., Verdeil É., 2013, « Énergie et villes des pays émergents: des transitions en question. Introduction », *Flux* 93/94, 7-18.

Krinks P., 2003, *The Economy of the Philippines: Elites, Inequalities and Economic Restructuring.* Routledge.

Lévy J.-P. *et al.*, 2014, « Les déterminants de la consommation énergétique domestique », *Flux*, 96, 40-54.

Lascoumes P., Le Galès P., 2004, *Gouverner par les instruments*. Paris, Presses de Sciences Po.

Lorrain D., Mouton M. (à paraître), « Les conglomérats familiaux (5) : Ayala Corporation », *Flux*, 107.

Magno-Ballesteros M., 2010, « Linking Poverty and the Environment: Evidence from Slums in Philippine Cities », *PIDS Discussion Paper Series*, 2010-33.

Mckinsey, 2010, « Energy Efficiency : A Compelling Global Resource ».

National statistics office, 2012, « 2010 Census of population and housing – Final results ».

Newman P., Kenworthy J., 1989, *Cities and Automobile Dependence: An International Sourcebook*. Brookfield, VT USA, Gower Publishing.

Papadopoulos Y., 2007, « Problems of democratic accountability in network and multilevel governance », *European law journal*, 13(4), 469-486.

Porio E., 2012, « Decentralisation, Power and Networked Governance Practices in Metro Manila », *Space and Polity*, 16(1), 7-27.

Sahakian M., 2014, *Keeping Cool in Southeast Asia. Energy Consumption and Urban Air-Conditionning*. Houndmills (England), New York, Palgrave Macmillan.

Shatkin G., 2000, « Obstacles to Empowerment: Local Politics and Civil Society in Metropolitan Manila, the Philippines », *Urban Studies*, 37(12), 2357-75.

Shove É., 2004, *Comfort, Cleanliness and Convenience: The Social Organization of Normality*. Oxford, New York, Berg.

Sivak M., 2009, « Potential energy demand for cooling in the 50 largest metropolitan areas of the world: Implications for developing countries », *Energy Policy*, 37(4), 1382-84.

Theodore N. *et al.*, 2011, « Neoliberal Urbanism: Cities and the Rule of Markets », in Bridge G. et S. Watson, *The New Blackwell Companion to the City*, Wiley-Blackwell, 15-25.

Verdeil É., 2015, *Écologie politique des énergies urbaines : Villes sud-méditerranéennes en tension*, Habilitation à Diriger des Recherches, Lyon, Université Lumière Lyon 2.

Des espaces publics chinois sous influence(s)

L'exemple de la Gubei Pedestrian Promenade à Shanghai

Lély Tan[1]

Chercheuse-doctorante, Laboratoire LIEU EA 889, IUAR (Institut d'urbanisme et d'aménagement régional), Université Aix-Marseille

Introduction

La question de la qualité des espaces publics fait aujourd'hui débat dans le champ académique. Par espaces publics, nous entendons les lieux où le public a accès librement. Ils ne sont pas nécessairement sous la tutelle et la gestion d'une instance publique. Ainsi les centres commerciaux au même titre que les parcs/jardins, les rues et les places peuvent être qualifiés d'espaces publics même s'ils relèvent de la propriété privée. Ainsi pour Steven Miles et Malcolm Miles (2004), si les autorités municipales sont promptes à créer ou rénover des espaces publics c'est en raison de leur capacité à accueillir des activités commerciales. Ce faisant, elles excluent une population n'ayant pas les moyens de consommer. L'autre conséquence est de restreindre l'accès de ces espaces à une partie seulement des habitants. Cet accès plus restrictif conjugué avec une fonctionnalité commerciale grandissante incite des auteurs à dénoncer tour à tour une privatisation, une marchandisation et une utilisation à des fins privés (Carmona *et al.*, 2003, 2008 ; Saunders, 2005).

1 Ses recherches portent sur les transformations urbaines et plus précisément celles de Shanghai. Elle travaille également sur les espaces créatifs et les espaces publics dans le contexte de mondialisation.

Le débat se pose avec d'autant plus d'acuité en Chine que l'une des conséquences de son urbanisation très rapide est une transformation profonde de ses paysages urbains. Shanghai peut facilement prêter le flanc aux critiques énoncées plus haut : les centres commerciaux et les *malls* se multiplient et sont devenues une caractéristique du paysage urbain. Dans le quartier d'affaires de Lujiazui, les larges autoroutes urbaines semblent ne guère tolérer le piéton. Et c'est pourtant dans cette ville très urbaine et très motorisée qu'a été créée une longue promenade piétonne de 700 mètres dans un quartier résidentiel très dense. Et plus surprenant, elle prend la place d'une deux fois deux voies destinée aux voitures.

L'objectif de cet article est d'expliquer comment et pourquoi les autorités politiques de Shanghai ont infléchi leur approche concernant la place et l'aménagement des espaces publics. Selon nous, la Gubei Pedestrian Promenade (GPP), est un exemple de la capacité nouvelle des autorités chinoises à proposer et créer de nouveaux types d'espaces et de paysages urbains[2]. Nous souhaitons surtout démontrer que sa réalisation est le résultat de deux fortes contraintes, une interne, la nécessaire réduction de la place octroyée à la voiture et l'autre externe, fruit de la compétition entre métropoles, qui érige désormais la qualité de vie comme loi d'airain.

1. Consommer ou circuler : des espaces publics très fonctionnalistes

Piper Gaubatz 2008 propose dans son article une périodisation de l'évolution des espaces publics chinois de l'après mao. Une première période (1978-1991) consistant à réintroduire des éléments paysagers et à prendre en compte d'autres formes que celles de l'époque maoïste. La deuxième (1992-1999) est la période où l'espace urbain voit apparaître de manière très importante la fonction commerciale. Enfin la troisième (à partir de 2000) où l'attention se porte vers les espaces verts et sur la satisfaction d'autres besoins pas uniquement d'ordre consumériste. Les espaces publics de Shanghai s'inscrit dans les mêmes tendances. Mais avant de présenter les formes les plus caractéristiques, nous souhaiterions souligner l'empreinte de la période maoïste sur ces espaces. L'héritage communiste a pesé sur la société et sur les formes urbaines. Les formes

2 Ce travail de recherche s'appuie sur une mission effectuée à Shanghai en septembre 2015 grâce à un financement octroyé par Campus France (Ministère des Affaires étrangères).

actuelles doivent donc être comprises comme une réaction à ce passé. Les chercheurs chinois ne cessent de le rappeler car certains chercheurs occidentaux oublient ou minimisent le contexte social, politique et historique chinois (Yang, Xu, 2009).

Le système de la *danwei* (unité de travail) instaure une forte communautarisation des espaces. Des murs sont édifiés autour des différents bâtiments et espaces. Ce sont des dortoirs (pour célibataires et pour les familles), des cantines, des crèches, des boutiques et bien sûr l'usine ou la manufacture. Tout se fait en commun, on travaille ensemble, on mange ensemble, on dort ensemble. Les espaces extérieurs sont eux aussi dédiés aux activités collectives. Attention cette communautarisation a existé sous une forme plus atténuée dans les décennies précédentes. Le travailleur n'avait pas besoin de sortir de la *danwei* qui lui fournissait tout ce dont il avait besoin. La ville se résume, à cette époque, à une succession de *danwei*. Quand aux rues, elles sont avant tout destinées aux bicyclettes et non aux piétons et sont pavoisées de slogans politiques. Bref dans la ville maoïste, il n'y a pas de magasins, pas de restaurants, pas de lieux de loisirs. Il s'est donc produit un processus de rattrapage suite aux réformes économiques de Deng Xiaoping au milieu des années 1980.

1.1. Le surdimensionnement des rues

La ville connaît une métamorphose à la fois sur le plan de la superficie mais aussi de la hauteur. Ainsi dans les années 1990, les autorités municipales doublent la surface de la ville en urbanisant l'autre rive du Huangpu. Mais c'est surtout l'époque où Shanghai entre de plein pied dans la société de la voiture. Comparé aux grandes métropoles, le ratio des voies (en excluant les 3 500 km de ruelles non accessibles aux véhicules) est faible, 5 %, à comparer avec Séoul ou Tokyo proches de 15 %, et plus de 25 % pour les villes occidentales (Prud'homme, Darbéra, 1989). Pour faire face à l'augmentation du trafic automobile, les autorités n'ont pas d'autres choix que d'en créer ou d'élargir celles déjà existantes. Le système autoroutier se construit en viaduc pour démultiplier la circulation. Il est bâtit sur piles pour prévenir les tassements d'un sol toujours instable rendant sa présence dans le paysage urbain insurmontable. Si les immeubles grimpent de plus en plus haut, les routes font de même. Les anciennes rues n'échappent pas à ce gigantisme. La rue Fuxing un axe majeur traversant la ville d'est en ouest, passe en son tronçon de 24 à 36 m.

Si sur le plan du marketing urbain, la *skyline* du quartier d'affaires de Pudong (Lujiazui) est une réussite, les rues et les routes qui l'irriguent sont l'objet de vives critiques. La principale artère, la Century avenue est une véritable autoroute urbaine, longue de 5,5 km mais surtout large de 100 m. Soucieuses d'améliorer rapidement les infrastructures de la ville, les autorités municipales choisissent de privilégier la circulation des voitures au détriment du confort du piéton. L'échelle adoptée est clairement défavorable au marcheur. Des barrières empêchent la traversée et les passages piétons très éloignés les uns des autres découragent les promeneurs les plus obstinés (Zhai, 2012). Et la présence d'arbres et de jardins sur les trottoirs eux-mêmes surdimensionnés, ne changeront pas l'impression d'ensemble. L'échec de Lujiazui en tant qu'espace public est patent. Là où les concepteurs pouvaient tout faire puisque le site n'était pas urbanisé, ils ont produit un espace froid et fonctionnaliste (Zhai, 2012).

Loin de nous cependant l'idée d'affirmer que les espaces piétons sont inexistants à Shanghai où qu'ils correspondant forcément à des espaces qualitatifs. L'un n'est pas synonyme de l'autre comme le montre l'aménagement de la Nanjing Road, la principale artère piétonne de la ville.

1.2. Des espaces publics trop commerciaux ?

Sa piétonisation débute en 1996 pour s'achever en 1999[3]. Elle s'inscrit dans cette tendance si critiquée de la montée en puissance de la fonction commerciale des espaces publics. L'objectif des travaux de rénovation était double : refaire de la Nanjing Road l'avenue la plus commerçante de Chine et faciliter la circulation des piétons. Cette avenue qui mesure plus d'un kilomètre de long et près de 28 m en largeur (Yang, Xu, 2009) se révèle être en définitive une autoroute pour piétons. La fonction de transit et de circulation est très largement avantagée par rapport à celle de la promenade ou de la déambulation. Si des améliorations ont été apportées dans les années 2010 avec des équipements offrant des stations assises et l'installation d'arbres, les années 2000 voient surtout l'implantation massive d'enseignes commerciales internationales.

---

[3] Selon l'Association « China's Commercial Walking Street Committee », le pays comptait en 2007 près de 3000 rues piétonnes, essentiellement dans les centres des plus grandes villes. Cela représenterait une superficie totale de 1 500 millions m^2. Et toujours selon leurs projections, cette tendance va s'accentuer dans les années à venir. (Yang, Xu, 2009).

Pour la plupart des chercheurs, ces nouveaux espaces piétons sont le produit des stratégies des autorités locales (Zacharias, 2002). Comme pour la Nanjing Road, il s'agit d'emplacements en centre-ville, donc par définition de sites bien desservis et donc faciles d'accès. En investissant dans la rénovation de ces rues, les autorités municipales renforcent l'efficacité commerciale des enseignes (très souvent internationales). Ces nouveaux espaces piétons participent par ailleurs, à l'amélioration de l'image de la ville en offrant de nouveaux paysages urbains. Enfin leur taille et leur aménagement incitent aussi bien les touristes que les locaux à fréquenter le centre-ville. Très souvent, ils en deviennent des points de centralité. Comment interpréter leur succès ?

Anne-Marie Broudehoux (2004) dans son ouvrage sur le Pékin de l'après Mao, émet les mêmes remarques que Kenneth Frampton (2005) sur la rénovation de Wang Fujing (l'équivalent de la Nanjing Road à Pékin) : forte présence des marques internationales, consumérisme à outrance, standardisation des paysages urbains et exclusion des classes populaires. D'autres chercheurs se montrent plus circonspects envers cette commercialisation des espaces publics. Tout d'abord les critiques minimisent ou oublient le contexte social, politique et historique chinois (Yang, Xu, 2009). L'héritage communiste a pesé sur la société et sur les formes urbaines. Les formes actuelles doivent donc être comprises comme une réaction à ce passé. N'oublions pas la frénésie de consommation de l'Europe au sortir de la Seconde Guerre mondiale. Par ailleurs, ces espaces publics à forte vocation commerciale sont en réalité le support d'autres activités non nécessairement marchandes. John Zacharias (2002) remarque avec justesse combien ces rues piétonnes sont des espaces familiers pour les Chinois. Ils viennent en famille ou avec des amis, prennent des photos, mangent une glace. Ils sont des espaces de sociabilité où l'activité commerciale n'est pas le premier motif de fréquentation. De plus la promenade en tant qu'exercice physique est largement usitée : c'est un moyen de se maintenir en forme à tous les âges. Bref malgré une forte présence commerciale, les espaces publics chinois conservent une très large accessibilité et demeurent des espaces de sociabilisation forts.

La Gubei Pedestrian Promenade que nous allons examinée est l'antithèse des exemples jusqu'ici présentés.

2. Un espace public « extraordinaire »

La GPP est la conversion d'une deux fois deux voies dédiées aux véhicules en une large promenade totalement piétonne. Elle est la démonstration qu'un espace urbain peut se réinventer très loin des sites commerciaux ou des tristes lieux de transit vus plus haut.

Car comme l'affirment Matthew Carmona *et al.* (2003), les espaces publics ne sont pas immuables dans le temps. Il suffit ainsi de les envisager différemment, de modifier leur aménagement ou bien encore d'y installer de nouveaux équipements. De nouvelles activités et de nouveaux usagers apparaissent. C'est ce qui s'est produit avec la GPP. L'évolution de ces trois paramètres (agencement, équipements et activités) détermine l'appropriation ou non de l'espace par le public. Pour Timothy Guy Townshend et Ali Madanipour (2007), l'appropriation passe nécessairement par un usage répété et diversifié de l'espace public. Les besoins changent, l'espace public pour perdurer doit aussi évoluer.

La GPP se situe dans le quartier de Gubei, dans le district de Changning à l'ouest de la ville. Administrativement il se situe dans le sous-district de Hongqiao (illustration 1). Il est devenu depuis l'arrivée de cadres et de salariés japonais, coréens (du sud) et taïwanais, à la fin des années 1990, un quartier d'expatriés. Ses habitants appartiennent donc aux classes moyennes supérieures et il s'agit davantage de familles avec enfants que de simples célibataires. Au fur et à mesure du temps, les équipements et les services se sont adaptés : crèches internationales, épiceries-restaurants japonais/coréens/taiwainais, cafés (Wang, Xiu Yu Lau, 2008). L'autre caractéristique de Gubei est sa forte densité (photo 1). Le sous-district de Hongqiao regroupe 16 ensembles résidentiels avec une population de 46 000 habitants (données 2008) sur environ 4 ha. Ce qui représente une densité de 115 hab/m^2.

Illustration 1 : *La GPP – sous-district de Hongqiao – district changing*

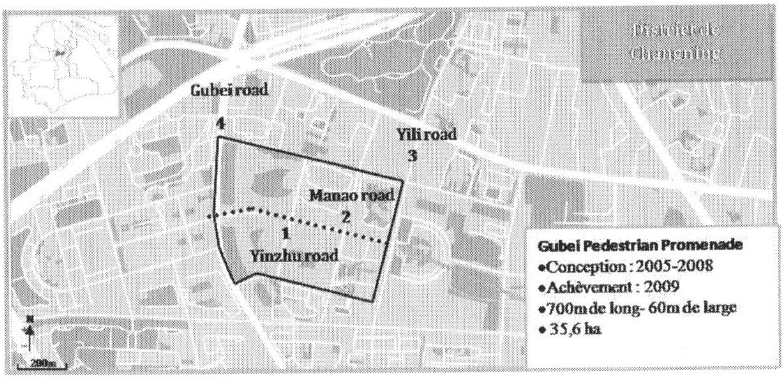

Réalisation : Lély Tan (fond de carte snazzymaps.com)

Photo 1 : *Une forte densité résidentielle : 3 îlots de résidences de 20 étages*

Source : SWA

2.1. Faire du lien : commerces, services de proximité et équipements pour enfants

La GPP n'est pas seulement un espace de promenade. Il est plus qu'un simple espace de transit. Des commerces et des services à la personne occupent ainsi le rez-de-chaussée des immeubles se trouvant le long de la GPP. La promenade est donc animée tout le long de la journée et de la soirée (les commerces restant ouverts jusqu'à 10 h le soir). Les trois folies qui sont de petites structures architecturales abritent des restaurants et des cafés (illustration 2). Ces commerces et restaurants sont à la fois des services de proximité pour les habitants des résidences voisines mais aussi des espaces de récréation et de loisirs pour ceux qui ne sont pas du quartier (tableau 1). En effet, la Promenade par ses équipements, sa nature et sa singularité attirent au-delà de Gubei. Ces commerces et ces services ont aussi une raison économique puisque les loyers financent la gestion dont le nettoyage et l'entretien de la promenade.

Illustration 2 : *Équipements et aménagement de la GPP*

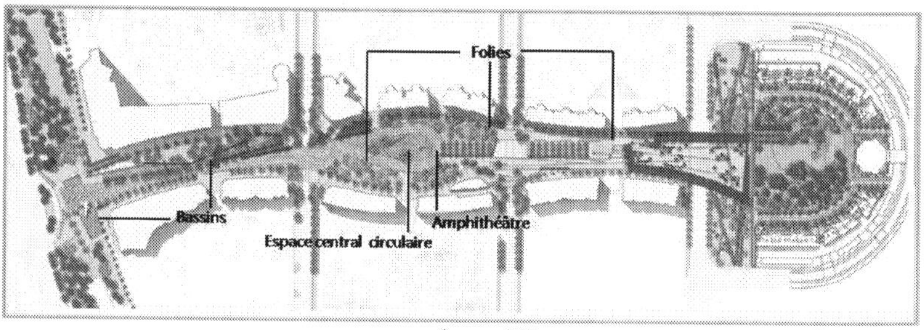

Source : SWA

Tableau 1 : Commerces et services de la GPP

Type d'activité	nbre	%	Type d'activité	nbre	%
Vide/en travaux	**13**	**11**	Chiropracteur	1	1
Restauration	11	9	Centre médical	2	2
magasins de bouche	**17**	**14**	Pharmacie	1	1
Spa	**12**	**10**	Maison	5	4
Beauté	9	8	Scolaire	3	3
Massage	2	2	Mobile	2	2
club de sport	1	1	Articles sport	2	2

Type d'activité	**nbre**	%	**Type d'activité**	**nbre**	%
Agence immobilière	**14**	**12**	Bijoutier	1	1
PAP Femme	9	8	Antiquaire	1	1
PAP Homme	1	1	Voyage	1	1
PAP Enfant	2	2	Pressing-tailleur	1	1
Banque & Placements	6	5	Informatique	1	1
			Bureaux	1	1
PAP : Prêt à porter					
			total	119	100

Réalisation : Lély Tan, sept. 2015

Synthèse :
- *Restauration et alimentation 23*
- *Soins de la personne 20*
- *Immobilier 12 %*
- *Vêtements 11 %*
- *Services financiers 5 %*
- *Santé 4 %*

Malgré sa forme longitudinale qui imposerait une circulation passante, la GPP est constitué de plusieurs mini-univers. Il y a le petit pont qui traverse un des bassins. L'autre dont la rambarde sert d'appui aux étirements des sportifs. Sur les côtés en retrait des petits bosquets avec des bancs invitent au repos. Enfin l'espace circulaire sert de terrain de jeu aux enfants. L'été, des jets d'eau incorporés au sol sont activés (photo 2). Un amphithéâtre lui fait face. Il sert de scène aux spectacles. Cet espace central est sans doute le plus représentatif de ce qu'est la GPP. Autour se retrouvent toutes les générations : les enfants et les grands parents la semaine, le week-end venu, les parents les accompagnent.

Photo 2 : *Un espace circulaire central avec des jets d'eau l'été (par l'auteur juin 2010)*

Il y a une claire volonté des concepteurs de faire de la promenade un lieu où on s'arrête. Les bancs y invitent, de même que les chaises en terrasse des restaurants et cafés Les différents équipements et aménagements ont été pensés pour favoriser le lien social. La GPP est en quelque sorte un parc tout en longueur totalement ouvert. Et comme dans tous parcs et jardins chinois, des dames y viennent danser en groupe ou des jeunes gens jouer au badminton.

2.2. La nature en ville

SWA l'agence californienne qui a conçu la GPP est connue pour sa maîtrise des infrastructures paysagères. Elle cherche à incorporer dans les réseaux du végétal, non seulement pour ses qualités esthétiques mais aussi fonctionnelles. L'objectif final étant de concevoir des espaces singuliers dans un milieu urbain.

La GPP est donc un espace fortement végétalisé : des arbres de différentes variétés (ginkgo, camphriers, etc.) couvrant 47 % de la superficie totale, des massifs de fleurs, des plantes herbacées. Tous ces végétaux ont été plantés pour contrecarrer les effets de l'îlot de chaleur urbain. En effet les routes et les bâtiments, toutes les surfaces minérales emmagasinent la chaleur du soleil en journée pour la restituer la nuit. Ce phénomène peut être atténué par des végétaux ou par des surfaces aquatiques. Celles-ci rafraichissent l'air par l'évaporation de leur eau. L'écart de température n'est pas négligeable, il peut aller jusqu'à 10° C entre un espace rural et un espace urbain. L'écart entre une rue chaude et un espace varie de 4 à 5° C. Rafraîchir l'atmosphère permet également d'améliorer la qualité de l'air. Les pics de chaleur en effet entraînent une dégradation de la qualité de l'air.

Deux bassins aquatiques ont été installés à l'une des entrées (illustration 2). Ils sont eux aussi des régulateurs de la température ambiante en facilitant le phénomène d'évaporation. Les arbres, très présents, offrent leur ombre aux passants et promeneurs. Ils sont les plus efficaces des végétaux pour abaisser la température car leurs racines puisent l'eau du sous-sol et la restitue sous forme de vapeur d'eau. Tout autour, de larges portions de terre sont plantées d'herbacées permettant ainsi d'absorber et d'évacuer les eaux pluviales.

Ces bassins, ces plantes et ces arbres constituent tout autant de mini écosystèmes (insectes, oiseaux, batraciens, etc.) donnant aux citadins et aux enfants l'occasion de côtoyer quotidiennement la nature. Ils sont des supports de sensibilisation au développement durable.

2.3. Un souci du détail qui a un coût...

Le visiteur qui voit la GPP pour la première fois est frappé par la qualité de l'ensemble. La forte présence du végétal l'explique en partie. L'autre raison vient du choix des matériaux utilisés. Différents revêtements au sol ont été employés par les concepteurs afin de créer des mini-univers. Le bois, matériaux noble, est très présent à la fois sur les bancs, au sol, sur le petit pont traversant. Les lampadaires sont également très travaillés, avec un peu air de lampadaires parisiens. Le souci du détail est tel que le revêtement des bassins est constitué de lamelles nacrées vertes grisées. Mais tout cela représente un coût que tous les quartiers de Shanghai ne peuvent pas se permettre. Nous touchons là les limites de cet espace. La GPP est un espace extraordinaire, qui sort de l'ordinaire. Il s'agit d'un espace singulier dans un quartier très favorisé de Shanghai. Il aurait difficilement pu exister ailleurs et ne peut être dupliqué, du moins tel quel.

3. Une réorientation sous contrainte(s)

Selon les chercheurs chinois, Bin Xu et Qinfang Gu cités par Piper Gaubatz (2008), les espaces publics chinois sont donc depuis les années 2000 dans une phase axée sur les espaces verts urbains et sur une offre répondant à de nouveaux besoins. La GPP s'inscrit par conséquent dans cette nouvelle séquence. Les chercheurs s'accordent pour dire que les villes chinoises ont essentiellement importé des standards et des modèles occidentaux. Si hier (les années 1990), Shanghai cherchait à être une ville globale aujourd'hui, elle veut être une ville durable. Cette démarche ne la distingue guère des autres villes mais ce qui la singularise est une interaction continue, forte et sans cesse renouvelée avec les tendances extérieures. Leur traduction matérielle peut être plus ou moins heureuse comme nous l'avons constaté avec Pudong.

3.1. L'acceptation et l'intégration de modèles extérieurs

L'omniprésence de la nature dans la GPP ainsi que les préoccupations environnementales sont les marqueurs du *green urbanism*. Ce concept, élaboré par le chercheur américain, Timothy Beatley (2000) cherche à incorporer en urbanisme des principes visant à réduire l'empreinte écologique des villes et à réduire la séparation ville/nature. D'une manière plus générale, il s'agit de construire des espaces plus durables mais aussi d'inciter et d'aider les populations à aller vers des comportements plus raisonnés. La ville est perçue comme un écosystème qui pour fonctionner correctement doit être en harmonie avec la nature.

Le *green urbanism* prône des espaces urbains compacts multifonctionnels intégrant de larges espaces ouverts et/ou verts. La présence du végétal est un des fondements du concept. Le végétal doit être une part intégrante de la ville. Il doit irriguer celle-ci au moyen des réseaux tels que les voies navigables, des canopées d'arbres ou des liaisons végétalisées entre les parcs et les espaces publics. Ces derniers constituent un élément central du *green urbanism*. Là plus qu'ailleurs la nature, le végétal doit être présent pour apporter, bien sûr sa beauté, mais aussi et surtout ses atouts comme sa capacité à réduire les effets de l'îlot de chaleur. Végétaliser les espaces publics, c'est aussi un moyen d'évacuer plus facilement les eaux pluviales et lutter contre la pollution de l'air.

Ce regain d'intérêt pour les espaces publics est mondial. Il repose certes sur une préoccupation grandissante de favoriser le lien social et le développement durable mais aussi sur des considérations plus économiques. En effet, la qualité de vie est devenue un critère d'une ville mondiale ou qui l'aspire à l'être. Les espaces publics sont donc devenus un enjeu dans cette compétition entre les territoires. Shanghai comme les autres villes a aussi engagé une réflexion sur la place des espaces publics. Peut-être avant bien d'autres villes, dès 2001, année où elle est désignée ville d'accueil de l'Exposition Universelle de 2010 avec le slogan « Meilleure vie, meilleure ville » (Tan, 2011).

3.2. Le difficile casse-tête de la mobilité

Il faut cependant tempérer l'influence de ces modèles extérieurs. En réalité, les autorités chinoises disposent de marge de manœuvre. Elles ne retiennent en fait et de fait que les solutions qui leur conviennent et en les adaptant si besoin. La GPP s'inscrit dans le contexte de mesures visant à limiter la place de la voiture et d'amélioration de la qualité de l'air.

Malgré des investissements importants engagés dans les années 1990 pour la construction de routes, d'autoroutes, de tunnels, de ponts, les réseaux arrivent très rapidement à saturation avec son lot de nuisances : ralentissements, embouteillages, temps perdu, dégradation de la qualité de l'air. La municipalité qui avait opté pour une stratégie privilégiant l'automobile, fait volte-face, prenant conscience que cette stratégie n'est pas tenable à moyen terme. Ainsi au milieu des années 1990, elle décide d'investir massivement dans les transports en commun. Le fait d'accueillir l'Exposition universelle en 2010 ne fait que renforcer et accélérer cette tendance. En effet accueillir en moyenne 400 000 visiteurs par jour (700 000 visiteurs en période haute) nécessite de disposer d'un réseau de transport en commun étendu et efficace. Par ailleurs, le choix du slogan « Meilleure vie, meilleure ville » nécessitait de le mettre en place rapidement.

D'autres mesures sont prises dans le cadre de plans triennaux successifs. Des normes plus sévères pour les véhicules émetteurs de monoxyde de carbone sont mises en place. L'usage des vélos électriques et des scooters fonctionnant au gaz est encouragé. Les autorités municipales financent des recherches sur les technologies de motorisation hybride, multiplient le quota de bus et de taxis propulsé au gaz naturel. Enfin afin de limiter le nombre de véhicules en circulation, la municipalité en plus d'un système de quotas à l'immatriculation, instaure une politique de prix dissuasifs : l'achat d'une plaque pourvue du caractère hu (diminutif du mot ville) coûte au minimum 3 770 euros au résident local. Pour ce prix, le consommateur peur acquérir une voiture type Smart ou Mini.

Sans l'Expo Universelle, Shanghai n'aurait jamais eu le réseau de métro le plus étendu au monde. à la veille de celle-ci, la ville comptait 422 km, 268 stations, 12 lignes et 268 stations. En 2009, il transportait quotidiennement 3,56 millions de passagers, 4,78 millions en 2010 (6,735 millions en période de pointe). L'Expo a été un très fort catalyseur pour l'analyse et la compréhension de ce que devait être une ville durable.

En détaillant l'importance des mesures prises en faveur d'une réduction de l'utilisation de la voiture, nous voulons montrer que la question des espaces publics se place davantage dans une problématique de réchauffement climatique et de pollution de l'air. Ce point de vue est d'ailleurs confirmé par le fait que la GPP est devenu un site pilote en terme de mobilité douce dans le cadre du nouveau schéma directeur 2040 de la ville.

Le passage d'un fonctionnalisme des espaces publics à une approche plus globale, plus tournée vers les usagers est le résultat de deux contraintes, une extérieure et une intérieure. La première est celle que subissent tous les territoires, l'obligation de proposer des espaces publics distinctifs. De la même manière que dans les années 1990, toutes les villes devaient avoir un CBD, un quartier d'affaires, désormais toutes doivent avoir des espaces verts et/ou piétons. La seconde contrainte est celle liée à sa politique de réduction de l'usage de la voiture et de lutte contre la pollution de l'air.

Conclusion : à la poursuite de la modernité

Que nous dit la réalisation de la GPP sur la stratégie des autorités locales en matière d'urbanisme ? D'abord elle montre que la ville est capable de générer des espaces publics urbains originaux qui fonctionnent. Originalité à la fois sur l'agencement et la structuration de la promenade, sur un parti pris concernant les options paysagères et sur une insertion dans un environnement très dense et très urbanisé. Cela est à souligner, on a fait souvent reproche à l'urbanisme chinois de privilégier la rapidité au détriment de la qualité ou de l'originalité, de reproduire plutôt que de créer.

Ensuite cela démontre une fois de plus l'agilité et la plasticité des autorités chinoises quant à l'adoption de modèles extérieurs. En réalité, cette ouverture d'esprit repose sur beaucoup de pragmatisme consistant à adopter des modèles pouvant apporter une solution aux problèmes. La GPP est certes une évolution dans l'approche des espaces publics. Mais elle s'inscrit davantage dans une problématique de mobilité. La GPP est aussi le produit de la politique de réduction de la place de l'automobile.

Bibliographie

Beatley T., 2000, *Green Urbanism: Learning from European Cities*, Washington, DC, Island Press.

Broudehoux A.-M., 2004, *The making and selling of post-Mao Beijing*, New York, Routledge.

Carmona M. *et al.*, 2003, *Public places-urban spaces: the dimensions of urban design*, Oxford, Architecture Press.

Carmona M., Magalhaes C., Hammond L., 2008, *Public space: the management dimension*, Londres, Routledge.

Frampton K., 2005, « Introduction: the work of architecture in the age of commodification », in W.S. Saunders (dir.), *Commodification and spectacle in architecture*, Minneapolis, University of Minnesota Press, IX-XVIII.

Gaubatz Piper, 2008, « Les nouveaux espaces publics en Chine urbaine », *Perspectives chinoises*, vol. 105, n° 4, 78-90.

Miles S., Miles M., 2004, *Consuming cities*, New York, Palgrave Macmillan.

Prud'Homme R., Darbéra R., 1989, « Financing urban transportation in Shanghai », *Rapport de mission du Laboratoire d'observation de l'économie et des institutions locales*, Créteil.

Saunders W. (dir.), 2005, *Commodification and spectacle in architecture*, Minneapolis, University of Minnesota Press.

Tan L., 2011, « L'Exposition universelle de Shanghai en 2010, laboratoire d'un urbanisme écologique », *Questions internationales*, n°48, 93-94.

Townshend T. G., Madanipour Ali, 2008, « Public space and local diversity: the case of north east England », *Journal of Urban Design*, vol. 13, n° 3, 317-328.

Wang J., Lau Siu Yu Lau S., 2008, « Forming foreign enclaves in Shanghai: state action in globalization », *Journal of Housing and the Built Environment*, vol. 23, n° 2, 103-118.

Yang Z., Xu M., 2009, « Evolution, public use and design of Central Pedestrian Districts in large Chinese cities: A case study of Nanjing Road », *Shanghai, Urban Design International*, vol. 14, n° 2, 84-98.

Zacharias J., 2002, « New central areas in Chinese cities », *Urban Design International*, vol. 7, n° 1, 3-17.

Zhai H., 2012, *Shanghai Pudong: A missed Opportunity For Metropolitan China*, LAP (Lambert Academic Publishing).

Axe 1.2 – Ville utopique et construction d'un idéal urbain fonctionnel

L'utopie urbaine en Chine

Rendre la ville habitable...

Catherine Bernié-Boissard

UMR 5281 ART-DEV

Depuis le milieu du XXe siècle et l'avènement de la République populaire, en 1949, le regard porté sur le phénomène urbain en Chine opère une sorte de va-et-vient entre utopie et dystopie. Pour le géographe Pierre Gentelle (Gentelle, 1974), « l'intérêt unique du problème urbain en Chine, aujourd'hui, vient de ce que l'une des plus vieilles civilisations urbaines du monde remet en cause, dans les esprits comme dans la pratique, le fait urbain dans son ensemble ».

1. Impressions de voyages

Les récits, carnets et journaux de voyage, notamment des intellectuels français, éclairent ce mouvement d'attraction/répulsion. Ce n'est pas leur caractère utopique ou contre-utopique qui nous intéresse ici (Hourmant, 2000), mais le regard posé sur la ville à travers ces récits. Tel celui de la philosophe Simone de Beauvoir (Beauvoir, 1957, 186), qui découvre la Chine de *La Longue marche* en 1955[1]. Visitant Pékin elle observe que le centre de la ville est « un pôle non pas attractif, mais répulsif. [...] Il manifeste positivement que la ville est née non des besoins d'une population mais du décret d'un autocrate ».

La ville n'est pas un lieu de convergence mais un lieu d'interdiction, de séparation, de dispersion. Ce qui confirme qu'elle ne fut pas comme en Occident le lieu de l'affranchissement, de la liberté, mais le siège

1 Voyage considéré par Denis Charbit comme un « Voyage en Utopie ».

des mandarins sans autonomie administrative, opposée au village plus autonome, selon la formule de Max Weber.

Dans son livre paru en 1973, *Quand la Chine s'éveillera*, Alain Peyrefitte surenchérit. Pour lui, la Cité interdite est tout un symbole : « C'est bien de la Cité Chine que l'accès était interdit à la masse des chinois » (Peyrefitte, 1973, 31).

Pour le romancier Pierre-Jean Rémy, dans son roman *Chine* (1990), Pékin est une ville faite de cours inaccessibles, de portes « souvent barrées d'un mur placé en quinconce », d'une colline fermant la Cité, de murailles hautes, en un mot elle est un univers de signes ressemblant à « quelque gigantesque échiquier ». Une « ville close » (Rémy, 1990, 11).

À cette vision dystopique du passé impérial, l'écrivain Claude Roy opposait, en 1953, la renaissance urbaine générée par la révolution chinoise (Roy, 1954) :

> Lao She, l'auteur de l'admirable roman *Coolie Pousse*, m'explique ce que la Libération a apporté à Pékin : 600 000 maisons de plus qu'en 1941 ont l'eau courante, [...] 500 dispensaires de quartiers ouverts, les barbelés qui interdisaient le Quartier des Légations abattus. [...] Pékin avait plus de saveur peut-être quand Paul Morand y séjournait. Les rues y sont propres, nettes, tadis que hier Paul Morand (écrivain et amateur de vitesse automobile, *nda*) constatait : « Il faut mettre en première, écraser des tonnes d'ordures, des tas de plâtres, des lacs de boue... » [...] Où sont les neiges d'antan ? Le camarade soleil les a fait fondre. Faut-il dire : hélas ?.

Comment était-elle, la Chine urbaine d'avant, interroge la journaliste Catherine Varlin dans la revue *Esprit* en 1966 (Varlin, 1966) ?

> Je n'ai que des images empruntées, monochromes. En rouge, les romans de Malraux. En noir, les films d'Ivens. C'était la commune, ou la guerre. [...] Pour moi, après 1949, la Chine se multicolore. [...] En 1952, Claude Roy décrit les grandes artères commerçantes (de Pékin), pavoisées d'enseignes de soie, où le vent fait onduler les beaux caractères blancs sur fond pourpre... Vers la même époque, Chris Marker tourne *Un dimanche à Pékin*.

Le contraste est saisissant avec les mots du journaliste et écrivain Lucien Bodard (Bodard, 1978), quelque trente ans plus tard, décrivant un « Pékin mal foutu, pas conçu pour une population de neuf millions d'habitants ». Une ville gigantesque livrée à l'industrie, souillée par le complexe pétrochimique, une ville sale où tout est défaillant, des égouts à l'électricité. Quant à l'antique Chengdu, capitale du Sichuan, qu'il a connue dans son enfance, « enfermée dans ses remparts, Chengdu des soieries et des haillons », elle lui est méconnaissable. Son centre

« pourrait être le centre de n'importe quelle agglomération de la Chine communiste », avec ses immenses avenues rectilignes, son urbanisme « à la fois prestigieux et bon marché ». Voici, dressée sur la place centrale, une monumentale statue de Mao, dominant désormais un sanctuaire de la consommation, où la foule s'agglutine, « où les objets sont Dieu »...

2. D'une révolution anti-urbaine au « triomphe de la ville »

La révolution chinoise en 1949 s'est faite sur le mot d'ordre : « Encercler les villes par les campagnes », les premières étant considérées comme le vecteur de l'invasion étrangère. Six décennies plus tard, la Conférence gouvernementale sur le travail urbain met en avant le thème « Rendre la ville habitable », modifiant radicalement la perception usuelle que l'on prend de la Chine[2]. Immensité territoriale à dominante agricole, elle est devenue, selon l'expression de ses dirigeants, le pays du « triomphe de la ville ». Mais au début du XXIe siècle, une forte dichotomie sépare encore un monde urbain en pleine explosion et un monde rural encore majoritaire. « Hyper modernité d'un côté, maintien d'une sorte de Moyen Age de l'autre, dans le pays et dans la tête de bien des urbains » (Gentelle, 2010). On est passé de la ville comme paradoxe à la ville comme contradiction assumée.

Paradoxe, car la prise de Pékin par l'armée populaire de Mao Zedong est le résultat d'une mobilisation des campagnes, les villes ayant été interdites *de facto* aux partisans communistes, depuis l'écrasement de leurs forces, en particulier à Canton dans les années 1920, ainsi que l'a décrit André Malraux dans *Les Conquérants* (Malraux, 1926). Contradiction assumée, parce qu'à l'issue de la Longue Marche, entre 1936 et 1939, et de la défaite du camp nationaliste, c'est à Pékin, depuis la Porte de la paix céleste, c'est-à-dire au cœur de l'ancienne capitale impériale, que Mao proclame la naissance de la République populaire.

Après la victoire, la ville commande à nouveau : « Dès maintenant commence la période de la ville à la campagne, la période où la ville dirige la campagne » (Mao, 1949).

Mais les contradictions nées de cette situation où la ville est le symbole de l'oppression étrangère et de la corruption vont peser sur le développement

---

2 Bijing Information, 23 décembre 2015, Document en ligne consulté le 26/10/2016 : http://french.beijingreview.com.cn/Chine/201512/t20151223_800045152.html

ultérieur : sous peine de rester bloquée, la Chine doit s'urbaniser, mais sous peine de dévoyer la révolution, il faut que le monde rural (= pauvre) contrôle le développement urbain. En dernière analyse, chaque fois que le conflit devient aigu, la révolution est plus importante que la modernisation. (Gentelle, 1974)

3. Urbanisme : la parabole du chat

Qu'importe qu'un chat soit noir ou blanc, pourvu qu'il attrape les souris.
Deng Xiaoping

À la fin de la période maoïste, avec les premières réformes de Deng Xiaoping, l'anti-urbanisme, l'anti-industrialisme, le mythe de l'idéologie agraire sont renversés par l'idéologie de la grande ville en tant qu'instrument de modernisation, de production et d'accumulation de richesses. La Chine doit devenir, selon ses dirigeants, le pays du « triomphe de la ville ». Depuis le début des réformes économiques des années 1980, son taux d'urbanisation est passé de 18 à 53 %. Sept-cent millions d'urbains aujourd'hui, un milliard projeté en 2030.

Ce rythme effréné, dû en partie à un effet de rattrapage, après les utopies rurales du maoïsme, passe par trois phases :

1. Décollectivisation agricole, développement d'une industrie rurale dans les provinces côtières méridionales, création de zones économiques spéciales (Sanjuan, 2011, 2015). Partout, le seul modèle fonctionnaliste doit adapter la ville à l'économie mondiale, favoriser un développement économique rapide (Doulet, 2015).
2. Dans les années 1990, rupture plus franche encore avec les utopies ruralistes. La construction d'une « économie de marché socialiste » exige une décollectivisation urbaine, la privatisation des biens de l'État – dont les immeubles d'habitation… L'état conserve la propriété du sol, mais veut stimuler la croissance économique par l'ouverture du marché foncier. L'espace urbain devient un bien marchand comme les autres. Plus de 80 % de chinois vont devenir propriétaires. Citadins et migrants ruraux apprennent à vivre dans une société de consommation et de loisirs (Vorms, 2014).

   Les responsables locaux doivent valoriser les ressources locales, selon un modèle entrepreneurial, associant public et privé, à partir d'orientations fixées par le gouvernement central. Ce modèle, encore en vigueur, par exemple dans la région de

Chengdu – 14 millions d'habitants, à l'ouest, sous le plateau du Tibet, s'apparente à un gouvernement local par projet et par le haut.

3. Avec l'entrée à l'OMC en 2001, ouverture à l'international. En contrepoint, le slogan du « Rêve chinois » réaffirme un sentiment national, voire nationaliste, sur le « renouveau », après l'humiliation d'un « siècle de la honte » entre la guerre de l'opium et 1949. La ville est la vitrine économique et le symbole de la puissance retrouvée. En 2008, les Jeux olympiques de Pékin sont un moment d'autocélébration nationale. En 2010, l'Exposition universelle à Shanghai se place sous le signe d'« Une ville meilleure, une vie meilleure »...

4. À l'ouest, du nouveau

Les choix d'urbanisation accélérée reposent sur les notions de pôle et d'attractivité des pôles urbains les plus puissants pour les investisseurs. Pékin, à l'instar de New-York ou de Paris, se définit comme « ville-monde ». à la fin des années 1990, l'urbanisation s'ouvre à l'Ouest et au centre, où l'état intervient par une politique massive d'aménagement. Dépassant depuis 1978, les utopies rurales du maoïsme, la Chine contemporaine aligne, au delà de Shanghai (34 millions d'habitants) et Pékin (23 millions), quinze mégalopoles de plus de 10 millions d'habitants.

Cette urbanisation-éclair a permis d'assurer des taux de croissance supérieurs à 10 % pendant trois décennies, et de sortir de la pauvreté plus de 500 millions de personnes en leur fournissant un toit, l'électricité, l'accès aux services de santé ou de transport. Contrairement aux autres pays en développement, la Chine a évité la case bidonvilles insalubres et violences urbaines[3]. Cependant, souligne la Banque mondiale dans un rapport de 2014, la conversion des terres rurales aggrave les écarts de richesse, parmi les plus élevés au monde. La concentration et la densification permettent d'économiser la ressource foncière, mais l'ardoise est lourde : villes fantômes, surcapacités dans toute la chaîne de production, gaspillage des ressources, travailleurs migrants sans aucun droit social hors de leur ville de naissance, etc.

[3] Banque mondiale et Centre de recherche sur le développement du Conseil d'État chinois, 25/3/2014, http://www.banquemondiale.org/ Document en ligne, consulté le 30/08/2015

Ce « triomphe de la ville » a un double visage : insertion dans les circuits de la mondialisation et modernisation du pays d'une part (un réseau TGV relie toutes les villes de plus de 500 000 hab.) ; émergence de problèmes inconnus d'autre part : pollution de l'air et de l'eau (quarante villes en alerte rouge en décembre 2015), règne de l'automobile, explosion des prix du logement, inégalités, etc.

Les villes ont été planifiées selon un modèle standard, avec un zonage urbain à très grande échelle, sans intégrer les principes environnementaux ni la question des risques technologiques. Ainsi Pékin, à proximité de nombreuses usines et centrales électriques polluantes. Avec un réseau de métro desservant tous les quartiers, sept périphériques, neuf autoroutes, elle enregistre de monstrueux embouteillages jour et nuit. Ses habitants sont coutumiers de ce qu'ils nomment *Airpocalypse*…

Ce modèle est aujourd'hui remis en cause, au profit d'une réflexion qui se veut plus humaniste, avec des schémas directeurs du développement imposés à toutes les villes (Doulet, 2015). Le rural et l'urbain doivent à nouveau être intégrés. Instituts d'urbanisme transformés en instituts du développement urbain et rural, participation du public pour la révision des schémas directeurs, opérations de renouvellement urbain : les mutations sont visibles dans les villes les plus développées de la façade orientale (Pékin, Shanghai). À un fonctionnalisme qui n'a pas disparu se substituent dans le discours actuel les références internationales de « ville durable », « ville intelligente », « smart city », etc. Confronté au mécontentement de la population, le gouvernement déclare en 2015 que « rendre les villes habitables » devrait être l'objectif central de la planification, que le développement urbain devrait se concentrer sur l'environnement dans lequel les gens peuvent vivre « en harmonie entre eux et avec la nature ». Pour construire une «société harmonieuse », la ville doit continuer d'être le levier du changement social et de l'accès aux richesses.

5. La dystopie, au banquet de l'utopie ?

L'utopie de la ville moteur et vitrine de la croissance économique s'est-elle transformée en dystopie ? La dystopie s'est-elle invitée au banquet de l'utopie ? On pourrait le croire, car l'urbanité chinoise revendique désormais d'être humaniste et habitable. Mais en même temps, elle relance la course à l'urbanisation, avec l'objectif de drainer vers les villes 350 millions de ruraux de plus d'ici dix ans.

Il s'agit de « changer de modèle de développement », d'aller vers une « urbanisation de qualité ». On transformera la situation de millions de travailleurs migrants sans hukou, dont l'institution, censée à l'origine freiner la croissance urbaine et la division rural/urbain, a placé les ruraux dans une position d'infériorité, dégradé la qualité de la vie urbaine[4].

Cette démarche est, à la fois, contradictoire et nécessaire. En effet, la Chine doit compenser la diminution de ses exportations par l'essor de sa consommation intérieure de biens, dont le logement, et réduire les inégalités ville/campagne en accueillant les ruraux dans les villes. Par ailleurs, la ville présente le paradoxe d'être le lieu de la création de richesses et le creuset d'inégalités sociales. Les collectivités ont besoin des revenus de l'immobilier, car le partage des recettes de la fiscalité avec l'État leur est défavorable, lors même qu'elles assurent l'essentiel des dépenses publiques.

Elles tirent des revenus considérables de la vente des droits d'utilisation du sol, source de spéculation et de corruption. Elles dépendent donc largement de la hausse des prix de l'immobilier et du foncier pour leurs ressources. D'où l'explosion des coûts, qui éloigne une partie de la classe moyenne de l'accès à la propriété. La rénovation de l'habitat dégradé et des bidonvilles urbains s'impose pour offrir des logements abordables aux résidents à faibles revenus. De même que l'élévation des normes de qualité des projets, la maîtrise de la taille des villes en fonction des ressources disponibles et de l'environnement.

La planification urbaine (2015) définit plusieurs axes : priorité aux petites villes (moins de 500 000 hab.), polarisation métropolitaine à l'échelle de régions urbaines comme Pékin. Dans ce dernier cas, les industries seront délocalisées au profit d'une ville « culturelle ». Il s'agit de rendre les grandes villes plus ouvertes, plus sûres, plus agréables à vivre. En effet, les catastrophes naturelles ou technologiques font partie du synopsis de la dystopie urbaine. La sécurité, désormais au premier plan de la planification, pourra-t-elle enrayer les accidents dus à l'absence de prévention et d'évaluation des risques[5] ?

Sécurité, renouvellement urbain, rénovation de l'habitat dégradé, autant de bonnes intentions qui traduisent la nécessité de faire coïncider injonctions et réalités de la ville durable, numérique, intelligente.

---

[4] « L'urbanisation chinoise au cœur de la troisième session plénière », *Le Quotidien du peuple en ligne*, 8/11/2013. http://french.peopledaily.com.cn/Horizon/8451044.html

[5] Glissement de terrain de Shenzhen, explosion d'usine chimique de Tianjin en 2015.

Assiste-t-on à la fin du gigantisme et de la prédation des ressources environnementales ?

6. Chengdu, laboratoire d'une urbanité nouvelle

Chengdu, district de 14 millions d'habitants, capitale du Sichuan, condense la problématique urbaine à laquelle est confrontée la société chinoise : poursuite de la métropolisation et/ou émergence d'une nouvelle urbanité ?

C'est la porte d'un nouvel Eldorado pour l'investissement international à la recherche de foncier et de main d'œuvre au coût moins élevé que sur la façade orientale[6]. Chengdu figure au rang des villes génériques asiatiques, avec ses buildings, ses autoroutes, ses grandes artères centrales… Mais c'est aussi un site particulièrement intéressant pour la mise en œuvre d'une nouvelle planification.

Explosion démographique, étalement urbain et forte croissance du PIB se conjuguent au besoin impérieux de protéger un environnement fragilisé par les risques naturels[7].

La capitale de la région qui a vu naître Deng Xiaoping, principal réformateur de la Chine moderne, illustre l'émergence du mot d'ordre « Le rêve chinois ». Choisie par le Conseil des affaires de l'État en 2000 pour devenir zone expérimentale de développement intégré des zones urbaines et rurales, avec Chongqing, ville-province de 33 millions d'habitants. Reliée par grande vitesse à Shanghai, à treize jours de Lodz en Pologne pour le fret, elle doit son attractivité industrielle aux vastes avantages fiscaux procurés par la politique du « Go West ». En 2010, l'installation par le fabricant de tablettes taïwanais Foxconn d'une usine de 120 000 ouvriers, délocalisée de la côte est, en est le symbole. à l'instar de l'ouverture du plus grand bâtiment du monde, le Global Center, en 2013 – créé à l'origine pour accueillir le *Forum de Fortune 500*, rendez-vous des plus grandes entreprises mondiales. La croissance démographique, 12 % environ entre 2000 et 2010, suit celle du PIB, qui reste l'un des plus élevés du pays (15,2 % contre 9,6 % en moyenne en 2011).

6 Salaires minimums (2012) dans 14 districts : 1 050 CNY/mois (Shenzhen : 1 500, Canton : 1 300, Pékin : 1 260).

7 Séisme du Sichuan en 2008 : près de 80.000 morts, effondrement de milliers « d'écoles en tofu ».

7. Utopie de Jules Verne, ou dystopie d'Aldous Huxley

Chengdu montre une carte de visite marquée au sceau de la rationalité urbaine : dix-neuf zones administrées – neuf districts, quatre faubourgs et six districts ruraux.

Le dernier Plan quinquennal (2011-2015) décline les impératifs nationaux : promouvoir les nouvelles formes d'urbanisation, la revitalisation des zones sinistrées, la construction d'une « nouvelle campagne de type socialiste », etc. Accélérer la construction de la « ville innovante ». Créer une société harmonieuse : augmenter le niveau d'emploi, de la santé, des revenus et de la couverture sociale.

Cependant, comme le souligne le responsable du service d'urbanisme lors d'un récent entretien, le souhait du gouvernement central de contrôler le développement des métropoles, de favoriser les villes moyennes, se heurte aux réalités d'une région en plein essor[8]. Comment assurer son développement économique, le secteur du BTP en étant un moteur essentiel, sans poursuivre la croissance ? Comment répondre aux besoins d'une population en constante augmentation, sans construire de nouveaux logements, des équipements, selon une méthode fonctionnaliste qui, d'une certaine manière, a fait ses preuves ?

De là découlent un certain nombre de dilemmes. Pour maintenir l'attractivité touristique, il faut protéger le patrimoine environnemental de la réserve de pandas, animal symbole de la ville, et créer une ceinture verte autour de l'agglomération. Ce qui implique de freiner la croissance urbaine, l'étalement industriel, à rebours des tendances qui font le succès économique d'aujourd'hui.

Or, le pouvoir local met en œuvre le plan quinquennal dans un contexte politique où le Parti communiste décide de tout, depuis la localisation des investissements jusqu'à leur nature, et par ailleurs nomme les maires, dont la carrière est liée au succès économique du territoire. D'où le choix d'opter pour un aménagement prioritairement conçu pour les investisseurs industriels et immobiliers, comme l'a montré Stéphane Millaud dans sa thèse sur les petites villes (Milhaud, 2013). Toutefois, le système encourage aussi les prises de décision décentralisées, souligne le politologue Cui Zhiyuan, notamment pour maintenir l'ordre social, « une société harmonieuse » (Frenkiel, 2011). Dès lors, la performance

---

8 Entretien avec les responsables du service d'urbanisme de la ville, Chengdu, 13 octobre 2016.

n'est plus seulement évaluée en termes de croissance économique, mais aussi à l'aune des critères de la « ville habitable ».

Les injonctions à la coopération avec les régions voisines, au développement durable, sont intégrées dans la politique locale. Le bureau d'urbanisme doit « rationaliser » et « harmoniser ». Rationaliser la distribution des équipements, le trafic automobile, etc. Harmoniser l'emploi et l'habitat, le développement d'une ambiance écologique des quartiers, etc. Outre le fait que le pouvoir central conserve le pouvoir décisionnel, la difficulté tient à ce que les choix de localisation industrielle appartiennent aux investisseurs privés.

La ville nouvelle sera néanmoins durable, écologique, comme le proclament les appels à projet pour l'éco-quartier Tianfu New Area. Il accueillera 6 millions d'habitants d'ici à 2030, dans cinq ou six zones fonctionnelles reliées par un réseau de transport multimodal. Soit : une zone économique de sièges sociaux, une zone de bureaux, un parc écologique, une zone de résidences, de commerces et des services publics. La conception fonctionnaliste des nouveaux quartiers permet d'affecter chaque secteur à des opérateurs privés. Il y a à la fois un objectif réaffirmé de développement économique et un appel aux savoir-faire étrangers en matière de fabrique de la ville durable. Ainsi l'éco-quartier de Long Quan Yi est-il présenté, en 2016, par les pouvoirs publics franco-chinois comme « une étude de cas dans le domaine du développement urbain durable, centrée autour de Dongfeng PSA qui sera le vaisseau amiral de la présence économique française à Chengdu »[9]. Au côté des urbanistes, architectes et bureaux d'études français sollicités, la firme entend bénéficier de la forte progression de la classe moyenne, qui pourrait représenter un marché de 220 millions de chinois dans dix ans[10].

Gonflée par Tianfu, la ville deviendrait la prochaine grande mégalopole chinoise, devant Shanghai et les villes côtières ayant déjà connu leur âge d'or. Le secrétaire du Parti local, Huang Xinchu, a le sens de la formule: « Parce que nous sommes pionniers, nous ferons tous les efforts possibles pour faire de Tianfu une cité millénaire »[11].

9 BUSINESSFRANCE, http://www.construction21.org/france/articles/fr/ecoquartiers-chine--rejoignez-la-delegation-francaise-a-chengdu-du-11-au-13-avril.html? Document en ligne, consulté le 5/06/2016.

10 PSA GROUPE, Communiqué de presse http://media.groupe-psa.com/fr/communiqu%C3%A9s-de-presse/groupe/inauguration-usine-dpca-chengdu, document en ligne consulté le 12/11/2016.

11 *Le Temps,* 21/05/2013

Ces projets sont consommateurs d'espace, facteurs de nouvelles ségrégations urbaines. Le service d'urbanisme, traduisant les orientations centrales, veut favoriser la mixité sociale et fonctionnelle. Mais comment l'encourager ? Qui en contrôle la mise en œuvre ?

La ville souhaitée est un espace urbain formé de quartiers maillés par une répartition équilibrée des services et des activités, en décalage avec la ville réelle, fondée sur un modèle standardisé, source de rentabilité pour la collectivité.

La ville réelle est un miroir de la démesure urbaine et d'un modèle générique, avec le *Global Center*, vitrine d'un capitalisme de la séduction qui se veut triomphant. à l'instar des tours les plus hautes de Pékin ou Shanghai à l'est, il exprime la puissance de l'ouest, dans un bâtiment qui rassemble toutes les fonctions de la ville moderne, sauf le logement : bureaux, centres commerciaux, hôtels cinq étoiles, patinoire, immense étendue d'eau imitant les bords de mer, etc., sur 1,7 million de m^2, dont 400 000 pour les marques internationales haut de gamme. Projet majeur dans la nouvelle zone de Tianfu avec l'aéroport international, le Centre d'art contemporain, il draine 15 millions de visiteurs et de consommateurs en 2015, l'équivalent de la province de Chengdu.

Le modèle s'exporte aujourd'hui en Chine, fondé sur l'association des fonctions touristiques (la plage, clients passagers), hôtelières (les voyageurs, clients temporaires), administrative (les bureaux, clients potentiels), pour assurer une bonne rentabilité commerciale.

« Mettre la ville dans un bâtiment », et renvoyer l'habitat alentour, est-ce rendre la ville habitable ?[12]

8. Le patrimoine, médiateur d'une nouvelle urbanité ?

La ville historique a subi de nombreuses destructions/reconstructions au cours des dernières décennies. Depuis la fin des années 1990, la plupart des quartiers populaires et des friches industrielles ont été effacés, pour ne garder qu'un quartier d'architecture traditionnelle et de grands hôtels. Les maisons de thé, les temples bouddhistes et taoïstes bien conservés valorisent l'aspect patrimonial pour le regard extérieur. La destruction du patrimoine, au nom de la modernisation et de la lutte contre l'insalubrité n'est cependant pas achevée. Dans le centre, les ruelles de petites maisons

---

12 Entretien avec le promoteur du Global Center et les responsables de la gestion, Chengdu, 12 octobre 2016.

basses font place à des immeubles élevés, de bonne qualité architecturale, mais inaccessibles à la population résidente, même si les propriétaires peuvent les acquérir. Certains choisissent de rester en ville dans un habitat sans confort pour économiser l'argent nécessaire à l'achat d'une maison individuelle à la campagne.

L'information de la population concernée par ces opérations est quasiment inexistante, sa participation au processus de réhabilitation assez rare, en dehors de la capitale. Ainsi, la rénovation des derniers *hutongs* de Pékin emprunte-t-elle le langage et les pratiques internationales de conservation du patrimoine, de participation de la population, de diversité des choix, etc., sous l'égide et avec le soutien de l'Unesco.

Le patrimoine culturel est au premier plan depuis les dévastations du séisme de 2008. En témoignent plusieurs manifestations symboliques : premier festival chinois du patrimoine culturel immatériel en 2009 ; accueil à Chengdu de la Conférence internationale sur le patrimoine culturel immatériel pour le dixième anniversaire de la Convention de l'UNESCO en 2013. Rompant avec les séquelles de la révolution culturelle, Chengdu réhabilité son héritage religieux et les traditions de la Chine ancienne, pour en faire le vecteur d'un nouveau dynamisme urbain et un facteur d'attractivité : valorisation des temples et jardins, des vestiges médiévaux, des statues monumentales. L'animation culturelle contribue à assurer la diversité de l'espace public, dans le sens de la mixité sociale et fonctionnelle.

Rendre la ville habitable, c'est donc valoriser son patrimoine pour renforcer son attractivité, imaginer de nouvelles manières d'habiter, intégrer les impératifs de durabilité. C'est construire une société d'aisance, de bien-être, qui combine des objectifs d'éradication de la pauvreté et de réaffirmation de la puissance chinoise dans le monde.

Conclusion : Une troisième voie pour la ville ?

N'y aurait-il donc que deux voies pour le développement de la ville en Chine ?

La première, symbolisée par une sorte de « désurbanisme » : ce sont les communes populaires du maoïsme, qui prétendaient mettre fin à l'opposition entre urbain et rural. La deuxième, représentée par l'explosion des métropoles, du Pékin des Jeux Olympiques, au Shanghai de l'Exposition internationale, jusqu'au Chengdu aujourd'hui. Après

Mao et Deng Xiaoping, le président actuel Xi Jinping va-t-il incarner une troisième voie ?

Avec la nouvelle urbanisation, le gouvernement chinois cherche à maîtriser l'explosion métropolitaine, à promouvoir un modèle de « ville-campagne », aussi éloignée des utopies ruralistes que des contre-utopies les plus proches. Chengdu, où le couple industrialisation-urbanisation en est encore à sa lune de miel, est un bon observatoire d'une planification territoriale qui ne doit pas bénéficier seulement aux villes, mais aussi aux campagnes environnantes. Un laboratoire pour la mise en œuvre d'une nouvelle approche de l'urbanité, confrontée aux impératifs de croissance.

Mais suffit-il d'insérer dans le tissu existant des zones d'activité high-tech, moins polluantes, des éco-quartiers, améliorant la qualité de vie, pour inverser durablement les effets de la dystopie ? Si la métropole est la condition de la croissance, l'objectif n'est-il pas plutôt de conforter son rôle sur un vaste territoire, une région urbaine, comme en témoigne la création de dix grands pôles régionaux dans les années 2000, dont Chengdu-Chongqing à l'ouest ?

S'agit-il, avec la « ville-campagne », de renouer les liens qui existaient entre la société et son territoire, avant le processus contemporain de « déterritorialisation », pour reprendre le terme d'Alberto Magnaghi (Magnaghi, 2014) ? Se posent alors un certain nombre de questions qui concernent tout autant la ville chinoise que l'urbain mondialisé.

Bibliographie

Beauvoir (de) S., 1957, *La longue marche*, essai sur la Chine, Paris, Gallimard.

Bodard L., 1987, *Les Grandes murailles*, Paris, Grasset.

Bonnin M. 2004, *Génération perdue. Le mouvement d'envoi des jeunes instruits à la campagne en Chine,* 1968-1980, Paris, Éditions de l'École des hautes études en sciences sociales, 491 p.

Charbit D., 2004, « Voyage en Utopie : la Chine de Simone de Beauvoir », *Perspectives* 11, Hebrew, University of Jerusalem.

Doulet J.-F., 2015, « L'urbanisme chinois et l'émergence du modèle 'intégrationniste' », Document en ligne, *Métropolitiques,* 27/4/2015 http://www.metropolitiques.eu/L-urbanisme-chinois-et-l-emergence.html, consulté le 10/10/2015.

Engels F., 1971 (1878), *Anti-Dühring*, Troisième édition revue, Paris, éd. Sociales.

Frenkiel, É., 2011, « Un modèle de socialisme libéral en Chine. Entretien avec le politologue Cui Zhiyuan », *La Vie des idées* : http://www.laviedesidees.fr/Un-modele-de-socialisme-liberal-en.html

Gentelle P., 1974, « Les villes en Chine : une stratégie 'différente' », *Espace géographique*, tome 3, n° 4.

Gentelle P., « La Chine : interrogations sur un avenir », *Cybergeo : European Journal of Geography*. Document en ligne, consulté le 10 octobre 2016 : https://cybergeo.revues.org/23015

Hourmant F., 2000, *Au pays de l'Avenir radieux, voyage des intellectuels français en URSS, à Cuba et en Chine populaire*, Paris, Aubier.

Laboratoire insurrectionnel, *Territoire et Villes en Chine Maoïste*, Document en ligne, consulté le 10/10/2015 : http://laboratoireurbanismeinsurrectionnel.blogspot.fr/2012/03/territoire-et-villes-en-chine-maoiste.html

Leys S., 2004, *La Chine vue par les écrivains français*, anthologie établie par Tristan d'Huriel, Paris, Bartillat.

Magnaghi A., 2014, *La Biorégion urbaine. Petit traité sur le territoire bien commun*, Rende, Italie, Eterotopia.

Malraux A., 1926, *Les conquérants*, Paris, Grasset, 276 p.

Migot A., 1965, *Mao Tsé-Toung, Culture, Art, Loisir.*

Milhaud S., 2013, *Les petites villes, de nouveaux centres pour le développement territorial chinois. L'exemple de la province du Zhejiang*, Thèse de doctorat en géographie urbaine, Université de Paris 1.

Peyrefitte A., 1973, *Quand la Chine s'éveillera… le monde tremblera*, tome 2, Paris, Fayard.

Rémy P.-J., 1990, *Chine, Roman*, Paris, Albin Michel.

Roy C., 1954, 26e édition. *Clefs pour la Chine*, Paris, Gallimard.

Sanjuan T., 2011, « Chine, l'empire post-réformes », *Historiens et géographes*, n° 416.

Sanjuan T. 2015, *Atlas de la Chine une grande puissance sous tension*, 3e édition, Paris, éditions Autrement.

Varlin C., 1966, « La Chine par les yeux », *Esprit*, n° 11.

Vorms B. 2014, « Chine : l'immobilier avant le logement », *Informations sociales*, n° 185.'

Rêve de capitale en Andhra Pradesh (Inde), lorsque l'utopie urbaine est au pouvoir

Éric Leclerc

Université de Lille, EA 4477, Territoires Villes Environnement et Sociétés

Depuis la création du Telangana, 29e État indien, l'État résiduel d'Andhra Pradesh dispose d'une décennie pour créer une nouvelle capitale. Le chef de l'exécutif, Chandrababu Naidu a opté pour la construction d'Amaravati, une ville intelligente et durable de rang mondial. Implantée au cœur de l'État, la « capitale du peuple » comme il l'a baptisée, devrait accueillir 4,5 millions d'habitants en 2050.

Face à un tel défi, on est en droit de s'interroger sur le sens de ce programme. Cette ville de classe mondiale va-t-elle préserver l'identité et le patrimoine des populations locales ou procéder à leur éviction ? Comment les modèles urbains globaux mobilisés, ville intelligente, ville durable, ville inclusive sont ils adaptés pour répondre aux défis de l'urbanisation indienne ?

Comme Amaravati n'est pour l'instant qu'une ville de papier (Söderström, 1996), nous répondrons à ces questions en nous appuyant sur les documents officiels de planification pour une présentation du projet urbain, puis une relecture critique à l'aune de projets antérieurs. Dans une dernière partie, nous observerons la gestion du projet urbain par les autorités d'Andhra Pradesh depuis son lancement pour déterminer si Amaravati s'oriente vers une dystopie ou une entopie[1].

---

1 Pour C. A. Doxiadis, l'architecte et urbaniste d'Islamabad, une entopie est un lieu constructible, qui peut exister.

1. Une utopie urbaine indienne du XXIe siècle ?

L'établissement d'une nouvelle capitale est un processus courant en Inde, puisque les redécoupages administratifs ont conduit à la création de Bhubaneshwar (1948), Chandigarh (1953) ou plus récemment Naya Raipur (2012) au Chhattisgarh. Mais ce qui surprend dans le cas de l'Andhra Pradesh, c'est l'ambition affichée par son gouvernement d'en faire plus qu'un chef-lieu administratif, une ville de rang mondial à l'horizon 2050. Que se cache-t-il derrière le slogan de « Capitale du peuple » dont a été affublée Amaravati ? Sommes nous en présence d'une nouvelle utopie urbaine ? Après un rapide parcours des évènements qui ont abouti au lancement de ce projet, nous présenterons celui-ci grâce aux documents de planifications publiés, avant d'en rechercher les caractères originaux.

1.1. *Bref historique du projet*[2]

Suite à la bifurcation de l'État d'Andhra Pradesh, l'ancienne capitale Hyderabad (7,6 millions d'hab., 2011), doit revenir au Telangana en juin 2024. Amputé de 114 000 km² et de 31 millions d'habitants[3], l'État résiduel doit édifier une nouvelle capitale. Trois mois après son accession au pouvoir, le nouveau ministre en chef de l'Andhra Pradesh, C. Naidu, annonçait en septembre 2014 sa volonté d'implanter la future capitale dans la région de Vijayawada-Guntur (illustration 1).

Il a opté pour une localisation centrale, le delta de la Krishna, et une concentration des fonctions de commandement sur un seul site très vaste. En effet, deux mois plus tard, la liste des dix-sept villages formant le site de la capitale a été publiée. L'espace couvert représente une superficie[4] de 133,12 km² (Chandigarh 114 km²), soit beaucoup plus que nécessaire à un simple quartier administratif. C. Naidu a choisi un modèle urbain d'économie avancée et il projette de faire de sa capitale une ville de rang mondial.

---

2 Pour une présentation plus détaillée de la genèse du projet, nous renvoyons à un article antérieur (Leclerc, 2015).

3 Nouvel Andhra Pradesh : superficie 161 000 km², 45,3 millions hab.

4 L'aire d'extension de la future capitale augmente progressivement au fur et à mesure de l'élaboration du projet pour atteindre 217 km² (53.621 ac) comprenant 24 villages et une partie d'une municipalité urbaine Tadepalli, + 63 % (Capital Region : Facts & figures, 2016).

Pour atteindre cet objectif, il a créé l'Autorité de Développement de la Région Capitale[5] (CRDA) couvrant une superficie[6] de 7.060 km². Le 9 décembre 2014, il signait un accord de coopération avec le gouvernement de Singapour pour l'élaboration du plan directeur (*master plan*) de la future capitale. Les urbanistes retenus devront réaliser une analyse à trois échelle, un rapport pour l'ensemble de la région capitale, un plan pour la ville capitale (*Capital City Master Plan* 125 km²) et enfin un plan détaillé pour la première phase de construction (*Seed Development Master Plan* 8 km²).

Illustration 1 : *Amaravati dans le réseau urbain de l'Andhra Pradesh*

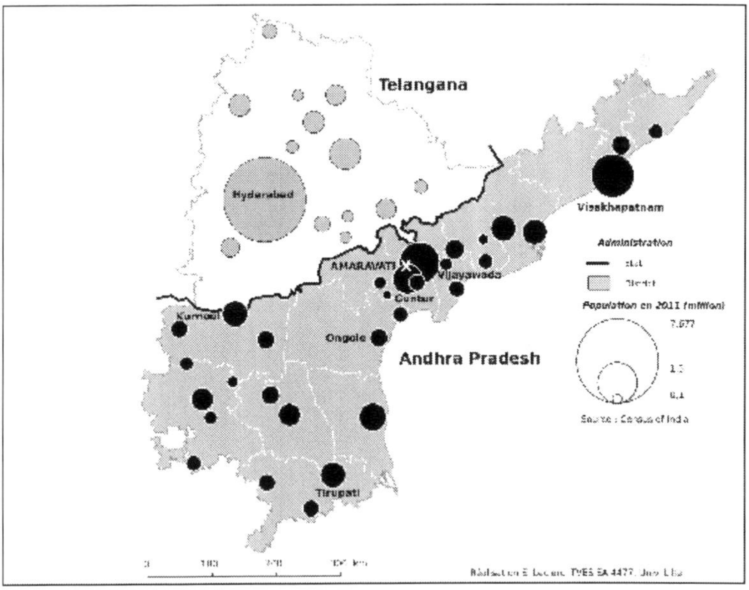

Source : Census of India, 2011
Réalisation : Eric Leclerc, EA 4477 TVES univ. Lille

1.2. Un modèle global de ville intelligente et durable

Conformément aux souhaits du gouvernement d'Andhra Pradesh, le projet d'Amaravati s'inscrit dans le modèle de la ville intelligente et durable. Ce nouveau mantra apparaît systématiquement dans les trois

5 *Capital Region Development Authority*

6 Soit l'équivalent d'Hyderabad (7.100 km² pour l'Autorité du Développement Métropolitain d'Hyderabad), depuis cette superficie a été portée à 8.603 km², + 21 % (Capital Region : Facts & figures, 2016).

rapports[7] remis entre mars et juillet 2015 par le cabinet[8] engagé par le gouvernement de Singapour.

Dès le premier rapport on trouve un « tableau de la durabilité urbaine » associé à un schéma circulaire avec le terme « smart » placé bien au centre du dispositif (rapport 1, 74). Ce double objectif se décline selon trois axes génériques de durabilité, économique, environnementale et sociale devant assurer la création d'un espace urbain qui soit respectivement viable, vivable et équitable.

En complément, les experts singapouriens identifient six objectifs spécifiques pour le développement de la région capitale d'Amaravati avec des évaluations chiffrées pour atteindre ce modèle (rapport 1, 75) :

- création d'un nombre suffisant d'emplois pour une population de 9 à 12 millions dans la région, dont au moins 2 millions pour la seule capitale (objectif de viabilité économique),
- offrir 50 % de logements accessibles aux catégories à revenus faibles et moyens (objectif d'équité sociale).
- la sauvegarde du patrimoine naturel (objectif de durabilité environnementale) et des monuments historiques, pour permettre une activité touristique (objectif économique) et le renforcement de l'identité du lieu (objectif patrimonial). En effet la nouvelle ville s'élèvera à proximité de l'ancienne capitale de la dynastie bouddhiste des Satavahana[9].

Pour atteindre ces objectifs, le plan directeur prévoit une organisation très rationnelle de l'espace (illustration 2) selon un tracé hippodamique. Les activités industrielles (10 % de la superficie) sont rejetées en périphérie, afin de laisser les services s'épanouir dans le centre de la ville (7 %) et intercalées entre les deux, les institutions d'enseignements.

Sur le plan directeur, on remarque aussi la création d'une trame verte et bleu : 92 km^2 d'espaces verts et 48 km^2 de surfaces aquatiques (rapport 2, 50-51), soit respectivement 25 % et 12,5 % de la surface totale de la ville[10]. Ainsi s'affirme la dimension écologique de la capitale qui justifie

---

7 Désignés dans la suite du texte rapport 1, 2 ou 3.

8 *Surbana Jurong Private ltd.* est une d'ancienne agence de l'administration de Singapour privatisée pour offrir à l'international des services de planification urbaine.

9 Le schéma circulaire cité ci-dessus est d'ailleurs illustré par la photographie d'une statue du Dhyana Bouddha achevé en 2014 dans la petite ville éponyme d'Amaravathi.

10 *Surbana Jurong* propose d'étendre le périmètre de la future capitale, portant la superficie totale à 392 km^2 (31 villages et 2 villes Tadepalli et Mangalagiri), soit un gain de 174 km^2, + 80 % ! (rapport 2, 10).

aussi le choix d'implantation en front de fleuve. Celui-ci doit constituer un facteur de structuration et d'attraction de la ville à l'image de tant d'autres capitales : Londres, Paris ou Varanasi pour l'Inde.

Illustration 2 : *Plan directeur d'Amaravati*

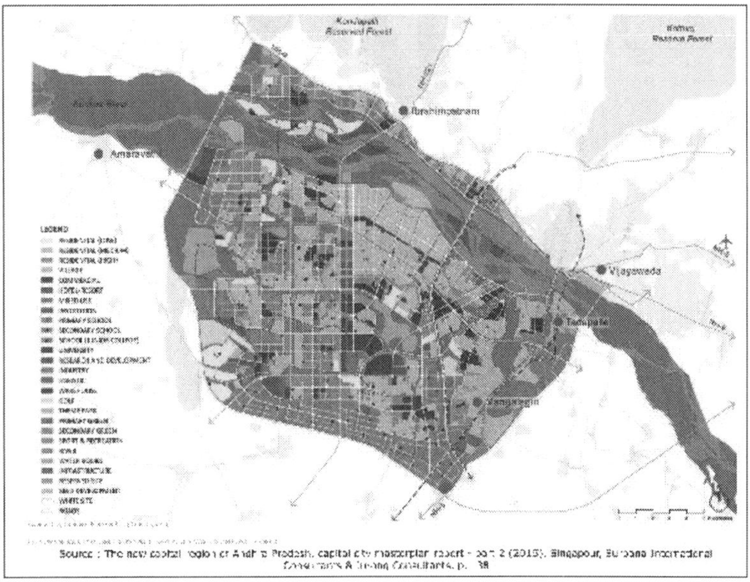

Source : The new capital region of Andhra Pradesh, capital city master plan report – part 2 (2015), Singapore, Surbana International Consultants & Jurong Consultants, p. 138

1.3. Provincialiser le modèle de la ville intelligente et durable ?

Une première lecture des trois rapports permet d'identifier aisément le discours dominant sur la ville durable et intelligente. Les deux concept sont contemporains, ils émergent dans les années 1990 (Theys, émélianoff, 2001 ; Söderström, 2014) pour tenter de concilier pour le premier, les dimensions économiques, sociales et écologiques du développement urbain, et le second offrir une solution technologique à sa gestion grâce aux Technologies de l'Information et de la Communication (TIC). Ils partagent l'un et l'autre une approche systémique et une origine commune, l'Occident, mais ont depuis le début des années 2010 une portée globale grâce au soutien d'entreprises privées (IBM). Nous inspirant des théories post-coloniales qui s'attachent à démontrer le caractère local des productions scientifiques à prétention universelle (Spivak, 1999 ; Shepard, 2013), nous allons ré-examiner le projet d'Amaravati pour voir si ces concepts globaux ont été adapté au contexte indien et comment ils ont pu être influencer par le contexte politique.

Ce modèle global dominant a été utilisé pour la première fois en Inde au Gujarat à Dholera, pour un projet lancée en 2009, qui prévoyait la construction d'une ville intelligente et durable sur 920 km² pouvant accueillir une population de 2,5 millions d'habitants. Situé sur le corridor industriel Delhi – Mumbai, ce projet illustre parfaitement pour A. Datta, le phénomène de provincialisation du modèle d'urbanisme global (Datta, 2015). Même si la ville n'est pas encore sortie de terre, sa conception a servi à construire la politique nationale de « smart city » du gouvernement indien actuel[11]. Le premier ministre Narendra Modi y a aussi expérimenté le rôle de l'État entrepreneur dans la conduite du développement urbain, qu'il promeut maintenant au plan national. C'est donc le niveau local qui a inspiré le niveau national et pas seulement le niveau global qui dicte sa loi.

Mais le projet d'Amaravati est plus ambitieux, il s'agit de bâtir une nouvelle capitale ex-nihilo et réaliser ainsi un acte de fondation fort pour le nouvel Andhra Pradesh. Le projet se situe donc en rupture à la fois avec l'ancienne capitale Hyderabad (illustration 1) et le réseau urbain existant dans la région d'implantation. Le choix de la création d'une ville intelligente et durable ex-nihilo permet à C. Naidu de s'abstraire des défauts des villes indiennes actuelles (mauvaises infrastructures, pollution, congestion des transports, habitat informel). L'objectif de C. Naidu révèle les dimensions à la fois utopiques et idiosyncrasiques du projet.

On retrouve aussi la provincialisation du modèle d'urbanisme global à travers les choix du cabinet de consultants singapouriens. Dans la conception du plan directeur, une attention particulière a été portée aux règles traditionnelles de planification urbaine hindoue, la *vastu vidya* (rapport 2, 54). Le plan retient des orientations jugées favorables par celle-ci, un axe Nord/Sud pour les fonctions administratives et politiques et un axe Sud-Ouest/Nord-Est pour les fonctions récréatives et commerciales. Il préserve aussi un espace central vide, le *Brahmastan* (rapport 2, 33), au sein de chaque îlot bâti et à l'échelle de la ville avec

11 Un programme de construction de 100 villes intelligentes.

un parc urbain majeur, dénommé fièrement « central park »[12], confortant ainsi la dimension durable et internationale du projet.

Le rêve de C. Naidu s'apparente bien à une utopie : construire une capitale de rang mondial à distance des infrastructures existantes, créer un lieu neuf à partir de rien en utilisant un modèle urbain du XXIe siècle reposant sur les TIC pour gérer cet espace.

2. Les apories du projet d'Amaravati

Comme il n'est pas encore possible d'observer la matérialisation de ce projet afin de mesurer comment cette utopie de forme spatiale (Harvey, 2000) se heurte à la réalité, nous allons déconstruire les documents de planification pour identifier les idéologies sous-jacentes à ce modèle et relever d'ores et déjà ses contradictions. En suivant les propositions critiques de M. Lussault (1995), nous allons suivre la mise en intrigue de ce projet urbain et analyser les éléments rhétoriques mobilisés tant graphiques que statistiques. Comment ce modèle urbain global de la ville durable et intelligente, même partiellement provincialisé dans un contexte asiatique, est il mis en scène ? Comment fonctionne la rhétorique performative du projet urbanistique présent et quels en sont les antécédents idéologiques ?

2.1. Rhétorique graphique

Réalisés dans un temps record de trois à sept mois, il faut souligner la qualité graphique des documents de planification remis par les consultants singapouriens. Ils sont richement illustrés (figure 1). La place de la cartographie[13] est remarquable et domine très largement la production iconographique (entre 35 et 41 % des volumes). Le premier rapport s'apparente à un atlas accordant une large place à la présentation de l'état des lieux avant projet. Pour les volumes 2 et 3, il s'agit plus d'une cartographie prospective avec les plans directeurs et leurs déclinaisons thématiques plus ou moins schématisées.

---

[12] Illustré par une image de l'original new-yorkais (rapport 2, 59)

[13] On entend ici par « carte » soit une carte isolée de grande superficie, soit une planche composée de plusieurs petites cartes.

Figure 1 : *Tableau comparatif des illustrations des documents de planification*

	Rapport 1	Rapport 2	Rapport 3	% Rapport 1	% Rapport 2	% Rapport 3
Photographies total	36	48	18	*26,1*	*31,2*	*15,3*
Locales	29	29	14	*21,0*	*18,8*	*11,9*
Internationales	7	19	4	*5,1*	*12,3*	*3,4*
Image de synthèse	0	3	35	*0,0*	*1,9*	*29,7*
Cartes	54	63	41	*39,1*	*40,9*	*34,7*
Graphiques	26	19	13	*18,8*	*12,3*	*11,0*
Tableaux	22	21	11	*15,9*	*13,6*	*9,3*
Total Illustrations	138	154	118	*100,0*	*100,0*	*100,0*

Source : The New Capital Region Of Andhra Pradesh, Capital City Masterplan Report, vol. 1, 2 & 3, 2015.

Les graphiques et tableaux statistiques sont peu abondants par contre la photographie de qualité joue un rôle important. Entre les trois volumes, le choix de l'iconographie est très significatif. Le rapport 1 abonde en photographies locales, qui comme les cartes, dressent un état des lieux de l'existant. Le rapport 2 qui contient le plan directeur de la capitale s'appuie sur une iconographie beaucoup plus internationale pour rendre visibles les objectifs visés (paysages urbains, 46, 49 ; transports, 38, 53).

Enfin le rapport 3 inaugure une nouvelle rhétorique visuelle avec le remplacement des photographies (-50 %) par des images de synthèses. Il s'agit le plus souvent de vue oblique aérienne en élévation 3D du plan directeur du noyau initial. Sur ces images (illustration 3), on remarque l'abondance des espaces verts au premier plan, avec le front de fleuve converti en parc urbain ou en golf, alors qu'une abondante végétation s'épanouit sur les îles du fleuve. Le message est limpide, la ville a su préserver son environnement aquatique et naturel.

La rhétorique graphique de ces illustrations a été d'autant plus efficace que ces images ont rapidement circulé dans la presse et sur les réseaux sociaux dès la remise des rapports au gouvernement d'Andhra Pradesh. Cette iconographie a un rôle spatial performatif éminemment, transformer l'utopie en prophétie autoréalisatrice. Mais ces documents ont aussi une fonction performative temporelle. Comme l'écrit M. Lussault, ils résorbent « par anticipation la vacuité de ce qui n'existe pas encore » (Lussault, 1998, 169).

Illustration 3 : *Vue oblique du noyau initial*

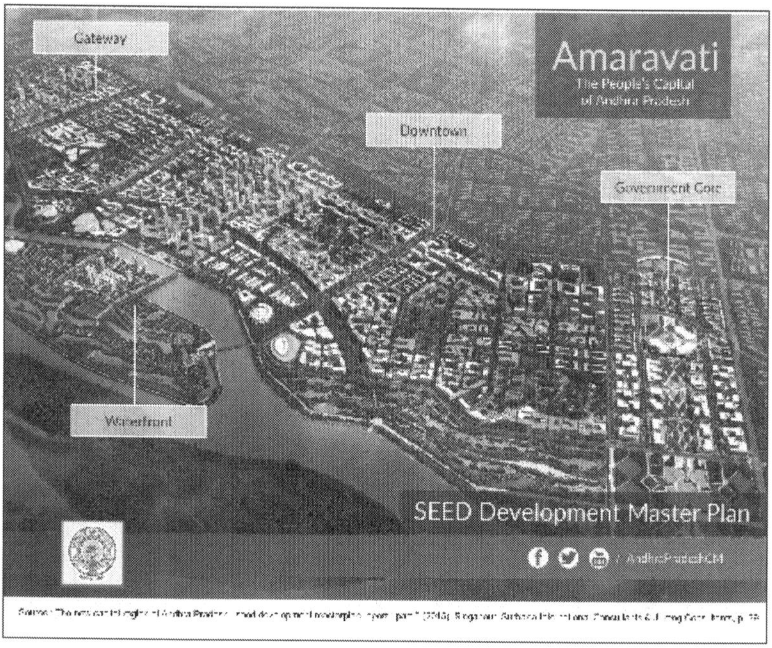

Source : The new capital region of Andhra Pradesh, capital city master plan report – part 3 (2015), Singapore, Surbana International Consultants & Jurong Consultants, p. 39

2.2. Une rhétorique statistique

Pour combler ce vide, les rapports s'appuient aussi sur une rhétorique statistique prospective qui construit un cadre d'évolution temporel pour la future capitale. Les rapports contiennent des estimations de la démographie de la future capitale et de sa région avec différents scénarii. Dans le premier rapport, la projection s'appuie sur les tendances démographiques passées, comparées aux évolutions de deux grandes métropoles proches, Bengaluru et Hyderabad pour aboutir à un chiffre de 13,5 millions d'habitants en 2050 dans la région. Un second modèle plus optimiste, 17,5 millions en 2050, croise les dimensions économique et démographique en espérant un effet d'attractivité de la future région capitale par rapport au réseau urbain existant (illustration 1). Pour sa part, la population de la capitale seule atteindrait 2,14 millions d'hab. en 2035 et 4,5 millions en 2050 (figure 2), pour respectivement 0,9 et 2,3 millions d'emplois.

Dès leur parution, ces projections ont fait l'objet de vives critiques de la part de scientifiques comme C. Ramachandraiah : « Assumer qu'Amaravati en tant que capitale attirera 4 millions de migrants dans les vingt prochaines années est au-delà du crédible »[14] (Ramachandraiah, 2015, 12). À ses yeux, les projections d'emplois sont irréalistes car fondées sur une comparaison avec des capitales aujourd'hui très actives et très peuplées (Bengaluru, 8,8 millions d'hab. et Hyderabad).

Pour juger de la crédibilité ces prévisions, je me suis appuyé sur la croissance démographique des capitales administratives ex-nihilo créées en Inde depuis l'Indépendance, Bhubaneshwar (1948), Chandigarh (1953), Gandhinagar (1965).

Figure 2 : *Évolution de la population des capitales post-coloniales indiennes*

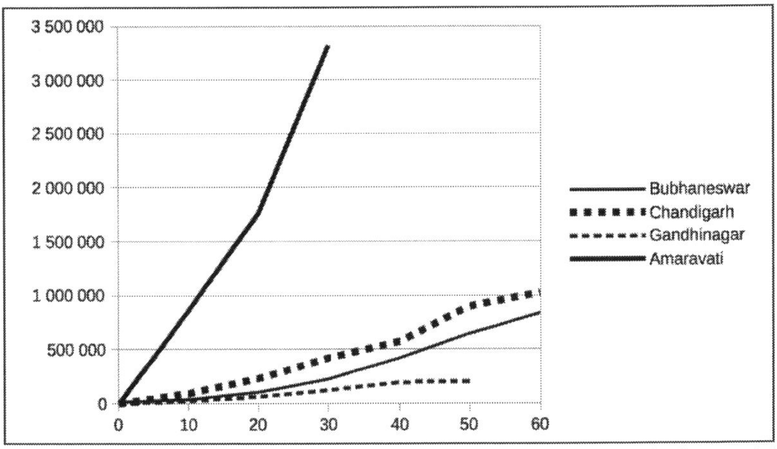

Source : Census of India et The New Capital Region Of Andhra Pradesh, Capital City Masterplan Report, vol. 2, 24, 106-108

Pour rendre comparable chronologiquement ces trois exemples, leur date de création sert d'année zéro et leur évolution démographique décennale est décomptée à partir de cette référence commune (figure 2). Sur le graphique on peut constater qu'il a fallu 60 ans à Chandigarh pour atteindre le chiffre d'un million d'habitants, 45 ans à Bubhaneshwar

[14] « To assume that Amaravati as a capital will attract 4 million migrants in the next 20 years is beyond belief ».

pour atteindre la moité de cette valeur et que Gandhinagar plafonne à 200 000 hab. un demi-siècle après sa création. En comparaison, l'objectif du million d'habitants nouveaux en une douzaine d'année (860 000 à 10 ans) pour Amaravati semble tout à fait irréaliste.

Les rapports des experts singapouriens s'appuient donc sur une double rhétorique graphique et statistique qui vient consolider un texte parfois incantatoire lors qu'il décrit la capitale du peuple d'Andhra Pradesh promettant « du travail pour tous », « une offre de logements à des prix abordables pour chacun », le tout dans un environnement préservé et avec une qualité de vie de haut standing (rapport 1, 76 ; rapport 2, 30-31 ; rapport 3, 12-13).

2.3. Une conception de la ville du XXe siècle

Au-delà de cette double rhétorique on peut aussi chercher derrière le récit, les conceptions de la ville qui le structure. Le plan directeur est révélateur d'une conception de la ville très datée. Le modèle retenu dans la conception d'Amaravati est celui du quartier urbain autosuffisant construit autour d'une hiérarchie à trois niveaux (rapport 2, 35). Au premier niveau, on trouve des unités carrés de 400 m de côté devant abriter 2 700 unités d'habitation. Au second niveau, ces cellules de base sont agrégées en unité de voisinage de 25 000 à 60 000 habitants. Enfin, plusieurs unités de voisinages forment un quartier urbain de 150 000 à 400 000 hab. (2,4 km x 4 km) autour d'un centre ville répondant aux besoins quotidiens de la population, des institutions scolaires pour l'éducation et des entreprises pour fournir des emplois.

Le modèle proposé fait explicitement référence aux communautés villageoises actuelles qui seront conservées et modernisées. Mais l'idéal villageois justifie aussi la création de nouvelles communautés d'urbains, habillées d'une rhétorique durable puisque tous les services devront être accessibles à pied. Cette proposition d'organisation urbaine date du début du XXe siècle (Charte d'Athènes). Déjà pour Chandigargh, Le Corbusier avait conçu des modules carrés de 400 m pouvant accueillir de 15 à 20 000 hab. dans des villages auto-suffisants. Les experts singapouriens reprennent aussi son principe de hiérarchie des voies de circulation en sept niveaux (rapport 2, 39). Sous couvert d'un projet de ville durable et intelligente, on trouve un recyclage de modèles urbains théorisés au début du XXe siècle.

Les références aux communautés villageoises sont révélatrices d'une idéologie anti-urbaine qui remonte dans le cas de l'Inde à l'approche gandhienne (Louiset, 2011), voir à l'orientalisme des républiques villageoises (Dumont, 1966). Au nom de la cohésion sociale et pour développer les modes de transports doux, le modèle de durabilité proposé pour Amaravati tourne le dos à la ville. Ce sont la diversité et la densité des populations qui composent les villes qui autorisent le développement des interactions et donc l'innovation tant recherchée dans la ville intelligente (Lévy, 1996 ; Retaillé, 2007). On se demande alors comment les interactions seront possible dans une ville organisée selon une hiérarchie de cellules autosuffisantes ?

Une dernière façon d'aborder le projet de la future capitale d'Andhra Pradesh, c'est de l'appréhender à l'aune de ses premières réalisations. Si aucun bâtiment définitif n'a encore été édifié, nous pouvons déjà observer les préparatifs de la construction qui pourront peut-être nous donner des indications sur l'avenir d'Amaravati.

3. Enseignements sur les conditions de mise en œuvre du projet

En effet contrairement aux capitales post-coloniales ou encore à Dholera, Amaravati est sortie des limbes de la conception en moins de deux ans. C. Naidu tente par tous les moyens d'accélérer le processus de construction de la future capitale. Le projet d'Amaravati s'inscrit donc dans une rhétorique de l'urgence (Datta, 2015) qui risque d'avoir des conséquences sur deux objectifs du projet, la durabilité et l'inclusion sociale proclamée dans sa dénomination de « capitale du peuple » Andhra.

3.1. La rhétorique de l'urgence

Contrairement aux retards accumulés à Dholera, C. Naidu s'est lancé dans une course contre la montre pour faire advenir le projet. La pose de la première pierre est intervenue le 22 octobre 2015, soit un an après le choix du site. Mais le ministre en chef de l'Andhra Pradesh a été plus loin puisqu'il a déjà réalisé le transfert de l'administration fédérale dans la nouvelle capitale.

En janvier 2016, il a annoncé son intention de construire une cité administrative provisoire sur 10 ha à Velagapudi dont les travaux ont été achevé (5 bâtiments d'une superficie de planchers de 600 000 m^2) à la mi-octobre 2016. Pour assurer la migration forcée des 5 000 fonctionnaires ministériels, C. Naidu a dû négocier la semaine de cinq jours et organiser leur hébergement dans un vaste ensemble immobilier fermé, le Rain Tree Park, à Mangalagiri à plus de 20 km de leur lieu de travail.

La construction à marche forcée de la nouvelle capitale ne relève-t-elle pas de la précipitation ? Pourquoi avoir quitté Hyderabad 8 ans avant l'expiration de la décennie négociée lors de la bifurcation ? Avant les prochaines élections législatives locales qui se dérouleront en 2019, C. Naidu veut faire progresser suffisamment son projet de capitale pour le rendre irréversible. Mais quelles sont les conséquences de cette rhétorique de l'urgence sur les principaux fondements du projet, la durabilité et l'inclusion sociale ?

3.2. L'an I d'Amaravati : quelles leçons pour l'avenir ?

Si un complexe administratif temporaire a pu émerger en si peu de temps, huit mois, sur le site de la future capitale, c'est grâce à la rapidité de la résolution de la question foncière. Pour éviter un report du projet comme à Dholera à la suite des difficultés à réquisitionner les terres agricoles, C. Naidu a fait le choix d'un mécanisme de mise en commun des terres (*Land Pooling System*, LPS).

Figure 3 : *Système de compensation pour la mise en commun des terres (LPS)*

Terre exploitée	Parcelle redistribuée par acre (4840 sq yds)	Non-irriguée sq yds	Maraîchage sq yds	Non-irriguée %	Maraîchage %
Privée	Résidentielle	1000	1000	20,7	20,7
	Commerciale	200	450	4,1	9,3
Publique	Résidentielle	800	800	16,5	16,5
	Commerciale	100	200	2,1	4,1
Rétribution ₹ / an		30000	50000		
Augmentation ₹ / an		3000	5000		

Source : Ramachandraiah C., 2016, 71

Au lieu d'un rachat ou d'une confiscation, les propriétaires se voient proposés en échange de leur renoncement à leur droit de propriété, une parcelle viabilisée dans la future capitale (fig. 3). Pour chaque acre de terre mis en commun, ils disposeront d'une parcelle résidentielle de 1000 $yard^2$ (836 m^2) et d'une parcelle commerciale de 200 yd^2 (167 m^2), soit respectivement 20 % de la superficie initiale pour se loger et 4 % pour travailler. Pour les terres en maraîchage et horticulture le long du fleuve, la surface commerciale est même doublée. Mais la solution la plus originale de ce mécanisme est l'octroi d'un revenu annuel fixe de 30 000 ₹ par acre (422 Euros), et même 50 000 ₹ (703 Euros) pour les terres en maraîchage pour une période de 10 ans à condition d'abandonner la mise en culture dès la concession de leur propriété. Pour éviter la spéculation foncière, le LPS a été mis en place dès janvier 2015 et la CRDA a réussi à rassembler les lettres de consentement des agriculteurs pour 80 % de la surface totale requise[15] (33 000 acres) de la future capitale en sept mois.

Mais ce résultat n'a pas été obtenu que la seule force de conviction comme l'a documenté C. Ramachandraiah (2016). Malgré l'emprise du *Telugu Desam Party*[16], le parti de C. Naidu sur une majorité de villages inclus dans le périmètre, les paysans possédant des terres irriguées par la Krishna se sont montrés plus récalcitrants, car ils obtenaient de bons revenus de leur activité[17]. Profitant d'un incident, un incendie dans des bananeraies sur le bord de la Krishna (28/12/15), huit bataillons de police (10 000 hommes) furent envoyés sur place pour assurer la sécurité et installer des points de contrôle sur les routes. Cela se traduisit également par l'arrestation et le harcèlement des opposants au projet par les forces de l'ordre. On est donc loin d'une méthode inclusive pour construire Amaravati. La « capitale du peuple » d'Andhra Pradesh ne devrait pas oublier les premiers d'entre-eux, les résidents actuels.

3.3. Un environnement durable à reconstruire

La rhétorique de l'urgence influence aussi la dimension environnementale car les opposants au projet comptent dans leurs rangs des écologistes militants, des experts et des scientifiques très actifs. Dès l'annonce du choix du site, ils se sont élevés contre la décision d'implanter une ville sur de riches terres agricoles, la protestation des maraîchers des bords de la Krishna leur a donné raison.

Ils ont également questionné la pertinence d'une localisation en bord de fleuve. Située en amont du barrage de Prakasam, le périmètre de la future capitale est peu élevé par rapport au niveau de la Krishna et parcouru par un affluent, le *Kindeveethi wagu*, qui provoque des crues saisonnières. La question de la protection de la capitale contre les risques

15 Sur les 20 % restant, la moitié sont des terres d'État ou religieuse, 4.000 ac restent à acquérir dans une dizaine de village auprès des paysans.

16 Parti du pays telugu.

17 Les terres en maraîchage ou cultures fruitières rapportent avec leurs 3 cultures annuelles près de 150.000 ₹/ac, et en location au moins 50 000 ₹/ac, soit le maximum proposé par le gouvernement (*The Hindu*, 19/08/15).

d'inondation s'est jouée aussi devant les tribunaux. Les militants qui ont assigné le gouvernement d'Andhra Pradesh en justice ont obtenu en mai 2015 du Tribunal National Vert (*National Green Tribunal*) une délimitation des zones inondables du périmètre et imposé la contrainte de construire hors de celles-ci.

Il est pour le moins paradoxal de vouloir bâtir une capitale verte en front de fleuve, avec la volonté mainte fois ré-affirmée d'en faire une vitrine du développement urbain. En effet, cette décision entrainera immanquablement le remodelage des berges et du tracé des rives actuelles (illustration 3). La préservation et l'intégration du patrimoine naturel, humain et social de cette région est donc bien un enjeu majeur d'Amaravati.

Derrière le slogan de la « capitale du peuple », les pratiques politiques et policières du nouveau pouvoir augurent mal d'une approche participative du développement et l'urgence dans laquelle surgit la nouvelle capitale n'est pas favorable à la concertation. Le projet de bâtir une ville de renommée mondiale à un rythme aussi effréné que le planifie les experts internationaux, ne peut déboucher que sur une mise en pratique imposée par un État-entrepreneur, dépositaire d'une force dont il faudra qu'il démontre constamment la légitimité.

Amaravati est donc bien une utopie du XXIe siècle car, même si elle advient dans un futur plus ou moins lointain, elle sera très éloignée du rêve de capitale intelligente et durable qui présidait à sa création. Elle n'est pour l'instant que l'expression d'un modèle de ville compétitive globalisée (Marcinkoski, 2015), fruit d'un cabinet d'experts en planification qui vend à travers le monde (Rwanda, Chine, Vietnam) le mythe de la croissance urbaine maîtrisée de Singapour. Pourtant le projet de C. Naidu a une autre ambition, plus locale, offrir une capitale aux Andhras suite à la bifurcation. La provincialisation du modèle résulte de la tension entre ces deux échelles (AP vs Monde), mais aussi entre deux logiques : offrir une opportunité spéculative pour attirer les capitaux internationaux qui financeront la construction et enraciner la capitale dans un territoire en reconstruction. Si le pari d'une création ex-nihilo répond bien au premier objectif d'un urbanisme spéculatif, les ruptures tant spatiale que technologique revendiquées contredisent le second de « capitale du peuple ». Amaravati risque alors de devnir l'entopie des premiers mais la dystopie des seconds.

Bibliographie

The new capital region of Andhra Pradesh, the capital region plan and report, vol. 1-2-3, 2015, Singapour, Surbana International Consultants & Jurong Consultants.

Capital Region: Facts & figures, 2016, Singapour, Andhra Pradesh Capital Region Development Authority.

Datta A., 2015, « New urban utopias of postcolonial India 'Entrepreneurial urbanization'in Dholera smart city, Gujarat», *Dialogues in Human Geography*, 5, 1, 3-22.

Dumont L., 1966, *Homo hierarchicus. Le système des castes et ses implications*, Paris, Gallimard.

Harvey D., 2000, *Spaces of hope*, Berkeley, University of California Press.

Leclerc É., 2015, « Trajectoire d'Amaravati, la capitale du nouvel Andhra Pradesh (Inde) : chronique d'un choix de localisation », *Géocarrefour*, 90, 2, 117-129, document en ligne, consulté le 15/12/2015: http://geocarrefour.revues.org/9798.

Lévy J., 1996, *Le monde pour Cité*, Paris, Hachette.

Louiset O., 2011, *L'oubli des villes de l'Inde : pour une géographie culturelle de la ville*, Paris, Armand Colin.

Lussault M., 1995, « La ville clarifiée essai d'analyse de quelques usages carto- et iconographiques en œuvre dans le projet urbain », in *La cartographie en débat : Représenter ou convaincre*, Paris, Karthala-Orstom, 157-193.

Lussault M., 1998, « Un monde parfait : des dimensions utopiques du projet urbanisatique contemporain », in *Utopies urbaines*, Toulouse, Presses universitaires du Mirail, 151-176.

Marcinkoski C., 2016, « Le futur urbain et spéculatif de l'Afrique», *Tracés*, 4, document en ligne, consulté le 02/02/17: https://www.espazium.ch/2011801.

Ramachandraiah C., 2015, « Andhra Pradesh's Master Plan for Its New Capital », *Economic and Political Weekly*, 50, 38.

Ramachandraiah C., 2016, « Making of Amaravati, A Landscape of Speculation and Intimidation », *Economic and Political Weekly*, 51, 17.

Retaillé D., 2007, *La mondialisation*, Paris, Nathan. Sheppard éric et *al.*, 2013, « Provincializing Global Urbanism: A Manifesto», *Urban Geography*, 34, 7, 893-900.

Söderström O., 1996, « Paper Cities: Visual Thinking in Urban Planning», *Cultural Geographies*, 3, 3, 249-281.

Söderström O. et *al.*, 2014, « Smart cities as corporate storytelling», *City*, 18, 3, 307-320.

Spivak Gayatri C., 1999, *A critique of postcolonial reason: toward a history of the vanishing present*, Cambridge, Mass., Harvard University Press.

Theys J., Émélianoff C., 2001, « Les contradictions de la ville durable », *Le Débat*, 113, 1, 122-135.

The mitigation measures of the environmental impact assessment study for the expansion of Hong Kong International Airport

A utopian concept of sustainability

Katja Hackenberg

Laboratoire MRTE, Université de Cergy-Pontoise

1. Mitigation measures: a utopian techno-scientific concept of sustainability

The question whether environmental assessment actually helps to reach sustainable decisions in modern city planning has continually engaged the attention of academics, policy makers and environmental impact assessment practitioners. This paper analyzes the sustainability of environmental impact assessment in Hong Kong with a special consideration given to the measures mitigating adverse impacts on the environment. Environmental impact assessment (hereafter abbreviated EIA) is understood as a process analyzing the positive and negative effects of a project on the environment. The specific purpose of the assessment is to provide the decision-makers with information allowing them to introduce environmental protection considerations in the decision-making process leading to the approval, rejection or modification of the project.

The employment of mitigation measures is rooted in the theoretical assumption that harm to nature can be scientifically quantified and qualified. Consequently the harm done to nature can be compensated elsewhere by an equally quantified and qualified mitigation measure. Thereby reconciliation between the human needs for economic progress and the needs of nature may be achieved. This concept can be traced backed to the work of Descartes dating from 1637:

> [...] il est possible de parvenir à des connaissances qui soient fort utiles à la vie, et qu'au lieu de cette philosophie spéculative qu'on enseigne dans les écoles, on en peut trouver une pratique, par laquelle, connaissant la force et les actions du feu, de l'eau de l'air, des astres, des cieux, et de tous les autres corps qui nous environnent, aussi distinctement que nous connaissons les divers métiers de nos artisans, nous les pourrions employer en même façon à tous les usages auxquels ils sont propres, et ainsi nous rendre comme maîtres et possesseurs de la nature. (Descartes, 1953, 168).

Descartes assumes that a deeper scientific understanding of nature can actually lead to knowledge serving the needs of mankind and enhancing human progress. The theoretical assumption of Descartes was a techno-scientific utopia which was later on – throughout the industrial revolution as a catalyzer – transposed in the political realm of modern society: it became the cornerstone for industrial progress. The program of techno-scientific conquest of nature which was firstly a theoretical idea then became a concrete society model shaping human existence. The concept of mitigation measures and of EIA in general is rooted in this techno-scientific utopia. The both are political tools assuming that harm to nature can be evaluated, quantified and finally compensated by measures representing technical replications of the mechanisms of nature. These tools are aimed to allow extreme, even endless, economic progress as far as compensation is to be done for environmental harm. This study however shows that a critical approach to mitigation measures and EIA reveals that this kind of ecological compensation is far from to be achieved.

2. Sustainability throughout threshold values and mitigation measures: EIA in Hong Kong

2.1. High-density architecture combined with strong economic growth on a tiny territory

Hong Kong is a densely populated metropolis realizing strong economic growth on a small territory. Compared with many European member states (table 1) population density is extremely high. It exceeds by nearly 26 times, the population density of the United Kingdom, one of the most densely populated states of the European Union. GDP per loss of travelling areas (Airport Authority Hong Kong, 2014, 76). In order to mitigate these impacts the EIA report suggests the creation of a new marine park which should be implemented around 2023 to tie in with the full operation of the airport. This marine park should comprise an area of approximately 2.400 ha. The new marine park would also provide critical linkages between already existing marine parks, notably the Sha Chau and Lung Kwu Chau Marine Park and the planned Brothers Marine Park. Together, all three marine parks would make up about 4.450 ha (Airport Authority Hong Kong, 2014, 183). The creation of a new marine park as a measure to mitigate the permanent habitat loss, the habitat fragmentation and the loss of travelling areas for CWD contains two weaknesses which are organizational and territorial in nature and linked to the way of how quantification of impacts was evaluated according to the EIAO. The organizational weakness refers to the fact that a time schedule for the mitigation measure during design, construction and operation stage has not been properly implemented: the proposed marine park will not come into being until 2023 when the airport comes into full operation. There will be no refuge at all for CWDs displaced during the seven-year construction phase (Confirmed Minutes of the 200th Meeting of the Advisory Council on the Environment held on 15 September 2014, 2014, 11-12). Consequently, the proposed mitigation measure is not preventive as requested in the guidance documents of the EPD (chapter 2). The EIA report suggests however that CWDs would shift to Chinese waters during the noisy construction stage and that they would probably return after the completion of construction works due to the proposed mitigation measures. However, the cumulative impacts on the existing sub-population of CWD in Chinese waters have not been assessed as this territory is excluded from the investigation area (Chan, 2015, 66-67). The latter one follows the territorial borderline between Hong Kong SAR and China. The mitigation measure proposed is clearly in accordance with EIAO but does not quantify adequately the impacts on habitat and travel areas of CWD.

Final discussion

EIA and mitigation measures for the extension of HKIA are rooted in the techno-scientific utopia of possible quantification and compensation of environmental damage. The latter one though cannot be assessed adequately due to the complex interdependence of habitat and travelling areas in Hong Kong and Chinese waters. This leads to the situation that EIA has been properly done according to EIAO but doesn't assess the whole areas that may be affected by environmental damage. This flaw of impact quantification reveals a deeper cause pointing to the political and territorial relations between Hong Kong SAR and the Republic of China: the latter one is technically a unitary state, with national law made and applied across its territory. However since the resumption of Chinese sovereignty over Hong Kong in 1997, it now comprises two socio-economic political systems and legal orders. The political system and legal order of mainland China is socialist. The political system of the Hong Kong SAR is capitalist as well as Hong Kong's basic law that derives from English common law. This particular territorial configuration which cannot be compared to the one of a federal state means that there are still a number of essential legal coordination mechanisms (Marsden, 2016) missing notably in regard to the execution of administrative procedures in environmental affairs. Evidently, the negative counterpart of Hong Kong's legal autonomy is that transboundary effects of adverse environmental impacts are not assessed effectively. Hong Kong SAR is separated from the administrative sphere of the Mainland and isolated from its environmental planning procedures (Yang, 2006, 61-86). Liebman even adds that the « ... Basic Law's fundamental weakness is a failure to secure Hong Kong's place in China. » (Liebman, 1998, 294). Creating these legal coordination mechanisms would however mean to build a clear institutional link between Hong Kong and China. Politically it would mean to accept and even to develop further the political autonomy of Hong Kong SAR vis-à-vis the Chinese republic. Moreover the employment of mitigation measures as shown in the case study is not sustainable as defined in the Brundtland-Report (World Commission on Environment and Development, 1987): sustainability entails in the present a moderate consumption of natural resources in order to guarantee access to natural resources in the future. Consequently sustainability excludes any economic progress based on extreme consumption of land or any other natural resource. Although access to land is limited *per se,* mitigation measures offer the possibility to allocate compensation areas for infrastructure projects: as it is demonstrated in the case study, land is taken from former maritime environment destroying definitely those ecosystems. For De Geus (De Geus, 1999) the realization of the ideal functional city is rooted in ecological integration meaning that it is not about mastering the nature as described by the techno-scientific utopia but it is about the construction of a new relationship between mankind and nature. This ecological utopia is based on an anthropological conception: satisfaction of human needs may be possible through harmonious relations of mankind with nature thereby avoiding or minimizing environmental harm. However, ecological integration entails the moderation of human needs and economic progress as far as it conflicts with severe environmental damages acknowledging that there is a constant interdependence of human life with nature. EIA and the implementation of mitigation measures in particular contradict with the concept of ecological utopia as far as the employment of mitigation measures is actually a political instrument to allow economic progress without minimizing the environmental harm.

References

Advisory Concil on the Environment, 2016, Briefing note on the role and the functions of the Advisory Council of the Environment, document en ligne, consulté le 30 janvier 2017: http://www.epd.gov.hk/epd/sites/default/files/epd/english/boards/advisory_council/files/Briefing_Note_ACE.pdf

Airport authority Hong Kong, 2014, *Expansion of Hong Kong International Airport into a Three-Runway System – Environmental Impact Assessment Report (Final)*, document en ligne, consulté le 30 janvier 2017: http://www.epd.gov.hk/eia/register/report/eiareport/eia_2232014/html/

Chan T.-W., 2015, *Ecological impacts of the Third-Runway System of the Hong Kong International Airport on Chinese White Dolphins (Thesis)*. Pokfulam, University of Hong Kong, document en ligne, consulté le 30 janvier 2017: https://hub.hku.hk/bitstream/10722/221834/1/FullText.pdf?accept=1

Chan Y.-K., 1995, *Review of environmental impact assessment: a comparison between Hong Kong and Canada (Thesis)*. Pokfulam, University of Hong Kong, document en ligne, consulté le 30 janvier 2017 : http://hub.hku.hk/bitstream/10722/36316/1/FullText.pdf

De Geus M., 1999, *Ecological Utopias: Envisioning the Sustainable Society*, Utrecht, International books.

Descartes R., 1953 (1637), *Discours de la Méthode*, Paris, Gallimard.

Kong K., 2015, "The Uphill Battle for Sustainable Development: Can the Use of Public Interest Litigation Protect the Natural Environment in Hong Kong?", *Asia Pacific Law Review*, vol. 23, n° 1, 7-29.

Lam Kin C., 1997, "EIA in Hong Kong: effective but limited", *Asian Journal of Environmental Management*, vol. 5, 51-65.

Liebman B., 1998, "Autonomy through separation? Environmental law and the Basic Law of Hong Kong", *Harvard International Law Journal*, vol. 39, n° 1, 231-301.

Doughty M., Hammond G., 2004, "Sustainability and the built environment at and beyond the city scale", *Building and Environment*, vol. 39, 1223-1233.

Marsden S., 2016, *Transboundary environmental governance: Inland, coastal and marine perspectives*. London, Routledge.

Sanchez Castillo N., Bian Y., 2014, "China's Obligation to Conduct Transboundary Environmental Impact Assessment (TEIA) in Utilizing Its Shared Water Resources", *Natural resources Journal*, vol. 55, 105-125.

Wood C., Coppell L., 1999, "An evaluation of the Hong Kong environmental impact assessment system", *Impact Assessment and Project Appraisal*, vol. 17, 21-31.

Wood C., 2002, *Environmental Impact Assessment: a comparative Review*. Harlow, Longman.

World commussion on environment and development, 1987, *Our common future*. Oxford, Oxford University Press.

Yang C., 2006, "The Pearl River Delta and Hong Kong: an evolving cross-boundary region under 'one country, two systems'", *Habitat International*, 61-86.

Sustainability in China, more than a business model?

Reflections on sustainable urban development in China from a distant European perspective

Klaus R. Kunzmann

Technical university Dortmund, first President of AESOP

1. Introduction

This brief essay presents a very personal perception of sustainable urban development and related policies in China from a distant European perspective.

It will focus on environmental sustainability only, though urban sustainability has also an economic and a social dimension. Both are equally important in urban development processes. The essay will not present any in-depth and up-to-date scientific analysis of the multiple challenges of sustainable development, nor a systematic assessment of sustainable policies at local, regional or national level, and it will not praise the eco-city development efforts in China that aim to find a response to pressing urbanization problems in Chinese cities. The intension is rather to show the two-faced complexity of environmental policies in a country, which aims to become a world power, a country which, at least on paper, is striving to balance economic, social and environmental development, though still lacks sufficient environmental awareness to balance economic growth in China.

The concept of sustainable development is still ambiguous. The much quoted basic definition of sustainable development stems from the Brundtland-Commission in 1987. There, sustainable development is defined as « development that meets the needs of the present without compromising the ability of future generations to meet their own needs » (WCED, 1987). Since then the popular term has triggered off worldwide activities to sustain the environment In mainstream discourse the term is mainly used to promote environmental sustainability, while social and economic sustainability are less prominent and mostly disregarded. However, the three dimensions of sustainability are highly interconnected. Social sustainability depends on economic sustainability and vice versa. Social and economic sustainability in turn depend on ecological sustainability and vice versa (Daly, 1996; Keiner, 2004).

Source: Klaus R. Kunzmann

2. Environmental challenges in China

In its race to economic growth and in its efforts to accelerate urbanization China has scarified much of its natural environment when urbanising the country, where still around half of the population is living in rural areas and where rural poverty with no or just very basic access to public services such as quality education and healthcare (Kunzmann, 2015). The impacts are visible all over the country. The air is deadly polluted, the soil is toxic, the water is undrinkable, the aquifers are almost dry, great lakes and rivers are disappearing, coastal wetlands have been decimated, and cities are becoming islands of urban heat.

It would require a ten-volume handbook written by an interdisciplinary team of experts to describe the enormous environmental challenges in China and in Chinese cities and their underlying natural and man-made reasons. The number of books reports and papers on environmental conditions and on sustainable development in China has exploded over the last two decades (see for example World Bank, 2007/2014; Shapiro, 2012; Geall, 2013; MEP, 2010; CAS, 2013). The problem with all descriptions of development in China, however, is that the speed with which the country evolves economically and socially, makes statistics instantly outdated. Many data about environmental conditions, mobility or energy consumption are already obsolete, once they are written down on paper. Consequently the following brief overview only shows the dimensions of environmental challenges, deliberately with no quantitative evidence.

Land consumption: Accelerated urbanization and town expansion processes, the immense extension of road and rail infrastructure and growing personal demand for more living space per household are eating up scarce agricultural land on the edge of cities (Campanella, 2008; Shepard, 2015). The intensive use of fertilizer on the remaining agricultural land has considerable implications for soil degradation and water resources. Consequently China has to import agricultural products from the US, from Latin America and Europe to feed its population.

Air pollution: Images about highly polluted cities in China have been shown all over the world. Air pollution, particularly Co^2 emissions caused by coal based energy production and extensive use of cars are the most serious environmental challenges in the country. China is the largest emitter of Co^2 in the world. Citizens and medical doctors are complaining about increasing health problems. Even qualified labour and expatriates are more and more hesitant to accept positions in highly polluted cities.

Soil contamination and waste. Intensive agricultural production, promoted by agricultural policies aiming to raise the productivity of agricultural production cause growing soil contamination with further implications for ground water resources. In addition, the immense growth of household and industrial waste, caused by industrialization policies and changing consumer habits have become a serious challenge in the country. Waste incineration power plants, as the most popular means to burn waste and produce win energy are not solving the problem. They rather add even more stress to the urban environment.

Water shortage and water pollution. Water resources are unevenly distributed in the country. While water availability is not a problem in Southern China, large regions in the Northeast and West suffer from water shortages. Already in the past, the uneven distribution of water resources has caused the Chinese government to invest in mega-water canal projects to bring water to regions suffering from water shortages to meet the growing demand of agriculture, industry and households in big urban agglomerations. Obviously, the construction of these waterways and dams has caused new environmental challenges. In some hastily developed cities rain water flooding has become a problem, causing city governments to invest in projects of underground water storage facilities (« sponge city »). Moreover, wastewater and water pollution from industries have in big urban agglomerations have become a concern of environmentally conscious local governments. Regulations exist, but enforcement is weak.

Noise. Due to increasing urbanization and extensive development of road infrastructure, the explosion of logistical services in and between city regions as well as due to the massive development of large airports all over the country, noise levels in Chinese cities have increased considerably. Noise is felt by a growing number of households as a factor that is affecting their quality of life.

As stated above, these environmental challenges are documented in numerous scientific reports and popular books. Impressive images of these challenges are shown in popular journals and films, often linked to narratives about single successful efforts of the government, international organizations the civil society, or individual persons.

It seems that for many citizens in China urban pollution and water shortage are is the price to pay for progress, economic benefits and wealth. Living in China's mega-cities and city regions has become a health hazard, but awareness of limits to growth rises slowly. National, provincial and local governments are well aware of these challenges and initiate numerous policies and regulations to address, reduce and cushion the negative implications of economic growth. However, as priority is given to economic growth Well-meant efforts to reduce negative environmental impacts are not as effective as they could be, or just remain single politically favoured success stories with few consequences for the review of economic policies. Enforcement of environmental regulation is extremely weak.

3. Environmental policies in China

Until the 1980s of the past century most households in Chinese cities still used a bicycle to move, saved water and energy, and recycled much of what they used at home. Since then urbanization as well as GDP and consumption-driven economic growth policies changed values and life styles in cities and city regions.

Environmental sustainability has not been a major issue in the country, though sustainable urban development has already been mentioned in China's national development in 1994 (Ng 2004). In her viewpoint she refers to State Council document if that year.

> [...] the Chinese government believes that 'the precondition for sustainable development is development' (State Council, 1994, 3). 'Sustainable development' is to ensure rational utilisation of natural resources and protection of the environment when pursuing rapid economic growth (State Council, 1994, 33). (Ng, 2004, 2)

Despite numerous policies to cope with the multiple environmental challenges the environment remains the looser. Looking at the multiple challenges of maintaining or even improving China's eco-system, many contradictions are obvious (section 4).

In November 2014, the Chinese president Xi Jiping met the US American president Barack Obama in Beijing. At this occasion they announced that they will jointly intensify their efforts to cope with global warming and climate change. This has been a remarkable turning point in sustainable policies. The unexpected Chinese commitment showed that China is aiming to become a world leader in environmental action and a model for BRIC countries (Merics, 2015) in combining economic and environmental policies.

In the same year Xi Jiping the acting president of China launched a book presenting his vision for the country (Xi 2014). In *Sustainable development for the environment* he writes:

> The whole of the society should enhance its ecological awareness and strengthen environmental protection to build China into a country with a good environment (Xi, 2014, 229). [...] Ecological progress is of vital importance to the future of the nation and the wellbeing of people .Our efforts for ecological conservation and environmental protection will benefit future generations. XJi, 2014, 250) [...] We must have the strictest possible institutions and legislation in place in order to guarantee ecological progress [...] We will launch major projects to restore the ecosystem, and to increase our capacity for protecting eco-friendly products (Xi, 2014, 232).

Though only four pages of the 500 page volume are dedicated to "Ecological Progress", in contrast to other political aims, for example to 20 pages on "The Chinese Dream" or 17 on "Combat Corruption". The ecological rhetoric is impressive, though it remains to be seen, how China can manage to come from rhetoric to action, how it can balance economic with environmental and social development.

In 2015, China launched the *Made-in-China 2025* policy The policy document shows very clearly the political priorities of the country. It is a 10-year action plan designed to transform China from a manufacturing giant into a world manufacturing power. The 10-year plan will be followed by another two plans in order to transform China into a leading manufacturing power by the year 2049, which will be the 100th anniversary of the founding of the People's Republic of China (China Daily 19.05.2015). The plan is publicized as follows:

> Nine tasks have been identified as priorities: improving manufacturing innovation, integrating information technology and industry, strengthening the industrial base, fostering Chinese brands, enforcing green manufacturing, promoting breakthroughs in 10 key sectors, advancing restructuring of the manufacturing sector, promoting service-oriented manufacturing and manufacturing-related service industries, and internationalizing manufacturing.
>
> The 10 key sectors are new information technology, numerical control tools and robotics, aerospace equipment, ocean engineering equipment and high-tech ships, railway equipment, energy saving and new energy vehicles, power equipment, new materials, biological medicine and medical devices, and agricultural machinery.
>
> To fulfill the tasks, « Made in China 2025 » will focus on five major projects, including establishing a manufacturing innovation center, said the notice. To shore up the plan, China will introduce a slew of policies to deepen institutional reforms and strengthen financial support.

The implementation of the « Made in China 2025 » plan will be market-oriented, though guided by the government, according to the notice.

The environmental dimension in the plan is covered by « energy saving and new energy vehicles » though the message is obvious. Economic growth first.

In September 2015, H.E. Xi attended the United Nations Sustainable Development Summit and joined other leaders in endorsing the 2030 Agenda for Sustainable Development, providing guidance to national development of member states and international development cooperation in the next 15 years.

A year later another document concerning sustainable development has been published. The document entitled, *Executive summary of China's actions on the implementation of the 2030 agenda for sustainable development* promises action. It states:

> As the largest developing country in the world, China has always place development as the first priority. The 13th Five-Year Plan was reviewed and approved by the Fourth Session of the 12th National People's Congress in March 2016, defining the development concept featuring innovative, coordinated, green, open, and shared development. In the coming years, China will pursue innovative development and improve the quality and efficiency of development. Coordinated development will be promoted to form a balanced structure of development. China will pursue green development by promoting a green and low-carbon development model and lifestyle, protecting ecological system. It will make great efforts to deepen opening-up, thus realizing win-win cooperation. Shared development will be facilitated to improve people's well-being. China will seek coordinated development in the economic, political, cultural, social and ecological fields in order to build a moderately prosperous society in all respects as planned [...]
>
> China suggests that 9 key areas should be prioritized in the implementation of the 2030 Agenda. These areas are:
>
> – *Eradicating poverty and hunger through targeted measures to alleviate and eliminate poverty, and enhancing* agricultural production capacities and food security.
>
> – Implementing innovation-driven development strategies and generating momentum for sustainable, healthy and stable economic growth.
>
> – Advancing industrialization to inject impetus to coordinated development between urban and rural areas and among the three dimensions of sustainable development.
>
> – Improving social security and social services to ensure equal access to basic public services.

– Safeguarding equity and social justice to improve people's well-being and promoting all-round human development.

– Protecting the environment and building protective barriers for eco-security.

– Addressing climate change actively and integrating climate change response into national development strategies.

– Promoting efficient utilization of resources and sustainable energy.

– Improving national governance and ensuring economic and social development in line with the rule of law.

Implementing the 2030 Agenda is a systemic project. The international community needs to provide sound support from five dimensions including:

– Strengthening capacity building of countries so as to improve institution building, increase public resources, and generate internal growth momentum.

– Creating an enabling international environment for development, building a balanced, win-win and inclusive multilateral trading system and improving global economic governance.

– Engaging with all stakeholders and working towards a more equitable and balanced global partnership for development.

– Promoting coordination mechanism and incorporating development policy into global macroeconomic policy coordination.

– Improving follow-up and review by conducting regular reviews of global implementation progress while review of national implementation would be done according to respective national conditions and the principle of voluntary action.

2016 is the first year of implementing the 2030 Agenda for Sustainable Development. China has made great efforts in its implementation, linking the 2030 Agenda with domestic mid-and-long term development strategies. The domestic coordination mechanism for the implementation, comprised of 43 government departments, has been established to guarantee the implementation.

Source: https://sustainabledevelopment.un.org/hlpf/2016/china 15-01-2017-

Later, in September 2016, China signed the Paris Treaty to demonstrate that the country is taking environmental sustainability serious and more committed than the US to save our planet from the implications of global warming (xinhuanet.com/english/2016-09/03/c_135656703.htm).

At the 2017 World Economic Forum in Davos/Switzerland President Xi Jinping declared the commitment of his government to fight global warming and to become a global leader in climate change. This reconfirms that China will reduce the production of coal energy in the country.

Source: https://www.theguardian.com/ business/2017/jan/17/china-xi-jinping-china-free-trade-trump-globalisation-wef-davos

With the election of Donald Trump as America's 45th president, the United States will gradually withdraw their promise and hand over the leading role in climate change policies to China, a role that China will perfectly use to drive its economic policies.

4. The controversial rationales behind environmental policies in China

Though priorities given to economic policies show that environmental goals are often used as a scapegoat pretext to pursue economic interests. Under the banner of sustainable development the Chinese government aims to containing urban development by compact city concepts, is building eco-cities as models for sustainable urban development, is successfully creating a dense network of high-speed trains across the country, is accelerating the development of efficient urban mass transit systems, is driving the development of renewable and particularly nuclear energy, is supporting the development of environmental industries, favours smart technologies when building the smart city, is favouring the production and use of electric cars, and has started to regulate the use of private cars in selected cities.

4.1. China aims to contain urban development by promoting high density urbanization and the compact city

The much-propagated paradigm of the compact city aims to guide the development of urban expansion. The expectation is that high-density urban development is saving scarce agricultural land on the fringe of large cities. Though there are other reasons that are hidden behind: First, land for development in city regions has become expensive and more difficult to convert into urban land. The rural farmers in the villages at the urban fringe are less willing to leave their villages and accept the compensations offered for the land. Raising awareness makes acquisition procedures moiré difficult and time consuming. Understandingly developers maximise their profits by raising height and density of residential blocks. Second, the government aims to raise agricultural productivity by transforming small-scale farming into more efficient large scale mechanised agriculture, managed by state-or privately owned agricultural enterprises, which use large quantities of fertilizers and have the means to buy modern the production of agricultural machines produced in high-tech Chinese-American or Chinese-European joint-ventures. The Chinese government aims to industrialize and modernize the agriculture sector in order to generate higher demand for China made machinery and technology, and to promote the production of safe food (http://www.china-briefing.com/news/2014/05/27/chinas-state-policy-rural-development-agriculture-industry.htmlindustry).

4.2. China is promoting low carbon eco-city development in numerous locations as testing grounds for sustainable development

To demonstrate its willingness to make cities more sustainable, the government is supporting the development of low carbon eco-city labelled new towns all over the country. These eco-cities are considered to be catalysts for testing new designs, concepts, and technologies that are meant to improve the efficiency of urban space through reducing use, waste, and emissions. They are places for developing a host of new environmental systems: seasonal energy storage and heat capture, rainwater collection, drinking water recycling and/or desalination, gray and black water systems, urban agriculture, sky gardens, distributed energy plants, waste energy recovery systems, thermal insulation, pedestrianized downtowns, new modes and methods of public transportation. They will help increase China's use of renewable, low polluting energy sources, like wind and solar on the city scale, too (Tianjjn, 2012 ; Giz, Iclei, 2014).

China's eco-cities should show what's wrong with existing cities and set the bar a little higher for all other cities, everywhere in the country. The eco-cities are master planned by national and international consultants and realized by large Chinese developers. On paper, the blue prints look impressive, with much parkland and artificial lakes between high- density and high-rise residential quarters. The master plan descriptions promise application of smart state-of-the art green architecture and environmental technology. The eco-cities will use renewable energy, urban agriculture, rainwater collection and a host of other smart technologies saving energy and water. They will be cleaner and more sustainable than the vast majority of Chinese cities. Mayors, politicians and future buyers are clearly impressed. The computed images show happy people, strolling along pedestrian lanes and public plazas. This helps to get public support, attract developers and investors and the praise of media and architectural journals.

One such much-promoted eco-city is Tianjin Eco City; The Sino-Singapore Tianjin Eco-city is the 2nd flagship Government-to-Government project between Singapore and China after the Suzhou Industrial Park. On 18 November 2007, Singapore Prime Minister Lee Hsien Loong and Chinese Premier Wen Jiabao signed a Framework Agreement for Singapore and China to jointly develop Sino-Singapore Tianjin Eco-city. The Plan attempts to balance social, economic and environmental needs of tits future residents, who were not involved in the design. The concept for this low carbon eco-city was jointly developed by the China Academy of Urban Planning and Design, the Tianjin Urban Planning and Design Institute, and the Singapore planning team led by the Urban Redevelopment Authority. The planning principles of this project are presented as follows:

> – Land-use Planning The Eco-city is planned to be compact, with a good mix of land uses and based on Transit-Oriented Development (TOD) principles. Each district is planned with amenities and jobs located close by. Local and centralised facilities are provided to serve the needs of residents in each neighbourhood. Each district is served by urban centres. Business Parks are located close to residential areas to provide employment for residents, which is within easy access of their homes.
>
> – Transport Planning The emphasis on green transport is a key feature in the transport planning of the Eco-city. The aim is to increase trips via public transport and non-motorised modes of transport such as via bicycles and walking, within the Eco-city. To achieve this, non-motorised and motorised networks will be separated to minimise conflict between pedestrians, cyclists and vehicles, with priority given to pedestrians and non-motorised transport, as well as public transport.
>
> – Green and Blue Network Planning The Eco-city is planned with extensive green (vegetation) and blue (water) networks in mind to provide an endearing living and working environment. The green network will comprise a green lung at the core of the Eco-city and green-relief eco-corridors emanating from the lung to the other parts of the Eco-city. Water bodies in the Eco-city will be linked together for greater water circulation to enhance the ecology and to provide an attractive environment for waterfront development and water-based recreational activities. A wastewater pond will be rehabilitated and transformed into a clean and beautiful lake. *Source: http://www. tianjinecocity.gov.sg/bg_masterplan.htm 02.01.2017*

Another example of ambitious sustainable urban development in China under implementation is Meixi Lake. Located to the west of

Changsha City, Meixi Lake is positioned to be 'the future centre of Hexi City' with an expected population of more than 200,000 people. The master plan, designed by the British consultancy Atkins embodies the spirit and objectives of an eco-city, maximising opportunities through transport infrastructure, promoting a development strategy of high density core areas (TOD = Transit Oriented Development), a new CBD, as well as seven character districts, all to be implemented over the evolutionary life of the development.

Most low carbon eco-cities in China are not much different from other satellite towns. They are just testing grounds for sustainable urban development. The reality is less impressive. From a European perspective these eco cities are not environmentally or even socially sustainable, but rather isolated, self-contained satellite towns outside of much larger urban cores linked to the regional core city by six-lane highways and mass transit lanes. Their development is not a convincing path to ecologically, socially and even economically sustainable life spaces.

4.3. China is successfully creating a dense network of high-speed trains and urban metro systems to support sustainable development

In recent decades, originally based on European technologies China has been is built-up a dense network of high-speed trains all over the country. In 2008, the Ministry of Railways launched a major program to develop a new generation of high-speed trains – a top-down, nationwide effort that has been China's equivalent of the Apollo space program in scale and complexity. Using technology transfers from overseas partners as a knowledge base, Chinese companies tailor their offerings to local requirements, such as terrain and temperature conditions, through incremental innovation (Orr, 2016). Most big mega cities and large city regions in China are already linked to the network. High frequency makes the use of high-speed trains very convenient. The comfortable train system considerably reduces the use of the car for longer distances, and even that of airplanes between cities on the most frequented track between Shenyang Beijing, Shanghai, Wuhan and even Guangzhou. Most cities have built new railways stations for high-speed trains on the fringe of their built-up areas. This in turn led to the development of new high-density quarters around the stations, easily accessible via local road or metro systems. Benefitting from the success of the high-speed train network in China. The government has started to the technology to other countries. Visions to expand the Chinese network and related services to the west, to Central Asia, Russia and even Eastern Europe are not unrealistic. The "One-belt-one-road" policy is one strategy to realize that vision.

4.4. China is accelerating the development of efficient urban mass transit systems

The National Development and Reform Commission in China envisions a more sustainable transport system with priority focused on high-capacity public transit particularly urban rail transit and bus rapid transit. However, to make urban metro systems feasible and efficient, high density development around metro stations is indispensable. As a rule TOD design principles are applied in urban master planning. They suggest walkable distances from residences to transit stations. As of January 2016, twenty-six Chinese cities have already built metro systems. Thirty-nine more cities with over 3 million residents will start developing urban rail networks in the decade to come. It can be anticipated that in less than two decades, most city centres of Chinese mega-cities are closed for cars, except for busses, taxis and car-sharing , responding to environmental challenges and serving economic interests.

4.5. China is promoting solar and wind energy as well as a large number of nuclear power plants to substitute coal dependant energy production

The gradual transformation of coal energy production to renewable energy is a key policy of the government. Though knowing that such transformation cannot happen over night without considerable social implications in coal producing areas , the promotion of solar and wind energy is intensified and the construction of nuclear power plants is driven fast ahead. China is expanding its global dominance of renewable energy and supporting technologies, aggressively investing in them both at home and around the globe, leaving Europe and the US behind. China now owns five of the world's six largest solar-module manufacturing firms, the largest wind-turbine manufacturer, the world's largest lithium ion manufacture and the world's largest electricity utility (IEEFA, 2017). Already now Chinese enterprises dominate the world market of solar energy technology and export figures are constantly raising. Energy saving technologies are not yet a major policy concern of the government, though with the promotion and increasing acquisition of enterprises in Europe such technologies are gradually being introduced to relief customers and industries from rising energy bills.

Another policy aimed to protect the natural environment and reduce coaö power energy production is the rapid expansion of nuclear power plants. At present nuclear power plants, originally based on Russian technology are producing energy in China. In 2015, in order to replace coal power plants the government has announced to invest 79 billion US$ for building 110 nuclear power plants distributed all over the country (China Daily, 04.12.2015). The aim is to cover 20 % of its energy demand in 2030 by nuclear power (Orr, 2016). Citizens' opposition against nuclear power is still weak. In the scarcely populated West of the country, locations for nuclear waste disposal are available. While Europe, is gradually closing its nuclear power plants and losing technological competence, China is building up the competence for future export to neighbouring countries, as well as to Africa and Latin America.

4.6. China is speeding-up the development of environmental industries

Environmental industries are enterprises and firms that could be associated with environmental protection, assessment, compliance with environmental regulations, pollution control, waste management, remediation of contaminated property and the provision and delivery of environmental resources. In China the label "environmental industry" is a rather fuzzy term, but is deliberately used to justify the development of new (better designed) industrial and technology parks promoted under national programmes to support high tech industries and provide jobs for the millions of graduates from Chinese colleges and universities. One example is the German-Chinese eco-industrial park in Qingdao the "German" town on the East coast of China. The industrial park (designed by GMP architects) has received high political support in both countries. With the opening the Chinese government has shown its commitment to build-up modern environmental industries in eco-friendly environments. The German Chinese partnership is supported by the Chinese government to attract joint ventures to the modern (green) industrial park. The aims of the eco-park concept are to become a blueprint for fast-growing cities in China, for the appliance of sustainable mobility and renewable energy concepts, the appliance of high ecological standards, a model of quality and economic efficiency and a showpiece for better living conditions. (Eco Park Qingdao, 2014).

4.7. China is promoting smart city technologies to create social benefits for citizens and increase the efficiency of technical infrastructure systems

In recent years China has become a country, where smart city development has received much support by the government, as well as by ambitious mayors and high tech enterprises. This in turn has thrilled architects and planners, who are making ambitious plans for smart cities and who are convinced that smart technologies are the 21st century means to make cities more liveable. Smart (intelligent) physical, social, institutional and economic infrastructure refer to key characteristics defined by distinct factors (e.g., smart economy, smart mobility, smart people, smart environment, smart living, smart governance); and focus on the strategic use of new technology and innovative approaches to enhance the efficiencies and competitiveness of cities.

Smart technologies, so the argument, will help to sustain the environment. When the "Broadbent China" strategy was formulated in 2013 the aims was to create social benefits and support economic growth. The promises were that "the strategy equals greater industrial efficiency, convenience for households, speed up the network, lower the service fees and wider coverage, and to let low income households in remote areas can also enjoy broadband" (Mao, 2016). In 2015 The State Council's Instruction on actively promoting "Internet +" Actions explains that the strategy aims "to advance the integrated development of 'Internet+ Manufacturing' and 'Internet+ Micro & Small Enterprises'; to provide supporting services for 'Internet+' in the whole society and the application of software and hardware products" (Mao, 2016).

Smart cities are seen as testing grounds for the application of smart technologies. Environmental dimensions are only considered when smart technologies help to reduce water and energy consumption, or help to solve mobility problems in cities. Smart technologies are very much driven by business interests, benefitting from government support and household convenience. Most international corporations that are active in China are using the rhetoric of smart cities to promote their business. Honewells' marketing note is one pertinent example.

China Smart City Technology Vision Report
Executive Summary

October 2014
Prepared by Honeywell

Preface - China's New Urbanization and Smart City Development

The buzzing construction activities across China today herald the new era in the country's transformation. The newly poured concrete taking shape foretells the acceleration of China's new urbanization. China is on the move, with enormous basis created for additional economic opportunities for companies, like Honeywell, to innovate and grow. Also, thanks to the big investment China has made to enable it to likely become a global leader in going green.

- In the next 5-10 years, we expect to see smart cities to emerge from China's new urbanization that enhances on green economy development and technology innovations.
- Strong partnership at government level should be encouraged to look for the best development model of China smart cities, realizing the goal that, to create a safer, more comfortable and energy efficient environment that is great for citizens and better for environmental sustainability.
- Advanced technologies and solutions are in great demand as energy efficiency, environmental protection, infrastructure upgrades, and safety and security become some of the most pressing issues in China's urbanization progress.
- Businesses are therefore in need to make sure that their technology innovation is at work in China smart cities, while at the same time to conform to local demands, and eventually to reduce environmental footprints from the urbanization progress.

4.8. China is driving the development of electric cars to replace traditional gasoline driven cars

The government aims to become the world's biggest producer of electric cars. In the context of the country's industrial modernisation policies state-owned enterprises are instructed to intensify technological research and development of batteries for automobiles. Mass production of affordable electric cars for the internal market as well as for worldwide export, is the policy target. International joint ventures in the automobile sector are instructed to gradually raise the percentage of electric cars produced and sold. The vision is that in the long run only electric cars are allowed to enter inner cities. In recent years the use of electric bicycles is growing in some cities and leading to a slow renaissance of the former bicycle culture in China.

4.9. China has started to regulate the use of private cars in cities.

Some city governments (e.g. Beijing) are controlling the use of private cars when air pollution is exceeding certain levels. Such policies allow driving to the city with even or uneven plate numbers on selected days only. The measures are well justified but they do not restrict car ownership, which is not in the interest of the government. Experience shows that this policy comes with a side effect. more affluent households just buy a second car and this raises car sales and ND helps the predominantly state-owned automobile industry. Policies to promote car sharing have just started in some Chinese cities, though they are rather additional and not intended to reduce the number of cars. Car-ownership in China is still a much-valued symbol of wealth and personal independence.

5. Conclusions

To conclude: The discourse on sustainable environmental development in China is dominated by debates on challenges and appropriate policies, strategies and instruments to sustain predominantly economic development. Besides, social sustainability is a key policy concern of the central government and the Communist party to remain in power (Fischer, Müller-Hofstede, 2014). This however, is not openly discussed. Sustainable economic development in China is rather seen as a precondition to achieve and guarantee environmental and social sustainability and to maintain the quality of life of people in all regions of the country. The environmental strategies of the Chinese government can be briefly summarized as follows:

- Policies of accelerated urbanization are considered as a fast way to economic prosperity and as a means to overcome rural poverty. However, economic growth and resource conservation are completely unbalanced. The environmental damages of excessive economic growth are recognized, but the protection of the environment and the wise use of natural resources are not prime concerns. Economic growth has absolute political priority.
- The environmental challenges in China caused by economic and related urbanization policies are enormous. The high costs of environmental damages risk sustainable economic growth. Environmental damages are partially eating-up economic successes.

- Environmental problems and challenges are more and more openly articulated. Open communication is used to demonstrate that the government is taking action.
- In its political aspiration to become a global industrial power the government is supporting stae-owned automobile industries as a key economic policy to industrial modernization. Policies to promote car mobility are still top priority, albeit first measures' and to restrain mobility in the most polluted cities (such as Beijing) in order to reduce environmental damages have been initiated.
- The environment is often used as the scapegoat for hiding economic targets. The national automobile industry (Chinese and joint venture corporations) is ordered by the government to raise the share of electric car production. China aims to become number one producer of electric cars in the world. The sales of Chinese electric cars are rising. The government takes action to provide the respective reloading infrastructure in selected city regions.
- Energy policy is slowly shifting from coal to renewable (sun and wind) and, with much public investment, to nuclear energy. The environmental challenges of nuclear waste disposal are neglected or hidden. Occasional public opposition to nuclear energy is suppressed.
- The government has initiated a broad range of environmental policies though largely favouring technical (smart) solutions. Environmental challenges are seen as a welcome opportunity to promote the development of environmental industries and to export higher value industrials products to the world. Innovative environmental technologies are transferred from Western countries by copying appropriate technology, buying up enterprises that have such competences or by forging joint ventures. Increasingly government programmes are launched to promote Chinese research and development, technology parks and start-ups in the field of environmental and smart technologies.
- Emerging environmental regulation is targeting the worst challenges and visible damages, though achievements are hampered by weak law enforcement, corruption and failures in coordinating efficient measures. Environmental regulation is difficult to enforce nationwide. Local political considerations are taken into account.
- Low-carbon ecological model cities are promoted and built all over the country. As a rule these cities are satellite cities at the fringe of large cities. Their environmental dimension is rather more

technical and decorative. They are central government promoted experimental grounds for the allocation of environmental technologies (energy and water saving, green buildings). Admittedly their urban design standard is improved, though still neglects the social and economic reality of residents living in these cities.

- In recent years small and medium-sized cities have received more policy attention to restrain migration to mega–cities. Though such policies often remain blue prints, as these cities do not offer the modern social, educational and cultural infrastructure required to meet the demands of a the urban middle class and young start-up entrepreneurs. In addition, as rule, politically appointed governance in small and medium-sized cities does not have the competence and power to provide guidance for further sustainable urban development.
- Environmental awareness in China is rising though it is not yet a major government concern, albeit selected media as well as groups of the civil society are increasingly addressing environmental issues. Educational Policies and programmes that raise environmental awareness are still neglected and scarified to economic aims. Quantitative environmental research and higher education increasingly receive government support However, the environment is still not a field, where professional careers can be easily and successfully made in the country.
- The Chinese context of governance does not give much space to intermediate organisations that are independent from the government and government orders. Experience in Western societies has shown that progress in dealing with environmental challenges was largely driven by global and national as well as local intermediate organisations provoking political or legislative action. Efficient intermediate organisations defending and moderating environmental conflicts do not yet have much influence in the country or are strongly controlled to be in line with government policies.
- Media and a slowly emerging civil society are raising their environmental voice, but are very much controlled by the government (Friedmann, 2005). Only occasionally local projects affecting the environment are brought to a halt, once local political leaders and developers are under pressure from above for whatever reasons.

Environmental challenges in China are increasingly seen as an important policy field. Failures in addressing environmental challenges (air and soil pollution, land degradation, water shortage) are seen as policy failures of the central, provincial and local governments that have negative implications for the power monopoly of the Communist party. Economic success is rated much higher in the Chinese society than a sustainable environment. To this end China follows European experience, but it will soon dominate the field.

China is forced to address environmental problems to maintain economic growth. Hence the government aims to turn environmental problems into assets for economic development. It addresses environmental challenges with complex regulation and enormous investments, e.g. in renewable energy production, water management strategies, smart energy and water saving technologies, and in developing eco-and smart cities all over the country as models for sustainable urban development. In the wake of economic policies, environmental policies are often used to decorate urban policies. Urban development strategies are stuffed nice into green boxes to hide the unsustainable dimension of economic policies and to impress media and citizens. Sustainable development is still rather a smart business model to make China and Chinese industrial products competitive on the world market. Seen from an outside perspective the sustainable urban development rhetoric is smartly used to combine ecological ambitions conserving the environment with business interests. The sustainable city label is a welcome piece of decoration to sell policies, programs and projects both to local consumers and international investors.

References

Campanella T. J., 2008, *The Concrete Dragon: Chinas Urban Revolution and What it Means to the World*, York, Princeton Architectural Press.

CAS (China Academy of sciences Sustianable Development research Group), 2013, *China Sustainable Development Report*, Beijing.

China Briefing, 2014, *China's 2014 State Policy on Rural Development and the Agriculture Industry: Investment Implications*, Posted on May 27, 2014 : http:// www.china-briefing.com/news/author/china-briefing. Retrieved 15.01.2017.

Daly H., 1996, *Beyond Growth: The Economics of Sustainable Development*.

Downtown P., 2009, *Ecopolis Architecture and Cities for a Changing Climate.* Adelaide, Springer.

Fischer D., Müller-Hofstede C., Hrsg., 2014, *Länderbericht China.* Bonn, Bundeszentrale für Politische Bildung.

Friedmann J., 2005, *China's Urban Transition*, Minneapolis, University of Minnesota Press.

Geall S. 2013, *China and the Environment*, London, ZED Books.

Giz I., 2014, *Operationalizing the Urban NEXUS: towards resource efficient and integrated cities and metropolitan regions.* Available at: www.iclei.org/urban nexus

Keiner M. (ed.), 2004, *The Future of Sustainability.* Dordrecht, Springer.

Kunzmann K. R., 2015, "Urbanization in China: Learning from Europe? A European Perspective", *International Journal of Urban Sciences*, 19.

Mao Q., 2016, *Smart City Construction in China: Confusing and the Way out.* Presentation at the Smart City Forum in Taipei, March 22, 2016.

McKinsey, 2008, *China's Global Challenge.* The McKinsey Quarterly, New York, McKinsey, n° 3.

MEP (Ministry of Environmental Protection), 2010, *Report on the State of the Environment in China 2009,* Beijing.

Ng Mee K., 2004, *Viewpoint: The role of urban planning in China's sustainable development Town Planning Review*, 75(4).

Ren X., 2011, *Building Globalization: Transnational Architecture Production in Urban China*, Chicago, University Press.

Shapiro J., 2012, *China's Environmental Challenges (China Today)*, London, Pluto Press.

Tianjin Eco City, 2012, *Tianjin Eco City – A Model for Sustainable Development.* Retrieved 2014, from www.tianjinecocity.gov

WCED (= World Commission on Environment and Development), 1987, *Our Common Future*, The Brundtland Report, New York, Oxford University Press.

WWI (= World Watch Institute), 2016, *Can A City Be Sustainable.* Washington, Island Press.

Wübbecke J., Bjrn C., 2015, "Chinas Klimaversprechen unter wirtschaftlichem Druck", *Szenarien und Auswirkungen, Merics China Policy Brief.* Berlin: MERICS= Mercator Institute for China Studies.

World Bank, 2007, *The Costs of Pollution in China*, Washington/Beijing.

World Bank, 2013, *China 2030: Building a Modern, Harmonious, and Creative*, Washington, World Bank

World Bank, Development Research Center of the State Council, the People's Republic of China, 2014, *Urban China : Toward Efficient, Inclusive, and Sustainable Urbanization,* Washington, DC, World Bank

Wu F., 2014, *Planning for Growth. Urban and Regional Planning in China*, London, Routledge.

Xi J., 2014, *The Governance of China*, Bejing Foreign Language Press.

Zhang J. Y., Barr M., 2013, *Green Politics in China: Environmental Governance and State-Society Relations*. London, Pluto Press.

Deuxième Partie – Modes de faire :
entre technotopie et anthropolis

Part II – Way of doing :
between technotopia and anthropolis

Axe 2.1 – Ville intelligente : quand les technologues « smart » sont au cœur de la ville (in)soutenable ?

Les villes-nouvelles « *smart* » au Japon

Modèle éco-soutenable pour les métropoles asiatiques ?

Raphaël Languillon-Aussel

ATER agrégé, Université de Rouen, Chercheur associé, UMR 5600, Université de Lyon

Introduction Des « smart communities » dans un Japon décroissant : rebattre les cartes de la croissance urbaine japonaise

Il n'y a pas, au Japon, de « smart cities » : on y parle à la place de « smart communities ». Au-delà de la différence de vocabulaire, la « smart community » japonaise est, à l'inverse des « smart cities », non pas le fruit d'une initiative privée[1] mais bien celle d'un programme gouvernemental. Mené de 2010 à 2015, ce dernier avait pour objectif de mettre en place des projets expérimentaux dits « smart » dans quatre villes sélectionnées sur dossier après appel à candidature national : Yokohama, Toyota, Kyoto Keihanna et Kita-Kyushu (Leprêtre, 2016 ; Granier, Kudo, 2016). Le modèle d'aménagement urbain dans lequel la démarche s'inscrit est donc celui d'un urbanisme par projets.

En parallèle de ces initiatives, des « smart communities » entièrement privées ont également vu le jour sans que ne soit directement impliqué le

[1] Rappelons que c'est IBM qui a lancé, dans les années 2000, la vague urbaine du « smart » avec son programme « smarter city ». Cette terminologie est à dissocier du « smart shrinkage ». Ses relations avec la théorie de la « smart growth » sont, en revanche, à interroger, et des filiations possibles nécessitent des travaux complémentaires.

gouvernement. Les deux plus importantes[2] sont celles retenues dans cette étude : il s'agit de Kashiwa no Ha, dans le nord-est de Tokyo, et Fujisawa Sustainable Smart Town (SST) à l'ouest de Yokohama, toutes deux dans la région capitulaire du Kantô. Parler de villes-nouvelles « smart » peut paraître néanmoins inapproprié, étant entendu que la puissance publique est restée à l'écart des deux projets[3], qui n'ont par ailleurs pas d'autonomie municipale : Kashiwa no Ha est une portion de la municipalité de Kashiwa, et Fujisawa SST se trouve sur la commune de Fujisawa.

Si les villes-nouvelles des années 1960 visaient, en France et au Japon, à organiser l'aménagement des couronnes périphériques des grandes métropoles confrontées à une forte croissance, Kashiwa no Ha et Fujisawa SST visent à structurer les mutations en cours dans le grand Tokyo et le grand Yokohama tout en anticipant leur déclin démographique. Ainsi, les « smart communities » constituent plutôt une réponse à une décroissance urbaine en cours ou, dans le cas de Tokyo, à venir à horizon 2020. En ce sens, la « smart community » japonaise rejoint les enjeux du « smart shrinkage » (la décroissance intelligente) promue aux États-Unis pour faire décroître de façon semi-planifiée les espaces urbains en crise, dont Detroit est le paradigme[4] (Paddeu, 2015). La « smart community » est donc à cheval entre la « smart city » et la « shrinking city »[5].

La « smart community » n'est ainsi pas à proprement parlé une ville-nouvelle, ni même une ville. Elle relève d'un urbanisme de projet qui aménage les nouvelles extensions urbaines ou restructure l'existant. La forte teneur expérimentale dans les « smart communities » et le défaut d'une vision d'ensemble cohérente empêchent d'ériger la notion en modèle, ni même en concept. On ne peut nier toutefois qu'un certain nombre de caractéristiques communes se retrouvent d'une initiative à l'autre, si bien que certains y voient plutôt ce que la sociologie pragmatique appelle

---

2 Importantes en termes de surface, de logements construits et de nombre d'expérimentations testées.

3 Au Japon, la puissance publique n'est jamais complètement absente des opérations d'urbanisme, mais dans le cas des deux « smart communities » étudiées, elle est restée à la lisière des consortiums privés, ou a été impliquée très indirectement comme par exemple via des universités.

4 On signale ici, même s'ils n'utilisent pas la terminologie de « smart shrinkage », les travaux de Sophie Buhnik sur la décroissance urbaine au Japon (Buhnik, 2015).

5 C'est d'ailleurs le sens originel que le monde académique japonais avait donné au terme avant qu'il ne soit utilisé officiellement par l'État et les entreprises privées japonaises dans le sens que lui a donné par la suite la vague « smart » venue des États-Unis au tournant des années 2010 (Hosono, 2000).

« une grammaire » (Languillon, Leprêtre, Granier, 2016). Or, ce défaut de vision d'ensemble et la relégation des « smart communities » au rang de grammaire interrogent leur durabilité autant que leur caractère urbain. Quelle soutenabilité pour un urbain « smart » qui ne serait, finalement, que la coalescence d'initiatives et de projets privés ? Si les parties peuvent être durables à l'échelle des différents projets, l'assemblage du tout par juxtaposition sans intégration des différentes expérimentations donne-t-il forcément une ville durable à l'échelle de l'ensemble ainsi formé sans vision globale ?

On formule ici l'hypothèse que la « smart community », et par extension la « smart city », ne peuvent pas être durables : le changement d'échelle entre le projet de la « smart community » et la ville dans lequel il s'inscrit d'une part et le principe d'un urbanisme de projets d'autre part constituent un frein à la durabilité de l'ensemble. Pour traiter ce point, l'article fera tout d'abord une description comparative des caractéristiques de Kashiwa no Ha et de Fujisawa SST, puis analysera de façon plus critique les deux cas d'études au regard de l'éco-soutenabilité, et discutera enfin dans un troisième temps les limites des deux cas retenus en termes d'urbanité et de désirabilité pour les sociétés urbaines asiatiques.

1. Les « smart communities » japonaises : entre incitations publiques et initiatives privées

1.1. Kashiwa no Ha et Fujisawa SST : deux initiatives entièrement privées en marge du programme national des « smart communities »

La distinction entre aménagements publics et privés est malaisée au Japon, tant l'intrication des deux secteurs est historiquement forte dans la fabrique urbaine (Sorrensen, 2004). La caractéristique japonaise de l'État développeur[6] fait de ce dernier un partenaire au moins indirect de

[6] Développée par Ch. Johnson, la notion d'État développeur, ou de régime développementaliste, a fait l'objet de nombreux débats (Leprêtre, 2016). Elle est définie par un fort interventionnisme économique de l'État, pourtant tenant de l'idéologie du libre-marché, et par l'imbrication d'intérêts entre la haute administration et le monde des affaires (Stockwin, 1999). Le développementalisme se caractérise également par un « principe d'activisme » visant à promouvoir et encourager des secteurs d'activités identifiés par le gouvernement et la haute administration comme prioritaires pour la compétitivité économique et industrielle du pays (Thurbon, 2014). Le secteur de l'informatique, très présent dans les « smart communities », fait partie des priorités

nombreuses initiatives du secteur privé. La forte dimension industrielle présente dans les « smart communities » justifie sa place importante y compris dans les deux projets portés par les consortiums privés de Kashiwa no Ha et Fujisawa SST.

Situés au nord-est de Tokyo pour l'un, à l'ouest de Yokohama pour l'autre (figure 1), ils font le pendant aux quatre sites du programme national de « smart communities » sélectionnés par le gouvernement[7]. Ce dernier, appelé « Next Generation Energy and Social System », a été mis en place et financés pour une période fixe de cinq ans (2010-2015) et doté d'un budget total de 40 milliards de yens. Il a permis des avancées *in vivo* dans des domaines spécifiques différents pour chaque site retenu[8] (figure 1). Kita-Kyushu devait servir de modèle de requalification d'une friche industrielle, avec la mise en place d'un éco-système « smart » et une tarification dynamique de l'énergie en temps réel. Kyoto Keihanna, cité scientifique du Kansai, était une technopole devant intégrer à la « smart community » des acteurs du monde scientifique et académique dans l'aménagement. Toyota portait l'accent des expérimentations « smart » sur les transports routiers urbain du futur. Enfin, Yokohama était la seule expérimentation en milieu urbain dense d'une grande ville, intégrant à l'initiative de « smart community » des éléments assez divers constituant différents aspects de ce qui fait un système urbain complet (Languillon, Leprêtre et Granier, 2016 ; Leprêtre, 2016).

économiques depuis le plan MASUDA dans les années 1970, auquel fait suite un ensemble de programmes nationaux de subventions aux nouvelles technologies de l'information et de la communication (Callon, 1995 ; Leprêtre, 2016).

7 À la suite de l'appel d'offre en janvier 2010, vingt collectivités ont candidaté avec des projets impliquant chacun un consortium d'entreprises privées. La limite entre public et privé est ici encore assez floue : l'État n'intervient qu'à certain moment, comme l'appel, le guidage des investissements, ou encore la validation des master plan de chacune des quatre expérimentations (Leprêtre, 2016).

8 Au programme national et aux deux « smart communities » privées s'ajoutent deux autres programmes publics de moins grande envergure : les « Next Generation Energy Technology Demonstration Projects » ont été mis en place dans huit villes en 2011-2012 ; des « smart communities » ont été mises en œuvre dans huit villes et villages de la région dévastée par le tsunami de 2011 dans le nord-est du Japon, dans le cadre d'une vaste opération de reconstruction urbaine et économique de la région (Leprêtre, 2016).

Figure 1 : *Carte de localisation et brève description des expérimentations de « smart communities » au Japon*

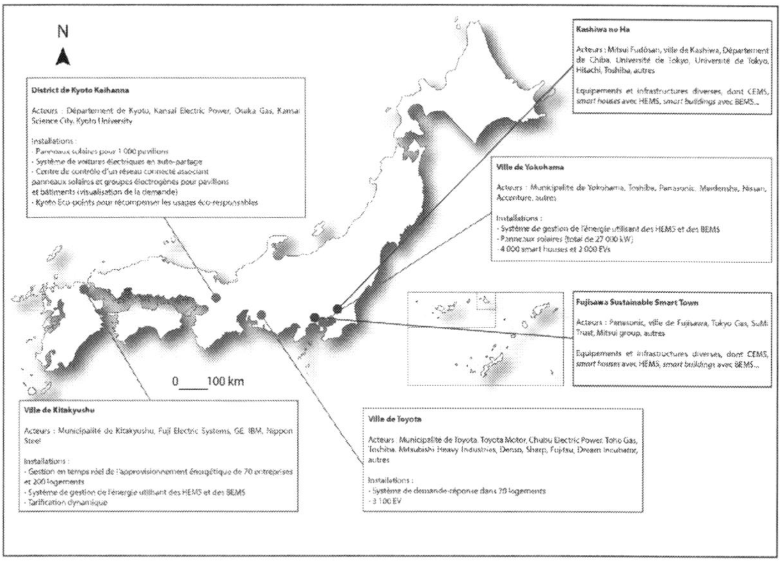

Source : Raphaël Languillon-Aussel, 2017

Ce n'est donc pas un hasard si les deux initiatives entièrement privées de Kashiwa no Ha et Fujisawa SST aient été aménagées à proximité de Yokohama, où ont été expérimentées dans les trois cas des projets assez intégrés prenant en compte la complexité des systèmes urbains. Bien qu'en dehors du programme gouvernemental, Kashiwa no Ha et Fujisawa SST ont été par la suite labellisés « Future city model project » par le Keidanren, l'Association du patronat du Japon.

Cette labellisation privée[9] est une étape déterminante dans l'édiction d'un modèle urbain du smart japonais. Elle fait le pendant au programme gouvernemental qui a lui aussi jeté des bases importantes dans ce sens. Les deux initiatives se recoupent en partie : sur les onze expérimentations labellisées par le Keidanren, on retrouve trois des quatre « smart

[9] La labellisation poursuit quatre objectifs officiels : résoudre des enjeux sociaux, notamment liés au vieillissement et au dépeuplement ; accroître la compétitivité industrielle ; créer des environnements urbains amènes ; générer de la croissance économique via les marchés domestiques et étrangers. La dimension économique est très présente, et le label n'est pas seulement qu'une vitrine technologique : il participe d'une stratégie plus vaste pour une croissance économique dans un contexte socio-démographique déclinant ou mature (Keidanren, 2011).

communities » soutenues par le gouvernement : Toyota, Kyoto et Kita-Kyushu.

1.2. Les jeux d'acteurs et la question de la privatisation du « smart » au Japon

Kashiwa no Ha et Fujisawa SST se distinguent par les mêmes types de consortiums privés, représentés néanmoins par des entreprises concurrentes : des acteurs immobiliers, des acteurs de l'énergie et des acteurs des nouvelles technologies de l'information et de la communication (NTIC). Les consortiums en charge de l'aménagement des deux projets sont donc de même nature, et les associations ainsi que les collaborations entre entreprises se sont faites en fonction de relations économiques de longue durée soit entre branches d'un même conglomérat, soit entre entreprises ayant un passé commun et des affinités historiques particulières.

Toutefois, à ce schéma commun, le secteur d'activité de base de l'entreprise moteur dans chaque cas n'est pas le même. Les relations avec les institutions publiques diffèrent également. Ainsi, Kashiwa no Ha est aménagée par un consortium dirigé par Mitsui Fudôsan, une des trois grandes entreprises immobilières du Japon opérant à Tokyo. Fujisawa SST est elle-aussi aménagée par un consortium privé. Néanmoins, l'acteur principal n'est pas une immobilière, mais Panasonic, entreprise industrielle d'envergure mondiale concernant l'électronique, l'informatique et les biens de consommation.

Les logiques d'aménagement des deux projets ne sont pas non plus les mêmes. Si dans le premier cas la stratégie immobilière de Mitsui Fudôsan prime et s'inscrit dans des logiques d'urbanisation régionale sous couvert de la diversification des actifs immobiliers du groupe, dans le second cas l'initiative relève d'une opération de rénovation d'un site industriel en friche appartenant à Panasonic qui y développe sa propre expérimentation « smart » en concurrence avec le projet national de Yokohama, pris en charge par Toshiba, et avec Kashiwa no Ha dont l'entreprise électronique impliquée se trouve être Hitachi (et, dans une moindre mesure, de nouveau Toshiba). Ainsi, d'un côté Kashiwa no Ha est le fruit d'une stratégie immobilière de Mitsui Fudôsan où sont expérimentées des technologies « smart » par soucis de diversification des actifs et des modèles d'aménagement, d'un autre côté Fujisawa SST est le fruit d'une stratégie industrielle de Panasonic centrée sur l'expérimentation in vivo de technologies « smart » en réaction à la concurrence de Toshiba à Yokohama et Hitachi à Kashiwa no Ha. Les contextes de production de l'urbain et les intentions sont très différents, en raison de jeux d'acteurs coordonnés par deux types d'entreprises différents. Le résultat ne permet donc pas de parler de modèle, même si des points communs apparaissent.

De la même façon, les rapports à la puissance publique et aux collectivités locales ne sont pas les mêmes. Le projet de Fujisawa SST est, depuis le départ, porté par Panasonic qui en possède le foncier et l'initiative, expliquant par là son caractère de quasi-gated community, avec par exemple la présence de grilles qui délimitent le périmètre du projet, et le nom de l'entreprise inscrit dessus. Kashiwa no Ha est en revanche bien plus ouverte. Elle est aménagée de façon tripartite et équilibrée entre le consortium privé mené par Mitsui Fudôsan, la puissance publique (municipalité de Kashiwa, département de Chiba) et le monde académique avec la présence de deux campus : celui de l'Université de Chiba et celui de la prestigieuse Université de Tokyo.

2. Quelle éco-soutenabilité des « smart communities » japonais ? Approche critique

La « smart community » japonaise, comme les « smart cities » en général, est souvent présentée comme une ville durable « augmentée », dont le volet écologique aurait été maximisé par les nouvelles technologies de l'information et de la communication et l'application aux espaces urbains du web 2.0 (web social) et du web 3.0 (Internet des objets connectés). Pourtant, au-delà du recours omniprésent à la grammaire de la durabilité dans la promotion des villes intelligentes, la durabilité « augmentée » est loin d'être une évidence.

2.1. Principes et fonctionnement du « smart » japonais

Les projets de « smart communities » de Fujisawa SST et de Kashiwa no Ha ne se limitent pas à l'entrée « énergie ». Ils intègrent tous les aspects de la vie urbaine (infrastructure, superstructure, structure sociale et économique) pour faciliter la gestion des espaces et des réseaux urbains (réels ou virtuels) en recourant au traitement quasi instantané des méta-données générées par les réseaux de capteurs et la centralisation des données informatiques et numériques dans des centres de traitement et de stockage informatiques. L'approche japonaise superpose trois

« couches » : la trame urbaine et le bâti ; les interactions sociales permises par le WEB social, dit 2.0 ; les infrastructures « smart » sur lesquelles s'adosse le WEB des objets, dit 3.0. Cette dernière couche est constituée de deux types de réseaux : celui de l'énergie et celui de l'information.

Plus en détails, les « smart communities » japonaises fonctionnent toutes sur le même principe, testé grandeur nature essentiellement à Yokohama par Toshiba, mais aussi à Kashiwa et Fujisawa. Le système « smart » se définit par un réseau de capteurs dont les informations sont centralisées à deux échelles : à l'échelle des bâtiments voire des unités (logement[10], bureau, voiture, etc.), des boîtiers communiquants permettent de centraliser les données et d'afficher des informations variées sur les diverses consommations d'intrants (énergie, eau, etc.) ; à l'échelle des quartiers, un centre de contrôle, appelé CEMS dans le cas de Toshiba (Central Energy Management System) centralise les données émises par chaque unité, avant de les traiter puis de renvoyer des informations ou des consignes en temps réel auxdites unités. Dans le cas de Fujisawa SST, ce système est adossé à une tarification dynamique de l'énergie.

2.2. La durabilité de Kashiwa no Ha et Fujisawa Sustainable Smart Town : analyse comparative

À la lecture des documents du projet de Kashiwa no Ha et de celui de Fujisawa SST, et à la suite d'un travail de terrain en 2015 pour Kashiwa et 2016 pour Fujisawa, il est apparu que le *marketing* des « smart communities » ressemblait très étroitement à celui des villes durables, modernisées avec un aspect technologique que l'on trouvait déjà dans l'approche japonaise de la durabilité. Ainsi par exemple, les trois piliers sur lequel se vend le projet de Kashiwa no Ha auprès des politiques et des investisseurs ressemblent à s'y méprendre aux trois piliers du développement durable : un pilier environnemental, « environmentally friendly city », un pilier social, « city of health and longevity », et un pilier économique, « city of new industry creation ». On peut en dire

[10] À l'échelle des logements, le système utilisé à Kashiwa no Ha s'appelle HEMS, pour *Home Energy Management System*. Il fait apparaître sur un écran la consommation d'eau, d'électricité et de gaz du foyer en temps réel ainsi que cumulé sur une période (modifiable : un jour, une semaine, un mois...), ainsi que la correspondance de ces consommations en émission de CO^2 et en valeur (yen). Les habitants peuvent ainsi moduler leur consommation d'énergie en fonction de leurs objectifs financiers ou environnementaux. Un classement pour l'ensemble des logements de l'immeuble ou pour l'ensemble de la zone permet de motiver les foyers à faire des efforts de réduction de la consommation énergétique.

de même avec Fujisawa SST qui, au-delà de son appellation officielle même, mêle des références explicites à la durabilité : éclairage publique solaire avec détecteur automatique de mouvement, parc d'automobiles électriques avec recharge solaire, espaces verts (« Welcome Garden », « Central Park », « Forest Park », « Active Park », etc.).

Les « smart communities » reposent ainsi pour une grande part sur la rhétorique et l'hyper-réalité de la durabilité : cité-jardin, verdissement des bords de route, toits végétalisés, habitat en petits collectifs bas munis de panneaux solaires, quelques grandes tours pour symboliser le quartier de la gare et la centralité, les transports en commun (comme le train), des centres de recherche à l'architecture futuriste, et des aménités paysagères comme des lacs (Languillon, 2015).

Le projet de Fujisawa SST est encore plus avancé dans ce domaine, et fait référence tout à la fois par la forme urbaine comme par la toponymie aux cités-jardins, à la durabilité et au smart. Ainsi, la forme circulaire au centre du projet est une référence directe aux utopies d'Howard, réalisée au Japon dans des cités-jardins d'entre-deux-guerres comme celle de Den'en Chôfu, mais peut aussi faire penser au panoptique, surtout quand on sait qu'au centre se trouve le « committee center ». La majorité de logements sous la forme de pavillons correspond à l'idéal japonais de la « detached house », mais la présence d'immeuble collectif avec logements et bureaux répond à l'idéal durable de la mixité des fonctions et de la densification. Les nombreux parcs participent de l'hygiénisme durable. Le volet social et santé est représenté par des infrastructures collectives comme le « wellness square », le « committee center », le « STT Square » ou « l'Active Park ». Enfin, on trouve des panneaux solaires sur tous les toits et également le long des grilles Sud du projet.

Dans les deux cas, les interactions sociales sont recherchées, qu'elles soient physiques ou virtuelles. à Kashiwa no Ha, l'Urban Design Center dispose d'hôtesses d'accueil, d'une petite bibliothèque, d'une grande salle avec une maquette de la ville, qui sert également de centre de formation à disposition des habitants. Sur la gauche du bâtiment, il y a également une salle plus modeste qui peut être louée par les habitants pour faire des réunions. Un petit box en libre accès permet un échange de livres. Avec une carte commune à l'ensemble de la zone et aux étudiants des campus adjacents, un certain nombre de services sont également accessibles : location de vélo (sur le modèle velib ou velov'), de barbecues, ou encore location de véhicules électriques.

À Fujisawa SST, outre les aménités collectives qui visent à favoriser les rencontres et les interactions de voisinages comme les barbecues en libre-service, le site comprend un centre de commerces (le Shonan T-site) qui dispose d'une vaste librairie, de locaux pour les associations, d'espace de co-working, de gardiennage pour les enfants, et qui propose des activités pour les groupes et les habitants. Il existe également une application mobile, SOY Link, à mi-chemin entre le web social et le web des objets, qui permet d'échanger avec les habitants et l'ensemble des personnes physiques présentes à Fujisawa STT, et qui mutualise un certain nombre de fonctions connectées comme le contrôle à distance de la température, des lumières ou des appareils électriques de son logement, des services de sharing (échange de services, d'équipement, etc.) entre habitants, et tout partage d'informations en temps réel.

2.3. La durabilité environnementale des « smart communities » en question

Les économies d'énergie constituent le principal argument qui fait de la ville intelligente une ville durable et décarbonée. à Kashiwa no Ha, elles se font essentiellement à trois niveaux : au niveau des habitations et des logements, au niveau des locaux professionnels, au niveau des transports. Au total, le projet propose une réduction des émissions de CO^2 de 40 % pour l'ensemble de la ville en 2020 par rapport aux émissions moyennes observées dans l'ensemble du grand Tokyo en 2005[11], et de 50 % concernant les bureaux des tours intelligentes.

La rhétorique de la durabilité constitue l'une des justifications sociales au développement des villes intelligentes. Au cœur de ce recours au vocable de la durabilité, l'entrée énergie est privilégiée. Néanmoins, contrairement à ce qu'affirment les défenseurs des *smart technologies* et des *smart buildings*, l'intelligence a un coût énergétique très élevé : les villes intelligentes sont en réalité plus énergivores que les espaces urbains « classiques ». Deux échelles peuvent le prouver : l'échelle des bâtiments, et l'échelle de la ville en elle-même.

---

[11] On voit ici toute l'ambiguïté des discours et l'approximation des calculs. La baisse de 40 % entre 2005 et 2014 ne concerne donc pas Kashiwa no Ha, mais le Kashiwa no Ha de 2020 par rapport à la moyenne des émissions du grand Tokyo en 2005, époque où Kashiwa no Ha n'existait pas encore. Le calcul est d'ores et déjà biaisé et faussé, mais les discours de promotion de Kashiwa no Ha se fondent sur ces chiffres pour justifier l'urgence sociale et environnementale à développer des villes intelligentes.

En effet, le développement des immeubles intelligents (*computer buildings*), qui participent de la ville intelligente (Moriset, 2003) et de la durabilité urbaine à Kashiwa no Ha, conduit à augmenter les émissions de CO^2, puisque les immeubles intelligents consomment quatre fois plus que les écoles, 2,5 fois plus que les bureaux « classiques », deux fois plus que les hôtels, les grands magasins ou les hôpitaux (figure 2). Si le mix énergétique relève d'un plus grand apport des énergies renouvelables, dire que les immeubles intelligents consomment moins d'énergie est en revanche mensonger.

De la même façon, on observe le même phénomène avec l'évolution de la consommation énergétique à l'échelle de l'ensemble de Kashiwa no Ha, comme l'illustre la figure 3. La première courbe fait état de l'évolution des émissions de CO^2 en fonction du développement de la « *smart community* » et de ses besoins, dans l'hypothèse où la ville et les bâtiments ne seraient pas dotés des technologies qui la rendent « intelligente ». La seconde courbe fait état de l'évolution des émissions de CO^2 de la ville dans le *scenario* où les bâtiments disposent des technologies « intelligentes ». Le constat semble sans appel : à l'horizon 2030, les réductions d'émission de CO^2 entre les deux *scenarii* sont de 60 %.

Figure 2 : *Consommation d'énergie comparée entre les immeubles intelligents et d'autres types de bâtiments*

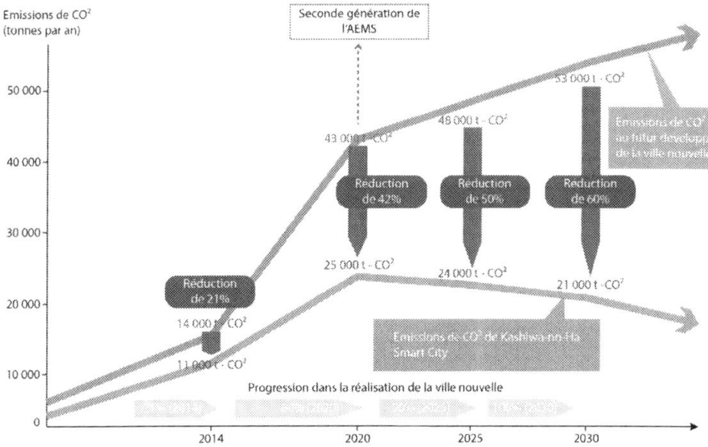

Raphaël Languillon-Aussel. Source : TMG Environmental White Paper, 2006

Néanmoins, il faut ici bien faire attention à deux éléments importants qui mettent en lumière tout le mensonge et l'approximation de ce discours pseudo-scientifique. D'une part, les 60 % de réduction concernent deux scenarii tout aussi hypothétiques l'un que l'autre, vu qu'il est absurde de préjuger des émissions de CO^2 dans un futur sans technologie d'un côté, et avec technologie de l'autre. D'autre part, ces 60 % de réduction ne concernent pas une évolution entre un même scenario pris à deux moments différents. Si on regarde la seconde courbe, on se rend compte qu'entre 2014 et 2030, les émissions de CO^2 augmentent, et passent de 11 000 tonnes en 2014 à 21 000 tonnes.

Il faut bien sûr nuancer ici la critique. On peut voir qu'en 2014, seul 20 % de la ville est achevé, alors qu'en 2030, 100 % des bâtiments le sont. Rapportés aux bâtiments, les émissions de CO^2 diminuent effectivement. D'autre part, à l'horizon 2020, une seconde génération du système AEMS permettrait de faire diminuer les émissions de CO^2 alors que la ville continue à croître, faisant passer ces émissions de 25 000 tonnes à 21 000 tonnes en une décennie. Il n'empêche que malgré ces correctifs dans la critique, les émissions totales doublent en quinze ans.

Figure 3 : *évolution des émissions de CO^2 de Kashiwa no Ha*

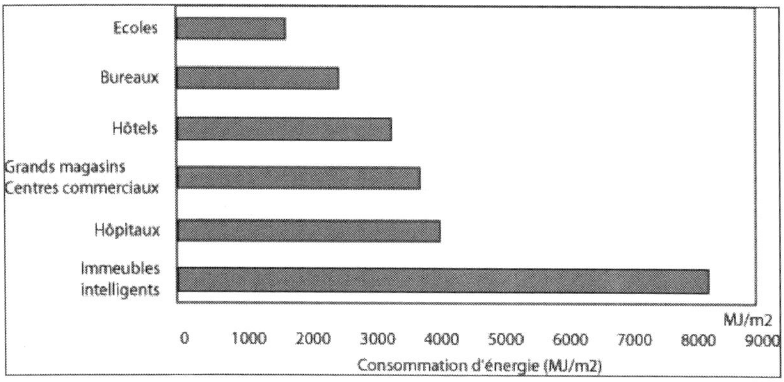

Raphaël Languillon-Aussel. Source : Mitsui Fudôsan, 2012

3. La « smart city » japonaise : un modèle pour les sociétés urbaines asiatiques ?

3.1. De la ville durable à la « smart community » japonaise – la spécificité de la trajectoire japonaise

La ville durable et le développement durable au Japon sont très différents de leurs déclinaisons européennes. La particularité de la durabilité japonaise est qu'elle est très centrée sur une vision techniciste et technologique, dont les innovations écologiques en constituent le cœur, ce que le Ministère de l'Économie, du commerce et de l'industrie (METI) appelle les « éco-innovations » (Leprêtre, 2016).

Ces éco-innovations sont définies dans un rapport de l'OCDE comme des « innovations techno-sociales qui répondent aux défis environnementaux, aux pressions sur les ressources, et au besoin de diversification des valeurs au sein des peuples en rendant compatibles l'économique et l'environnemental » (OCDE, 2008). Une définition plus complète a été ajoutée dans la réforme fiscale et économique japonaise de juin 2007 : les éco-innovations sont des « initiatives globales pour le développement technologique et les changements sociaux, utilisant sa dominance en hautes technologies dans le secteur des *monozukuri* (bien manufacturés), et dans le secteur de l'environnement et des économies d'énergie comme force motrice, dans le but de réaliser une société durable ».

Ce sont ainsi les éco-innovations qui, au Japon, constituent le chaînon manquant entre le développement durable et les « smart communities » : leur généralisation dans l'aménagement, la gestion et le fonctionnement des espaces urbains explique le genèse des espaces urbains dits « smart ». Cette trajectoire entre durabilité et « *smart* », très liée au régime développementaliste, est l'une des spécificité du Japon (Leprêtre, 2016).

3.2. La recontextualisation des « smart communities » après la catastrophe de Fukushima – la spécificité du contexte japonais

Si le programme gouvernemental des « smart communities » tout comme l'aménagement de Kashiwa no Ha et Fujisawa SST ont débuté à la fin des années 2000, au moment de ce lent glissement de la durabilité au « smart » via la généralisation des éco-innovations, la triple catastrophe du 11 mars 2011[12] explique l'inflexion des enjeux des « smart cities » japonaises vers ceux de la résilience et de l'énergie, contribuant à les rendre davantage spécifiques par rapport à d'autres contextes culturels d'Asie orientale et d'Asie du Sud-Est.

Ainsi par exemple à Kashiwa no Ha, le système centralisé de gestion des méta-données, dit AEMS, prend un sens socio-économique et symbolique nouveau dans le contexte post-Fukushima en promouvant la gestion et la distribution déconcentrée de l'énergie. En effet, à la suite de la catastrophe de Fukushima, les centrales nucléaires du pays avaient été arrêtées, plongeant le pays dans une pénurie d'électricité dommageable à son économie. Fukushima a révélé deux faiblesses majeures du nucléaire civil : le risque permanent inhérent à la maîtrise de la fission ; le risque de *black out* énergétique inhérent aux systèmes de distribution centralisés nationaux ou régionaux.

C'est pour répondre à ces deux risques que le système AEMS a été développé et qu'il a acquis un écho social et économique tout particulier après la catastrophe auprès de la population, des investisseurs et des acteurs économiques. En ce sens, l'autonomisation de la production et de la distribution énergétique en petites unités déconcentrées paraît être une réponse aux défis d'un parc énergétique national concentré, vulnérable aux aléas du secteur du nucléaire. La ville intelligente fondée sur le système AEMS est devenue un modèle urbain post-Fukushima. La figure 4 illustre la résilience du système en cas de *black out* national du système d'approvisionnement du nucléaire.

12 Cette triple catastrophe se constitue d'un tremblement de terre majeur d'une intensité de 9,1 sur l'échelle ouverte de Richter, d'un *tsunami* d'une trentaine de mètres et de l'accident nucléaire majeur de Fukushima qui l'a suivi (Pelletier, 2011).

Figure 4 : *La résilience du système AEMS en cas de black out du réseau national de distribution d'énergie*

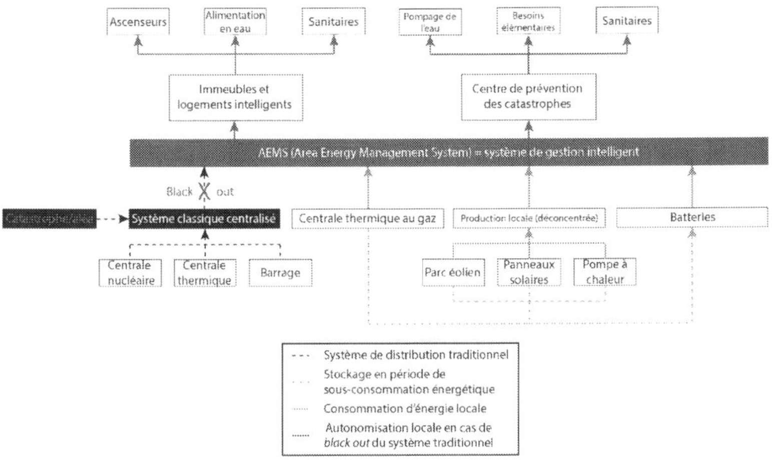

Raphaël Languillon-Aussel. Source : Mitsui Fudôsan, 2012

Le modèle décentralisé n'est pas la seule composante qui joue en faveur d'un modèle de ville post-Fukushima. La compacité et la mixité des fonctions promues dans le projet relèvent elles-aussi du même modèle. En effet, le 11 mars 2011, le premier *black out* à s'être produit ne fut pas celui de l'énergie, mais celui des transports, avec l'arrêt immédiat de l'ensemble des lignes de métro, laissant des millions de *commuters* dans les gares. Cette peur de la paralysie d'une ville tentaculaire est revenue à de nombreuses reprises. L'idéal de la ville compacte répond à cette peur collective qui travaille l'esprit des Japonais. Kashiwa no Ha est donc aussi un modèle pilote expérimental de ville post-risque, dans laquelle la vulnérabilité des systèmes complexes a été drastiquement diminuée (du moins dans l'esprit de ses promoteurs).

On retrouve cette même recherche de résilience avec les aménagements effectués à Fujisawa SST. Les espaces publics se caractérisent par une notion clé : celle de l'adaptabilité des équipements aux situations de crise. Ainsi par exemple, les bancs publics peuvent se retourner et se transformer en barbecue pour faire cuire les aliments dans le cas où les habitations seraient inutilisables. Des douches solaires et des sanitaires avec évacuations sont prévus dans les principaux parcs et espaces verts, qui servent également de zones de repli. Les pergolas sont prévues pour être fermées par des toiles et constituer des tentes pouvant abriter la population. Des réservoirs d'eau sont disséminés dans chaque quartier. Les batteries de stockage et le système de gestion déconcentrée de l'énergie permettent un fonctionnement déconnecté du réseau national de distribution de l'électricité. Enfin, un plan de prévention des risques, appelé *Community Continuity Plan*, prévoie une autonomie de trois jours en eau potable, nourriture, gaz, électricité et sanitaires.

Conclusion : « Smart communities » et durabilité au Japon : l'urbain par projets, entité franchisée, répliquable et exportable en Asie ?

La « smart community » japonaise relève d'une approche originale assez spécifique au Japon. Si parler de modèle semble pour le moment difficile tant les projets et les aménagements réalisés sont encore rares, on peut identifier quatre caractéristiques communes :

1/ Le rôle de l'État, que ce soit dans le programme gouvernemental ou dans les initiatives entièrement privées, est prépondérant et renvoie, en ce sens, au régime développementaliste du Japon : encouragement et soutien aux technologies « smart » après identification, labellisation, partenariats, promotion domestique comme à l'étranger.

2/ Le rôle clé des éco-innovations dans la transition entre durabilité et « smart ».

3/ Le focus placé sur l'énergie à la suite de la catastrophe de Fukushima est une réorientation clé. Les systèmes localement centralisés mais autonomes des réseaux régionaux et nationaux sont la conséquence directe de l'enjeu post-Fukushima de 2011, si bien que les « smart communities » japonaises sont plus liées qu'ailleurs au souci porté sur les réseaux d'énergie.

4/ Egalement liés à la triple catastrophe de 2011, l'enjeu de la résilience et la quête d'un modèle urbain post-risque marquent plus qu'ailleurs les « smart communities » japonaises.

Toutefois, au-delà de ces caractéristiques communes, il n'existe pas encore de modèle japonais de « smart cities ». D'une part, les projets ne concernent jamais l'ensemble du périmètre d'une ville ni l'ensemble de ses aspects. D'autre part, les « smart communities » se construisent essentiellement via l'incrémentation ou la coalescence d'expérimentations et de projets qui, eux, tendent à la franchise et à la réplicabilité. C'est d'ailleurs tout l'enjeu industriel et commercial pour les grands groupes privés comme Toshiba, Hitachi ou Panasonic qui développent chacun de leur côté leurs propres expérimentations dont relèvent Yokohama (Toshiba), Kashiwa no Ha (Hitachi) et Fujisawa SST (Panasonic).

Enfin, la question du modèle, qui soutend celle de sa réplicabilité, pose également celle de sa désirabilité, ce qui nous conduit, en ultime conclusion, à questionner les rapports entre « smart communities » et durabilité du point de vue de la vivabilité. On peut ici noter deux points problématiques, mais que l'on retrouve dans toute « smart city ». D'une part, en raison d'un zonage précis des aménagements urbains « smart », il existe un fort risque de fragmentation de la ville avec la multiplication des initiatives et des projets. Fujisawa SST par exemple s'apparente ainsi, avec ses grilles, ses accès gardés, ses caméras de surveillance omniprésente, ses espaces « publics » et sa voirie privée, à une gated community. D'autre part, la centralisation des informations, des méta-données et des images vidéos au centre de contrôle apparente la « smart community » à un immense panoptique numérique (Klauser, Paasche et Söderström, 2014) qui hypothèque grandement sa désirabilité, sa généralisation au Japon et son exportation en Asie.

Bibliographie

Buhnik S., 2015, *Métropole de l'endroit et métropole de l'envers : décroissance urbaine, vieillissement et mobilités dans les périphéries de l'aire métropolitaine d'Osaka, Japon*, thèse de doctorat nouveau régime. Paris, Université Paris 1 Panthéon Sorbonne.

Callon S., 1995, *Divided sun: MITI and the breakdown of Japanese high-tech industrial policy, 1975-1993*. Stanford, Stanford University Press.

Granier B., Kudo H., 2016, « How are citizens involved in smart cities? Analysing citizen participation in Japanese 'Smart Communities' », *Information Policy*, 21, 61-76.

Hosono S., 2000, *Sumâto komyuniti. Toshi no saisei kara nihon no saisei he* (Smart community. De la renaissance des villes à la renaissance du Japon). Tokyo, Chûô University Press.

Johnson C., 1982, *MITI and the Japanese miracle: The growth of industrial policy, 1925-1975*, Stanford, Stanford University Press.

Keidanren, 2011, *Future city model project*, Tokyo.

Klauser F., Paasche T., Söderström O., 2014, « Michel Foucault and the Smart City: Power Dynamics Inherent in Contemporary Governing through Code, Environment and Planning », *Society and Space*, 32, 869-885.

Kudo H., 2013, *« Quality of Life » and « resilience »: Japanese smart city projects after the 3.11 Great East Japan Earthquake*, présentation à l'EGPA Annual Conference, Edinburgh.

Languillon-Aussel R., 2015, « Kashiwa no Ha: laboratoire urbain pour les nouveaux enjeux des populations matures », *Urbia*, 18, 125-146.

Languillon-Aussel R., Leprêtre N. et Granier B., 2016, « La stratégie de la *smart city* au Japon : expérimentations nationales et circulations globales », *EchoGéo*, 36, en ligne. URL : http://echogeo.revues.org/14598

Leprêtre N., 2016, « Les transformations de l'action publique au prisme des réseaux électriques intelligents. Le cas des expérimentations de *smart communities* au Japon », thèse de doctorat nouveau régime, Lyon, Institut d'Asie Orientale.

Moriset B., 2003, « Les forteresses de l'économie numérique. Des immeubles intelligents aux hôtels de télécommunications », *Géocarrefour*, 78-4, 375-388.

OCDE, 2008, *Sustainable manufacturing and eco-innovation framework, practices and measurement*, rapport.

Oga E., Kabasawa A., 2013, « Social System Demonstration of Dynamic Pricing in the Kitakyushu Smart City Creation Project », *Fuji Electric Review*, 59, 152-159.

Paddeu F., 2015, *De la crise urbaine à la réappropriation du territoire : Mobilisations civiques pour la justice environnementale et alimentaire dans les quartiers défavorisés de Detroit et du Bronx à New York*, thèse de doctorat nouveau régime. Paris, Université Paris 4 Sorbonne.

Pelletier P., 2011, « Le Japon quatre fois frappé », *EchoGéo*, en ligne, URL : http://echogeo.revues.org/12327

Sorensen A., 2004, *The Making of Urban Japan: Cities and Planning from Edo to the Twenty First Century*. Londres, Routledge.

Stockwin A., 1999, *Governing Japan: divided politics in a major economy*. 3e édition, Oxford, Blackwell Publishers.

Thurbon É., 2014, « L'État développeur : défense du concept », *Critique internationale*, 63-2, 59-75.

Yarime M., Karlsson M., 2016, *Technological Innovation Systems of Smart Cities: A Comparative Analysis of Japan and the United States*, R&D Management Conference « From Science to Society: Innovation and Value Creation », Cambridge.

Quel rôle des municipalités dans la mise en œuvre de politiques énergétiques au Japon ?

Nicolas Leprêtre[1]

ATER à Sciences Po Lyon, Université de Lyon, ENS de Lyon,IAO, UMR 5062

Introduction

Depuis les années 1990, le développement durable s'impose comme un élément incontournable des politiques urbaines[2]. Parmi les différentes dimensions couvertes par la « ville durable » (émelianoff, Theys, 2000), la transition énergétique est devenue un des pivots des politiques environnementales locales. Les travaux sur « l'urbanisation des questions énergétiques » (Jaglin, Verdeil, 2014) sont relativement récents, les premiers écrits sur l'énergie s'étant principalement centrés sur le macro-système technique (Coutard, 1999 ; Samuels, 1987) et sur les coalitions d'acteurs qui concourent à une centralisation de la production (Hughes, 1983).

L'entrée par l'urbain ouvre la voie à des réflexions relatives à la gouvernance de l'énergie (Zelem, Beslay, 2015), qui partent du postulat d'une diversification du nombre d'acteurs en charge des politiques

[1] Nicolas Leprêtre est docteur en science politique de l'Université de Lyon depuis novembre 2016 et ATER à Sciences Po Lyon. Sa thèse, réalisée sous la direction du professeure Yveline Lecler, a porté sur les transformations de l'action publique face à l'introduction de réseaux électriques intelligents au Japon. Ses recherches incluent l'analyse de l'instrumentation des politiques énergétiques, des relations entre l'État et territoires et du recours à l'expérimentation au sein des politiques publiques.

[2] L'auteur tient à remercier l'Institut d'Asie Orientale et la Japan Foundation pour leur aide financière dans la réalisation de cet article et du travail de terrain qui lui est associé.

énergétiques locales. Les municipalités ont été présentées comme des actrices majeures des politiques environnementales et énergétiques (Bulkeley, 2013), notamment en Asie (Henriot, 2015 ; Vaguet, Brisset, Eliot, 2005). Cependant, leur mode de coordination avec d'autres catégories d'acteurs (Lorrain, Stoker, 1994) et les instruments qu'elles déploient pour agir dans le domaine de l'énergie ne sont pas toujours étayés.

Le Japon constitue une entrée pertinente pour saisir l'impact de la transition énergétique sur l'action publique au sein des pays asiatiques développés. Alors que l'évolution des modes de vie conduit à une utilisation croissante d'énergie, et dans le contexte suivant l'accident de Fukushima en 2011, la thématique énergétique s'est imposée comme un domaine clé d'action des municipalités (Samuels, 2013). Cette mise à l'agenda des enjeux énergétiques s'accompagne de solutions technologiques portées par des acteurs privés, comme la mise en place de « réseaux électriques intelligents » (*sumāto guriddo*), c'est-à-dire l'introduction de nouvelles technologies de l'information et de la communication (NTIC) dans le réseau électrique pour optimiser la production et la consommation. La multiplication des expérimentations de smart communities (*sumāto komyuniti*) ou de smart cities (*sumāto shiti*) à travers le pays nous interroge, dès lors, sur le rôle des municipalités dans la conduite de politiques énergétiques locales.

Nous proposons de saisir les transformations de l'action des municipalités sous deux angles : les instruments d'action publique (Lascoumes, Le Galès, 2004) et la gouvernance urbaine. Notre argument principal consiste à montrer que les expérimentations de smart cities / communities résultent d'une diversification des modalités d'action des municipalités pour agir dans le domaine de l'énergie. Pour autant, le recours à ce type d'expérimentation ne signifie pas nécessairement un gain de pouvoir pour les acteurs publics et soulève au contraire de nombreux défis. Notre propos s'appuiera sur trois cas d'étude : les villes de Yokohama, Toyota et Kitakyūshū, qui mènent des politiques environnementales depuis la fin des années 1990 et qui ont été sélectionnées en 2010 par le gouvernement, avec Kyōto Keihanna[3], en tant que « démonstrateurs d'énergies de nouvelle génération et de systèmes sociaux » (*jisedai enerugī shakai shisutemu jisshō jikken*) ou smart communities. Notre travail repose

[3] Le projet de Kyōto Keihanna est porté par le département de Kyōto (kyōtofu), ce qui l'éloigne de notre cadre d'analyse.

sur l'analyse des documents officiels, ainsi que sur une cinquantaine d'entretiens semi-directifs menés auprès des acteurs impliqués dans les smart communities.

1. Une évolution des instruments d'action des municipalités liés à l'énergie

Afin de saisir les évolutions de l'action des municipalités dans le domaine de l'énergie, nous reviendrons tout d'abord sur les mesures de planification environnementale, avant de décrire la diversification des moyens d'action des villes.

1.1. Une action principalement centrée sur la planification

L'essentiel des actions en lien avec l'énergie menées par les collectivités locales s'inscrit dans le cadre de la lutte contre le réchauffement climatique. Depuis les années 1990, les municipalités ont recouru à des ordonnances (*jōrei*) qui ont défini les objectifs et actions environnementales à réaliser en cohérence avec les politiques nationales (Sugiyama, Takeuchi, 2008). Certaines collectivités locales ont aussi pu s'appuyer sur des stratégies (*senryaku*), des visions (*bijyon*), des plans-cadres sur l'environnement (*kankyō kihon keikaku*) ou sur des Agenda 21 Locaux pour établir les grands principes qui devaient guider les politiques environnementales (Barret, Usui, 2002). Mais c'est surtout la loi de 1998 de « promotion de mesures contre le réchauffement climatique » qui a donné le cadre nécessaire à l'action des municipalités. La loi dispose que les villes doivent rédiger des « plans d'action de collectivité territoriale » (*chihō kōkyō dantai jikkō keikaku*) pour lutter contre le réchauffement climatique. Les villes de Yokohama, Toyota et Kitakyūshū ont mis en place des plans d'action dès le début des années 2000 en cohérence avec leurs grandes orientations et ont renouvelé à plusieurs reprises cette planification pour adapter leurs objectifs de réduction des émissions de gaz à effet de serre (figure 1).

Figure 1 : *Synthèse de la planification environnementale locale à Yokohama, Toyota et Kitakyūshū*

	Ville de Yokohama	Ville de Toyota	Ville de Kitakyūshū
Agenda 21 local	–	–	1996
Ordonnance	1995, 2002	2006	2000
Vision, stratégie, plan-cadre	**Vision sur l'énergie** (1993, 2008) **CO-DO 30** (2008, 2009 et 2011)	**Plan-cadre sur l'environnement** (2008, 2013)	**Plan pour un Nouveau Départ** (2008, 2013) **Plan-cadre sur l'environnement** (2008)
Plan d'action	2001, 2007, 2014	2000, 2008	2006, 2009
Plan d'action Ville Écologique Modèle	2009, 2013	2009, 2014	**Green Frontier** (2009, 2014)

Légende : réalisé par l'auteur, janvier 2017

Pour autant, les mesures énergétiques ont été, dans un premier temps, plutôt ponctuelles. Ce domaine a été historiquement l'apanage d'une coalition restreinte d'acteurs associant les compagnies générales d'électricité (*ippan denki jigyōsha*), le Ministère de l'Économie, du commerce et de l'industrie (*keizai sangyōshō*, METI) et la Fédération des organisations économiques ou *Keidanren* (Samuels, 1987). Au niveau local, dix compagnies disposent d'un monopole régional et sont propriétaires du réseau de transport et de distribution d'électricité. Les liens forts entre ces acteurs et l'opposition des compagnies générales d'électricité à l'introduction d'énergies renouvelables ont ainsi limité les marges de manœuvre des collectivités locales.

1.2. De nouveaux instruments d'action publique depuis la fin des années 2000

La période 2008-2009 a été marquée par la rédaction de nouveaux plans d'action dans les villes de Yokohama, Kitakyūshū et Toyota, qui ont inclus des mesures énergétiques plus ambitieuses (Ville de Yokohama, 2008 ; Ville de Toyota, 2008 ; Ville de Kitakyūshū, 2008). Cet accent sur l'énergie s'inscrit dans la continuité des orientations entreprises par le gouvernement qui entendait s'appuyer sur les acteurs locaux pour atteindre les objectifs du Protocole de Kyōto (Sugiyama, Takeuchi,

2008). C'est à ce titre que le Cabinet[4] du Premier Ministre Fukuda Yasuo (2007-2008) a lancé en 2008 un plan d'action « pour une société sobre en carbone » (*teitanso shakai*) qui a abouti à la sélection de treize « Ville Écologique Modèle » (*kankyō moderu toshi kōdō keikaku*), parmi lesquelles nos trois cas d'étude. Cette sélection a été accompagnée de plans spécifiques liés aux labels (figure 1).

L'action des municipalités en matière d'énergie s'est manifestée par la mobilisation de nouveaux instruments d'action publique davantage incitatifs, pour reprendre la typologie de Pierre Lascoumes et Patrick Le Galès[5] (2004). Les collectivités territoriales ont en effet multiplié les mesures économiques et fiscales avec des aides à l'achat de véhicules électriques ou de panneaux photovoltaïques, ces dernières aides étant proposées par 56 % des collectivités locales en 2012 (IEA, 2012). Les municipalités ont également eu recours à des instruments informatifs et communicationnels, comme des campagnes d'éducation ou encore la valorisation de systèmes d'écopoints. Les acteurs publics locaux ont aussi agi par l'offre de services adaptés aux enjeux énergétiques : bus ou taxi à la demande à Kitakyūshū, système d'autopartage ou de vélo libre-service dans les trois villes étudiées (Leprêtre, 2016a).

La diversification des instruments mobilisés par les municipalités au cours des années 2000 s'accompagne d'autres modalités d'action qui ne doivent pas être éludées. Leur rôle organisationnel devient de plus en plus prégnant, en particulier dans des programmes d'expérimentation à l'échelle urbaine (*jisshō jikken*). Ces dernières sont en effet un levier d'action de plus en plus approprié dans la fabrique de l'urbain (Bulkeley, Castán Broto, 2013 ; Evans, Karvonen, Raven, 2016) et dans la conduite de politiques énergétiques, à l'initiative de coalitions d'intérêts regroupant grandes firmes locales et municipalités (Leprêtre, 2016a). Pour les entreprises, il s'agit avant tout de tester les technologies in situ, dans la continuité de la territorialisation des politiques d'innovation (Leprêtre, 2016b). Pour les acteurs publics, le soutien aux expérimentations impulsées par les firmes permet de valoriser les « bonnes pratiques » locales et prétendre à des subventions nationales, dans un contexte de mise en

4 Les ministères n'ont pas été en reste, avec d'autres mesures locales comme le financement par le METI d'un « parc énergétique de nouvelle génération » à Kitakyūshū en 2007 (Ville de Kitakyūshū, 2008, 123).

5 Les auteurs ont identifié cinq catégories d'instruments : réglementaire et législatif ; économique et fiscal ; conventionnel et incitatif ; informatif et communicationnel ; et les normes, standards et bonnes pratiques.

concurrence des territoires pour l'obtention de financements de la part de chaque ministère. La conduite d'expérimentation s'inscrit ainsi dans une démarche de promotion de l'attractivité du territoire, qui tend à ériger de grands projets en vitrine d'une bonne gestion de l'environnement (McLean, Bulkeley, Crang, 2016). Le recours à l'expérimentation comme modalité d'action pose dès lors la question du rôle des municipalités dans des projets qui semblent conférer, à première vue, un rôle croissant aux firmes privées.

2. Un rôle variable des municipalités dans la conduite d'expérimentations énergétiques

Afin de saisir l'impact d'expérimentations dans la conduite de politiques énergétiques, nous prendrons comme exemple la mise en place de smart communities à Yokohama, Kitakyūshū et Toyota[6]. Ces cas d'étude nous permettront de mesurer l'implication des acteurs privés et le rôle joué par les municipalités.

2.1. L'émergence d'innovations énergétiques locales : l'exemple des smart communities

Le tournant des années 2010 voit émerger le concept de ville intelligente, à la faveur d'une offre technologique portée par de nouveaux acteurs de l'urbain, comme la firme de l'informatique IBM (Daniélou, 2013). Ce concept polysémique renvoie généralement à l'introduction de NTIC dans le paysage urbain de manière à optimiser les flux d'information, de transport et in fine à améliorer les services liés à la ville. Populaire au sein des municipalités, les smart cities et smart communities comptent plus de 200 projets à travers l'archipel en 2014 (DeWit, 2014). Nos cas d'étude ont la particularité d'avoir été les premiers grands démonstrateurs du pays, financés par le METI en 2010 dans le cadre de sa politique de promotion des réseaux électriques intelligents. Quatre propositions, portées par des collectivités locales en lien avec un consortium d'entreprises, ont été retenues par le ministère : Yokohama pour son expérimentation au sein d'une grande métropole, la ville de Toyota pour son accent sur le transport, la cité scientifique de

---

6 Cette section constitue une synthèse de trois chapitres de notre thèse de doctorat, à laquelle nous renvoyons pour le détail des sources : documents officiels, entretiens, articles de presse, etc. (Leprêtre, 2016*a*).

Kyōto Keihanna et ses conseils personnalisés pour les foyers et la ville de Kitakyūshū qui propose la reconversion d'un ancien quartier industriel avec une utilisation de l'hydrogène.

Ces démonstrateurs visent à tester pour une période de cinq ans des systèmes techniques, appelés *Energy Management System* (EMS), qui permettent une gestion optimisée de l'énergie. Ces systèmes sont répliqués à l'échelle du foyer, du bâtiment, de l'usine et de la « communauté », ce dernier portant le nom de *Community Energy Management System* (CEMS). L'objectif est de prévoir la production et la consommation d'électricité en temps réelle et d'inciter chaque structure à réduire sa consommation en période de pointe (tarification dynamique, éco-points). La smart community se distingue de certaines définitions de la smart city par l'inclusion de systèmes de mobilité dite « nouvelle génération » (électrique, hybride et/ou hydrogène).

Les initiatives sont nombreuses au sein de chaque démonstrateur et sont essentiellement le fait d'acteurs privés (Mah *et al.*, 2013 ; Leprêtre, 2016a). La smart community de Yokohama compte ainsi trente entreprises impliquées dans une vingtaine d'expérimentations disséminées sur le territoire (figure 2). La plupart des projets ne couvre qu'un bâtiment, mais une expérimentation de Toshiba et Panasonic cible tout de même 4 000 foyers. La situation est similaire à Kitakyūshū, où environ vingt-cinq expérimentations sont menées par environ trente-cinq entreprises, à l'échelle du quartier d'Higashida. Ces deux démonstrateurs incluent une grande variété d'acteurs : des firmes de l'industrie pétrolière (JX Nippon Oil & Energy), de génie électrique (Fuji Electric), d'ingénierie et robotique (Yaskawa Electric, Meidensha), d'électronique et informatique (Hitachi, Panasonic, Toshiba), d'immobilier (Mitsui Fudōsan) et de mobilité (Nissan Motor). Le démonstrateur de Toyota se démarque sur ce point, avec une prédominance du groupe Toyota (Toyota Motor, Densō, etc.) parmi la trentaine d'entreprises réparties dans une dizaine expérimentations.

Figure 2 : *Schéma synoptique de la Smart community de Yokohama*

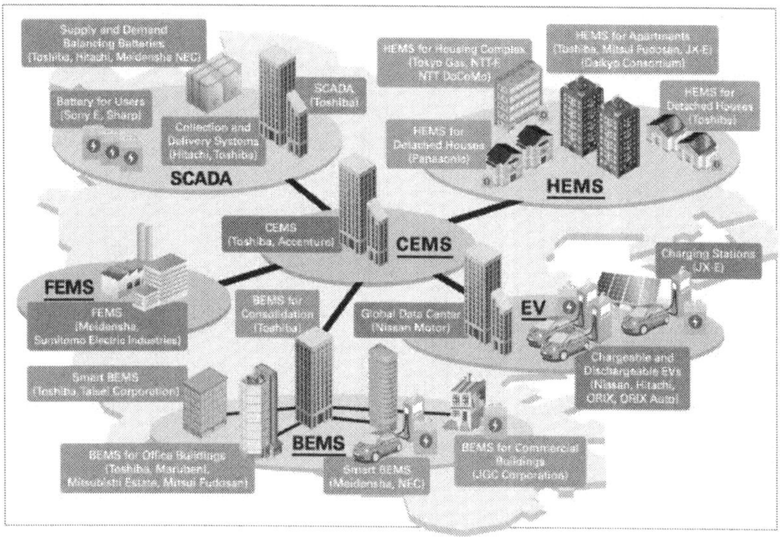

Légende : Mairie de Yokohama, visité pour la dernière fois le 21/10/2016, disponible sur : http://www.city.yokohama.lg.jp/ondan/english/yscp/ ©Mairie de Yokohama.

L'étude de ces expérimentations permet d'entrevoir une recomposition du secteur de l'énergie, motivée par les opportunités économiques offertes par le marché des réseaux électriques intelligents et par la perspective de la libéralisation du marché de l'électricité qui a débuté en 2016. Cette tendance a été favorisée par le rôle marginal accordé aux compagnies générales d'électricité dans ces démonstrateurs[7] : à Yokohama, Tōkyō Electric Power (TEPCO) s'est retirée du projet après l'accident de Fukushima ; Chūbu Electric Power mène à Toyota une expérimentation peu en lien avec le reste du démonstrateur ; et à Kitakyūshū, une réglementation spéciale permet à Nippon Steel & Sumitomo Corporation – et non Kyūshū Electric Power – d'alimenter en électricité le quartier du démonstrateur. Cette situation confère une marge de manœuvre conséquente aux nouveaux entrants pour tester leurs innovations sociotechniques.

7 Notons que la situation est différente dans le quatrième démonstrateur à Kyōto Keihanna, non présenté ici, où Kansai Electric Power est très impliqué dans l'expérimentation.

2.2. *Les rapports de force au cœur de la fabrique des expérimentations*

L'implication d'un grand nombre d'acteurs au sein de ces démonstrateurs pose la question de la gouvernance des expérimentations de smart communities. Dans la pratique, chaque firme qui participe au consortium mène son projet de manière relativement indépendante (Leprêtre, 2016a). L'essentiel des contacts au sein du démonstrateur est ainsi assuré par la firme en charge de la coordination générale (*purojekuto rīdā*) qui développe par ailleurs le CEMS : Toshiba à Yokohama, Toyota Motor[8] à Toyota et un trio[9] – Fuji Electric, Japan IBM et Nippon Steel – à Kitakyūshū.

Dans ce contexte, les municipalités revêtent un rôle organisationnel, qui se caractérise, dans les trois cas d'étude par le recrutement des volontaires, l'organisation de réunions d'explication et par la communication sur le démonstrateur et ses résultats. Ces activités ne rendent toutefois pas compte de l'implication de la municipalité dans la gestion concrète du projet, qui varie selon les rapports de force avec les acteurs privés. À cet égard, la différence entre d'une part Yokohama et Kitakyūshū et d'autre part Toyota, est patente.

Dès l'élaboration du projet en janvier 2010, la ville de Yokohama a joué un rôle clé dans le recrutement des entreprises partenaires. La grande diversité d'expérimentations s'explique par la volonté de la municipalité de donner une image de compétition au sein d'une grande ville dynamique, une démarche qui l'a amenée à inclure les initiatives d'origine publique et privée autour d'un même label « Yokohama Smart City Project » (YSCP). Le poids de cette grande ville de 3,5 millions d'habitants, qui agit de longue date en faveur de l'environnement, explique ce pouvoir de négociation vis-à-vis des acteurs privés. La mise en œuvre du démonstrateur s'est effectuée sous la forme d'une gestion bicéphale réunissant la ville de Yokohama et Toshiba. L'implication de la ville dans la mise en œuvre du démonstrateur est allée plus loin que les tâches précitées, en aidant par exemple les entreprises à trouver des places de parking pour le volet mobilité de YSCP. La situation a été

8 Toyota Motor partage le développement de sa version du CEMS, appelée *Energy Data Management System* (EDMS), avec plusieurs autres firmes d'informatique. à Kitakyūshū, Fuji Electric développe le CEMS et Japan IBM assure la gestion des données.

9 Ce trio est réuni autour d'une association de recherche appelée *The Research Association of Kitakyūshū Smart Community Project* (KSCoP).

similaire à Kitakyūshū, où la municipalité a été très impliquée avec le trio d'entreprises en charge du projet et avec une association environnementale du quartier appelée Satoyama (*satoyama o kangaeru kai*).

L'implication de la ville de Toyota a été, en revanche, moins prononcée, compte tenu de la différence de poids entre le géant mondial de l'automobile, Toyota Motor, et la municipalité de 420 000 habitants dont une partie de l'économie dépend de la vitalité de la firme éponyme. Face au rôle historique de cette dernière dans le territoire, la ville de Toyota applique le plus souvent les décisions de Toyota Motor. Ce constat s'est retrouvé pour la smart community, où la ville a été peu impliquée dans l'élaboration comme dans la mise en œuvre, face à un groupe Toyota hégémonique. Le rôle de la municipalité consistait alors à faciliter la coordination du projet, en mettant à disposition des moyens humains et des terrains. Même si Toyota Motor décidait, ses intérêts ont finalement convergé avec ceux de la municipalité qui y a vu une opportunité de mener des politiques environnementales ambitieuses et de profiter d'infrastructures technologiques mises en place (bornes de recharge, etc.).

La gouvernance des démonstrateurs de smart community illustre donc des approches différenciées de la part des municipalités selon les rapports de force, donnant lieu à une gestion pluraliste à Yokohama et Kitakyūshū et à une gestion monopolistique à Toyota. Les objectifs assignés à chaque démonstrateur sont néanmoins similaires dans les trois cas d'étude : les villes s'insèrent dans une stratégie d'attractivité de leur territoire et de soutien à l'économie locale, avec une mise en valeur des « bonnes pratiques ».

Conclusion : les défis des innovations énergétiques pour les collectivités locales

Nos cas d'étude révèlent qu'outre la mobilisation d'instruments économiques, incitatifs et communicationnels, la conduite des politiques énergétiques repose aussi sur des expérimentations impliquant de nouveaux acteurs, affectant ainsi la fabrique de l'urbain. Dans ce contexte, les municipalités revêtent un rôle organisationnel notable mais leur position dans la gouvernance locale de l'énergie varie selon les rapports de force. Quelle que soit leur capacité d'action, le recours à des expérimentations de smart city/community soulève de nombreuses questions pour les acteurs publics locaux, parmi lesquelles nous retiendrons deux principaux défis.

Le premier défi porte sur l'adéquation d'une gestion en silos des services administratifs des collectivités locales avec une production croissante de données et une offre de services dits « intelligents » qui sous-tendent une gestion transversale des enjeux urbains (Courmont, 2016). Dans la pratique, certaines villes comme Yokohama et Kitakyūshū ont réorganisé leurs services administratifs, en renforçant le poids du Département des politiques environnementales, de manière à rompre avec une logique de silo. Malgré tout, la conduite des politiques locales liées à l'environnement reste encore relativement compartimentée (OECD, 2013), en particulier dans la séparation entre les volets énergie et mobilité au sein des démonstrateurs de smart community.

Le second défi concerne la place de l'expérimentation dans le processus de fabrication de la ville. À Yokohama et Toyota, le projet est disséminé à travers le territoire, dans une logique de terrain d'essai accueillant une somme de stratégies isolées, connectées par une technologie, le CEMS. Cette approche techniciste tend à marginaliser certaines catégories d'acteurs comme les habitants ou les universitaires. Le cas de Kitakyūshū se démarque sur ce point, car le démonstrateur a été intégré dans un projet d'aménagement urbain plus concret, à l'échelle du quartier d'Higashida, porté par les acteurs privés, universitaires et associatifs locaux. Cette approche s'inscrit dans l'aménagement d'un territoire pensé comme un laboratoire urbain (Bulkeley, Castán Broto, 2013), où les technologies ne sont pas nécessairement appelées à perdurer mais où le réseau d'acteur, bien plus large, est amené à collaborer dans le long terme. Les formes du gouvernement par expérimentation affectent donc considérablement les catégories d'acteurs impliquées dans les politiques énergétiques locales.

Ces deux défis convergent vers une même question, celle de la mise en place de services de l'énergie à l'échelle urbain pérenne, ce qui implique d'autres problématiques : propriété des données, périmètre du service de gestion de l'énergie, etc. Si certaines villes, à l'image de nos cas d'étude, semblent s'être approprié un rôle à l'égard de l'énergie, leur positionnement dans la réalisation concrète de ces services demeure encore mesuré, ce qui peut laisser une plus grande marge de manœuvre aux acteurs privés. À cet égard, certaines mesures récentes, comme la mise en place d'une compagnie municipale d'électricité à Kitakyūshū en avril 2016 (IGES, 2016), peuvent conférer un moyen d'action supplémentaire pour les collectivités locales.

Bibliographie

Barret B., Usui M., 2002, « Local Agenda 21 in Japan: Transforming Local Environmental Governance », *Local Environment*, vol. 7, n° 1, 49-67.

Bulkeley H., 2013, *Cities and Climate Change*, Abingdon, New York, Routledge.

Bulkeley H., Castàn Broto V., 2013, « Government by Experiment? Global Cities and the Governing of Climate Change », *Transactions of the Institute of British Geographers*, vol. 38, n° 3, 361-375.

Courmont A., 2016, *Politiques des données urbaines. Ce que l'open data fait au gouvernement urbain*, thèse de doctorat en science politique, Paris, Institut d'études politiques de Paris.

Coutard O. (dir.), 1999, *The Governance of Large Technical Systems*, London, Routledge.

Daniélou J., 2013, *L'art d'augmenter les villes. (Pour) une enquête sur la ville intelligente*, Plan Urbanisme Construction Architecture.

Émélianoff C., Theys J., 2001, « Les contradictions de la ville durable », *Le Débat*, vol. 113, n° 1, 122-135.

Evans J., Karvonen A., Raven R. (dir.), 2016, *The Experimental City*. Abingdon, New York, Routledge.

Henriot C., 2015, « *De la ville durable à la 'ville intelligente' chinoise* ». Communication lors du 5e congrès Asie-Pacifique, Paris, 11 septembre.

Hughes T., 1983, *Networks of Power: Electrification in Western Society, 1880-1930*, Baltimore, Johns Hopkins University Press.

Iea, 2012, *National Survey Report of PV Power Applications in Japan*, International Energy Agency.

Iges, 2016, *Involvement of the Local Government in the Local Production for Local Consumption of Energy. Case Consideration of Local Energy Companies, Including the City of Kitakyushu*, Institute for Global Environmental Strategies, mai 2016.

Jaglin S., Verdeil É., 2014, « Énergie et villes des pays émergents : des transitions en question », *Flux*, n° 93-94, 7-18.

Lascoumes P., Le Galès P., 2004, *Gouverner par les instruments*, Paris, Presses de Sciences Po.

Leprêtre N., 2016a, Les transformations de l'action publique au prisme des réseaux électriques intelligents. Le cas des expérimentations de smart communities au Japon, thèse de doctorat en science politique, Lyon, École Normale Supérieure de Lyon.

Leprêtre N., 2016b, « Les politiques énergétiques japonaises face aux enjeux environnementaux et aux changements technologiques », *Japan Analysis – La Lettre du Japon*, n° 39, 3-11.

Lorrain D., Stoker G. (dir.), 1994, *La privatisation des services urbains en Europe*, Paris, La Découverte.

Mah Daphne N.-Y. et *al.*, 2013, « The Role of the State in Sustainable Energy Transitions: A Case Study of Large Smart Grid Demonstration Projects in Japan », *Energy Policy*, vol. 63, décembre, 726-737.

Mclean A., Bulkeley H., Crang M., 2016, « Negotiating the Urban Smart Grid: Socio-Technical Experimentation in the City of Austin », *Urban Studies*, vol. 53, n° 15, 3246-3263.

OECD, 2013, *Green Growth in Kitakyushu, Japan*, Organisation for Economic Co-operation and Development, OECD Publishing.

Samuels R. J., 2013, *3.11: Disaster and Change in Japan*. Ithaca, New York, Cornell University Press.

Samuels R. J., 1987, *The Business of the Japanese State: Energy Markets in Comparative and Historical Perspective*, Ithaca, New York, Cornell University Press.

Sugiyama N., Takeuchi T., 2008, « Local Policies for Climate Change in Japan », *The Journal of Environment & Development*, vol. 17, n° 4, 424-441.

Vaguet A., Brisset S., Éliot E., 2005, « L'insoutenable légèreté de la ville durable : la preuve par l'Inde ? », in N. Mathieu et Y. Guermond (dir.), *La ville durable, du politique au scientifique*, édition Quae, 145-163.

Ville de Kitakyūshū, 2008, « 'Genki hasshin! Kitakyūshū' puran kitakyūshūshi kōsō kihon keikaku (Plan cadre de la ville de Kitakyūshū 'Nouveau Départ Kitakyūshū') ».

Ville de Toyota 2008, « Toyotashi chikyū ondanka bōshi kōdō keikaku (Plan d'action pour la prévention du réchauffement climatique de Toyota) ».

Ville de Yokohama, 2008, « Yokohamashi datsu ondanka kōdō hōshin (CO – DO 30) (Moyens d'action de lutte contre le réchauffement de Yokohama) ».

Zelem M.-C., Beslay C. (dir.), 2015, *Sociologie de l'Énergie. Gouvernance et pratiques sociales*, Éditions du CNRS.

Documents numériques

Dewit A., 2014, « Japan's Resilient, Decarbonizing and Democratic Smart Communities », *The Asia-Pacific Journal* [en ligne], 15 décembre 2014, vol. 12, n° 3, disponible à l'adresse : http://www.japanfocus.org/-Andrew-DeWit/4236.

Songdo : Smart City et territoires aéroportuaires des liaisons complexes ?

Jacques Grangé

Doctorant Paris Sorbonne,
Consultant Développement Aménagement Urbanisme

1. Problématique générale des territoires aéroportuaires

Le développement du transport aérien est concomitant des transformations du monde depuis la Seconde Guerre Mondiale (Documentation Française, 2016). L''apparition des jets et des gros porteurs (B 747) dans les années 1970.ont amplifié ce mouvement qui a pris une nouvelle ampleur avec la mondialisation à la fin du XXe siècle.

Au fil du développement du trafic aérien, les aéroports sont devenus des « objets » de plus en plus complexes participant à l'acheminement des voyageurs et du fret et de leur transit temporaire par le biais de correspondances simples ou organisées[1]. Dans l'enceinte de l'aéroport s'implantent de nombreuses activités. liées directement à l'activité aéronautique, comme le *catering* c'est le cas de Servair à CDG, y sont aussi présents. de la maintenance aéronautique (Air France Industrie) et des sièges sociaux comme celui d'Air France prochainement rejoint par celui d'Aéroports de Paris en construction, mais aussi des centres commerciaux (Schiphol, Aéroville, CDG) et des hôtels, organisateurs de proximités temporaires (Rallet, Torre, 2004). Les zones *cargo* (fret) occupent une large part des domaines aéroportuaires.

---

[1] https://fr.wikipedia.org/wiki/Plate-forme_de_correspondance_a%C3%A9roportuaire (consulté le 21/10/2016)

2. Le double jeu du débordement (spill over) et de l'attractivité

Ces développements s'accompagnent aussi de l'extension en dehors des limites domaniales de l'aéroport par un double effet de *spill over* (débordement) d'activités ne trouvant pas place dans l'enceinte aéroportuaire. et d'attractivité d'entreprises intéressées par la proximité et l'accessibilité rapide aux terminaux aéroportuaires. C'est le cas de Paris Nord 2 à CDG et de Stockley Park à Londres- Heathrow.

3. Les hubs

Les territoires aéroportuaires se sont constitués autour de *hubs* (Burghouwt, 2007). Ils sont des lieux de correspondances organisés et optimisés pour les passagers, les bagages et le fret. Ils se sont constitués suite à la déréglementation (très partielle) du trafic aérien aux USA et en Europe (Dobruszkes, 2007). Les grandes compagnies aériennes ont organisé leur trafic autour d'un hub qui est leur principale plateforme d'activité.

Pour les compagnies aériennes, l'avantage est de taille. Pour relier directement n destinations, il y a besoin de n x (n-1) liaisons soit n^2-n. Le passage par un hub ne réclame que 2n liaisons. Cela permet de sérieuses économies en avions et en équipages. Le hub permet un plus grand nombre de dessertes possibles à partir de l'aéroport λ.

Ces hubs peuvent être unipolaires ou multi-polaires (Burghouwt, 2014) (Amsterdam-Paris, Francfort- Munich). Ces hubs sont localisés dans des régions métropolitaines qui sont tout à la fois des destinations internationales et des « réservoirs » de clientèles, les activités « métropolitaines » ou « Advanced services producers » (Sassen, 1996) sont grandes consommatrices de mobilités internationales.

C'est à partir de ces hubs qu'ont émergées de nouvelles configurations territoriales dans les régions métropolitaines (Guller, Guller, 2001).

4. Les modèles territoriaux aéroportuaires

Ces territoires (Roncayolo, 1990) aéroportuaires sont des composantes majeures des aires métropolitaines. Ils sont les lieux d'une multiplicité de rapports sociaux et de pouvoirs institutionnels. Ces configurations spatiales ont reçu diverses appellations au fil du temps. Elles ont des origines diverses : autopromotion des plateformes, « trouvailles universitaires », etc.

Ces modèles territoriaux sont des objets hybrides, à l'intersection d'activités publiques et privées, du « branding »[2] et du marketing territorial[3]. Ce sont avant tout des modèles normatifs à l'usage des « urban planners » et des développeurs immobiliers. Avec le temps, ils peuvent devenir des modèles descriptifs et explicatifs.

On peut citer là :

- L'Airport City (Schiphol Group, Guller§ Guller, E. Berthon § M.Prins § F. Bringand IAURIF-ADP…)
- L'Aerotropolis (John Kasarda)
- Le corridor (Maurits Schaafsma, Schiphol Group)
- L'Airport Airea (Johanna Schlaack)
- La place aéroportuaire (Hubstart Paris)

L'Aerotropolis est un « concept » avancé par l'universitaire et consultant John Kasarda dont le blog[4] porte ce nom générique. C'est un développement urbain sur un large territoire, généré par la présence d'un aéroport. Les dimensions de ces territoires sont à la mesure de l'étalement urbain américain.

Illustration 1 : *Aerotropolis*

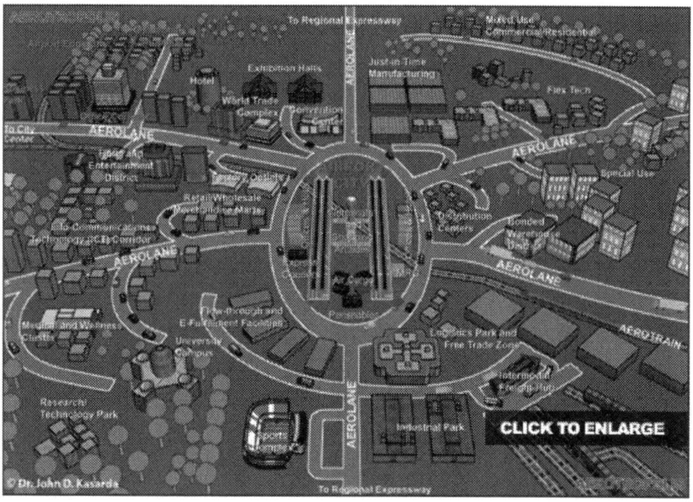

Source : http://www.aerotropolis.com/ (consulté le 17/1/2017)

2 https://fr.wikipedia.org/wiki/Branding (consulté le 26/10/2016).

3 http://www.marketing-territorial.org/ (consulté le 26/10/2016).

4 http://www.aerotropolis.com/airportCities/about-the-aerotropolis (consulté le 17/11/2016).

L'Airport Airea (Schlaack, 2010) est une notion avancée par Johanna Schlaack, chercheuse berlinoise qui correspond peut être mieux à nos échelles européennes. Elle met en avant une notion géopolitique (aire d'influence) qui souligne la diversité des facteurs constituant un territoire aeroportuaire.

Dans le cadre de mon travail de thèse sur les territoires aéroportuaires et l'économie de la connaissance, j'ai choisi de m'appuyer sur les Airport Cities de Paris Charles de Gaulle, Amsterdam et Seoul- Incheon.

J'ai été amené à travailler plus de vingt ans comme urbaniste à la ville de Tremblay en France, sur des projets de développement des territoires aéroportuaires de Paris CDG, sans compter trois ans passés à la ville d'Orly. J'ai participé à deux programmes européens sur les aéroports et territoires aéroportuaires, Common Options For Airports Regions et Decarbonated-Airports J'ai pu percevoir d'une part que les réalités étaient infiniment plus complexes que les modèles interprétatifs mais que par contre, ces modèles sont utilisés comme modèles « normatifs » par des acteurs divers. Les territoires aéroportuaires sont peu connus sauf des professionnels qui y travaillent ou sont amenés à y intervenir. C'est pourquoi, il est nécessaire de les contextualiser.

5. Les territoires aéroportuaires, des territoires de l'économie de la connaissance ?

Par ailleurs, ces territoires participent à l'économie de la connaissance et de l'innovation dans leurs aires métropolitaines qui consiste en ces fonctionnalités sociales et économiques établies à partir de la production, la circulation et l'utilisation de connaissances (Foray, 2009 ; Bouchez, 2012). Elle est le champ de développement des innovations qui innervent nos économies et nos sociétés contemporaines.

Elle a deux volets principaux, qui dans les faits s'entrecroisent, les échanges de connaissances formalisées qui ont « explosé » avec Internet. Il y a aussi l'échange de connaissances tacites[5] permise par le « face to face » (Storper, Venables, 2003) des rencontres interindividuelles, les réunions intra ou inter-entreprises, la participation à des congrès, forums et salons.

Nombre d'entreprises utilisent ces facilités pour disposer de showroom, de salles de réunions et de formations. On constate aussi une

[5] https://www.google.fr/webhp?hl=fr&ictx=2&sa=X&ved=0ahUKEwiYhJmX-ILQAhVFzRQKHSkfAIYQPQgD#hl=fr&q=connaissances+tacite (consulté le 30/10/2016).

présence importante des entreprises internationales high tech (Button *et al.*, 1999) dépendantes de « l'économie de la vitesse » (Kasarda, 2012). Ces activités sont permises par le fonctionnement du hub en plages horaires concentrant les arrivées et les départs. A CDG, le hub aérien est doublé pour les liaisons nationales et quelques liaisons européennes par la desserte TGV, Des dessertes TGV existent aussi à l'aéroport d'Incheon en provenance et vers le Sud de la péninsule coréenne. La desserte des territoires aéroportuaires est par contre, un élément critique de l'organisation de ces territoires.

6. Une accessibilité multimodale synchrone

On a donc constitution d'un double espace-temps, celui du hub aéronautique proprement dit avec ses correspondances organisées et celui des territoires aéroportuaires dépendant du premier mais avec des fonctionnalités différentes celles du « face to face ». C'est cette articulation des espaces-temps qui spécifie les territoires aéroportuaires qui sont dépendant des configurations géographiques et urbaines (Grangé, 2012). Les territoires aéroportuaires constituent des *espaces d'accessibilité multimodale synchrone*.

À cet égard, le parc hôtelier du territoire aéroportuaire joue un rôle majeur Près de deux tiers de l'activité du parc hôtelier est consacrée aux ces rencontres professionnelles[6]. Une filière hôtelière est née le « learning » Les territoires aéroportuaires participent aux circulations de l'économie de la connaissance, ils sont devenus, des territoires de l'économie de la connaissance (Grangé, 2013).

Ce territoire est structuré par les « proximités temporaires organisées » (Rallet, Torre, 2004). Cependant, les connexions à l'intérieur des territoires aéroportuaires, avec le cœur et les pôles métropolitains sont toujours difficiles. Ce sont ces configurations territoriales de mobilité qui ont généré la notion *d'Airport Airea* (Schlaack, 2010) comme aire d'influence de l'aéroport.

[6] Source : entretien Office du Tourisme Roissy- Octobre 2010.

Illustration 2 : *Airport Airea*

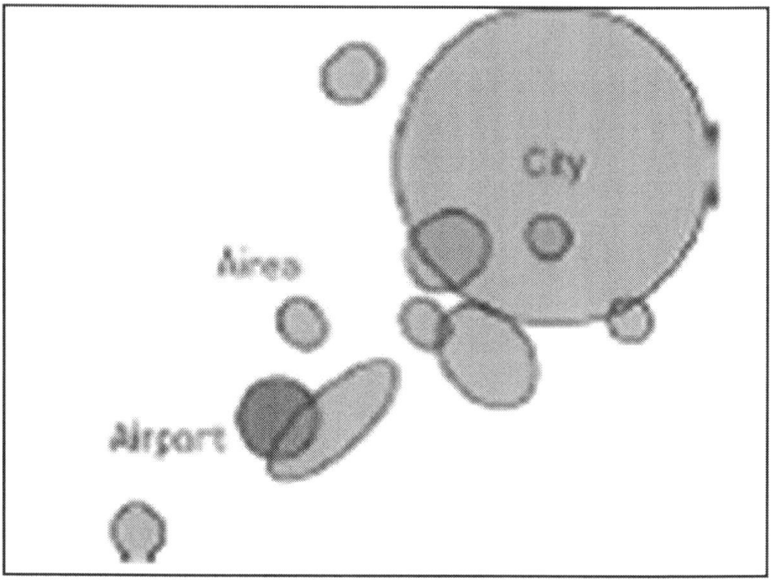

Source : Johanna Schlaack in Airport in Cities and Regions Karlsruhe Institute of Technology

6.1. Seoul- Incheon

Nous sommes dans une configuration métropolitaine spécifique. Seoul est au cœur d'une grande région urbaine de 23 millions d'habitants (province du Gyeonggi) qui représente 40 % de la population coréenne. La ville de Seoul a, avec 10 millions d'habitants et plus de 17 000 hab/km^2 une densité proche de Paris centre, 21 000 hab/km^2. À Songdo, nous sommes à 50 km à vol. d'oiseau du centre de Séoul, et à la même distance de la zone « démilitarisée ». La Corée du Sud est maintenant un pays développé En Corée, le revenu moyen disponible ajusté net des ménages par habitant est de 19 372 USD par an, soit moins que la moyenne de 29 016 USD des pays de l'OCDE » (source : OCDE, 2012) où elle a adhéré en 1996. Dans son développement, la Corée a su éviter le piège des pays à revenu intermédiaire (Goldstein, Lemoine, 2013), qui faute de capacités d'innovation et de capital humain peinent à franchir de nouvelles étapes. Elle a connu pendant plusieurs décennies un système de « croissance dirigée », de « rattrapage hétérodoxe » (Chaponnière, Lautier, 2013). La structure économique de la Corée semble marquée par un certain nombre de dualismes. Industrie/services, activités internationalisées/économie résidentielle traditionnelle.

On retrouve ces séparations de fonctions au sein de la métropole. Seoul dispose de plusieurs CBD. Pour les territoires de l'économie de la connaissance, les universités sont dispersées dans l'aire métropolitaine (trente-huit collèges sur Seoul et quinze sur Incheon). Les Universités sont reparties dans le tissu urbain. La recherche appliquée est organisée selon un modèle corporatiste liée aux *Chaebols,* les grands groupes qui dominent l'économie coréenne. La R§D coréenne dans l'ensemble reste très discrète et peu accessible[7] aux visiteurs étrangers.

Illustration 3 : *Plan Universités Seoul*

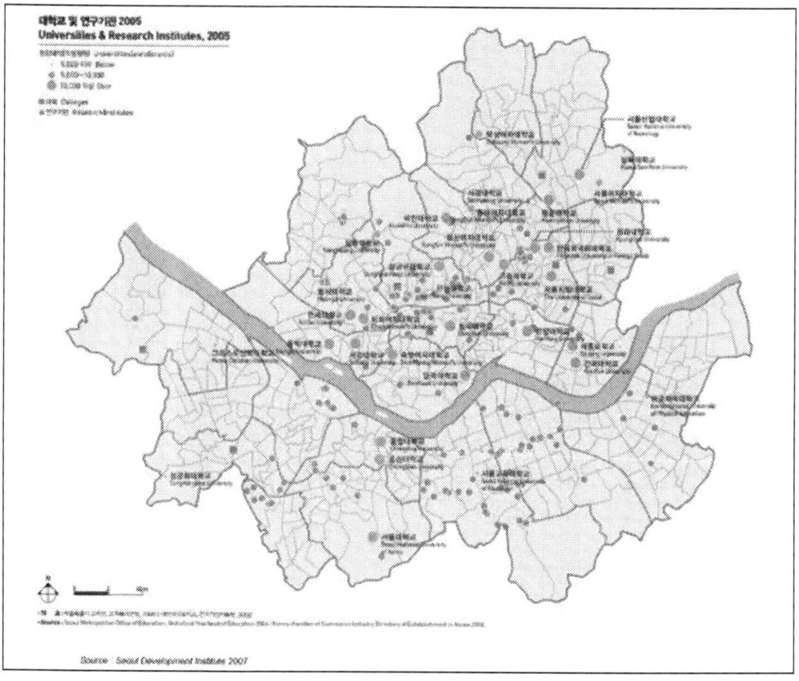

Source : IAU ; Seoul Development Institute, 2007

Seoul comporte un district spécialisé *Digital Media City,* (Perrin, Soulard 2011). La concentration des sièges des medias coréens lui donne aussi un coté de Central Business District des medias[8].

---

7 Source : Conseiller scientifique ambassade de France (septembre 2014).

8 http://investseoul.com/investment-projects/digital-media-city/ – http://en.wikipedia.org/wiki/Digital_Media_City.

Illustration 4 : *Photo DMC*

Source : Jacques Grangé, 2011

6.2. Le Hub coréen ?

Le hub coréen, Incheon, Songdo et l'IFEZ[9] sont largement dus à l'existence d'une « Méditerranée asiatique » (Gipouloux, 2009). Les écrans de départ à l'aéroport d'Incheon montrent bien l'importance des liaisons intra-asiatiques. Coupée par la DMZ de la Russie et de la Chine, la Corée du Sud se retrouve en position insulaire. Cette situation de hub est pleinement assumée par les pouvoirs publics coréens qui cherchent à la conforter[10]. Coincée entre ses puissants voisins et la DMZ, la Corée du Sud a essayé de transformer sa faiblesse en force.

Dans la région métropolitaine de Seoul, l'aéroport d'Incheon lui a permis de développer ses liaisons aériennes[11]. Ouvert en 2001, il a pris le relais de l'aéroport historique de Gimpo[12]. Incheon est historiquement un point de contact majeur avec le monde occidental. De même

9 Incheon Free Economic Zone.

10 http://www.anna.aero/2012/07/11/seoul-incheon-wants-to-be-hub-for-northeast-asia/ (consulté le 17/11/2016).

11 http://fr.wikipedia.org/wiki/A%C3%A9roport_international_d%27Incheon.

12 http://fr.wikipedia.org/wiki/A%C3%A9roport_international_de_Gimpo.

le port d'Incheon (Ducruet *et al.*, 2007) a pu se redévelopper avec le « réchauffement » des relations avec la Chine. Bien que disposant d'accès maritimes difficiles mais au contact de la région de Seoul, il assure de nombreux liens maritimes avec la Chine et le Japon.

L'ensemble Seoul-Incheon est un l'axe majeur de développement de l'économie de la Corée avec cependant un certain dualisme puisque sur ce territoire coexistent activités et territoires d'activités industrielles « classiques » et activités « hypermodernes ». Incheon constitue une « ville métropole » distincte de Seoul avec 2,7 millions d'habitants.

L'aéroport international d'Incheon avec près de 49 millions de passagers en 2015 a été classé en 2014 par Skytrax[13], 2e meilleur aéroport mondial. La croissance du trafic de l'aéroport (Fretigny, 2012) international d'Incheon et son succès ont entrainé une « hubbisattion »revendiquée du territoire.,

- Un hub industriel[14]
- Un hub et un cluster cardio-vasculaire[15]
- Un hub culturel[16], éducatif,
- Un hub du jeu ou des jeux incluant les compétitions sportives ainsi que les projets de casinos visant à concurrencer Macao
- Un hub d'affaires (business)[17] et high tech (la dénomination sert aussi à promouvoir les hôtels[18]

6.3. L'aéroport international d'Incheon et le hub aéroportuaire

L'aéroport d'Incheon est installé sur l'ile de Yeongjon, île qui a été étendue par poldérisation. Avec Cheongna et Songdo, ce sont les sites de l'Incheon Free Economic Zone, zone franche coréenne. « Les FEZ, régies par l'Acte sur les zones franches (Free Economic Zone Act), privilégient les secteurs de la production, de la prestation de services, des hautes technologies, de la logistique, du tourisme d'affaires, de l'hôtellerie, des parcs de loisirs et des équipements d'accueil de conférences internationales. Les zones concernées sont celles de la région d'Incheon avec les districts de Songdo, Yŏngjong et Chŏngna » (Ducruet, 2010).

13 http://fr.wikipedia.org/wiki/Skytrax#A.C3.A9roport_de_l.27ann.C3.A9e.

14 Source : brochure 2010 Port of Incheon Authority.

15 http://incheoncardio.or.kr/introducing-icc/.

16 http://macaudailytimes.com.mo/incheon-culture-hub-bid-buoyed-bond-law-change.html.

17 http://www.koreatimes.co.kr/www/news/biz/2013/10/123_144316.html.

18 http://www.hotelclub.com/blog/best-high-tech-airports-and-airlines/.

6.4. L'Airport City d'Incheon

L'Airport City est un projet urbain complexe et multifonctionnel piloté par l'aéroport d Incheon. Il comprend :

- L'aéroport proprement dit avec ses développements en particulier d'une nouvelle aérogare et d'une nouvelle piste,
- Une zone commerciale sur un emplacement au Sud déjà pourvu d'hôtels et de bureaux dont ceux d'Incheon Airport avec la présence, d'un hôpital spécialisé dans la chirurgie esthétique spécialité coréenne !
- Un centre d'expositions, de conventions et de congrès,
- Une zone logistique bien sûr !
- Un « resort » touristique face à la mer et qui commence à être équipé en hôtels et casinos avec des quais d'appontement pour navires de croisière pour attirer la clientèle chinoise et concurrencer Macao,
- Et pour que cette clientèle chinoise ne soit pas rebutée par la barrière de la langue, il y aura une « China Town ». Des pourparlers semblent en cours avec des investisseurs chinois,
- Et pour compléter il y aura une ville résidentielle, Sky City, à l'écart des trajectoires d'avions. Les appels à candidatures viennent d'être lancés (février 2015)[19] pour un projet de cluster de « resort » de 4,6 Mds de style « Singapour » qui ressemblera à Macao et qui devra contribuer à faire venir 10 millions de touristes chinois à la fin de 2020.
- Déjà plusieurs composants de l'attractivité ludique sont déjà installés.
- Un parcours de golf[20],
- Un casino est déjà installé dans l'Hotel Hyatt[21],
- Un « Waterpark » pour les courses de « jetskis » qui semblent ravir le public asiatique.
- Un « driving center » de BMW[22] où les conducteurs peuvent utiliser des véhicules de la même marque pour conduire dans des situations difficiles D'autres attractions temporaires existent comme une piste de patinage sur glace à l'intérieur de l'aéroport.

---

19 http://www.airport-technology.com/news/newsincheon-airport-in-south-korea-plans-46bn-tourism-project-4509428.

20 http://www.airport.kr/airport/facility/efalicityInfo.iia?carId=33.

21 http://www.airport.kr/airport/facility/efalicityInfo.iia?carId=38.

22 http://info.bmw-driving-center.co.kr/?lang=en – https://www.press.bmwgroup.com/global/pressDetail.html?title=bmw-group-opens-first-driving-center-in-asia&outputChannelId=6&id=T0187443EN&left_menu_item=node__4087

L'Airport City fait l'objet d'une planification détaillée ce que, jusqu'ici, je n'ai pas encore vu ailleurs. En interne, l'Airport City est desservie par un transport à sustentation magnétique de type Maglev[23]. Ce Maglev coréen est construit par Hyundai qui pour sa construction a installé une usine à proximité.

Illustration 5 : *Airport City*

Source : Incheon Airport

Cette « planification » a été facilitée par la « poldérisation » du territoire de base où en général la puissance publique joue un grand rôle (Grisel, 2004)[24]. Elle a certainement facilité la mise à disposition du foncier à des conditions avantageuses.

6.5. De l'Airport City à l'Aérotropolis ? Le cas de Songdo ?

Dans l'esprit de Kasarda[25] (Kasarda, 2012), l'Aérotropolis est le développement de l'Airport City à une plus grande échelle et avec une organisation plus complexe des fonctions installées. Le projet

[23] http://fr.wikipedia.org/wiki/Train_%C3%A0_sustentation_magn%C3%A9tique.

[24] Grisel. J., 2004, *La Deltamétropole*, DEA UNIL, Lausanne.

[25] Kasarda J., Lindsay G., 2012, *Aerotropolis: The way we'll live next*, Penguin, London.

gouvernemental, au-delà de l'Airport City programme le périmètre élargi de l'IFEZ baptisé Aerotropolis et qui inclut les villes nouvelles de, Songdo et Cheong Na. C'est d'ailleurs comme International Businesss District qu'il est présenté par les partenaires privés de l'opération, Posco[26] et Gale. J'ai eu l'impression d'un grand chantier mais dont l'achèvement apparait problématique.

Illustration 6 : *Aerotropolis Incheon*

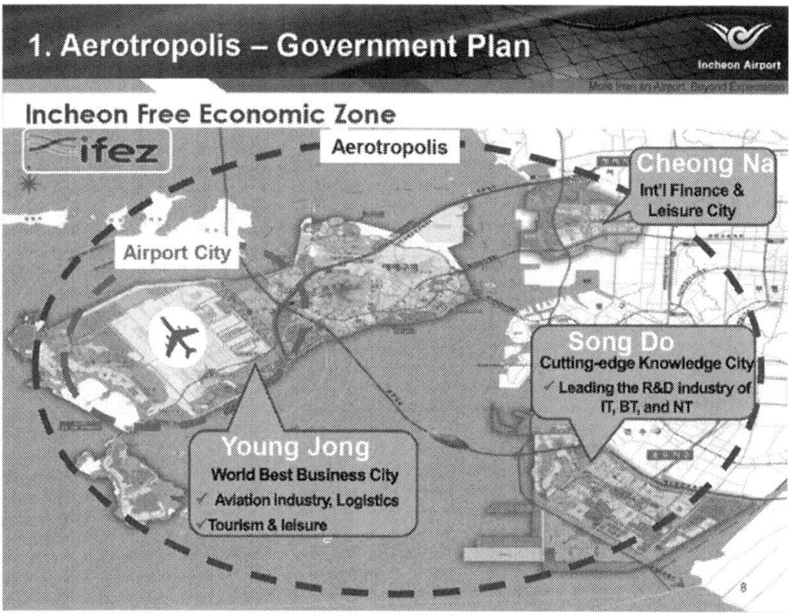

Source : Incheon Airport

6.6. Songdo, d'abord une ville nouvelle

Ces villes nouvelles ont d'abord été faites pour le desserrement de la métropole de Seoul contrainte par son relief et son marché foncier. C'est d'ailleurs par les constructions de logements que cette ville nouvelle s'est engagée. S'il y a eu une stratégie urbaine, elle a fait l'objet de nombreux ajustements. Dans les années 1990, elle a été priorisée au niveau national en même temps que la construction de l'aéroport d'Incheon sur l'ile de Yeongjeondo et a participé au développement des zones franches, mettant

26 http://fr.wikipedia.org/wiki/POSCO.

l'aéroport en relation avec de nouveaux pôles. Des photos récentes dans un article[27] et mes observations indiquent que le développement économique de Songdo n'en est qu'à un stade d'incomplétude. Il y a débat sur Songdo et l'IFEZ, avec des critiques écologiques de l'urbanisme pratiqué et des critiques politiques du « néo libéralisme, ainsi que des critiques plus argumentées des résultats de l'IFEZ (Rho, Park, 2012).

Les espaces universitaires sont des éléments de base des territoires de l'économie de la connaissance, (Ingallina, 2012) Songdo est à priori bien doté, même s'il est difficile de faire la part de l'existant et celle des projets. Je n'ai retenu que ce qui apparaissait comme certain en recoupant les « annonces » :

Illustration 7 : *Implantations universitaires Songdo*

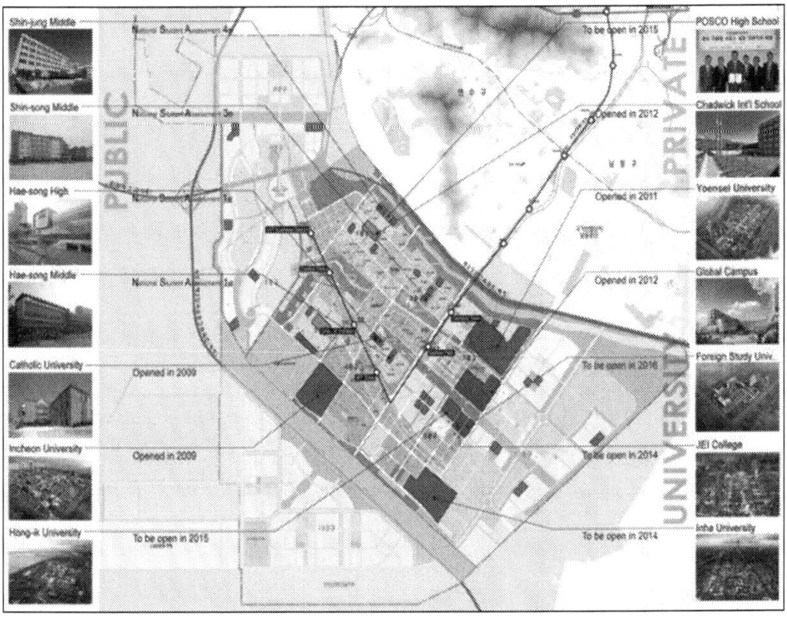

Source : Songdo Global Campus

Le Songdo Global Campus accueille des universités « étrangères »[28] :

- State of New York University capacité = 2000 étudiants
- George Mason capacité = 1500

[27] http://www.ifez.go.kr/Ebook/catImage/141/ifez%20journal%28eng%29.pdf.

[28] http://www.sgu.or.kr/sgu/new_eng/our/univ.htm.

- Université de Gand capacité = 1000
- University of Utah Capacité = 1000

Ainsi que des Universités coréennes :

- Yonsei University [29] = 13 500 étudiants
- Incheon University[30] = 13 500 étudiants
- INHA University[31] = 22 000 étudiants sur les sites d'Incheon (y compris Songdo)

À côté des instituts de recherche dépendant des universités, des centres de recherche peuvent être identifiés :

- Siemens RFID[32]
- Centre sur les métaux rares
- Center for Excellence Wireless and Information Technology[33] Joint Center for BioSciences
- Utah-Inha DDS & Advanced Therapeutics Research Center
- Korean Polar Research Institute
- POSCO Research Center
- Cisco
- Korea Institute of Industrial Technology
- General Electric Healthcare

Il faut noter par ailleurs le grand nombre d'articles scientifiques (sur Google Scholar) domiciliés à Songdo.

L'atout de ces espaces d'économie de la connaissance est d'être implanté sur la partie Sud de Songdo, près des stations de la ligne de métro qui procure l'accès aux autres destinations métropolitaines mais ces stations sont dépourvues d'aménités et de lieux de sociabilité qui apparaissent concentrés dans la partie résidentielle Nord de Songdo. Il semble bien que Songdo souffre surtout d'un défaut de connectivité à la fois vers les quartiers de Seoul et vers l'aéroport ce qui rend pour le moment aléatoire la constitution d'une Aerotropolis.

---

29 http://en.wikipedia.org/wiki/Yonsei_University.

30 http://en.wikipedia.org/wiki/Incheon_National_University.

31 http://en.wikipedia.org/wiki/Inha_University.

32 http://www.buildingtechnologies.siemens.com/bt/global/en/references/fire-safety/Pages/song-do-rfid-research-center- incheon-south-korea.aspx.

33 http://www.sgu.or.kr/sgu/eng/inuniv/03_etc.htm.

L'Aerotropolis sera peut-être une réalité dans quinze ou vingt ans. En attendant, c'est d'abord comme outil ou concept de la planification urbaine que cette notion sert. (Freestone, Baker, 2011) Songdo se présente comme un prototype de la « smart city »[34]. Peut-être faudra-t-il passer par l'épreuve de la ville nouvelle complète pour que ses régulations urbaines montrent leurs performances ?

En conclusions provisoires, les grands aéroports internationaux (hubs) suscitent l'émergence de territoires aéroportuaires pourvus de fonctions de l'économie de la connaissance grâce à leur accessibilité multimodale synchrone Pour autant, l'intégration réciproque de la « smart city » aux territoires aéroportuaires est encore un chantier ouvert (notamment pour les urbanistes) meme si le « smart airport » suscite de l'intérêt ! L'Airport City existe, nous l'avons rencontrée à CDG et à Incheon. L'Aerotropolis quant à lui en reste à un concept normatif ou prospectif…

Bibliographie

Le transport aérien – Une mondialisation réussie – Questions internationales, 2016, Paris, La Documentation Française.

Barde C. P., 2014, « Séoul, la cité de tous les défis : Corée du Nord, Corée du Sud : la guerre sans la guerre », *Revue Outre Terre*, Paris, Le Bouscat, n° 39.

Berthon É., 2011, *L'accessibilité terrestre aux grands aéroports européens*, Paris, IAU.

Blanc C., 2010, *Le Grand Paris du XXIe siècle*, Paris, Le Cherche Midi.

Bouchez J.-P. 2012, *L'économie du savoir. Construction, enjeux et perspectives*, Bruxelles, De Boeck.

Braudel F., 1985, *La dynamique du capitalisme*, Paris, Arthaud.

Braudel F., 1979, *Civilisation matérielle et capitalisme XVe-XVIIIe siècle*, Paris, Armand Colin.

Burghouwt G., 2007, *Airline Network Development in Europe and its implications for Airport Planning*, Aldershot, England, Ashgate.

Burghouwt G., 2014, « Long-haul specialization patterns in European multihub airline networks – An exploratory analysis », *Journal of Air Transport Management*, Philadelphia, Elsevier, 34, 30-41.

[34] https://www.maddyness.com/innovation/2016/01/06/maddykeynote-songdo-smart-city/ (consulté le 17/11/2016).

Button K., Lall S., Stough R.et Trice M., 1999, « High-technology employment and hub airports », *Journal of Air Transport Management*, Oxford UK, Pergamon.

Chaponnière J. R., Lautier M., CEPII, 2013, « L'économie mondiale », *Repères,* 2014, Paris, La Découverte.

Conventz S., Derudder B., Thierstein A., Witlox F., 2013, *Hub cities in the knowledge economy- Seaports*, Airports, Brainports, Farnham, Ashgate.

Conventz S., Thierstein A., 2015, *Airports, Cities and regions*, London, Routledge.

Dobruszkes F., 2007, *Géographie de la libéralisation du transport aérien passagers en Europe*, Thèse Université Libre de Bruxelles.

Drevet-Demettre L. E., 2015, *Quand l'aéroport devient ville : géographie d'une infrastructure paradoxale*, Thèse, Université Michel de Montaigne – Bordeaux 3.

Ducruet C., 2007, « Incheon vitrine de la Corée du Sud et masque de Seoul », Avignon, *Mappemonde,* 85.

Ducruet C., 2010, « Les zones franches coréennes » in Bost, F. (dir.) *Atlas mondial des zones franches*, Paris, La Documentation française, Coll. Dynamiques du Territoire.

Ducruet C., Carvalho C., Roussin S., 2012, « The flight of Icarus? Incheon's transformation from port gateway to global city », Hall Peter V. and Hesse Markus *Cities, Regions, and Flows*, Routledge Studies in Human Geography, 149-169.

El Makhloufi A., 2012, *Spatial economic Metamorphosis of a nebula city*, London, Routledge.

El Mouhoud M., Plihon D., 2009, *Le savoir et la finance-Liaisons dangereuses au cœur du capitalisme contemporain*, Paris, La Découverte.

Étude BIPE-ADP, , 2012, *Évaluation des impacts socio-économiques des aéroports Paris-Charles de Gaulle, Paris-Orly, Paris-Le Bourget*, Paris.

Foray D., 2009, *L'économie de la connaissance*, Paris, Repères, La Découverte.

Freestone R., Baker D., 2011, « Spatial planning models of airport driven urban development », *Journal of planning literature*, USA, Sage publications, Thousand oaks.

Fretigny J.- B., 2013, *Les mobilités à l'épreuve des aéroports : des espaces publics aux territorialités en réseau. Les cas de Paris Roissy-Charles-De-Gaulle, Amsterdam Schiphol, Francfort-sur-le-Main et Dubai International*, Thèse, Paris 1.

Frétigny J.-B., 2012, in Ghorra-Gobin Cynthia, *Dictionnaire critique de la mondialisation*, Paris, Armand Colin.

Gipouloux F., 2009, *La Méditerranée asiatique. Villes portuaires et réseaux marchands en Chine, au Japon et en Asie du Sud-est, XVI*e*-XXI*e *siècle*, Paris, Éditions du CNRS.

Goldstein A., Lemoine F., 2013, *L'économie des BRIC*, Paris, Repères, La Découverte.

Grangé J., 2012, « L'aéroport comme interface urbaine : le cas de la métropole parisienne in Interfaces et Métropoles », *Urbia* n° 13, Lausanne, UNIL.

Grangé J., 2013, *Les nouveaux territoires de l'innovation et de l'économie de la connaissance : le cas de l'aéroport Paris-Charles de Gaulle*, Bruxelles, PIE Peter Lang.

Gras P., 2010, *Le temps des ports. Déclin et renaissance des villes portuaires (1940-2010)*, Paris, Tallandier.

Granovetter M., 2000, « Le marché autrement », *Essais Sociologie économique*, Paris, Desclée de Brouwer.

Guller M., Guller. M, 2001, *From airport to airport city-Airport Region*, Conference Bruxelles-Barcelone.

Guller M., 2015, « From sprawl to city? » in Conventz Sven, Thierstein Alain, *Airport, Cities and Regions*, Abingdon, GB, Routledge.

Ingallina P. (dir.), 2012, *Universités et enjeux territoriaux. Une comparaison internationale de l'économie de la connaissance*, Lille, Septentrion.

Kasarda J., Lindsay G., 2012, *Aerotropolis : The way we'll live next*, London, Penguin.

Kim Y., 2014, « Soft Power et nationalisme culturel : la vague coréenne-Corée du Nord, Corée du Sud : la guerre sans la guerre », *Revue Outre Terre*, n° 39, L'Esprit du Temps, Académie européenne de géopolitique, Paris, Le Bouscat.

Kippenbberger U., Wall A. (eds), 2010, *Airports in Cities and Regions. Research and Practise*, 1st International Colloquium on Airports and Spatial Development, Karlsruhe 9th-10th July 2009, Karlsruhe, KIT Scientific Publishing.

Paris T., Veltz P. (dir.), 2010, *L'économie de la connaissance et ses territoires*, Paris, Hermannn.

Perrin L., Soulard O., 2011, *Science Cities : Campus scientifiques et clusters dans les métropoles du XXI*e *siècle – Séoul : Digital Media City et Songdo New City*, Paris, IAU.

Rallet A., Torre A., 2004, « Proximité et localisation », *Proximité et territoires. Économie rurale*, n° 280, Paris, Persée.

Rho Tae U., Park N., 2012, *A Study on the Determinants of Location Choice in Inward Foreign Direct Investment (FDI): Focusing on the Incheon Free Economic Zone-Journal of Modern Accounting and Auditing*, New York, David Publishing.

Roncayolo M., 1990, *La ville et ses territoires*, Paris, Folio, Essais, Gallimard.

Sassen S., 1996, *La ville globale. New York, Londres, Tokyo*, Paris, Descartes § Cie.

Schaafsma M., 2010, « From Airport City to Airport Corridor », in Kippenbberger Ute, Wall Alex (Eds) *Airports in Cities and Regions-Research and Practise*, 1st International Colloquium on Airports and Spatial Development, Karlsruhe 9th-10th July 2009, Karlsruhe, KIT Scientific Publishing.

Schlaack J., 2010, in Kippenbberger Ute, Wall Alex (Eds) *Airports in Cities and Regions- Research and Practise*, 1st International Colloquium on Airports and Spatial Development, Karlsruhe 9th-10th July 2009, Karlsruhe, KIT Scientific Publishing.

Storper M., Venables A. J., 2003, *Buzz : face to face contact and the urban economy*, London, Center for Economy Performance, LSE.

Axe 2.2. – Ville résiliente et participation habitante

Résilience, gouvernance et durabilité des villes du Bangladesh

Vincent Rotgé

Professeur des universités associé, Département Aménagement et Environnement, École Polytechnique de l'Université François Rabelais de Tours, UMR 7324 CITERES, équipe IPAPE

1. Introduction

1.1. Densités et vulnérabilités élevés

Contexte : 161 millions de Bangladais vivaient sur 130 170 km^2 en 2015 (BM, données en ligne). Dans le monde, seuls de petits États insulaires, villes- ou micro-États dépassaient ce niveau de densité. La géographie et l'histoire éclairent cette situation. Les frontières du pays furent tracées sur une base religieuse durant la partition des Indes (1947) avant que le Pakistan oriental ne se sépare finalement de la République islamique du Pakistan (1971). Le Bangladesh s'étend surtout sur les basses plaines du delta du Gange, Brahmapoutre et Meghna où on pratique la riziculture en périmètre irrigué ce qui a encouragé des densités élevées. Les grands fleuves et défluents présentent des risques de crue en période de moussons alors que les plaines côtières sont vulnérables aux cyclones. On peut s'interroger sur la sécurité socio-économique, sanitaire et physique de la population et la durabilité du processus d'urbanisation. Certains éléments sont néanmoins rassurants. Le ralentissement de la croissance démographique devrait ainsi se poursuivre (+2,8 % en 1961, +1,46 % l'an entre 2010 et 2015, et +1,2 % en 2015 ; ONU, données en ligne et 2011, 197). Le triplement, ou presque, en quarante ans de la production rizicole a amélioré les conditions de vie rurale. Le PIB croît assez fortement surtout depuis le début des années 2000 (6,1 % en 2014 ; ONU, données en ligne). Les activités non agricoles ont progressé mais l'agriculture reste très importante pour l'emploi, la sécurité alimentaire, les relations ville-campagne, etc. Tant et si bien que 75 millions de Bangladais sont sortis de la pauvreté durant les quatre dernières décennies (ONU, Country Profile, Bangladesh). Pourtant au début de la présente décennie le Bangladesh n'occupait que le sixième rang parmi les huit pays d'Asie du Sud pour l'Indice de la Pauvreté Multidimensionnelle (IPM) (OPHI, 2015 ; NB : l'IPM couvre la santé, l'éducation et niveau/conditions de vie, c'est-à-dire l'accès aux services essentiels, le logement et les biens/patrimoine). La pauvreté reste en effet très prononcée et la plupart des emplois sont très peu rémunérés quand ils ne s'apparentent pas à du sous-emploi.

1.2. Dynamiques spatiales

Pauvreté : l'analyse de la répartition spatiale de la pauvreté peut permettre d'éclairer les évolutions régionales et urbaines. Nous avons utilisé à cet effet des cartes représentant en 2010 le pourcentage de foyers touchés par la pauvreté et l'extrême pauvreté (BBS, BM, WFP, 2014, carte 1) et une autre les risques d'inondations – par eaux de ruissellement, crues et submersions marines (BBS, BM, WFP, 2009). Cet exercice[1] révèle : 1) une association très marquée entre pauvreté et risque d'inondations, et, à quelques exceptions près, 2) un niveau de pauvreté généralement moins prononcé dans les sous-districts urbanisés que dans leur périphérie rurale, 3) un différentiel de pauvreté urbain-rural moins accusé à l'intérieur de certaines régions à la fois très exposées au risque d'inondations et comptant parmi les plus pauvres (ces régions paraissant comme globalement « tirées vers le bas »), 4) une pauvreté moins accentuée dans les zones centrales très urbanisées du Grand Dhaka et sa périphérie comptant entre 16 et 38 % de foyers pauvres, et le reste du pays.

1 Il est fait référence à la pauvreté et non à l'extrême pauvreté, deux notions distinctes.

Carte 1 : *Pauvreté (pourcentage de population en dessous du niveau de pauvreté supérieure)*

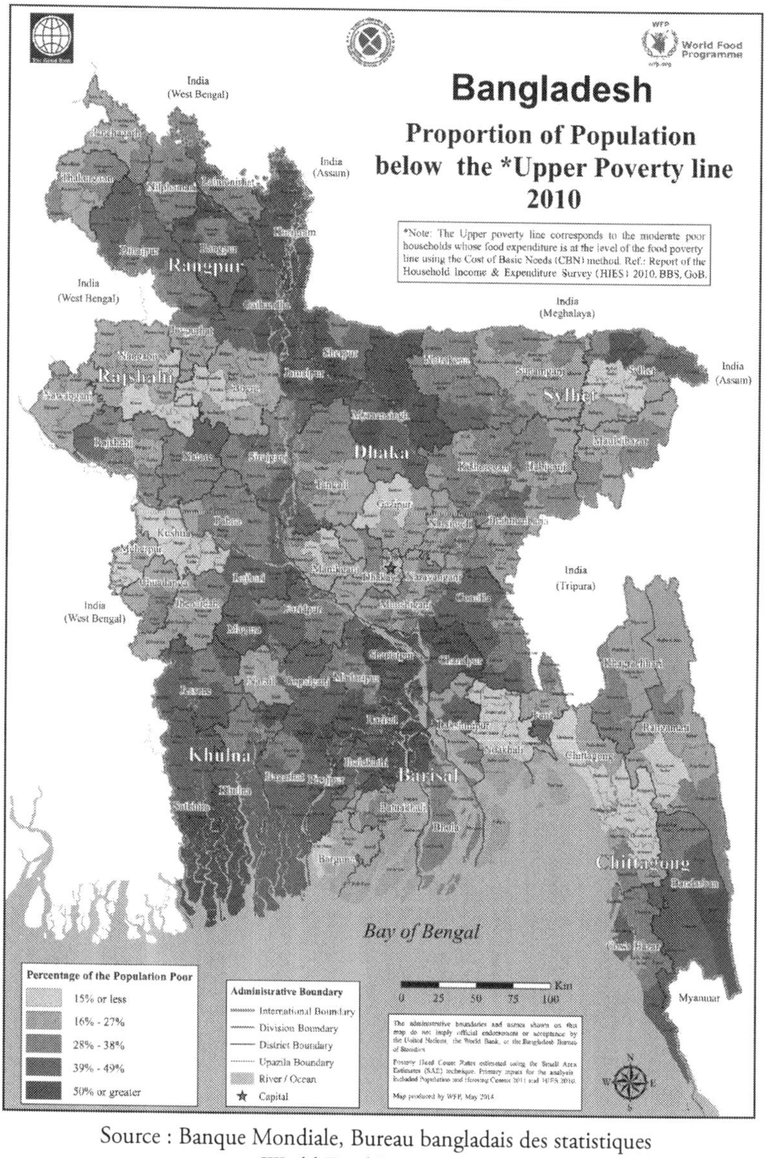

Source : Banque Mondiale, Bureau bangladais des statistiques et World Food Program, 2014

Corridors d'urbanisation : Le recensement de 2011 faisait apparaître une zone de très hautes densités avec comme pivot la capitale Dhaka au cœur du pays (carte 2) qui s'étirait sur plus de 500 km à vol. d'oiseau le long d'une diagonale sud-est / nord-ouest. Cette zone englobait plusieurs centres urbains parmi les plus peuplés du pays, dont Dhaka (environ 8,9 millions d'habitants ; BBS, 2011b) et des villes appartenant à la mégapole formée par la capitale et sa périphérie – *Greater Dhaka Urban Region* (GDUR) – comptant de 400 000 à 125 000 habitants. à son extrémité sud-est, elle incluait la ville portuaire de Chittagong (2,59 millions d'habitants) et des centres urbains périphériques de 220 000 à 130 000 habitants (Noakhali, Cox Bazar ; *Ibid.*). Les deux grandes aires urbaines constitutives de cette zone étaient le nord de la *Greater Dhaka Urban Region* (GDUR) et les secteurs voisins de part et d'autre du *Jamuna Multi-purpose Bridge* comprenant des villes de 400 000 à 100 000 habitants (Bogra, Mymensingh, Tangail, Sirajganj, Jamalpur, Kishoreganj ; *Ibid.*), et finalement à l'extrémité nord-ouest du pays incluant des villes de 300 000 à 130 000 habitants (Rangpur, Dinajpur, Saidpur ; *Ibid.*). Mais l'urbanisation progresse inégalement à l'intérieur cette zone de fortes densités, car certaines villes y jouissent d'avantages comparatifs : disponibilité en terrains, proximité immédiate des infrastructures, existence de bretelles les raccordant aux axes routiers principaux, exposition réduite aux crues, services urbains, etc. Elles connaissent une croissance économique plus rapide que d'autres pénalisées par les inondations, la congestion, la pénurie foncière, etc. Ces villes présentent aussi des antécédents et profils variés qui influencent aussi leurs potentiels de croissance. Des centres industriels anciens souffrent ainsi par exemple de difficiles reconversions et de congestion. Des nœuds ferroviaires du Nord-ouest (Rangpur et Saidpur), enclavés depuis 1947 peinent à retrouver une dimension régionale ou sous-régionale, etc. On peut également mentionner des centres agro-alimentaires actifs (Bogra, etc.), d'autres nœuds anciens de communication comme Mymensingh dont l'hinterland est touché par des inondations récurrentes, d'une ville portuaire très active (Chittagong), etc.

Outre les niveaux inégaux de gouvernance locale, un autre élément clé de l'attractivité d'une commune est la disponibilité en terrains indemnes d'inondations. Dans les secteurs exposés aux crues on recourt à l'endiguement ou au rehaussement des terrains par remblaiement. Les digues définissent un périmètre d'urbanisation. Le remblaiement est largement pratiqué hors périmètre urbain endigué dans le cas d'installations industrielles ponctuelles établies en chapelet le long des routes principales surélevées, auxquelles les relient de courtes bretelles.

La question se complexifie sur les franges de Dhaka où urbanisation et industrialisation progressent ensemble. Une étude cartographique de la répartition spatiale en 2005 des industries manufacturières dans le GDUR rappelait ainsi qu'une grande partie des emplois industriels du pays s'y concentraient dans les années 2000 (Islam N. *et al.*, 2013). Elle soulignait une forme rubanée d'expansion industrielle le long des artères principales et leur déconcentration vers le nord à partir des secteurs déjà urbanisés et sur-densifiés adossés au fleuve Meghna (*Ibid.*). C'est ici aussi que de nombreux migrants s'installent fuyant la pauvreté rurale ou les inondations ailleurs dans le pays. Mal viabilisés, ces secteurs sont pourtant eux-mêmes vulnérables aux inondations saisonnières particulièrement à l'est de la capitale. Un spécialiste de ce processus a décrit les digues non comme « la limite mais la colonne vertébrale » de l'urbanisation car les travaux d'amélioration des digues ont attiré de nouveaux établissements précaires sur des parcelles privées de part et d'autre de digues (Lamb, 2014). En même temps, de nombreuses opérations immobilières résidentielles privées à l'est de la capitale rehaussent les terrains par apport massif de sable (*Ibid.*). La croissance des faubourgs de Dhaka soulève donc la question du rôle du public qui investit dans de coûteux endiguements et celui d'initiatives privées ni planifiées ni concertées. Dans l'hypercentre la trame urbaine continue à se densifier avec la construction de nombreux bâtiments à étages et de tours ; le prix du foncier flambe ce qui érode la mixité alors que se créent des ensembles résidentiels plus ou moins de type « gated communities ».

En résumé, on peut définir plusieurs échelles d'urbanisation : 1) le corridor d'urbanisation national sud-est/nord-ouest, et à l'intérieur de celui-ci, 2) des aires plus ou moins attractives selon la disponibilité en terrains endigués, 3) le *Greater Dhaka Urban Region* (GDUR) qui concentre une part importante de la croissance urbaine et de l'industrialisation, du pays et, 4) selon la distance par rapport au centre de Dhaka alors que l'hypercentre se désindustrialise et se gentrifie. Se superposent à cela des dynamiques d'endiguement où les secteurs public et secteur privé jouent une partition assez décousue.

Carte 2 : *Densités (habitants au km²)*

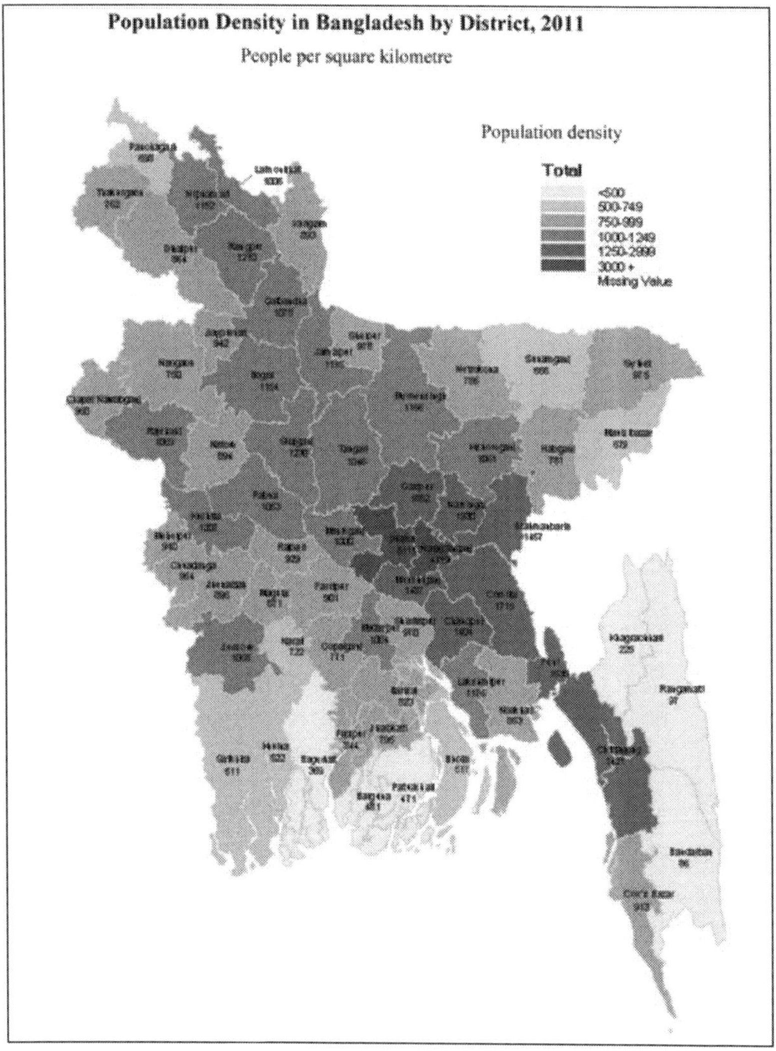

Source : Bureau des statistiques bangladaises, 2011a

Potentiels du désenclavement : Le pays est entouré de plusieurs États indiens et du Sikkim, et borde le Golfe du Bengale au sud et le Myanmar au sud-est. Dans ce contexte, l'ouverture de deux ponts – le Jamuna (*Jamuna Multi-purpose Bridge*) en 1998, et prévue pour le second sur la Padma (Gange) – et de nombreux ouvrages enjambant des cours d'eau plus modestes, a considérablement changé la donne. Des programmes en cours visent l'amélioration du réseau routier national et de la desserte du port de Chittagong. Est prévue la création d'un port en eau profonde avec le concours du Japon qui devrait pouvoir desservir le Népal, le Bhoutan, les États indiens du Nord-Est et le Sikkim., ce qui s'inscrit dans la course entre ce pays et la Chine pour le contrôle des ports marchands d'Asie et au-delà (Pearson, 2015). Des collaborations se nouent avec l'Inde intéressée à désenclaver ses territoires du Nord-Est indien. Mais le grand voisin reste vigilant face aux migrations illégales de Bangladais sur son territoire (Shewly, 2016 ; *The Economic Times*, 2015 ; Singh, 2014). Un accord de partage des champs gaziers dans le Golfe du Bengale a été trouvé avec le Myanmar en 2012 (Boot, 2013) et, plus récemment, pour la création de pipelines régionaux (desservant également des territoires indiens ; *The Economic Times*, 2016) en dépit de la situation des Rohingya au Mynamar qui est une source de tensions entre les deux voisins (Kumar, 2016). En outre, le développement fulgurant de certains moyens de communications est une innovation majeure aux conséquences multiples (commerce, informations sur les risques), particulièrement dans ce pays où les infrastructures terrestres sont encore sommaires et exposées aux aléas naturels (83 % de la population en 2015 contre 2 % en 2004 avait souscrit un abonnement de téléphonie mobile ; BM, base de données en ligne). Le Bangladesh était aussi durant les années 2000 l'un des premiers pays au monde pour son niveau d'émigration (ONU, 2011, 47), ce qui peut être interprété sous un angle malthusien, mais aussi comme un atout en matière de rémittances, savoirs et d'échanges commerciaux grâce aux diasporas.

1.3. Urbanisation et risques

Aléa politico-économique. La croissance urbaine est très dépendante de l'économie du pays et de celle de la zone Asie-Pacifique et Monde. La création d'emplois à (plus) haute valeur ajoutée et leurs retombées contribuent ainsi en partie à la réduction de la pauvreté. C'est clairement insuffisant mais nécessaire. Le Bangladesh saura-t-il diversifier son économie tout en montant en gamme ? Profitera-t-il par exemple de la délocalisation de certaines activités à faible coût de main-d'œuvre par un pays comme la Chine ? Parviendra-t-il à améliorer les rendements agricoles sans pertes substantielles d'emplois ou en les compensant par la création proportionnelle d'emplois convenablement rétribués dans les autres secteurs de l'économie ? S'ajoutent des risques, et non des moindres, politiques : jeux électoraux et de pouvoir entre partis qui secouent le pays depuis quelques années.

Aléas risques naturels. En milieu urbain, les inondations en période de mousson – crues, ruissellements et stagnation des eaux pluviales en bas-fonds urbains – constituent de graves risques. De nombreux quartiers urbains centraux sont protégés par leur situation élevée ou par endiguement. Restent les questions de la protection des quartiers péri-urbains hors digues existantes et de la stagnation des eaux pluviales en bas-fonds. Elles soulignent la nécessité de réseaux de drainage urbain correctement conçus et dimensionnés, exécutés, entretenus et laissées libres de dépôts solides. Les digues ne doivent pas empêcher l'évacuation des eaux de ruissellement vers l'extérieur et les collecteurs de drainage doivent pouvoir les franchir ; des systèmes de relevage peuvent être nécessaires, etc. Le Bangladesh fut en 2002 le premier pays au monde à bannir les poches plastiques qui obstruaient les canaux de drainage. Pour autant demeurent de très nombreux obstacles tant physiques qu'institutionnels : planification insuffisante, absence de politique foncière adaptée ou de contrôle des constructions nouvelles, manque de moyens financiers et de compétences pour mener à bien les travaux d'investissement, carences en matière d'entretien et de contrôle (verbalisation). Surtout, la collectivité locale doit disposer d'une filière opérationnelle de gestion des déchets solides, ce qui est souvent rare. Enfin, en raison des pollutions hydriques dans les champs autour des exutoires de collecteurs, les agriculteurs riverains s'opposent souvent à l'installation de zones humides artificielles avant rejet dans un cours d'eau. D'autre part, la sécheresse touche certaines zones du pays (extrême Ouest) et affecte l'agriculture ce qui peut avoir des conséquences pour les villes (migrations, appauvrissement de l'hinterland urbain). La baisse des débits peut ralentir l'évacuation des effluents urbains et aggraver la concentration de polluants dans les eaux de surface, ou, au sud du pays, leur salinité.

La présence d'éléments métalliques en trop forte concentration dans les eaux souterraines constitue un autre risque urbain d'origine naturelle auquel l'oxygénation dans des cascades de déferrisation apporte une solution. De nombreux puits sont aussi contaminés par l'arsenic. Creusés à partir des années 70 quand la question était méconnue, ce sont des forages dans certains aquifères où les sédiments accumulés des fleuves présentent des concentrations naturelles. à une profondeur souvent entre -10m et -60m (UNICEF, 2008), ils devaient éviter les contaminations anthropiques de nappes moins profondes. La constatation des méfaits de l'arsénicisme a amené une prise de conscience. Ces puits sont signalés mais certains encore utilisés. Des solutions alternatives sont possibles : dans certaines conditions, exploitation de nappes superficielles libres (ou à concentration acceptable) d'arsenic, mais il s'agit d'une solution davantage réservée aux zones rurales ; forages plus profonds mais peut se poser la question de la recharge des nappes ; traitement d'eaux de surface, solution plus coûteuse ; utilisation des eaux pluviales (*Ibid.*).

En zone littorale, les basses plaines sont très vulnérables aux risques causés par les cyclones et des submersions marines. Les séismes représentent aussi une menace, encore beaucoup trop négligée, pour le Bangladesh pourtant situé à la jonction de plusieurs plaques tectoniques et parsemé de structures vulnérables et précaires.

Risques anthropiques en milieu urbain. Les terres arables se réduisent sous l'effet de l'urbanisation (Quasem, 2011) passant de 66,1 % à 59 % de la surface totale du pays entre 1961 et 2013 (BM, base de données en ligne, *op. cit.*). La production agricole a pourtant continué a progressé (l'indice de production vivrière est passé de 36,6 % à 135,4 % entre 1961 et 2013, une évolution dans la moyenne des pays à revenu intermédiaire de la tranche inférieure : Indonésie, Vietnam, etc. ; *ibid.*). Le développement attendu d'un second corridor potentiel d'urbanisation dans le quartier sud-ouest du pays au-delà d'un pont programmé sur la Padma pourrait cependant aggraver cette tendance à la réduction du foncier agricole et menacer à terme l'autosuffisance alimentaire. Si l'accroissement de la productivité agricole peut offrir des marges supplémentaires, il importe toutefois d'éviter l'étalement urbain grâce à un mode de développement compact. La question du foncier industriel ou résidentiel soulève celle des bonnes pratiques d'aménagement. La catastrophe du Rana Plaza (effondrement d'une usine textile près de Dhaka en 2013) est la conséquence extrême du mépris de règles constructives. Dans la périphérie de Dhaka de nombreux projets résidentiels en zones basses sont inondés de façon récurrente du fait d'un drainage insuffisant.

L'approvisionnement en eau potable constitue une autre préoccupation majeure. Les forages profonds sont encore perçus comme une solution abordable et sure en ville. à Dhaka au début des années 2010, l'organisme en charge de l'administration des eaux et de l'assainissement (Dhaka WASA) desservait 12,5 millions d'habitants répartis sur plus de 360 km^2 (Khan, 2011). Du fait de la baisse constante du niveau des aquifères jugée alarmante par Dhaka WASA, cet organisme envisage de recourir de plus en plus au traitement des eaux de surface, et compte tenu du degré très avancé de pollution, suggère de s'alimenter auprès de rivières éloignées (jusqu'à

45 km) (*Ibid.*). L'impact des pollutions industrielles sur les produits agricoles constitue une autre source d'inquiétude. La législation bangladaise donne théoriquement le pouvoir aux collectivités locales d'imposer aux industriels des dispositifs de traitement de leurs effluents avant rejet mais la réglementation est peu appliquée. En outre, les maires ne peuvent agir en dehors de leur aire administrative. Le *Water Act* 2013 introduit la notion de plan de gestion des eaux par bassin versant mais de façon encore très générale devant être perçue comme une étape positive mais préliminaire.

Changement climatique et urbanisation au Bangladesh. Le GIEC (2007b) a résumé le scénario pour les zones côtières d'Asie :

> Toutes [...] font face à un ensemble de chocs et de contraintes, à une échelle qui pose maintenant une menace pour la résilience des systèmes côtiers humains et environnementaux, et qui sont susceptibles d'être exacerbés par le changement climatique. L'élévation future du niveau de la mer estimée pourrait provoquer l'inondation des terres basses, noyer les marais et zones humides côtiers, éroder les plages, exacerber les inondations et augmenter la salinité dans les rivières, baies et aquifères. Avec un niveau de la mer plus haut, les régions côtières seront également exposées à des dommages plus grands liés aux vents et aux inondations du fait de submersions consécutives à des tempêtes tropicales plus intenses. [...].

Le GIEC (2013) mentionne la possibilité de « l'augmentation des précipitations lors des moussons d'été [... et ...] extrêmes lors de cyclones atteignant les côtes du golfe du Bengale [...] », et relève (GIEC, 2007b, *op. cit.*) que la montée du niveau de la mer d'ici 2050 devrait affecter directement les habitants des zones côtières dans le delta du Gange, Brahmapoutre et Meghna. Il cite également une estimation de 2003 selon laquelle les zones inondées du Bangladesh augmenteront « [...] d'au moins 23-29 % pour une élévation de température de 2°C » (GIEC, 2007a). S'ajoutent des possibilités de sécheresse accrue dans le contexte d'évènement extrêmes (*Ibid.*). En croisant ces estimations avec l'analyse urbaine et environnementale conduite plus haut dans cette communication, on peut déduire un ensemble de risques potentiels et d'impact pour les zones urbaine du pays : 1) l'aggravation des risques d'inondations qui pourrait exacerber les effets de l'absence de planification urbaine dans tout la pays et la pauvreté urbaine ; 2) en zone côtière, se superposent des risques accrus de submersions et d'intrusion saline dans les eaux de surface, souterraines et les champs périurbains, ce qui rend nécessaire le renforcement des ouvrages (digues, drainage, abris anti-tempêtes, etc.) et des adaptations en matière agricole ; 3) en même temps, les épisodes de sécheresse pourraient être aggravés avec des effets négatifs sur l'agriculture, la pauvreté et la recharge des nappes ; 4) le débit des fleuves et de leurs défluents pourraient être impactés, ce qui créerait différents impacts négatifs induits pour les villes (concentration de la salinité dans les eaux de surface notamment au sud-ouest du pays, difficultés accrues à évacuer les effluents) et pourrait créer des conflits d'usages grandissants avec l'Inde pour la gestion des cours d'eau frontaliers ; 5) l'émigration pourrait augmenter des zones côtières et autres affectées (touchées par les inondations ou la sécheresse) vers Dhaka et d'autre zones urbaines et des campagnes vers les villes ; 6) la production agricole et les écosystèmes seront potentiellement impactés ; 7) l'augmentation des températures est susceptible d'avoir des conséquences diverses : conception des bâtiments, énergétiques, sanitaires et sociales, etc.

2. Programmes municipaux et d'aménagement

Dans la suite de cet article sont passés succinctement en revue quelques programmes d'aménagement représentatifs et complémentaires.

2.1. Municipal Governance and Services Project (MGSP/Banque Mondiale ; début : 2014)

Ce programme vise vingt-cinq collectivités (environ 2 millions d'habitants) sur d'importants axes nationaux de communication (sud-est/nord-ouest Chittagong-Rangpur passant par le *Jamuna Multi-purpose Bridge*, et est-ouest qui empruntera le pont projeté sur la Padma). Les besoins en termes de personnels et de formation des collectivités ont été également évalués. Le programme comprend aussi un volet d'appui aux capacités institutionnelles, et un fonds destiné à des collectivités supplémentaires qui souhaiteraient rejoindre le programme. Le ciblage en zone de corridor urbain – création et amélioration d'infrastructures en cohérence avec un plan d'aménagement municipal – constitue une des forces et particularités du programme.

2.2. Urban Governance and Infrastructure Improvement Program 3 (UGIIP-3 / Banque Asiatique de Développement ; début : fin 2014)

Ce programme a été initié en 2003-2010 (UGIIP-1) et poursuivi en 2009-14 (UGIIP-2). UGIIP-3 couvre trente collectivités initiales réparties dans tout le pays soit environ 2,2 millions d'habitants.

Comme pour le programme MGSP (*supra*), son budget est de l'ordre de 100 dollars par habitant. Il vise surtout des chefs-lieux de districts et d'autres collectivités présentant un potentiel de croissance, qui peuvent exercer un effet d'entraînement pour leur hinterland et d'émulation à l'échelle du pays. Pour s'assurer de ce potentiel, les collectivités participantes ont été sélectionnées selon des paramètres démographiques et économiques dont leur niveau de recettes fiscales. Le programme comprend des activités d'appui institutionnel et un fonds supplémentaire ouvert à de nouvelles municipalités. La force et originalité de ce programme résident dans la mise en place du plan d'amélioration de la gouvernance (UGIAP). Ce plan comprend des aspects de démocratie locale, de bonne gestion financière (rationalisation de la perception de taxes foncières et sur les marchés notamment), de recrutement de personnels et formation (urbanistes municipaux notamment). L'accent est mis sur la notion de « villes modèles » et la fourniture des services de base d'une façon durable en termes financiers et d'entretien et d'acceptation large par la population.

2.3. « Coastal Towns Environmental Infrastructure Project » (CTEIP/Banque Asiatique de Développement ; début : 2015)

Le programme vise à protéger huit villes côtières du Bangladesh de certains effets du changement climatique dont la montée du niveau de la mer et la récurrence d'événements extrêmes accompagnés de fortes précipitations, alors que la Banque Asiatique de Développement prévoit une élévation d'au moins 27 cm du niveau de la mer dans le Golfe du Bengale d'ici 2050 (BAsD, site Internet, sans date). Les points forts sont l'amélioration et l'adaptation climatique des systèmes et réseaux de drainage, approvisionnement en eau et assainissement dans huit villes côtières. Le projet comprend aussi une dimension gouvernance inspirée du programme UGIIP et des activités de préparation aux catastrophes, à côté de la composante infrastructures : résilience des réseaux, travaux d'envergure sur les ouvrages civils hydrauliques et côtiers, routes d'accès et pont en conditions d'urgence, abris anti-cyclones, etc.

2.4. « Rural Towns Development Study » (RTDS/Commission Européenne ; études réalisées dans la deuxième moitié des années 90)

Avaient été lancée une série d'études préalables à un programme national multi-sites destiné à renforcer les liens entre les villes rurales et leur hinterland. Les actions proposées à la suite d'analyses et visites de terrain étaient principalement les suivantes : réhabilitation de marchés, infrastructures rurales et de transport, soutien aux actions d'ONG en matière agronomique et formation, microcrédit, etc. Les études réalisées dans le cadre du RTDS ont pointé les potentialités des liens de croissance dans le secteur agricole mais aussi la difficulté à déconcentrer l'activité industrielle en dehors des principaux centres urbains. Cette initiative n'a pas eu de suite mais d'autres programmes ultérieurs d'infrastructures (marchés, etc.) en appui à des municipalités rurales ont vu le jour.

2.5. Programmes visant le désenclavement (Banque Asiatique de Développement ; en cours)

Il s'agit tout d'abord du programme « *City Region Development Project* » d'amélioration des infrastructures urbaines actuellement très insuffisantes à Khulna (comprenant le port de Mongla et proche de la frontière indienne à faible distance de Kolkata) et Dhaka, première et troisième aire urbaine du pays. Cette initiative couvre aussi le transport urbain, l'efficacité énergétique et la revitalisation des centres historiques et comporte des volets de gouvernance s'inspirant du programme UGIIP et de planification urbaine. D'autres projets portent sur l'amélioration du réseau routier. L'un, développé dans le cadre de la Coopération Sous-régionale Sud-asiatique (« South Asia Subregional Economic Cooperation » – SASEC), prévoit l'amélioration de la liaison routière entre Dhaka et *Jamuna Multi-purpose Bridge*, et des infrastructures de Benapole et Burimari, villes frontalières par lesquelles transitent des marchandises vers l'Inde, et pour la seconde, au-delà, vers le Bhoutan et le Népal.

Conclusion

En résumé, l'urbanisation au Bangladesh procède le long de vastes corridors d'urbanisation où on s'attend que continue à se concentrer une partie importante des activités à (plus) haute valeur ajoutée. Cette dynamique pose des enjeux environnementaux – pollution des eaux de surface, épuisement des eaux souterraines et des ressources foncières. Elle rend nécessaires des innovations réglementaires et l'application effective des règlements et bonnes pratiques d'aménagement et de construction. D'autres actions sont requises pour atténuer la perte excessive de terres agricoles et assurer la conservation de la biodiversité dans des zones naturelles résiduelles. Un plan d'équipement des collectivités locales en décharge contrôlée devrait être mis rapidement en place. Il est indispensable de mettre en place une gestion des bassins versants qui dépasse les voeux pieux, de contrôler les pollueurs industriels, d'améliorer l'assainissement individuel et d'introduire progressivement le traitement collectif des eaux usées. L'amélioration concomitante de la productivité agricole et des conditions sociales dans les campagnes est indispensable pour plusieurs raisons mais aussi parce que les migrations vers les villes sont alimentées par la pauvreté et les inondations dans les campagnes. Des initiatives vigoureuses de déconcentration industrielle hors des zones urbaines centrales sont souhaitables, mais en évitant certaines zones naturelles et en parallèle avec le renforcement de mesures anti-pollution et de conservation du patrimoine naturel et culturel (en particulier anticipation des effets de l'ouverture d'un grand pont sur la Padma dont la construction est en cours). La réalisation de ces objectifs est toutefois suspendue à d'autres enjeux de grande très envergure comme l'intégration continue du pays dans les circuits de production à échelle internationale et la progression de la croissance économique.

À échelle municipale/locale, apparaît aussi le besoin de politiques raisonnées foncières, de logement et de transport et d'adaptation/réduction autour du risque d'inondation nécessitant sensibilisation, innovation institutionnelle et travaux d'infrastructure.

Toute action locale reste en outre dépendante d'une approche communautaire et multi-acteurs. Insuffisante sans doute à pallier toutes les carences, c'est un amortisseur social et un rouage de la gouvernance très efficaces. Sa prégnance tient probablement au Bangladesh à une juxtaposition de facteurs : une histoire nationale difficile qui aurait forgé un sentiment d'unité, une situation prolongée de dénuement et d'expositions à des risques constants qui a rendu indispensable une forme de solidarité et une forte réactivité collective. En outre, dans une situation exacerbée de pénurie, les autorités et la société civile se sont appuyées sur le capital social et la coopération. À cela se seraient ajoutés l'effet des programmes internationaux qui pendant des décennies ont favorisé le développement communautaire et le rôle des femmes à des fins d'efficacité/efficience, démocratiques et d'équité/parité. Il est aussi possible que des formes d'organisation propres à des systèmes de gestion hydraulique et à des communautés rizicoles aient constitué un terreau favorable. Si d'autres pays présentent des éléments de cet ensemble, peu en rassemblent autant. Mais ces systèmes d'approche collective des risques sont-ils transposables à des aires urbaines immenses dont une mégapole de bientôt 20 millions d'habitants, dans un contexte de disparités grandissantes et de risques à l'échelle et nature changeantes ?

Bibliographie

Anonyme, 2016, « 6,900 km gas pipelines to connect Bangladesh, Myanmar, India », *The Economic Times*, 14 août 2016.

Anonyme, 2015, « India-Bangladesh agree on private sector partnership to swap electricity ». *The Economic Times*, 15 mai 2015.

Alam J., 2014, « The organized encroachment of land developers. Effects on urban flood management in Greater Dhaka, Bangladesh », *Sustainable Cities and Society*, 10, 49-58.

Bangladesh Bureau of Statistics (BBS), Banque Mondiale (BM), World Food Programme (WFP), 2014 (Cartes de 2010 en meilleure résolution sur le site de WFP).

Bangladesh Bureau of Statistics (BBS), Banque Mondiale (BM), World Food Programme (WFP), 2009, *Updating Poverty Maps of Bangladesh (2005)*, 24 p.

Bangladesh Bureau of Statistics (BBS), 2011a, *Bangladesh Population and Housing Census 2011, Preliminary Results*, July 2011, 19 p.

2011b, Bangladesh Bureau of Statistics (BBS), 2014, *Bangladesh Population and Housing Census 2011*, National Report vol. 3, Urban Area Report, tableau 23, p. xi. Dhaka, BBS, 640 p.

Banque Mondiale (BM). (plusieurs années), Banque de données statistiques [en ligne] (pages consultées le 15/11/2016). Disponible sur : http://donnees.banquemondiale.org/indicateur.

Boot W., 2013, « Burma and Bangladesh in Battle of the Bengal Bay Gas Blocks », *The Irrrawaddy*, 18 avril 2013.

Durand-Dastès F., 2015, *Le monde indien : populations et espaces, Les hautes densités démographiques de l'Inde*, Paris Université Paris-Diderot, Centre d'études de l'Inde et de l'Asie du Sud [en ligne] (page consultée le 15/11/2016). Disponible sur : http://geoconfluences.ens-lyon.fr/informations-scientifiques/

dossiers-regionaux/le-monde-indien-populations-et-espaces/articles-scientifiques/les-hautes-densites-demographiques-de-linde.

GIEC, 2013, *Changements climatiques 2013. Les éléments scientifiques, Résumé à l'intention des décideurs, Résumé technique et Foire aux questions*, p. 204.

GIEC, 2007a, *IPCC Fourth Assessment Report: Climate Change 2007: Working Group II: Impacts, Adaptation and Vulnerability*. Section 3.4.3, Floods and droughts.

2007b, *IPCC Fourth Assessment Report: Climate Change 2007: Working Group II: Impacts, Adaptation and Vulnerability*. Section 10.4.3, Coastal and low lying areas.

Government of Bangladesh (GoB), 2009, *Climate change strategy and action plan 2009*, 76 p.

Gray C. et *al.*, 2012, « Natural disasters and population mobility in Bangladesh », *Proceedings of the National Academy of Sciences of the United States of America*, 17 avril 2012, 109(16), 6000-6005.

Islam N. et *al.*, 2013, *Spatial pattern of manufacturing industries in The Greater Dhaka Urban Region (GDUR)*, Dhaka, Center for Urban Studies.

Karim M. et *al.*, 2008, « Impacts of climate change and sea-level rise on cyclonic storm surge floods in Bangladesh », *Global Environmental Change*, 18 (2008), 490-500.

Khan A., 2011, *Dhaka Water Supply and Sewerage Authority: Performance and Challenges*, Dhaka, Dhaka Wasa, 13 p.

Kumar A., 2016, *Growing Warmth in Bangladesh-Myanmar Ties*, Institute for Defence Studies and Analyses. 18 mai 2016.

Lamb Z., 2014, (PhD Student), *Embanked: Climate Vulnerability and the Paradoxes of Flood Protection in Dhaka*, Massachusetts Institute of Technology, Department of Urban Studies and Planning, non daté (travail de terrain réalisé à l'été 2014) [en ligne] (page consultée le 15/11/2016). Disponible sur : http://web.mit.edu/akpia/www/travellamb.pdf.

Mc Gee T. G., 2009, *The Spatiality of Urbanization: The Policy Challenges of Mega-Urban and Desakota Regions of Southeast Asia*, UNU-IAS Working Paper No. 161, avril 2009. Tokyo, UNU-IAS, 38 p.

ONU, 2011, *World Population Prospects, The 2010 Revision*, vol. I: Comprehensive Tables, New York, ONU, 197 p.

ONU, données en ligne sur le Bangladesh [En ligne] (page consultée le 15/11/2016). Disponible sur : http://data.un.org/CountryProfile.aspx?crName=bangladesh.

ONU, Country Profile, Bangladesh (compilation de données couvrant plusieurs années) [En ligne] (page consultée le 15/11/2016). Disponible sur : http://www.un-bd.org/Docs/Bangladesh%20Country%20Profile.pdf.

Oxford Poverty and Human Development Initiative (OPHI), 2015, *Multidimensional Poverty Index 2014*, 22 June 2015, Highlights, South Asia.

Pearson N. O., 2015, « Japan Beating China in Race for Indian Ocean Deep-Sea Port », *Bloomberg*, 23 juin 2015.

PNUD, 2016, *Urban Poverty Reduction in Bangladesh: The UPPR Experience*, 47 p.

PNUD, 2015, Human Development Report 2015, Work for human development Briefing note for countries on the 2015 Human Development Report, Bangladesh, 7 p.

Quasem A., 2011, « Conversion of Agricultural Land to Non-agricultural Uses in Bangladesh: Extent and Determinants », *Bangladesh Development Studies*, vol. XXXIV (mars 2011), n° 1, 59-85.

Rotgé V. (2013), « Villes de deltas et développement durable, un enjeu mondial », *Villes en Développement*, Paris, 94, 5-6 ; la version longue de cet article est publiée dans les actes de la conférence « Villes durables une approche opérationnelle pour les villes du Sud », ADP/CNAM, 14/09/2012, Paris, 49-59.

Rotgé V., principal auteur et éd., 2000, *Rural-Urban Integration in Java*. Aldershot, Hants (RU) et Brookfield, Vermont (USA), Ashgate Publishing Company, International Publishing in the Social Sciences and Humanities, 315 p.

Shewly H., 2016, « India and Bangladesh Swap Territory, Citizens in Landmark Enclave Exchange », *The Online Journal of the Migration Policy Institute*, 9 mars 2016.

Singh, N., 2014, « India and Development Partnership: Special Reference with Bangladesh in 21st Century », *Procedia – Social and Behavioral Sciences*, 157 (27/11/2014), 137-142.

Uddin A.F.M., A., Baten, M., A., 2011, *Water Supply of Dhaka City: Murky Future – The Issue of Access and Inequality. Dhaka : Unnayan Onneshan*, The Innovators, 34 p.

UNICEF, 2008, *Arsenic Primer Guidance for UNICEF Country Offices on the Investigation and Mitigation of Arsenic Contamination*, New York, UNICEF, 40 p.

Towards Communicative Planning for Rebuilding Communities in Nepal?

A comparative study based on Kathmandu's Core City Area and Bungamati

Saloni Shrestha, Laura Verdelli

UMR 7324 CITERES, CNRS-Université de Tours

Introduction

Worldwide changes of urban areas and their character alongside its progression have scrutinized the pertinence and the connections between various sizes of intervention; be it public, private or participatory. In a setting of state rebuilding, urban cities pick up new central part and have the opportunity to end up as a new knot inside a revamped geography of power, attesting themselves as independent actors. As per this new part and power, neighborhood's powers are currently progressively in charge in confronting the challenge of promoting in their domains of both social cohesion and economic growth. Under the new weights and possible outcomes of the most recent decades, urban governance have encountered a stressed shift from managerialism to entrepreneurialism (Harvey, 1989). While in prior decades urban administration centered the provision of administrations and services for the neighborhood, as of late it has turned out to be progressively working in finding better approaches to advance and empower local improvement. The late interest of urban cities in Urban Branding (Kavaratzis, Ashworth, 2005) falls inside this new course: with a specific end goal to draw in worldwide streams of tourism and ventures to advance neighborhood improvement. The development of positive and intriguing image of the city is viewed the basic tool for above. This movement is not just working on administrative and political level but is also taking into account the opinions of the population, communicating the views and aspiration of how a community wants its city to look like or be perceived. This is particularly valid for the post-modern urban communities or urban communities needing to reconstruct their identities.

The yearning to convey an alluring outer picture strongly affects the entire arrangement of urban strategies, adding to shape needs and attractive results. Since the early 1990s, the part of the state and government in urban approaches has moved from 'provider' to 'enabler/empowering agent'. In this approach the local government goes for enacting neighborhood resources and social actors to implement neighborhood regeneration. Public authorities more often see an advantage in working with and through neighborhood-based affiliations, associations and group pioneers who have intermediary connections and give authenticity to government exercises in the area (Chaskin, Abunimah, 1999).

So, it is safe to say that the regeneration approach is taking turn into bottom up approaches. These bottom up initiations and affiliations point out specific neighborhoods, considering them both an asset and a target. In fact, the areas are considered « as a tool used to achieve a more extensive objective (such as quality of life, economic gain, social justice, identity) » (Bourdreau, 2003).

From the above representation, it is clear that in spite the fact that planning practice is commanded by top down planning, bottom up initiatives are picking up another centrality in urban regeneration process, making sure that the local people are the new central part of all planning practices.

1. Method

Firstly, we frame our subject through the study: (i) of global trend in terms of planning practice; (ii) of the change in the role of the administration/ governance; (iii) of 'Top down and Bottom up Planning Initiative'.

The case study is the one of Nepal. The present state of the Reconstruction phase of Nepal as weel as the state of the governance after the massive Earthquake in 2015 is discussed on the basis of the field reports of the international Non-governmental Organisations NGO's working in Nepal for relief and reconstruction. We also try to make clear the need and type of reconstruction policies that were in demand on the basis of the pleas that came forth after a year from the earthquake. The motivation for the central government to accept the plea of the citizen of the core city area of Kathmandu to redevelop their settlement is studied and proclamation of the government to develop Reconstruction Policies based on the above plea is also analyzed.

To make the assessment more contextual the case of Kathmandu Core city and Bungamati is presented. Bungamati and the core Kathmandu as case studies were chosen firstly because these were the settlements which came forth after the 2015 earthquake with pledge to the government to reconstruct their communities as per their own aspiration. Secondly, due to similarities in various physical and social characteristics while also representing two distinct ideology of their needs and demands made these cities perfect candidates for the study. Also, Bungamati can be taken as a past image of the core Kathmandu city.

The presentation of data and information of Kathmandu Core City area have been presented on the basis of two accounts; firstly on the base of the first author's professional experience and another from the organization called National Society of Earthquake Technology – Nepal; second, on the basis of news release on national newspapers. The first author was an active participant on the campaign set forth by National Society of Earthquake Technology – Nepal to rebuild the settlements of the core city area of Kathmandu through the concept of urban regeneration via House Pooling Technique using communicative planning.

In case of Bungamati, the communities here wanted to take the lead too but via different version of reconstruction. Firstly, we had an access to a survey conducted by an organization who is working to create a reconstruction handbook and a project for the city of Bungamati. Since, the handbook is yet to be officially published, the contents of the survey is confidential as for now. Also, a handbook called 'Revitalizing Bungamati: An Action Plan' was also released recently. Nevertheless, the conclusion drawn from this survey conducted amongst the people of Bungamati and the end stage design and recommendation made in the above mentioned handbook keeps in line with the national news coverage of interviews with the locals. These data gave a special insight as to what the demand of the local people is. Hence, for the study and analysis in terms of Bungamati the paper relies on the survey, the handbook – Revitalizing Bungamati: An Action Plan along with news release on national newspapers.

2. From Top Down to Bottom Up planning approach

Urban planning is not a science i.e. an applied field that is intricately connected to the political circle (Lagopoulos, 2009). However, the political part of planning and political role of planners have not been accentuated.

The move from a top down to a bottom up approach is parallel to and exceedingly associated with the changes in urban planning's interest. From one perspective, there has been an inclination towards centralism and de-politicizing decision-making and additionally expanding the part and force of specialized technical specialists. On the other the stress for participation in decision-making, calls for more responsibility with respect to neighborhood government authorities and expanding feedback of specialized aptitude is ever growing. These two inclinations which are particularly inconsistent with each other, have been marked as the top down and bottom up approaches to planning.

One of the principal ramifications of the profoundly political nature of communicative planning is its attention on theoretical issues to the standards of a decision-making. These issues identify with the political approaches and also boost them. Thus, it ordinarily does not have the urgent components of a run of the mill planning theory. The elaboration on issues like the order of urban uses, the zoning and the usage of planning standards, which constitute fundamental elements of urban planning, are absolutely missing. This circumstance strengthens the urban planning theory-practice gap. This gap has been referred to and seen widely amid the most recent two decades and leaves the top down planning frameworks as the fundamental guides of the planning practice.

Although, planning practices are commanded by top down planning theory, a planning framework should consider the needs of a neighborhood such that it tackles some of the weaknesses of the top down approaches through public participation. To sum up Paul Sabatier (1986) – The essential defect in top down model is that they begin from the viewpoint of chief decision makers and along these lines tend to disregard different and pertinent actors. Another denunciation of top down models is their ineffectiveness in absence of leading body or office. Top down approach despite their shortcomings is still in practice and bottom up approach cannot construct a coherent methodology of urban intervention.

3. Bottom Up approach as communicative planning

The theory of communicative approach to planning was generated by John Forester and Patsy Healey, who were keen in the conceptual philosophical work of the German philosopher Jürgen Habermas (Taylor, 1998). Key to the communicative approach is communicative rationality, which separates the strength of scientific experimental objectivism and works, rather as an alternate objectivity taking into account assessment between individual, based on open talk (Allmendinger, 2002). As indicated by Healey (1997), the key accentuation of communicative planning theory is the acknowledgment that learning has numerous structures and these structures are socially built, and that power relations and the social connection influence the inclinations of people.

More rational take to communicative planning can be established on the thoughts of Healey and different researchers of liberal democracy based system. The procedure of communicative planning is open in the feeling of being inclusive/comprehensive and transparent. Improvement endeavors are socially oriented when they intend to advance the interests of expansive fragments of society as opposed to the interests of stakeholders only. Advancement is reasonable; to enhance the living states of deprived groups and be fair to all other groups too. The standards of discourse ethics expresses that the communicative process ought to be open, truth oriented, undistorted, and empathic (Allmendinger, 2002; Innes, Booher, 1999).

Other than the fundamental criticism of planning standards as a part of a settled planning processes, communicative approach likewise appears to not welcome their implementation. This is because of the conviction that planning standards undervalues the inclinations of local communities, hence thinking different and distinctive settlements as having uniform needs and outlooks, furthermore supplanting public participation and judgment with specialist's learning. Planning standards are rigid and constrasts from the communicative approach in knowledge production. As per Healey (1996), information is not pre-figured but rather constructed via communication through exchanging ideas and opinions. It is understood by drawing experiences along with the cultural, social and moral intelligence of the participants.

It is clear that the communicative approach abstains from the utilization of standard principles. Specifically in theory, standards are a piece of a settled planning process. It also goes overboard about the need and likings of the local settlements and replaces public participation with expert's opinions. These issues might be viewed as dynamic approach in this new day and age but they also bring in numerous threats and criticism along with it.

4. Case study context

On 25th April, 2015, a 7.8 magnitude earthquake struck Nepal, with the epicenter in Gorkha District north-west of Kathmandu. Numerous consequential aftershocks came in after, including a 7.3 magnitude earthquake. The effects of these tremor were annihilating and far reaching. By the end of 2015, a large portion of the population who lost its home was still living in tents and under tarps.

Before the earthquake, when the public authorities proposed it, the concept of Urban Regeneration using House Pooling was chastised by communities in the core of *Kathmandu*. Only homeowners of the building complexes which were in ruins were open to this idea of rebuilding. They wanted to convert these building complexes into commercial hubs to gain economic surplus. After the earthquake, the people from the core city area took the matters to their own hands after a yearlong delay and transformed it into a bottom up approach. Homeowners in core city areas in Kathmandu pleaded the Kathmandu Metropolitan City Office to build their earthquake damaged community into integrated dwellings under the House Pooling concept. 200 people from 110 households from the core city area gathered with a common plea at the Kathmandu Metropolitan City Office advocating of the before chastised idea of rebuilding. Submitting the plea the homeowners said that their dwellings should be jointly demolished and reconstructed, without hampering their cultural and traditional importance. According to the director of the Kathmandu Urban Regeneration Committee, the houses that survived the tremor will be revamped through urban regeneration. The regeneration project will be carried out through House Pooling process with consent from the house owners. Some of the buildings that do not have historical and cultural importance will be pulled down to increase space and historical houses with consent from local house owners, stressing that participation of locals was crucial to safeguard the traditional and cultural structures as well as houses. The homeowners have committed to provide complete support and even bear the entire cost if Kathmandu Metropolitan City takes the responsibility of building roads, gutters and other public utilities and provide bank guarantee for reconstruction loans. Hence, they want the Kathmandu Metropolitan City to take leadership in the House Pooling project.

The rationale behind House Pooling, where singular house owner surrenders their houses and pool assets to develop substantial community residences, offers economies of scale. The redesigned block's occupants will be given living space of nearly the same size as their past houses, but will share the expenses for building the external walls, pillars, beams, staircases, plumbing, wiring etc. The cost for construction of such community block will be lesser than that of construction an individual house. Regardless of living in a large community building, individuals will have their own particular separate spaces inside. Also, these units will be designed to cater commercial activities in the ground and first floors for economic gain. Hence, the major objectives of this (lived as a) bottom up urban regeneration project are:

- Economics: to attract investors, create employment, invest/commercialize ground floor, renew the urban economy
- Social: to enhance safe urban housing and develop local infrastructure which is flawed or inadequate.
- Environmental: to improve living quality, combat pollution, taking into accounts the preferences and values of society and culture and of each ethnic groups.

Since, this tool of urban Regeneration rose as a bottom up planning approach, specifically through communicative approach, it promises to take into consideration the complexity of urban dynamics. The primary basis for the people to choose House Pooling for Urban Regeneration is their frustration of having to live in a dangerous and unhealthy environment. Another important aspect is the economic gain through their living space too.

Bungamati is a traditional city, inhabited by one of the major ethnic groups of Nepal with very rich cultural traditions and counts around 6,000 inhabitants. The city is situated in the southwest of the Kathmandu valley. It is surrounded by highly fertile land, which is used by the local dwellers for farming. The traditional occupational base of the villagers is agriculture. Recently however, the village became very popular with the tourists for its vernacular built form and open spaces with a variety of daily activities demonstrating traditional way of life, which has so far been more or less untouched by the forces of modernization.

The earthquake damaged 900 out of 1,114 houses and injured many people. Many families are now forced to live in temporary shelters. Months after the earthquake, Post Disaster Needs Assessment of Bungamati was conducted by the local government office in cooperation with UN-Habitat Regional Office for Asia and the Pacific Shelter Program. Situation analysis for the reconstruction of Bungamati was documented along with household surveys to know where the populace stood in terms of Urban Regeneration.

The proclamation by the central government of the intention of redeveloping settlements using House Pooling pushed inhabitants to petition to their local government body to build back their homes and temples by themselves, reclaiming the freedom to use the traditional building construction technology. This mentality for reconstruction is not just backed by frustration here in Bungamati, as per the interviews of the local representatives on national media, people in Bungamati are taking this opportunity to build back better physical structures and restore their culture, tradition, heritage, and festivals. This reconstruction has become a perfect opportunity to revive socio-cultural heritage and festivals that were slowly disappearing.

Analysis

People in Kathmandu core city and Bungamati seem to have contrasting views about what to ask for via a bottom up approach. The understanding of concept of regeneration is different in these two areas. In Kathmandu, this initiative in the form of House Pooling was demanded by the people whereas in Bungamati this tool of regeneration was chastised and the people plead for a different version of urban regeneration. This contrasting view is the result of various institutional factors which failed to consider the core differences between the two settlements.

The basic precondition for the execution of a bottom up approach is the presence of a « bottom level », which for urban planning compares to the presence of a community that has necessities, issues and desires, that are unique in relation to other communities, and is likewise ready to take an interest in planning systems to impact and influence them. In this case, there are many « bottom level » but the legislative body is choosing one of the « bottom level » and assuming that « one fits all ». This step by the government is against the core concept of the bottom up approach itself.

Shortcoming of bottom up approach is that it restrains its extension towards formal spatial issues due to influence of specific neighborhood interests. Residents of both Kathmandu and Bungamati have distinct interests and image of their city. The role and vision of Kathmandu has always been the Administrative and Commercial Hub of the nation as per Kathmandu Valley Development Concept Plan (KV 2020 Plan) whereas Bungamati's aspiration is to turn into a Living Heritage Museum as per World Heritage Institute of Training and Research for Asia and the Pacific.

Kathmandu is the capital city with varied occupation and ethnic diversity. Bungamati is predominantly a Newar settlement where the primary occupation is agriculture. This disparity in the ethnicity and occupation links toward the aspiration of the populace. In both situations, there is a local community who is interested in planning process and is clear on the outcome. After the earthquake, the house owners in Kathmandu wanted to develop the whole area as an economic power house. Their economic prowess, political connections as well as security of an alternate home (elite population) enabled them to demand what they had envisioned for the area. Their demand was clearly full filled by the concept of House Pooling. Thus, Kathmandu core city area might be viewed as potential candidate for communicative planning. A stark contrast appears in Bungamati. Although changes are evident from the last few decades, the essence of this place and the aspirations of the people haven't changed. Here most people want to rebuild their traditional houses and their communities for their daily livelihood which revolves majorly around these community spaces (wood carving, sun drying of agricultural products, pottery). Thus, there is an urgency in rebuilding the collapsed houses after the earthquake with minimal expenses possible keeping intact the cultural heritage and architecture. This contrast in the mentality of the people alongside their occupation and usage of the urban spaces shows different versions of the image of the city according to different populations and their aspirations too. Since the bottom up methodology is interpreting the aspiration of one community to develop a governance system but to implement it on another community will be troublesome from the level of intervention into governance and enactment.

The above-mentioned disparities present themselves as early as when the government of Nepal decided to formulate Regeneration Policies deriving from the demand of one settlement. Blindly adopting and following one of the possible answers to regeneration (House Pooling) as the only one, the government is exposing itself to a bigger threat of being oblivious to the plight of many other settlements. Even if the government has the feeling of appling bottom up communicative planning, it is clear that, out of the Kathmandu Core City Area, the adopted method goes back to an ordinary top down approach.

Conclusion

Nowadays, within the two fundamental inclinations prominent in planning theory, the bottom up approach is becoming popular and eminent. Cities are slowly leaving behind top down planning style. The case study of Nepal shows that these approaches reveal the way the government is intending the rebuilding of communities.

To sum it all up, the essence of the top down approach is that all the decision and strategy comes from the top; from one central government body. In case of Nepal the inflexibility of the government and central power-play caused unnecessary pain to the general population during the crisis of earthquake and reconstruction phase. Hence to avoid this centrality and narrow scoped power placement and to take control of their own settlements, local population started demanding bottom up approach to planning.

In Nepal, approach to urban regeneration through bottom up approach was observed to be applicable and effective at certain local scale. However, it is also seen that success of the bottom up approach lies in its fundamental quality of participation, communication and integration of contextual realities into the development program.

Communicative Bottom Up Planning could be a feasible approach to Regenerate Communities of Nepal if contextual realities are considered and when policies are guided by methodological standards. To successfully introduce the bottom up planning initiatives to the practice, merger of traditional tools of top down can be done (Y.H. Kim *et al.*, 2014): Top down initiatives are formulated and implemented to achieve specific objectives in a hierarchical planning process by which the nation's priorities are defined in accordance with strategy and then translated into performance targets. In contrast, bottom up initiative plans emerge from autonomous initiatives in the exploratory process of local population's search for new opportunities. Of numerous initiatives, only those few with some value-generating potential should be selected as high-priority action plans and subsequently integrated into central government's strategic intentions. Yet regardless of their origins, all action and strategy plans should be assessed based on their contributions to the nation's goals and objectives. Planning strategy is thus formed through an iterative process of integrating priorities, objectives, and strategic action plans that are partly created by top down planning and partly emerge from bottom up learning. Bottom up initiatives in term of communicative planning unlocks the planning system to dynamic solutions but also exposes the system to various criticism. In this note, top government agencies rely on the operational expertise of middle and frontline local government agencies and therefore tends to adopt bottom up action plans in the areas of practices.

References

Allmendinger P., 2002, *Planning Theory*, Basingstoke, UK, Palgrave.

Bourdreau J.-A., 2003, "The Politics of Territorialization: Regionalism, Localism; the case of Montreal", *Journal of Urban Affairs*, 25(2), 179-199.

Central Bureau of Statistics (CBS), 2014, National Population and Housing Census 2011, (Village Development Committee/Municipality), Kathmandu, vol. 6.

Chaskin R. J., Abunimah A., 1999, "View of the City: Local Government Perspectives of Neighborhood-Based Governance in Community-Building Initiatives", *Journal of Urban Affairs*, 21(1), 57-78.

Department of Urban Development and Building Construction (DUDBC), 2013, Planning Norms and Standards 2013, Kathmandu, Urban Development Division, DUDB.

Healey P., 1992, "Planning through Debate: The Communicative Turn in Planning Theory", *Town Planning Review*, 63(2), 143-162.

Healey P., 1997, *Collaborative Planning, Shaping Places in Fragmented Societies*. Vancouver, UBC Press.

Innes J. E., Booher, D., 1999, "Consensus Building and Complex Adaptive Systems: Framework for Evaluating Collaborative Planning", *Journal of the American Planning Association*, 65(4), 411-425.

Kavaratzis M., Ashworth G. J., 2005, "City Branding: an Effective Assertion of Identity or a Transitory Marketing Trick?", *Journal of Economics and Social Geography*, 96(5), 506-514.

Lagopoulos A.-Ph., 2009, "Urban Planning, Poleology and Land Uses", in Constantinos Doxiadis and his Work, Athens, Technical Chamber of Greece.

Muzzini E., 2013, *Nepal-Kathmandu Valley Urban Policy Dialogue: advisory notes on metropolitan planning and management and urban regeneration*. Washington DC, World Bank (Working Papers), document en ligne, consulté le 15-06-2016 : http://documents.worldbank.org/curated/en/2013/06/18382624/nepal-kathmandu-valley-urban-policy-dialogue-metropolitan-planning-management-kathmandu-valley-advisory-note-action-plan.

U.S. Department of Homeland Security, FEMA, 2016, *National Disaster Recovery Framework*, document en ligne, consulté le 30-06-2016 : www.fema.gov/media-library-data/1466014998123-4bec8550930f774269e0c5968b120ba2/National_Disaster_Recovery_Framework2nd.pdf.

Nepal Rastra Bank (NRB), 2012, *The Study Report on the Share of Kathmandu Valley in the National Economy*, Kathmandu, NRB.

National Planning Commission (NPC), United Nations Development Programme (UNDP), 2014, Nepal Human Development Report 2014, Kathmandu, National Planning Commission Nepal, United Nations Development Programme.

Neuman N P., Thornley A., 1996, *Urban Planning in Europe. International Competition, National Systems and Planning Projects*, UK, Routledge.

Emergency Operations Organization, 1994, Recovery and Reconstruction Plan, Los Angeles, document en ligne, consulté le 15-06-2016 : http://eird.org/cd/recovery-planning/docs/2-planning-process-scenario/Los-angles-recovery-and-reconstruction-plan.pdf.

Sabatier P., 1986, « Top down and Bottom up Approaches to Implementation Research: Critical Analysis and Suggested Synthesis », *Journal of Public Policy*, 6(1), 21-48.

Taylor N., 1998, *Urban Planning Theory since 1945*, London, Sage.

UN-Habitat, 2010, *Nepal Urban Housing Sector Profile*, UN-Habitat.

UN-Habitat, 2016, *Revitalising Bungamati: An Action Plan, Design investigations for a post earthquake reconstruction process*, UN- Habitat.

Revalorisation de l'eau dans les espaces urbains durables

L'exemple de Hà Nội (Việt Nam)

Helga-Jane Scarwell
Laboratoire TVES, Université de Lille 1

Divya Leducq
UMR 7324 CITERES, CNRS-Université de Tours

Nam Hai Tran
Université de Lille 1, HAU

Introduction

L'eau est la source de la vie et toutes les grandes civilisations humaines se sont construites autour des fleuves et rivières. L'eau constitue aussi un facteur important dans la planification et le développement durable de la ville.

Hà Nội est une ville vietnamienne née de l'eau. Avec plus de mille ans d'histoire, les espaces en eaux ont toujours été disponibles et visibles, le linéaire bleu constituant la trame principale des quartiers. De nos jours, l'urbanisation rapide et la croissance mal-maitrisée de la ville fait peser sur l'ensemble des surfaces en eau une menace environnementale sérieuse : remblais, inondations, égouts à ciel ouvert, espaces de friches désaffectés. Il existe cependant des contrastes forts entre les lacs et les rivières et quelques berges restent des lieux privilégiés pour les Hanoïens qui y pratiquent de nombreuses activités. L'objectif poursuivi par cette communication est triple et consiste à monter comment l'aménagement de l'eau répond aux défis de l'aménagement urbain durable, comment l'identité urbaine passe par la réappropriation du fleuve et plus généralement des surfaces en eau et quelles sont les solutions pour restaurer et améliorer les valeurs d'usage de l'eau des lacs dans la ville de Hà Nội.

1. Une réappropriation de l'eau pour un urbanisme durable

L'eau a de tout temps constitué un élément central de l'aménagement urbain et son acception a évolué au fil du temps et des problématiques locales. Les espaces en eau ont été le support ancestral pour le site d'installation des villes et jouent un rôle fondamental dans leur développement. Quel que soit le modèle derrière la conception urbaine, les éléments naturels y tiennent une place particulière. La présence de surface en eau permet néanmoins d'apporter des solutions aux problèmes causés par l'urbanisation sans limites. Leur sauvegarde en zone urbaine revêt notamment plusieurs avantages notoires. Aussi, nous nous intéresserons à l'eau et à ses effets sur l'interaction ville-nature. En effet, comment la revalorisation de la place de l'eau peut-elle répondre à l'impératif d'urbanisme durable ?

1.1. La place de l'eau dans la ville durable

Le développement durable est un enjeu mondial majeur du XXIe siècle. Il permet de penser la ville, à long terme, avec des principes d'aménagements respectant le territoire, sans entraver l'essor de la ville. Les éléments naturels – telle que l'eau – sont alors considérés comme des ressources permettant une meilleure gestion de la ville et doivent alors être intégrés dans l'espace urbain.

Dans la ville occidentale, la nature a parfois perdu le côté pratique garant de l'équilibre écologique. En effet, l'urbanisation se fait au détriment des surfaces naturelles, en artificialisant les sols et en densifiant îlots. La ville devient donc un bloc de matériaux imperméables. Or, dans les grandes villes, ce processus impacte grandement le climat local et donc la qualité de vie de ses habitants. La création d'îlots de chaleur va empêcher le refroidissement naturel et faire monter la température moyenne. Ce principe est dû au nombre élevé de surfaces imperméabilisées et à la densité bâtie élevée. De plus, la sauvegarde des lacs et rivières diminuent les inondations. Avec un aménagement urbain raisonné et cohérent, les lacs situés en ville servent de déversoirs en cas de crues. Le réseau hydrographique est ainsi garant non seulement de la sauvegarde de la biodiversité mais également de l'équilibre climatique. Sa préservation permet le maintien de processus naturels qui améliorent de fait le cadre de vie des habitants de Hà Nội.

1.2. Vers une nouvelle conception de l'eau

Très souvent, l'eau est utilisée comme moteur du design urbain. En effet, l'eau peut être utilisée non seulement pour ses bienfaits en ville (rétention d'eau lors des fortes pluies ou inondations, lutte contre les îlots de chaleur urbain, espace de récréation, lutte contre la pollution) mais aussi pour donner un caractère esthétique au paysage urbain. Cette mixité des usages contribue à accroître la sensation de bien-être des habitants, ainsi replacés au cœur de la ville.

Allier esthétisme et fonctionnalisme n'est pas aisé, il faut tenir compte du contexte historique, culturel et socioéconomique du territoire pour préserver l'identité de la ville et pour obtenir un résultat harmonieux à l'instar de ce qui est énoncé dans le Master Plan Hanoi 2030 vision 2050 (2011, 28) : « Si Hà Nội veut faire partie des grandes villes d'Asie du Sud Est, il n'est pas question d'une ville référence, il y a une volonté de conserver ce qui fait l'identité de Hà Nội » (Hupi, 2015)[1].

Toutefois, les rives du fleuve Rouge, sont protégées par un zonage contraignant les constructions (Paddi, 2014) bien qu'elles soient pas du tout aménagées, et la végétation est laissée en friche. Aucun projet touristique ou récréatif à destination des habitants n'est envisagé : le potentiel du fleuve n'est pas exploité. Malgré un plan d'occupation des sols, les constructions illégales se multiplient sur ses berges, au-delà de la digue. Un contrôle plus strict pourrait y remédier en partie, et serait un pas vers la valorisation de cette surface d'eau.

1.3. L'eau comme espace de consommation

Dans notre société de consommation, le mercantilisme est présent dans des espaces considérés comme faisant partie du domaine public, comme les bibliothèques, les musées et même les églises (Kärrholm, 2012). À l'inverse, les espaces dédiés au shopping sont parfois utilisés comme espace public, à l'image des centres commerciaux qui deviennent des endroits où s'attardent certains groupes de jeunes, qui s'approprient ainsi le lieu. La sphère publique se confond parfois avec la sphère marchande.

---

1 Entretien avec Tran Ngoc Han, Hà Nội Urban Planning Institute (HUPI) le 25/03/2015.

De leur côté, les autorités publiques se concentrent souvent sur la consommation visuelle des espaces publics (Zukin, 1998), c'est-à-dire sur ce qui fait ressortir leur beauté, ou ce qui les rendre agréable à regarder. Dans cette optique, l'esthétisme est plus important que le fonctionnalisme car l'aspect visible de ces espaces « constitue une offre territoriale qualitative aux yeux aussi bien des usagers que des promoteurs immobiliers » (Park, 2008, 4). Les activités de commerce et de services installées autour des espaces publics sont également de plus en plus tournées vers l'esthétisme, comme les bars-cafés modernes, les restaurants « nouvelle cuisine » et les autres galeries d'arts, qui sont autant des vitrines que des véritables espaces de consommation. Là encore, l'espace public et l'espace commercial se mêlent tant au niveau esthétique qu'au niveau de la consommation qu'ils engendrent. On peut déduire de ces constats que les espaces publics autour de l'eau sont également – voire encore plus – concernés.

Plus que de créer des espaces publics, il s'agit de créer des symboles culturels qui rendront la ville attractive (Zukin, 1998). Le projet de la rivière Cheonggyecheon peut être vu de cette façon. Néanmoins, ces nouveaux espaces de consommation se caractérisent parfois par leur caractère exclusif et ségrégatif, entrainant un phénomène connu de gentrification qui va à l'encontre même de la définition d'un espace public.

Après la question de l'identité et de l'authenticité, se pose celle de la globalisation urbaine. En effet, dans notre société contemporaine et mondialisée, il semblerait que le fait de s'amuser, et de consommer du divertissement soit de plus en plus mis en avant dans la conception même des espaces publics. C'est pourquoi Sharon Zukin n'hésite pas à parler de « disneyfication » (Zukin, 1991, 217). Par bien des aspects, la valorisation des espaces publics autour des lacs hanoiens passe par le développement de parcs de jeu à l'instar du lac Thủ Lệ (le parc de jeu et le zoo), le lac Bảy Mẫu (le parc Bảy Mẫu avec des jeu et des espaces verts), le lac de l'ouest (le parc de l'eau).

2. L'eau à Ha Nội : de l'identité au projet ?

Hà Nội s'est construite avec sa géographie (Pierdet, 2001, 33). Les surfaces d'eau, entre menaces et utilités, sont, depuis la création de la ville au cœur de la vie urbaine. Le développement progressif et la densification va bouleverser le rapport entre urbanité et ruralité, jusqu'à remettre en question leur lien historique. En vietnamien Hà Nội est la « ville de l'eau » et doit son nom à son site de naissance et à sa situation par rapport au fleuve Rouge et à son delta. Toutefois, si toutes les zones humides sont liées à la présence d'un très grand fleuve – bassin versant, marécages, lacs, canaux ripisylves, toutes les surfaces ne se valent pas, et peuvent être qualitativement très diversifiées.

2.1. Une anthropisation progressive du paysage deltaïque de Ha Nội

L'urbanisation du territoire de Hà Nội ne s'est pas faite au hasard. Elle résulte d'un équilibre subtil entre les éléments naturels et l'occupation de l'homme. En effet, les formes urbaines, adaptées à la géographie ont permis le développement de la « ville » vietnamienne, entre rural et urbain. Le site de Hà Nội fut stratégiquement choisi. Au croisement de la rivière Tô Lịch et du fleuve Rouge, il facilite les échanges commerciaux et les mouvements militaires. Se développent alors un centre marchand, une citadelle ainsi que de nombreux villages, parsemés sur le territoire. L'eau devient un axe de développement et une ressource mais également une limite.

Le défi majeur posé aux surfaces en eau à Hà Nội est lié à l'anthropisation continue et exponentielle du delta. La pression démographique, la croissance industrielle, l'apparition de nouvelles zones d'activités tertiaires (hautes technologies, universités), le développement commercial et les extensions périurbaines – aujourd'hui contenues par la politique affichée de densification doublée d'une ceinture verte – sont autant d'aspects et d'enjeux face à la disparition inquiétante et aux pollutions irréversibles causées à la trame bleue. L'intérêt renouvelé pour une ville qui ne tourne plus le dos à son fleuve est clairement énoncé comme un des piliers du développement urbain durable. Hà Nội s'inscrit dans cette perspective.

La ville de Hà Nội qui doit répondre à un besoin urgent de logements n'a eu de cesse de s'étendre en niant son patrimoine architectural, urbain et naturel. Depuis la fin des années 1980, le gouvernement associe la croissance urbaine et le développement économique.

Mises à mal par la pression foncière, les surfaces d'eau sont de plus en plus négligées ou oubliées et subissent directement les effets de ce développement non planifié. Les remblayages se multiplient, les cours d'eau sont utilisés comme égouts et la pollution s'aggrave.

De plus, la ville se développe aujourd'hui selon les standards de la métropole occidentale, censés représenter le progrès et l'attractivité et où l'environnement naturel n'a plus sa place. Les routes sont droites et très larges, conçues pour la voiture. Les immeubles de verre et d'acier poussent à une vitesse effrénée.

La ville se développe aujourd'hui dans toutes les directions. Le fleuve Rouge n'est plus un obstacle, les deux rives sont maintenant reliées par cinq ponts (bientôt six). La rive gauche, à l'urbanisation plus tardive compte encore de nombreux lacs, est aujourd'hui menacée par l'arrivée de l'urbanisation. Les villages, rejoints par la ville perdent leurs dernières surfaces d'eau restantes au profit d'une densification pressée par l'auto-construction où chaque endroit libre se construit.

L'urbanisation progressive de la ville a sans cesse repoussé les limites naturelles de la ville et s'est faite au détriment des zones rurales et des surfaces d'eau (figure 1). Celles-ci ont considérablement diminué, La carte de la figure 2 montre la localisation des 112 lacs encore présents au centre de la ville.

Figure 1 : *Développement de Hà Nội entre 1873 et 2014*

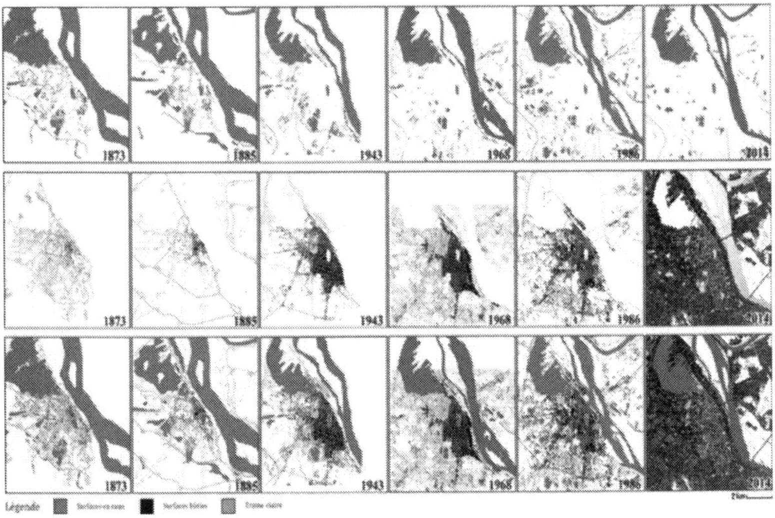

Source et réalisation : Hai Nam Tran, 2016

Figure 2 : *Localisation des 112 lacs du centre-ville*

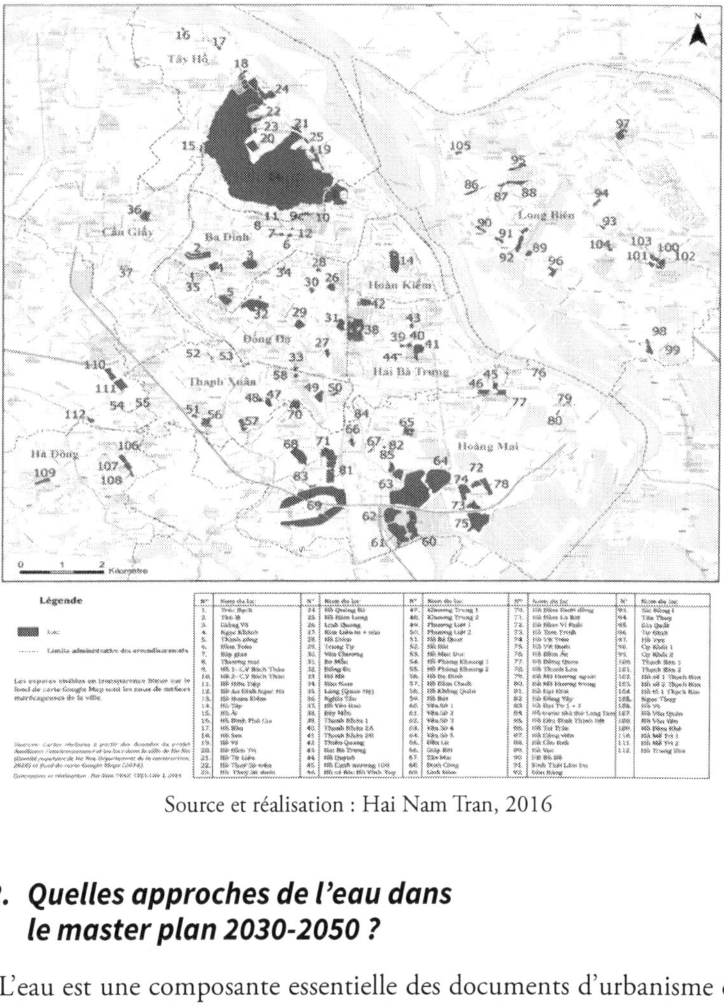

Source et réalisation : Hai Nam Tran, 2016

2.2. Quelles approches de l'eau dans le master plan 2030-2050 ?

L'eau est une composante essentielle des documents d'urbanisme car les villes tirent profit de ses apports esthétiques, thermiques, écologiques ou encore économiques. Hà Nội ne fait pas exception à la règle et ne considère plus ses surfaces d'eau qui la composent comme contraintes environnementales mais comme un atout dont il faut profiter. C'est donc naturellement qu'elles sont intégrées au nouveau Master Plan en tant que support d'une nouvelle urbanisation et d'une mise en valeur de l'identité de la ville.

Le Master Plan à horizon 2030-2050, approuvé en 2010, a pour objectif la transformation de la capitale en « un centre urbain au développement efficace, durable et compétitif » (IMV, 2009). Pour cela, il est axé sur l'aménagement des terrains, le développement des réseaux de transport et la préservation de l'environnement. L'aspect historique et culturel de la ville est également pris en compte : les rivières, les lacs, les parcs, et les vieux quartiers sont conservés. De même, une attention particulière est portée à la qualité de vie des habitants, qui ne doit pas être impactée par l'industrialisation.

Les projets d'aménagement autour des lacs sont bien souvent les mêmes, il s'agit de remblayer, d'installer une rambarde (ou non), de construire un chemin sous forme de double promenade. Actuellement, il existe 112 lacs à Hà Nội, dont quarante-six ont déjà été améliorés (nettoyage, remblaiement et aménagement des berges). Parmi les soixante-cinq restants n'ayant pas fait l'objet d'une restauration récente, vingt-et-un sont en projet (Master Plan Hanoi 2030 vision 2050, 2011, 83). De par leur rôle historique et symbolique, le lac de l'épée restituée et le Grand lac (lac de l'Ouest) sont soumis à une protection particulière dans le Schéma Directeur, notamment en termes de contrôle de densité et de hauteur de construction aux alentours.

Le lac de l'Ouest, situé à l'extrémité de l'axe historique *Ancienne citadelle de Cổ Loa – fleuve Rouge – Hồ Tây*, devient dans le Master Plan le point central de la ville. Ainsi, il est prévu de développer un large espace de verdure et de protéger les œuvres architecturales de valeur aux abords du lac[2]. Les sites à protéger sont les temples et pagodes, le village aux fleurs Nhật Tân mais aussi le lycée Chu Văn An et le parc aquatique West Park. Le document met également l'accent sur le lien entre le lac et les villages d'artisanat environnants, qu'il faut développer à travers des larges routes, des espaces verts ou encore des axes piétonniers. Il s'agit davantage de maintenir l'activité de ces villages que de les préserver, au sens de conserver leur nature traditionnelle, car « le terme de préservation reste un terme très occidental » (Cerise, Entretien, 2016[3]).

Le Master Plan vise aussi à faire du Grand lac (lac Hồ Tây ou de l'Ouest) un nouveau centre culturel accueillant de nombreux événements

---

2 « creating large green space [...], protecting valuable architectural works » (Master Plan 2030-2050, 2011, 124).

3 L'entretien réalisé le 22 février 2016 à L'Institut des Métiers de la Ville de Hà Nội avec Emmanuel Cerise.

à l'échelle de la ville et même du pays. Le dernier objectif est de faire de la zone autour du lac une aire touristique de grande ampleur. Pour cela, la première préconisation porte sur les routes autour des lacs Hồ Tây et Trúc Bạch qui les relient aux sites offrants des services touristiques. Il s'agit d'améliorer et de rénover l'architecture et le paysage urbain sur ces routes[4]. D'autre part, de nombreux bureaux et institutions installés dans des bâtiments à l'architecture obsolète doivent être délocalisés et remplacés par des services, hôtels et divertissements dans le but d'accroître le tourisme dans cette zone centrale[5].

À ce jour, quelques aménagements concernant ce lac ont déjà été réalisés à l'instar de la route qui borde le côté Ouest du lac de l'Ouest. Un projet similaire est en cours de réalisation et concerne le plus touristique de la ville , il s'agit du lac Hoàn Kiếm, situé en plein cœur de Hà Nội, déjà bien aménagé, avec des espaces verts et de nombreux bancs publics. C'est donc logiquement qu'un paragraphe lui est consacré dans le Master Plan traduisant la volonté de privilégier la qualité à la quantité des services touristiques fournis[6].

Selon le Master Plan, il s'agit également de créer des espaces de liaison entre le lac et d'autres places publiques[7], telles que la Place de l'opéra, la Place de la cathédrale, la Place Ba Đình (où se trouve le mausolée de Hồ Chí Minh).

Enfin, le lac (et parc) de Yên Sở, au Sud de la ville, est mentionné de nombreuses fois, principalement en raison de son rôle de réservoir principal des eaux pluviales. Le Master Plan met aussi en garde contre une éventuelle pollution de ce lac, qu'il convient nécessairement d'éviter[8]. Par ailleurs, un projet ayant pour but de faire de ce parc le plus grand et le plus moderne de la ville est en cours de réalisation (le parc est aujourd'hui terminé mais les logements autour sont en construction). Mais ce projet

---

4 « Improving and renovating architecture, landscape » (Master Plan 2030-2050, 2011, 124).

5 « Many offices, institutions, with old narrow architecture should be relocated and replaced with public works, services, hotels, entertainment in order to enhance the tourism for this center area » (Master Plan 2030-2050, 2011, 124).

6 « Restricting new development scale and providing more facilities of high quality tourism services » (Master Plan 2030-2050, 2011, 124).

7 « Creating spaces connecting Sword Lake and public squares » (Master Plan 2030-2050, 2011, 124).

8 « Lakes inner Hà Nội city has been seriously polluted [...]. Lakes at suburban areas (Yen So, [...]) are retention reservoirs and used for feeding fishes, however, pollution can increase in the coming years. » (Master Plan 2030-2050, 2011, 8).

a été initié par un investisseur privé étranger et ne figure donc pas dans le Master Plan.

Outre le Master Plan, d'autres documents comme le Schéma directeur d'assainissement de Hà Nội peuvent nous informer sur les lacs qui sont l'objet d'entretiens renouvelés et suivis et de nettoyages fréquents.

2.3. Quel futur pour les surfaces en eau de Ha Nội ?

À Hà Nội, la fréquentation des bords de lacs commence très tôt (dès 4h30), avant que les deux-roues et voitures n'envahissent les routes. Les habitants des quartiers alentour vont y courir avant d'aller travailler. Dans la journée, les berges aménagées servent de lieu de promenade aux riverains et aux touristes dans les quartiers centraux (Hoàn Kiếm, Lac de l'Ouest, etc.). En fin d'après-midi et en début de soirée, les cours d'aérobic côtoient les matchs de badminton et quelques marcheurs. Au crépuscule, autour du lac de l'Ouest notamment, des jeunes couples se retrouvent pour passer un moment ensemble avant de repartir chacun dans leur famille. Une fois la nuit tombée, en dehors des abords des restaurants, les berges se vident. Le week-end, dès que la météo est clémente, les bords de lac sont très fréquentés (promenade familiale, entre amis, sport, tour de vélo, etc.).

Ces horaires correspondent au rythme de vie des vietnamiens : la journée commence tôt avec le lever du soleil et se termine également tôt avec la tombée de la nuit. Néanmoins, à toute heure du jour et de la nuit, des pêcheurs sont présents, notamment au lac de l'Ouest. De leur côté, les berges des rivières et du fleuve sont désertées par les riverains. Elles sont souvent longées par une route très passante, sans aménagements paysager. De plus, comme nous l'avons décrit précédemment, les rivières de Hà Nội sont fortement polluées par des déchets. Les berges ne sont donc pas des lieux propices à la promenade.

De nombreuses activités sont observables en bord de lacs : sport nautique, parc d'attraction, pédalo, restaurant flottants... Les lacs remplissent de multiples fonctions des lacs comme l'a montré l'analyse de Christian Pédelahore de Loddis (2001). Ils sont tout à la fois :

- Des lieux de naturalité » ;
- Des lieux de production ;
- Des lieux garants de l'équilibre écologique ;
- Des lieux de loisir ;

- Des lieux de mémoire qui témoignent de ses origines, de son histoire et de ses liens étroits avec les éléments naturels ;
- Des lieux « ordonnateur de l'espace urbain ».

Cependant, la fréquentation des berges des lacs doit être nuancée en raison de la pollution et l'absence d'aménagements urbains appropriés.

Plusieurs changements dans l'aménagement de la ville et de ses lacs témoignent de la volonté des autorités publiques de valoriser les espaces en eau et notamment les lacs à l'instar du lac Văn Chương, encore très pollué en 2014 qui a connu une restauration et un nettoyage complets en 2016 (photos 1 et 2). Cependant, les eaux usées du quartier continuent à se déverser dedans, laissant craindre un éternel recommencement.

Photo 1 : *Le lac Văn Chương pollué*

Source : Hai Nam TRAN (2014)

Photo 2 : *Le lac Văn Chương régénéré*

Source : Hai Nam Tran (2015)

Le lac Đình Ngọc Hà, petit lac situé au Sud du Jardin botanique a lui aussi été la cible de changements en un lapse de temps relativement court. Ce lac, laissait percevoir une marque de pollution importante, la surface de l'eau étant recouverte d'algues (photo 3). Le lac a été nettoyé de fond en comble (photo 4).

Photo 3 : *Le lac Đình Ngọc Hà recouvert d'algues*

Source : Hai Nam TRAN (Février 2015)

Photo 4 : *Le lac Đình Ngọc Hà nettoyé*

Source : Hai Nam Tran (Mars 2015)

En dehors des projets d'aménagements évoqués précédemment autour des lacs Quảng Bá et Yên Sở (régénération et aménagement d'une promenade pour l'un, création d'un parc moderne avec zone résidentielle pour l'autre), d'autres projets sont actuellement en cours dans la ville. L'un d'eux est le projet de recouvrement d'une partie de la rivière Tô Lịch, pour des raisons sanitaires d'abord car la rivière est très polluée, et pour des raisons économiques ensuite car la ville manque de moyens pour l'entretenir. Il n'est plus possible de distinguer la surface de l'eau. Le projet de recouvrement de la rivière semble donc en bonne voie. La perte de cette rivière, importante historiquement pour la ville, peut être vue comme la perte d'un symbole culturel, et même d'une partie de l'identité de Hà Nội. On peut alors se demander si les autres surfaces en eau risquent de connaitre le même sort.

3. Vers un renouveau des surfaces en eau à Hà Nội

La présence d'élément de nature en milieu urbain semble être devenue une sorte de passage obligatoire pour acquérir le statut de ville moderne. Cette relation qu'entretiennent les hommes avec les éléments de la nature semble être devenue une nécessité et un besoin pour échapper aux maux que procure la ville. Dans un contexte de développement durable, l'ensemble des villes tendent à porter une attention toute particulière à ces espaces de nature : les berges autour de lacs ou de rivières sont aménagées, des promenades sont créées et les maisons tendent à se végétaliser.

3.1. Les surfaces en eau, sources d'aménités environnementales

L'interaction présente entre les citadins et les éléments naturels est créatrice de bienfaits. Ainsi, il est possible d'avancer que les surfaces en eau à Hà Nội seraient sources d'aménités environnementales (figure 3). Ces aménités se définissent comme « l'ensemble des bienfaits que procure la nature pour l'homme » (Pédelahore de Loddis, 2001, 44). Il conviendrait alors de repenser la ville en prenant en compte ces paramètres.

Figure 3 : *Les aménités environnementales issues des surfaces en eau à Hà Nội*

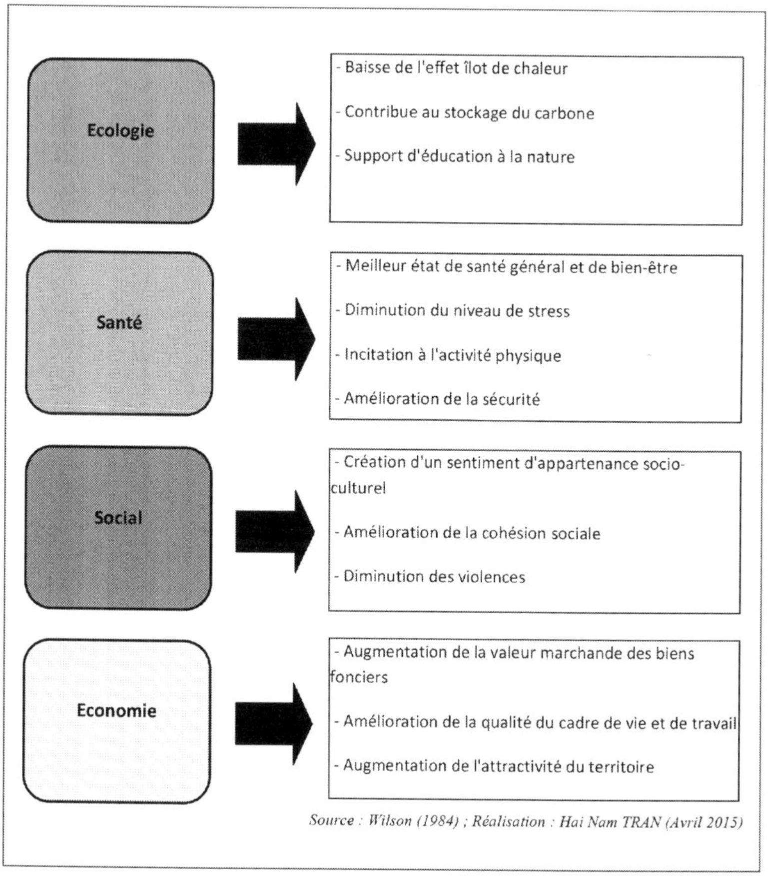

Source : Wilson (1984)
Réalisation : Hai Nam Tran (avril 2015)

La majorité des grands espaces publics à Hà Nội sont aménagés autour de surfaces en eau. La présence d'eau en ville remplit différentes fonctions, de la plus fonctionnelle à la plus esthétique : la fonction première des lacs à Hà Nội est de servir de bassin de rétention des eaux. Ils fonctionnent comme des éléments de régulation des pluies et des inondations en absorbant le trop plein d'eau. En parallèle, la présence d'eau en milieu urbain permet l'amélioration des conditions micros-climatiques car l'eau permet un rafraichissement de l'air et de l'environnement qui l'entoure (Mercier, Bethemont, 1998, 15). Son aspect rafraichissant est un atout pour la ville de Hà Nội, îlot de chaleur par excellence. L'eau permet alors une amélioration de la qualité de vie urbaine et crée des espaces ouverts qui apportent de la luminosité. Les éléments de végétation qui les entourent produisent une ambiance particulière, calme et reposante. Cette nature en vient à toucher nos sens, les espaces publics autour des lacs peuvent alors être caractérisés comme « espaces de l'expérience sensorielle » (Pédelahore de Loddis, 2001, 44).

3.2. L'eau comme vecteur de transition et de durabilité urbaine

L'eau au 21e siècle peut être un élément structurant de l'aménagement de territoire, un support au développement d'une urbanisation durable. Hà Nội est une ville d'eau millénaire qui a su développer des savoirs faire vernaculaires dans la gestion de l'eau et de son territoire, enrichis par la mémoire des lieux et des savoirs importés.

Si par le passé, les autorités locales ont eu tendance à renier l'eau au point de la faire disparaître en drainant ses surfaces en eau pour gagner du foncier, on assiste depuis peu à la promotion d'un urbanisme plus durable. Dans cette perspective, les eaux grises (eaux issues des cuisines et salles de bains, à l'exclusion des eaux noires des toilettes) tout comme les eaux pluviales peuvent être recyclées et réutilisées en vue de promouvoir un urbanisme plus écologique ou un urbanisme durable. Les rejets des eaux usées dans les lacs ou les rivières contribuent à l'accroissement de leur pollution. Afin de résoudre ces problèmes, les décisions doivent être prises en amont lors de la planification de la ville. Tous les lacs et les rivières ne sont pas pollués de la même façon car des en complément du système s'assainissement, des aménagements des berges des lacs ont été réalisés, mais sont insuffisants.

Les autorités locales ont mis en place un système de nettoyage des lacs, de collecte des déchets, mais ces dispositifs sont inefficients.

Les mesures de réaménagement des berges, de recouvrement des surfaces d'eau, et d'amélioration du système d'assainissement sont des opérations extrêmement coûteuses, qui ne permettent pas de contrepartie financière directe d'une part, et n'implique pas nécessairement une réduction de la pollution.

En raison de la proximité des logements aux espaces d'eau, les aménagements nécessitent le relogement d'une partie de la population. Il s'agit d'un problème commun aux aménagements visant à sauvegarde les surfaces d'eau. Il semble indispensable de créer un double système de drainage et d'irrigation d'une part, et d'autre part, d'assainissement. Tous deux utilisent actuellement le réseau fluvial. Cependant, ces opérations sont difficilement finançables puisqu'elles ne sont pas rémunératrices[9]. Il conviendrait, soit de faire contribuer le consommateur soit de financer les travaux par les finances publiques, elles-mêmes insuffisantes (Wnukowska, 2004). Il est enfin important de traiter les eaux avant de les rejeter dans les lacs.

Il nous est difficile de déceler si l'aménagement d'une surface d'eau permettra une plus-value des logements à proximité. D'une part, les habitants logés à proximité d'une surface d'eau polluée souhaitent déménager en raison de l'odeur et des moustiques.

Cela ne signifie pas pourtant que les espaces adjacents seront des surfaces prisées lorsqu'elles seront aménagées. En effet, l'aménagement des lacs participe à la revalorisation des biens, car ils pourront y ouvrir un café, un commerce, un restaurant. Cependant, l'aménagement ne va pas de pair avec la dépollution des espaces d'eau, les critères qui semblent primer sont liés aux odeur et aux moustiques.

Selon V.H. Nguyen, « l'urbanisation a mis à mal le socle hydraulique, et l'identité millénaire de la ville s'est ainsi troublée » (Nguyen V. H., 2015, 2). Les lacs sont, en fait, connectés les uns aux autres par un système de canalisations, lui-même relié aux principales rivières de la ville, notamment Tô Lịch (13 km), Kim Ngưu (10 km), Lừ (6 km) et Sét (6 km), c'est-à-dire aux réseaux hydrographiques. Ces rivières se jettent ultérieurement dans le fleuve Rouge, axe hydraulique majeur de

9 La construction d'une station d'épuration attise, pour exemple, souvent la convoitise des acteurs privés, que ce soient des promoteurs, des ingénieurs, ou encore des bureaux d'étude et plus globalement le BTP néanmoins, une fois construites, le problème de leur gestion se pose. Peu rentable sur le plan économique, les infrastructures sont peu à peu délaissées, subissent très peu de réhabilitations ou de rénovations et périclitent, ce qui impacte directement les citadins.

Hà Nội. L'eau, grâce à un système de vannes et de pompage, peut ainsi être correctement renouvelée et évacuée en cas de fortes pluies. Ces lacs permettent de réguler les inondations principalement car ils font système. Il est ainsi possible d'éviter les surplus d'eau.

La croissance urbaine pose cependant de nouveaux défis tant socioéconomiques qu'environnementaux à l'instar des parties nouvellement urbanisées depuis 2003-2005 lesquelles sont sensibles aux inondations. Selon E. Cerise[10], « la planification de ces zones aurait omis de penser l'équilibre de l'eau dans une pensée trop progressiste et techniques, et étrangement, c'est cette partie de la ville qui est la plus fragile face aux inondations, alors que c'est l'une des parties les plus récentes ». Afin d'endiguer la pollution des lacs et des cours d'eaux, les infrastructures d'assainissement se doivent d'être modernisées et étendues à l'ensemble de la ville. Elles doivent par ailleurs être détournées significativement des plans d'eaux et reliées à des stations d'épuration. Ainsi, les surfaces en eau pourraient être revalorisées et les inondations également limitées. Enfin, l'eau dans la ville constitue un pilier de la lutte contre les ilots de chaleur urbaine.

De façon simplifiée, plus une zone est densément urbanisée et plus cette espace sera soumis à de fortes températures, provoquées et entrainant à son tour un surplus de consommation énergétique. Par ailleurs, l'eau, entrant dans le métabolisme humain comme dans celui de la ville, possède des capacités évidentes de rafraîchissement de l'air et des sols. Plus particulièrement le *design* urbain autour des espaces en eau semble conforter l'idée que grâce à une réflexion urbanistique de qualité, la ressource en eau participe directement au rafraichissement urbain et donc à la diminution de émissions énergétiques comme le montre la récente étude menée sur le centre de la métropole portuaire de Rotterdam aux Pays-Bas (Steeneveld *et al.*, 2014).

Conclusion

Hà Nội démontre que la nature et la ville n'étaient pas antagonistes, que l'un pouvait soutenir l'autre et inversement. Cet équilibre a rendu possible l'urbanisation d'un territoire à la géographie complexe. Elle s'est faite en aménageant le territoire à l'aide de digues, diguettes, surélévations, mares, lacs, canaux, etc. Les interventions de l'homme ont

[10] Emmanuel Cerise est co-directeur de l'Institut des métiers de la ville à Hà Nội.

permis de mettre hors d'eau une grande partie de la ville en artificialisant le paysage. Mais cette artificialisation douce s'est transformée en une bétonisation du sol et une occupation du moindre espace inutilisé. La ville n'a de cesse de grignoter ses surfaces d'eau et de mettre en péril ce qu'il reste de l'équilibre entre l'urbain et la nature. Hà Nội commence à voir les conséquences de décennies d'expansion non raisonnée et de négligences de son territoire. Cette prise de conscience ne suffit pas à faire changer la dynamique déjà lancée. La sauvegarde des surfaces d'eau et leur revalorisation pourraient pourtant permettre d'améliorer la qualité de vie des citadins tout en augmentant l'attractivité de la métropole et donc, la croissance économique. Les surfaces d'eau, et les espaces naturels en général, devraient être considérés pour leurs potentiels réels et comme des supports d'une urbanisation durable plutôt que comme un obstacle à la croissance urbaine et économique. Les lacs, les rivières et le fleuve sont des organes indispensables à l'équilibre environnemental du territoire.

Bibliographie

MV, 2009, *Urbanisation : un grand lifting pour les rues de Hanoi*, Institut des Métiers de la Ville, 03/04/2009, (http://www.imv-hanoi.com/fr-FR/Home/PrintArticle.aspx?&ArticleID=1692, consulté le 04 Mars 2015).

Kärrholm M., 2012, *Retailising Space. Architecture, Retail and the Territorialisation of Public Space*, Farnham, Ashgate Publishing, 161 p.

Park J., 2008, *Les stratégies et projets urbains pour l'attractivité territoriale: rôle, place, et signification des nouveaux espaces de consommation urbaine*, thèse de doctorat, École Doctorale EGEE/Université Paris XII, Paris, 611 p.

Master plan Hanoi 2030 vision 2050, 2011, report C., Institute HUP, 592 p.

Master plan Hanoi, 2011, report C., Hà Nội : Perkin Eastman – Posco E&C – Jina Architects Co. Ltd. Joint Cooperation(PPJ) along with local consultants including Vietnam Institute for Architecture U. a. RP, 592.

Mercier G., Bethemont J., 1998, *La ville en quête de nature*, Québec, Septentrion, 255 p.

Nguyen V.H., 2015, « Un paysage hydraulique en mutation Hanoï, 1986-2014 », *Projets de paysage*, publié le 29/06/2015, 20 p., (http://www.projetsdepaysage.fr/fr/un_paysage_hydraulique_en_mutation, consulté le 27/01/2016).

Pierdet C., 2001, « Le delta du Tonkin », in Clément P. et Lancret N., *Hanoi, le cycle des Métamorphoses, Formes architecturales et urbaines*, éditions Recherches/Ipraus, 31-36, 351 p.

Pédelahore De Loddis C., 2001, « Hanoi et les Figures de l'eau », in Clément P. et Lancret N., *Hanoi, le cycle des Métamorphoses, Formes architecturales et urbaines*, Paris, Editions Recherches/Ipraus, 41-49, 351 p.

Paddi, 2014, « Serpenter dans la ville », (http://www.paddi-expositions.org/serpenter-dans-la-ville/, consulté le 20 Mars 2015).

Wnukowska K., 2004, *Management of Urban Water Ressources in Hanoi, Vietnam*, Minor Field Studies, Royal Institute of Technology, Stockholm, 91 p.

Zukin S., 1995, *The cultures of cities*, Wiley-Blackwell, 338 p.

Zukin S., 1998, « Diversity and Standardisation in Spaces of Consumption », *Urban studies,* vol. 35, n° 5-6, p. 825-839, (http://blogs.macba.cat/pei/files/2010/04/Zukin-Sharon-Urban-Lifestyles-Diversity-and-Standardisation-in-Spaces-of-Compsumtion.pdf, consulté le 8 Avril 2015).

Troisième Partie – Répondre aux urgences sociétales ?

Part III – Adressing the society's urgent needs ?

Axe 3.1 – La ville compacte comme stratégie d'adaptation

Ville compacte en Corée

Concepts, réalités et réalisations

Jungyoon Park

Korea-Africa Center, Research fellow, Corée du Sud

Introduction

Depuis plus de trois décennies, le concept de ville compacte (Compact-City) se présente comme un « standard » de développement urbain dans les pays développés, préoccupés par le souci de l'environnement.

En Corée du Sud, durant les années 1960 et 1970, le processus de l'urbanisation s'est déroulé à vitesse vertigineuse à cause du manque de logements criant sans considération pour les conséquences négatives de l'étalement urbain. Par conséquent, les grandes villes coréennes, en particulier la ville de Séoul, se sont rapidement étalées grignotant les ceintures vertes longtemps préservées. La région capitale coréenne souffre de la surpopulation qui fait augmenter très vite le prix immobilier de la Ville Capitale (Séoul) entrainant des projets de construction de villes nouvelles dans les espaces périurbains.

De ce fait, en Corée du Sud aussi, le concept de ville compacte commence à occuper une place centrale dans les stratégies de développement urbain à la fois pour les projets de villes nouvelles et de régénération des ville-centres.

Tenant compte des regards croisés sur ce concept, notre étude propose de discuter la forme actuelle, le processus de changement, et les enjeux des villes coréennes sous l'angle de la ville compacte.

Notre étude se déroulera de façon suivante : (i) Révision des théories pertinentes du concept de ville durable, afin de mieux cerner ses notion et examiner les problématiques autour de ce concept ; (ii) Analyse des espaces urbains variés en Corée du Sud, en particulier ceux de la région capitale, du point de vue de la ville compacte.

1. Discours théoriques

1.1. La notion de Ville compacte

1.1.1. La naissance du concept

Entrant dans l'âge moderne, l'étalement urbain prend une ampleur considérable dans le monde développé et la facilité de circulation automobile génère une nouvelle structure spatiale dispersée qui est grandement consommatrice de foncier. La ville moderne est modelée par la planification urbaine basée sur la pratique de zonage fonctionnaliste, la séparation stricte entre piétons et automobiles, le développement de la banlieue par le modèle du superblock, etc. Les déplacements sont réalisés majoritairement par des moyens de transports individuels créant la congestion routière, consommant l'énergie et l'espace, provoquant la pollution atmosphérique locale et globale, du bruit, des inégalités sociales (Bochet *et al.*, 2004).

Dans ce contexte, apparaissent des théories de planification proposées comme alternatives à la ville dispersée et dominée par l'automobile, telles que le *new urbanism*, la ville compacte, ou l'« urban village mouvement »[1] (Aldous, 1992). Parmi eux, le terme de ville compacte, inventé par les deux mathématiciens américains, George Dantzig et Thomas L. Saaty en 1973 influence considérablement les théories et pratiques urbaines jusqu'à présent. Depuis les années 1990, particulièrement à partir de la Conférence de Juin 1992 à Rio, les questions environnementales (le changement climatique, la lutte contre les émissions de la gaz d'effet de serre, la dégradation des sols) ont poussé la société globale à repenser une forme de ville plus dense avec un réseau de transports publics performants plus que jamais.

---

1 « Urban Village Mouvment » : un village urbain est de taille moyenne et se caractérise par la mixité d'usage des sols (résidentielle, commerciale, espaces publics, etc.) permettant à réduire les distances parcourues des habitants. La connexion par les transports collectifs, l'abondance des espaces publics et la priorité aux piétons sont des caractères les plus représentatifs de ce concept.

1.1.2. Les élements principaux de la ville compacte

L'élément le plus fondamental dans le concept de ville compacte est la densité urbaine. La densité peut signifier à la fois la densité démographique et celle bâtie.

Concentrant le flux de transports et les fonctions urbaines principales dans des espaces restreints, on cherche à optimiser la consommation d'espace et d'énergie en préservant les terrains non urbanisés, économisant le coût de construction et d'entretien des infrastructures et réduisant la pollution induite par l'utilisation des voitures individuelles. Incluant l'étude de P. Newman et J. Kenworthy (2000), un nombre d'études[2] ont confirmé une forte relation entre la consommation d'énergie dans les transports de personnes et la densité de population (Allaire, 2006).

Le concept de TOD (*Transit Oriented Development*) développé par P. Carlthrope en 1993, est une des approches de planification urbaine les plues connues qui poursuivent les objectifs de la ville compacte[3].

L'essence de cette notion de ville compacte reste dans les objectifs tels que la réduction de la distance domicile-travail, la préférence pour le renouvellement du centre plutôt que l'urbanisation des banlieues, la mixité des fonctions urbaines et la priorité aux modes de transports publics et doux (Conroy, Berke, 2004).

Plus récemment, à travers une recherche urbaine comparative, l'OCDE a réexaminé la valeur des politiques urbaines basées sur le concept de ville compacte dans l'objectif de développement durable. Dans cette initiative, la ville compacte pourrait améliorer l'efficience des investissements d'infrastructures et réduirait les coûts d'entretien des réseaux de transport, de distribution d'énergie, d'eau, de collecte et d'évacuation des déchets (OCDE, 2012). Dans la continuité, l'OCDE propose une autre vision de la ville compacte exclusivement consacrée aux villes coréennes, publiant un rapport intitulé, « Compact City Policies: Korea. Towards Sustainable and Inclusive Growth » en 2014. Dans ce rapport, l'OCDE signale le problème de l'inégalité économique entre les villes coréennes car la Région Capitale Coréenne monopolise

[2] En incluant les travaux de V. Fouchier pour l'Ile de France en 1997, intitulé « Les Densités Urbaines et le Développement Durable, le Cas de l'Ile de France et des Villes Nouvelles ». Paris, édition du SGVN.

[3] Le TOD l'établissement de collectivités dont les habitants peuvent facilement accéder à pied (c'est-à-dire dans un rayon approximatif de 600 mètres) à un noyau de services et de commerces, et à une station de transport collectif.

la population, la production et la richesse du pays. En outre, il indique également que les villes coréennes sont de plus en plus âgées, étalées et remplies de ménages d'une personne (OCDE, 2014).

1.1.3. Les critiques sur le concept de ville compacte

En développant la notion de ville compacte, nous avons déjà abordé à plusieurs reprises les bénéfices du modèle de la ville compacte pour le développement durable.

Cependant certains rétorquent que que la concentration de plusieurs millions d'habitants et d'activités économiques dans un espace urbain restreint peut conduire à de graves problèmes de congestion, en compromettant les objectifs écologiques de la sauvegarde de l'environnement et des économies d'énergie (Bochet *et al.*, 2004). Par exemple, dans les métropoles chinoises comme Pékin ou Shanghai qui sont très denses, leur densité excessive aggrave la congestion, la pollution et le manque de logements convenables (Allaire, 2006). De plus, le prix de l'immobilier peut grimper excessivement à cause des efforts de comprimer l'espace bâti urbain et cette situation peut devenir un fardeau pour ménages à revenus modestes (Helsley, Strange, 1995). Dans les villes compactes privilégiant le renouvellement urbain à la construction nouvelle, les conflits sociaux pourraient plus facilement éclater au cours de l'acquisition des terrains, ainsi que peuvent s'aggraver le problème de gentrification et d'exclusion sociale chassant les classes pauvres de la ville (Kang a, 2012).

Il ne suffit pas de réduire seulement l'étalement urbain physique, il est aussi important de considérer la relation entre la localisation de l'habitat et les opportunités de travail pour mieux maîtriser la compacité urbaine (Bochet *et al.*, 2004 ; Kim, Ahn, 2011).

La question de la préférence des ménages pour un logement spacieux se pose également. Dans le contexte occidental de la France, une enquête auprès de 3 800 français (réalisée en 2010) révèle une préférence française marquée pour l'habitat individuel (Katossky, Marical, 2013). L'aspiration à un cadre de vie peu dense soulève aussi une contradiction avec une idéologie affirmée de réduction de la consommation d'espace (Marry, Arantes, 2013).

Enfin, la ville compacte peut entraîner la surdéveloppement dans quelques zones dotées des équipements et services plus performants en aggravant les effets de reflux (*backwash effect*) au détriment des arrière-pays (Kang a, 2012).

1.2. Villes compacte en Corée : de l'idéologie à la réalité

1.2.1. Reconnaissance idéologique et apparence trompeuse ?

La Corée du Sud, étant petite en termes de superficie (99 720 km^2 ; le 109e État dans le classement mondial), est un pays fortement peuplé (50 924 172 habitants en 2016 ; le 28e pays dans le monde) et urbanisé (plus de 82 % des Coréens vivent en ville). La densité de population du pays est 505 hab/km^2[4] (le 12e dans le monde)[5]. Le pays a connu une urbanisation rapide à partir des années 1960 grâce à un taux de natalité très élevé (période de *babyboom*) et un exode rural massif en concentrant la population dans la région capitale. Au fur et à mesure que Seoul, ville capitale, grandissait, ses provinces environnantes, Gyeonggi et Incheon, étaient intégrées dans une vaste région, connue sous le nom de Région Capitale. Alors que la région représente à peine plus de 10 % du territoire sud-coréen, il comptait 25,7 millions de résidents en 2012[6].

Les villes coréennes, en particulier, celles dans la région capitale sont bien denses et le peuple coréen a une nette préférence pour les logements collectifs de type grands ensembles à tel point que la Corée du Sud est surnommée « République des appartements » (Gelézeau, 2001). De ce fait, les villes coréennes (en particulier Séoul et les grandes autres métropoles) semblent incarner accidentellement le concept de ville compacte.

---

4 Le 12e dans le classement mondial en termes de densité.

5 Les statistiques et le classement de la Corée du Sud en 2016 : Site du CIA World Factbook. https://www.cia.gov/library/publications/the-world-factbook/geos/ks.html.

6 East Asia Forum. 2016.02.28 « South Korea's urban development dilemma » http://www.eastasiaforum.org/2014/02/28/south-koreas-urban-development-dilemma/.

Figure 1 : *Carte de Corée du Sud et la localisation de Séoul, Incheon et Gyeonggi*

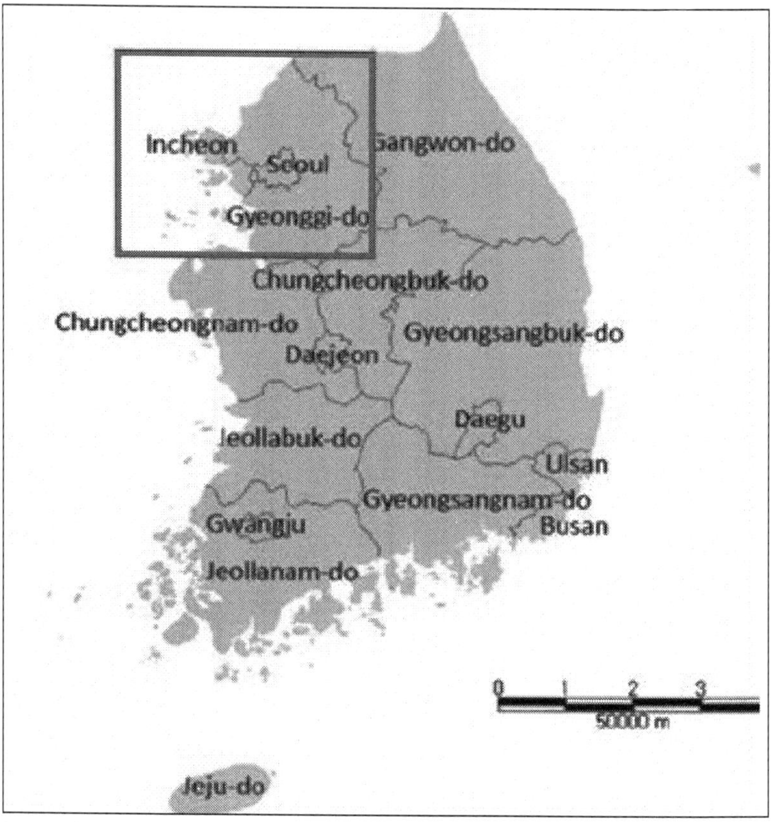

Source : https://www.researchgate.net/figure/262847623_fig1_Fig-1-Map-of-study-area-South-Korea-includes-16-provinces-of-Seoul-A01-Busan-A02

Cependant, le phénomène d'étalement urbain est bien marqué dans cette gigantesque conurbation. Même si ses villes semblent être fortement verticalisées et denses en apparence sous l'effet des opérations de rénovation urbaine depuis les années 1980, leur morphologie n'a pas pour autant gagné en matière de compacité. Au contraire, les espaces urbanisés s'agrandissent sans cesse en grignotant les territoires périphériques restés ruraux, tandis que les zones centrales sont remplies de constructions plus ou moins désordonnées. Pour cette raison, notre étude portera une attention particulère sur la ville de Séoul et les villes nouvelles situées dans la région capitale.

La compactié apparente ne s'est pas réalisée par une planification intelligente mais elle est arrivée accidentellement après des opérations immobilières commerciales sans grandes considérations environnementale et sociale. Ses résidents souffrent d'une pénurie de logements abordables et des modes de déplacements mal structurés (OCDE, 2014). Les citadins, obligés de consacrer un temps considérable pour se déplacer, préfèrent privilégier le trajet direct en voiture.

Afin d'affronter ces problèmes difficiles, en 2011, la volonté de promouvoir la ville compacte à la coréenne est officialisée par le 4e plan général d'aménagement territorial pour la première fois dans l'histoire coréenne (MOLIT, 2012). Dans ce plan, le modèle de ville compacte est considéré comme une stratégie structurante pour les objectifs environnementaux. Il est aussi encouragé de privilégier la stratégie de régénération urbaine basée sur la théorie de TOD (MOLIT, 2012) et la récupération des « brown fields » dans les quartiers dégradés de la ville existante.

1.2.2. Les différents espaces urbains de la Corée du Sud

1.2.2.1. Ville de Séoul

Dense et peuplée, la ville de Séoul a connu l'étalement urbain très accentué en raison de la croissance démographique rapide. Sa population était inférieure à 2 millions dans les années 1950, mais a augmenté à plus de 10 millions dans les années 1990. Cependant, la croissance démographique de Séoul *intramuros* est en état de stagnation depuis les années 1990 et sa projection prognostique une tendance de décroissance[7]. La densité de Séoul en 1990 était de 17 500 hab/km^2, mais en 2010 elle est en baisse avec 16 200 hab/km^2 (Kang a, 2012).

En effet, le gouvernement sud-coréen a mis en place certaines mesures pour contrôler l'étalement urbain depuis les années 1970. La ceinture verte (superficie totale : 1 566,8 km2) est construite autour de la ville de Séoul pour le contrôle de la qualité d'air, l'approvisionnement en eau et la préservation de la faune et de la flore (Kang b, 2014). Cependant, il est difficile de maintenir ces espaces verts due à une pression massive de nouvelles constructions.

---

7 Site de Seoul Solution, https://seoulsolution.kr/ko/content/%EC%A7%80%EB%8F%84%EB%A1%9C-%EB%B3%B4%EB%8A%94-%EC%84%9C%EC%9A%B8.

En outre, le pourcentage des ménages d'une personne augmente rapidement[8] en altérant drastiquement le besoin en logement dans la ville par rapport aux décennies précedentes. De ce fait, même si la croissance démographique de la ville est en état de stagnation, il est toujours difficiles de trouver des logements abordables pour les classes populaires à Séoul.

Pour mieux affronter les défis actuels, la ville de Séoul, très étendue, doit repenser à la réduction de la distance travail-domicile (dont la superficie de Séoul *intramuros* dépasse 605 km^2). Tous les jours, plus de 1,25 millions de travailleurs habitant en banlieue entrent dans la ville, effectuant quotidiennement des migrations pendulaires[9]. Dans l'objectif de mieux gérer le flux de circulation, le principe de TOD doit être privilégié pour contrôler l'utilisation des voitures individuelles et il faut prévoir la taxe sur le trafic dans les parties centrales de la ville (Hwang, Cho, 2005).

En même temps, la politique de ville compacte doit se focaliser sur la récupération des espaces centraux et péri-centraux en améliorant aussi les politiques du logement et de l'emploi. En 2006, une recherche a été effectuée sur la distance travail-domicile auprès des travailleurs dans la ville : la distance moyenne se diversifie selon les revenus. Les travailleurs à revenus plus élevés font un trajet plus long car les classes moyennes-hautes n'arrivent pas trouver un logement de bonne qualité proche des quartiers affaires (Kim, Ahn, 2011). Ce phénomène se reproduit même dans les quartiers péricentraux : ils se dégradent rapidement mais à cause des prix immobiliers déjà élevés, les logements sont toujours chers sauf l'habitat insalubre. Alors, il est nécessaire de prévoir des résidences de qualité raisonnable tout en fournissant davantage les logements sociaux dans les quartiers péricentraux. En même temps, il est recommandé de prévoir l'implantation de PME dans les quartiers populaires pour offrir plus d'emplois proches des classes populaires.

Cependant, il est difficile de concevoir une ville compacte mono-nucléaire dans la région qui est très étendue. Une forme polynucléaire sera plus appropriée en privilégiant le principe de concentration décentralisée (Lee, Hwang, 2011).

---

8 Le moyen national du pourcentage des ménages d'une personne s'augmente de 5 % en 1980 à 24 % en 2010, en Corée du Sud (OCDE, 2014). Ce phénomène s'accentue davantage dans la ville de Séoul où les travailleurs cherchent un logement plus près de leur lieu de travail.

9 Seoul Research Database Service. http://data.si.re.kr/node/329.

1.2.2.2. Les villes nouvelles de la première génération dans la Région Capitale

Dans les années 1980, le Gouvernement coréen a urbanisé des zones rurales dans l'objectif de construire les villes nouvelles.

En 1988, le gouvernement a mis en place un vaste plan quinquennal d'aménagement dans le but de fournir des logements pour accueillir au moins 1,17 millions d'habitants. Le plan consiste à développer cinq villes nouvelles dans les environs de Séoul dont les prix des terrains étaient encore faibles : Bundang, Ilsan, Jungdong, Sanbon et Pyeongchon jusqu'à 1996 en respectant les principes suivants (Krihs, 2012). Le trajet doit s'effectuer en moins d'une heure du centre de Séoul jusqu'aux centres des villes nouvelles (dans la couronne de 20-25 km).

Elles sont considérées comme la première génération de villes nouvelles à caractère résidentiel en Corée du Sud. Le Master Plan de ces villes nouvelles est connu pour être influencé par le concept de village urbain (*Urban village mouvement*) (Aldous, 1992). La densité de ces villes est considérable avec une densité moyenne de 28 100 habitants au km^2 (Kang a, 2012), car la majorité de logements sont les appartements de grande hauteur (entre 15-20 étages). Aussi ces villes sont très bien desservies par les transports publics par rapport à d'autres villes de la Région Capitale.

En effet, plusieurs chercheurs ont examiné la densité de population et la surface des différents espaces (publics, commerciaux, verts, etc.) de ces villes, découvrant que les cinq villes nouvelles sont un peu trop vastes géographiquement, plus peuplées et ont moins d'espaces verts pour être une ville compacte idéale (Kim *et al.*, 2007). Malgrè ces défauts, les chercheurs ont estimé que ces villes ont relativement bien réussi à offrir un cadre de vie agréable et à être moins consommatrices de sols (Kim *et al.*, 2007).

Le revers de la médaille de ce succès est que ces villes nouvelles ont entrainé un problème inattendu car leur cadre résidentiel plus agréable, par rapport à d'autres quartiers résidentiels de la région, a encore accéléré la concentration de la population dans la région capitale et a entravé le développement national équilibré. En peu de temps, les travailleurs à revenu modeste devaient se déplacer encore plus loin parce que les prix du logement augmentaient aussi vite dans ces villes que dans la ville centre de Séoul.

1.2.2.3. Les villes nouvelles de la seconde génération

Après le grand succès commercial de la première génération, le gouvernement a décidé de poursuivre le projet de construction de villes nouvelles dans la Région Capitale. Ces villes nouvelles dans les années 2000, dites les villes nouvelles de la 2nde génération (Pangyo, Dongtan, Gimpo, Paju, Gwanggyo, Yangju-Okjeong, Yangju-Hoecheon, Songpa, Pyeongtaek, Geomdan et Dongtan), sont conçues pour être respectueuses de l'environnement et pour apparaître comme des villes autonomes. Construites de 2001 à 2015, les villes nouvelles dont la superficie totale est de 13 075 ha, sont prévues d'accueillir au total 1,53 millions d'habitants et situées à 20-40 km du centre-ville de Séoul (Krihs, 2012). Bien que les zones montagneuses aient été fortement endommagées au cours du développement des villes nouvelles précédentes, les villes nouvelles de la 2nde génération sont conçues de manière plus « écologiques » en respectant les espaces naturels et la circulation écologique de l'eau (Krihs, 2012).

Néanmoins, ces villes nouvelles des années 2000 soulèvent plus de questions en termes de compacité. En termes de densité, les villes de la 2nde génération ont une densité nettement plus faible de 11 200 hab/km^2 par rapport aux villes de la première génération (28 100 hab/km^2). Plus ironiquement, les stratégies de développement de ces villes mettent en avant le concept de « ville compacte » très ambitieusement en même temps qu'elles affichent des slogans promouvant un cadre de vie agréable grâce à la faible densité ! Ce paradoxe suppose premièrement, que le concept de ville compacte n'est pas bien appréhendé par les concepteurs (ou les responsables de la promotion immobilière) et deuxièmement qu'il existe, en Corée du Sud aussi, un conflit entre l'aspiration sociale préférant un environnement résidentiel moins dense et plus respirable et l'idéologie du développement urbain durable comme abordé précédemment.

Figure 2 : *La localisation des villes nouvelles dans la Région Capitale Coréenne*

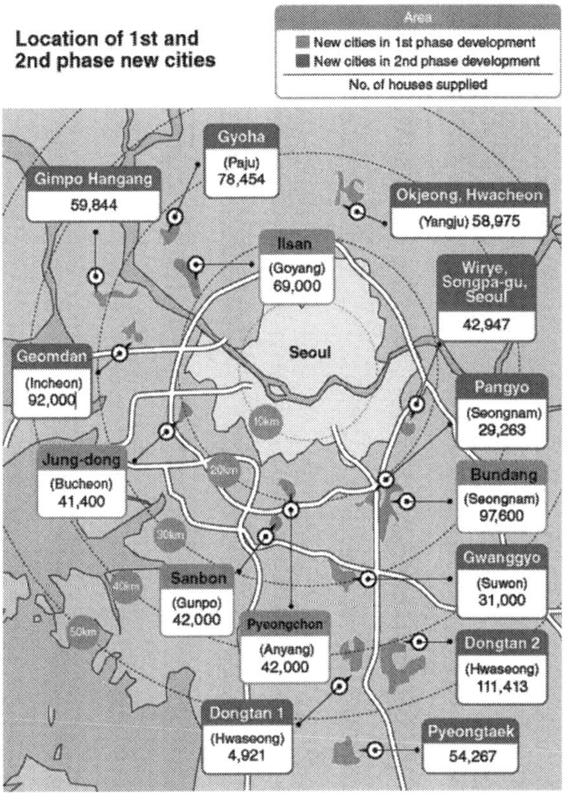

Source : http://www.koreaherald.com/view.php?ud=20130715000896

En outre, ces villes sont encore plus éloignées de la Capitale et majoritairement résidentielles, ce qui ne créent pas beaucoup d'emplois. La migration quotidienne devient un problème de plus en plus sérieux.

Dans la Région Capitale, désormais il faut rendre les villes nouvelles plus autonomes en respectant la mixité et la diversité des fonctions urbaines (logement, travail, services) pour octroyer à ces villes le statut de noeud urbain dans l'objectif de réaliser le principe de concentration décentralisée.

Conclusions

Notre étude consiste à revoir le concept de ville compacte à travers le contexte urbain des villes coréennes. La ville capitale, les villes nouvelles dans la Région Capitale, les grandes métropoles provinciales, etc., les différents types d'espaces urbains coréens ont leurs propres problèmes en fonction de leur situation. Toutefois, l'étalement urbain est un défi commun à relever.

Pour la ville de Séoul, le plus grand objectif consiste en la réduction de la distance travail-domicile et celle de l'utilisation des voitures individuelles. Pour y aboutir, il faut bien harmoniser les politiques du logement, des transports et de l'emploi. Aussi la récupération des quartiers péricentraux est une des problématiques importantes du point de vue de la ville compacte.

Les villes nouvelles, les villes plus récentes sont promues pour être plus durables mais en réalité elles sont beaucoup moins denses et devenues un des facteurs de l'étalement urbain plus poussé. En effet, il semble plus facile à appliquer le principe de ville compacte aux villes nouvelles faites *ex-nihilo* qu'aux villes existantes. Cependant, les villes nouvelles plus récentes en Corée ne sont pas forcément plus compactes malgré la prise de conscience de l'importance de la compacité urbaine par les décideurs urbains coréens.

Quelle que soit la forme urbaine, les villes coréennes doivent embrasser les élements principaux de la ville compacte comme la mixité de fonctions dans les villes et le principe de concentration décentralisée sous forme polynucléaire.

Bibliographie

Aldous T., 1992, *Urban villages: a concept for creating mixed-use urban developments on a sustainable scale,* London, Urban Villages Group.

Allaire J., 2006, « Quelle place pour l'automobile dans la mutation des villes chinoises ? », in *Infrastructures et énergie*, Genève, Cuepe.

Bochet B., Gay J.-B., Pini G., 2004, « La ville dense et durable : un modèle européen pour la ville ? », *Géoconfluences*, document en ligne, consulté le 21-12-2016. http://geoconfluences.ens-lyon.fr/doc/transv/DevDur/DevdurScient3.htm

Conroy M., Berke P., 2004, « What makes a good sustainable development plan? An analysis of factors that influence principles of sustainable development », *Environment & planning* A 36(8), 1381-1396.

Fouchier V., 1997, *Les Densités Urbaines et le Développement Durable, le Cas de l'Ile de France et des Villes Nouvelles*, Paris, édition du SGVN.

Gelézeau V., 2001, « La modernisation de l'habitat en Corée du Sud. Usage et image des appartements de style occidental », *Annales de géographie*, Paris, Armand Colin, 405-424.

Hanin Y., 2007, « De la ville étalée à la ville éclatée », *Les Cahiers de l'urbanisme*, n° 63, 32-36.

Helsley R., Strange W., 1995, « Strategic growth controls. Regional Science and Urban Economics », *Elsevier*, vol. 25(4), 435-460.

Hwang K., Cho Y., 2005, « Evaluating the Traffic Impacts of High-Density Development in the Downtown of Seoul », *Journal of the Korea Planning Association*, 40(3), 91-105. (Coréen).

Kang M., 2012, « Three Inherent Conflicts over Compact City: Social Welfare vs Individual Interest », *Journal of The Korean Regional Development Association* 24(4), 27-40. (Coréen).

Kang L., 2014, « South Korea's Sustainable Urban Planning and Environmental Technology», *Discussions,* vol. 10, n° 1.

Katossky A., Marical F., 2013, « Une maison plutôt qu'un appartement : un net effet sur le consentement à payer », *Urbanisation et consommation de l'espace, une question de mesure*. 2012/3.

Kim H., Ahn K., 2011, « The Effects of Compact City Planning Strategies on Commuting Distance of Different Income Levels: focused on Seoul », Korea, *Journal of The Urban Design Insitute of Korea*, 12(1), 55-70. (Coréen).

Krihs, 2012, *Korean Version of New Town Development*.

Lee W., Hwang C., 2011, « A Measurement of Urban Compactness in Seoul Metropoliton Area », *The Geographical Journal of Korea*, 45(1), 163-173. (Coréen).

Marry S., Arantes L., 2013, « Étalement et densité : quels enjeux urbains à l'œuvre dans la conception des formes urbaines ? », *Les Cahiers du développement urbain durable*, Observatoire universitaire de la Ville et du Développement durable, 195-217.

MOLIT (Ministry of Land, Infrastructure and Transport), 2012, *4e plan général d'aménagement du territoire national* (version modifiée).

Newman P., Kenworthy J., 2000, « Sustainable Urban Form: The Big picture », *Achieving Sustainable Urban Form*. E, FN Spon, edit. Williams, Burton & Jenks.

OCDE, 2012, Compact City Policies: A Comparative Assessment, OCDE.

OCDE, 2014, Compact City Policies: Korea. Towards Sustainable and Inclusive Growth, Coll. 'OECD Green Growth Studies'.

Ville de Daegu, 2015, *Urban planning news*, n°22, 2015-03, Urban planning department of Daegu. (Coréen).

Yu M., 2013, Chapter 1 « New Town Developments in Korea: Then and Now », *Urban Megaprojects: A Worldwide View*, vol. 13, Emerald Group Publishing Limited, 3-25.

Web Documents

MOLIT, 2015, *New Town Policy of Korea. PPT presentation*, consulté le 10-12-2016. http://www.urbangateway.org/icnup/sites/default/files/Korean%20New%20Town%20Policy.pdf.

The Korea Herald, « New city development scheme spurs urbanization, concentration in capital area », *The Korea Herald*, 2013-07-15, consulté le 09-12-2016. http://www.koreaherald.com/view.php?ud=20130715000896.

Seoul Research Database Service, consulté le 09-12-2016. http://data.si.re.kr/node/329.

Touati A., 2015, *Des appartements accessoires source de logements abordables à Guelph (Canada, Ontario)*, consulté le 10-12-2016. http://www.citego.org/bdf_fiche-document-301_fr.html.

Structure spatiale et émissions de polluants dus aux transports

Le cas des provinces chinoises

Laëtitia Guilhot
MCF-CREG, Université Grenoble-Alpes

André Meunié
MCF-GREThA, Université de Bordeaux

Guillaume Pouyanne
MCF-GREThA, Université de Bordeaux

Introduction

La stratégie de développement de la Chine a permis d'atteindre des taux de croissance élevés, et le pays s'est ainsi industrialisé et urbanisé très rapidement (Guilhot, 2015). Ces changements ont conduit à une forte consommation d'énergies fossiles. Les principaux polluants atmosphériques (PM_{10}, $PM_{2,5}$, NO_x, SO_2) sont présents en concentration élevée en Chine (OCDE, 2013)[1], et les seuils de l'OMS y sont fréquemment dépassés.

Si les préoccupations environnementales apparaissent dès les années 1980 sous forme « d'ébauches » (Balme, Romano, 2014), elles ne se sont vraiment affirmées que de façon récente. Alors que le XIIe Plan (2011-2015) est déjà qualifié de « révolution verte chinoise » (Geal *et al.*, 2011), le XIIIe Plan (2016-2020) fixe des objectifs encore plus ambitieux,

[1] Le SO_2 est un polluant produit essentiellement lors de la combustion du charbon (pour la production d'électricité notamment), le NO_x provient essentiellement de la

notamment dans le domaine de l'énergie[2]. La Chine entre dans un processus de transition écologique (encadré).

Mesures et contrôles des émissions de polluants atmosphériques en Chine

La préoccupation environnementale est apparue dans les années 1970 avec la création de la *State Environmental Protection Administration* (SEPA) en 1974. Il faudra attendre, néanmoins, 1988 pour qu'une loi sur le contrôle et la prévention de la pollution atmosphérique soit mise en place (*Air Pollution Prevention and Control Law* – APPCL). Elle a été révisée, depuis, en 1995 et en 2000.

Pour la première fois, dans le IXe plan (1996-2000), des objectifs de réduction de polluants atmosphériques sont apparus. La même année, des normes nationales sur la qualité de l'air ambiante, NAAQS (*National Ambient Air Quality Standards*) (GB3095-1996) ont été instaurées (Wang et Hao, 2012). Elles ont permis de mettre en place un indice sur la pollution atmosphérique (API, *Air Pollution Index*).

Février 2012, de nouvelles normes sur la qualité de l'air ambiante (GB3095-2012) sont publiées. Elles intègrent des limitations sur les émissions de $PM_{2,5}$ et sur l'ozone, ce qui n'était pas le cas jusqu'alors. Ces nouvelles normes permettent de calculer un nouvel indice sur la qualité de l'air, *Air Quality Index* qui inclut la concentration des émissions de six polluants ($PM_{2,5}$; PM_{10} ; SO_2 ; NO_2 ; O_3 et CO) (Hao et Liu, 2016). Il remplace l'API. En septembre 2013, le Conseil d'État a mis en place un « Plan d'action pour le contrôle et la prévention de la pollution de l'air » qui instaure une série d'initiatives visant à réduire les émissions de polluants atmosphériques dont une baisse de la part du charbon dans la consommation totale d'énergie, une offre de carburants plus propres et l'élimination progressive des véhicules polluants (Le Pavec, Bonnet, 2014).

Le XIIIe Plan quinquennal (2016-2020), adopté à l'automne dernier, devrait continuer dans cette lignée. Pour l'heure, les différents objectifs de contrôle des émissions de polluants atmosphériques ne sont pas encore connus.

Les villes ou les provinces peuvent aller au-delà des mesures instaurées au niveau national et promulguer des mesures et des règlementations locales. C'est le cas de Pékin en 2000 avec « Measures for Implementation of Air pollution Prevention and Control Law », du Guangzhou en 2005 avec « Regulation on Prevention and Control of Air Pollution » et de Shanghai en 2008 avec « Measures for Implementation of Air Pollution Prevention and Control Law » (Feng et Liao, 2016).

---

combustion d'énergies fossiles (par les industries, le chauffage ou les véhicules) et les PM sont des polluants liés à la mobilité, aux industries et au chauffage.

2 Notamment : réduire l'intensité carbone de 18 % et l'intensité énergétique de 15 % d'ici 2020 ; plafonner la consommation de charbon à 5 millions de tonnes ; développer l'utilisation des énergies vertes ; financer l'innovation dans les technologies *low carbon*.

À cette transition écologique se superpose une transformation de l'organisation spatiale du territoire. Dans les provinces les plus développées, les activités tertiaires et résidentielles prennent progressivement le relais des activités industrielles, souvent délocalisées dans les provinces de l'ouest (Liu *et al.*, 2012). Ainsi, dans les villes les plus riches comme Pékin ou Shanghaï, les déterminants de la pollution se modifient graduellement : à une consommation massive de charbon se substitue un trafic routier en forte augmentation (Wang, Hao, 2012). Cette « modernisation » de la pollution urbaine pose la question du rôle des villes dans la pollution atmosphérique.

L'urbanisation de la Chine s'est très fortement développée lors des trente dernières années, pour atteindre le seuil symbolique des 50 % en 2011. Entre 1978 et 2013, la population urbaine est passée de 172 à 731 millions de personnes, principalement sous l'influence de la migration, facilitée par la réforme du Hukou en 1984. Or, si les villes sont bien la structure spatiale la plus efficace en termes d'*émissions* de polluants, elles subissent, pour la même raison, les plus grandes *concentrations* de polluants (Nicolas *et al.*, 2001).

Les enjeux sont donc d'importance. Tout d'abord, le taux d'urbanisation reste relativement faible pour un pays ayant atteint ce stade de développement (dans les autres BRICS[3], le taux d'urbanisation est généralement supérieur à 60 %, et à 80 % dans les pays développés), il ne fait donc aucun doute qu'elle va continuer, voire s'amplifier. Il s'agit donc non seulement de prêter attention aux impacts environnementaux de cette urbanisation à venir, mais encore de la planifier correctement. Ensuite, le modèle d'urbanisation chinois se modifie graduellement, pour converger vers les grandes lignes de l'urbanisation des pays occidentaux :

- Dès les années 1980, l'urbanisme est pensé comme un facteur de développement économique (Xu, 2008), et se traduit par la reproduction à l'envi de méga-blocs identiques et monotones, desservis par des réseaux routiers à forte capacité. Cette « architecture de la photocopieuse » (Doulet, 2015) laisse aujourd'hui de plus en plus la place à un nouveau modèle de développement urbain, centré notamment sur les problématiques environnementales (ville durable) et l'intégration des nouvelles technologies dans le fonctionnement urbain (*smart city*).

[3] L'acronyme BRICS regroupe les pays suivants : Brésil, Russie, Inde, Chine et Afrique du Sud.

– Parallèlement, la libéralisation du marché foncier dans les années 1990 a fait émerger un modèle d'urbanisation de type « entrepreneurial » (Wu, 2015), où les autorités locales ont cherché à valoriser les ressources foncières – un modèle qui se rapproche du modèle « néolibéral » largement étudié (et idéologiquement contesté) dans les villes occidentales (Pinson, 2010). Inévitable dans un tel contexte, un certain étalement urbain émerge, comme en témoigne la diminution des densités dans neuf des dix plus grandes villes chinoises entre 1996 et 2000 (Chen *et al.*, 2008).

La Chine serait donc confrontée à une double évolution, portant en son sein une augmentation sensible des émissions polluantes : l'étalement d'une part, dont la littérature a depuis longtemps établi la concordance avec l'usage de l'automobile dans les déplacements quotidiens (Ewing, 1997) et la croissance de la motorisation d'autre part, alimentée par l'augmentation des revenus – le parc automobile chinois a été multiplié par trois entre 2007 et 2012 (Meunié, Pouyanne, 2015).

Dans la plupart des pays développés, la réponse à ce double mouvement a été de privilégier le modèle de Ville Compacte comme stratégie d'adaptation. Caractérisée par des densités élevées et une continuité dans l'urbanisation (Burton, 2000), la Ville Compacte s'affirme très tôt comme une « forme urbaine durable » (Jenks *et al.*, 1996). Elle naît de la publication, en 1989, de la « courbe de Newman et Kenworthy », qui établit une relation décroissante entre la densité urbaine et la consommation d'énergie pour trente-deux villes dans le monde (Newman, Kenworthy, 1989). Les fortes densités permettent en effet de raccourcir les distances parcourues et de favoriser l'usage des modes alternatifs à l'automobile, diminuant ainsi les émissions polluantes dues à la mobilité quotidienne (Gallez, Hivert, 1998).

Ces « avantages comparatifs » de la Ville Compacte (Pouyanne, 2004) découlent en fait d'une stigmatisation de l'étalement urbain, sensible dès le début des années 1990[4]. La littérature va très vite le qualifier de « forme coûteuse » (*dispendious form*) de la croissance urbaine (Ewing, 1997, 108) : en effet, si l'étalement urbain est bien la résultante d'un choix individuel rationnel de la part des ménages qui arbitrent en faveur d'une localisation périphérique, il fait peser sur la collectivité un ensemble de coûts dits « sociaux » car non payés directement par l'individu qui en est

[4] Stigmatisation qui va donner lieu à des échanges parfois violents : Gordon et Richardson vont ainsi dénoncer, dans la promotion des fortes densités par Newman et Kenworthy, une « pékinisation des villes américaines » (Gordon et Richardson, 1989).

la source : consommation extensive de sols, éparpillement des services publics, et surtout surconsommation d'énergie et émission de polluants pour les déplacements quotidiens.

C'est ainsi que la Ville Compacte est devenue, au tournant des années 2000, le modèle de référence de l'aménagement urbain dans les pays développés. Dénommé *urban containment* aux États-Unis (Dawkins, Nelson, 2002) ou ABC aux Pays-Bas (Welkers, 1997), la France priorise dès la fin des années 1990 le double objectif de contrôle de l'étalement et de « reconstruction de la ville sur elle-même » dans la loi SRU[5]. La lecture des Plans Locaux d'Urbanisme convainc de cet accent mis sur « l'intensification urbaine » : Poitiers, Lyon, Rennes, Bordeaux ne sont que des exemples d'une tendance aujourd'hui généralisée (Pouyanne, 2005). L'idée sous-jacente est que les autorités publiques se doivent, par son intervention sur la forme urbaine, d'internaliser les coûts sociaux de l'étalement en favorisant la compacité urbaine.

Ainsi, confrontée à une motorisation en pleine croissance et à un étalement urbain difficile à contrôler, la Chine s'intéresse de plus en plus près à la Ville Compacte : en témoignent ces villes, comme Xiamen, qui « acclimatent » les grands principes de la compacité (Morand, 2017). Nous adoptons une approche résolument empirique pour tester, dans le cas des provinces chinoises, l'influence de la structure spatiale sur la motorisation et les émissions de polluants dues à la mobilité quotidienne. Après une revue de la littérature décrivant les principaux mécanismes à la source de l'interaction entre la structure spatiale et la mobilité quotidienne, nous présentons les sources de données et la méthode employée, pour finir par exposer nos résultats, qui confirment dans une large mesure les hypothèses de départ : la densité, mais aussi sa répartition dans l'espace, influent sur les comportements de mobilité des habitants.

1. Les déterminants théoriques de la mobilité quotidienne

La littérature scientifique internationale classe en deux grandes catégories les déterminants de la mobilité quotidienne : les déterminants socio-économiques d'une part, tels que le revenu, l'âge, le genre, etc. – et les déterminants liés à la structure spatiale, ou à la forme urbaine,

---

[5] Loi n° 2000-1208 du 13 décembre 2000 relative à la solidarité et au renouvellement urbain.

tels que la densité, la mixité des usages du sol, etc. (Frank, Pivo, 1994). Une des rares études chinoises portant sur les déterminants de la mobilité quotidienne confirme la pertinence de cette distinction théorique dans le cas de Guangzhou (Cao *et al.*, 2009).

L'impact de la structure spatiale sur les comportements de mobilité passe par deux canaux principaux : l'intensité d'occupation du sol d'une part et le degré de polarisation de la population d'autre part. Examinons-les successivement.

L'intensité d'occupation du sol mesurée par la densité. L'étude séminale de Newman et Kenworthy (1989), qui mettait en évidence une relation négative très forte entre la densité urbaine et la consommation d'énergie pour les transports, a été maintes fois confirmée depuis (Ewing, Cervero, 2010, pour un survey), mais aussi développée (Cervero, Kockelman, 1997). Les fortes densités encouragent le transfert modal en permettant d'améliorer la compétitivité-temps des modes alternatifs tout en dégradant la compétitivité-temps de l'automobile :

- D'abord, les fortes densités rapprochent, toutes choses égales par ailleurs, l'origine de la destination du déplacement, car « la densification urbaine [est] avant tout la recherche d'une maximisation des proximités » (Berroir *et al.*, 1995, 45). Ce raccourcissement des distances de déplacement provoqué par les fortes densités (Levinson, Kumar, 1997 ; Chatman, 2003) produisent une « ville des courtes distances » (Commission Européenne, 2007) où les modes alternatifs à l'automobile, malgré leur vitesse plus faible, restent compétitifs ;
- Ensuite, les fortes densités, en accroissant la congestion, dégradent l'avantage principal de l'automobile : la vitesse. Cette posture de « régulation par la congestion » a été adoptée de manière implicite par de nombreuses villes, souvent doublée par la mise en place de transports en commun en site propre ;
- Enfin, les fortes densités permettent une desserte plus efficace par les transports en commun et accroissent leur fréquentation (Ross, Dunning, 1997 ; Rajamani *et al.*, 2003) et leur rentabilité (Kenworthy, Laube, 1999).

Mais au-delà des fortes densités, un élargissement de la problématique à la forme urbaine va conduire à questionner, plus globalement, le rôle de la structure spatiale dans les déplacements quotidiens, avec un questionnement sur les avantages comparés des structures mono- et polycentriques.

Le degré de polarisation de la population ou la répartition spatiale des densités. La densité moyenne cache souvent des disparités importantes à une échelle spatiale plus réduite. La littérature se concentre essentiellement sur les avantages comparés des structures monocentriques et polycentriques en termes d'efficacité des déplacements.

Si dans un premier temps, la structure monocentrique était considérée comme la plus efficace, car elle concentre l'ensemble des flux de déplacement sur un point unique (Hamilton, 1989 ; Small, Song, 1992), très vite l'étalement urbain a considérablement accru la superficie urbanisée, et par conséquent la longueur des déplacements. L'émergence d'une structure urbaine polycentrique est une réponse à cette sous-optimalité provoquée par l'étalement : les centres périphériques, en tant qu'attracteurs de déplacements quotidiens, ont « pris le relais » du centre unique traditionnel.

Cependant, l'effet de la polycentralité sur les déplacements est ambigu (Cervero, Wu, 1998). D'un côté, elle permet à l'étalement urbain de se déployer encore davantage, accroissant les distances moyennes de déplacement ; elle complexifie aussi les déplacements (développement des déplacements de périphérie à périphérie, difficiles à assurer en transports en commun, traditionnellement organisés selon une logique radiale). De l'autre, en faisant émerger des centres périphériques polarisateurs de déplacements, la polycentralité urbaine permet d'adosser à ces centres un système de transports en commun performant car permettant la massification des déplacements, à l'instar de Tokyo ou du projet de « Grand Huit » du Grand Paris. Ces logiques de « *Transit-Oriented Development* » sont actuellement privilégiées dans la plupart des grandes métropoles (Laliberté, 2002).

2. Données et méthode

Malgré la très faible disponibilité des données sur la mobilité à l'échelle urbaine en Chine, les données à l'échelle provinciale sont très précisément documentées dans les *Statistical Yearbooks*. Bien que l'échelle soit très large, il est possible de reconstituer la structure spatiale provinciale, sous les deux aspects développés *supra* :

- Des indicateurs d'urbanisation (taux d'urbanisation provincial) et de densité (densité brute et densité des aires construites), bien qu'il s'agisse d'une densité moyenne pour l'ensemble des aires urbanisées d'une province ;
- Des indicateurs de répartition des densités au sein de la province, construits à partir d'un système d'information géographique

développé par les auteurs. L'indice de Theil (éq. 1) mesure le degré de concentration de la densité au sein de la province, une mesure plus systématique que, par exemple, la part de la plus grande ville dans la population provinciale. En outre, l'indice gravitaire (éq. 2) donne une estimation de la population dans un rayon de 200 km autour d'une ville donnée, pondérée par l'éloignement ; cet indicateur, classique en géographie, est considéré comme un bon prédicteur des flux entre unités spatiales.

$$(1)\ \sum_{i=1}^{n} \frac{X_i}{S_i} . \log \frac{X_i}{S_i}$$

avec *Xi* la densité de la ville *i*, et *Si* la densité moyenne de la province

$$(2)\ \text{IG} = \sum_{i=1}^{n} \frac{p_i \cdot p_j}{d_{ij^2}}$$

avec *Pi,j* la population des villes i,j ; *dij* la distance (à vol. d'oiseau) entre les villes i et j.

Cependant, les données issues du SIG ne sont disponibles que pour une année de référence (2011). En raison des contraintes sur les données et du nombre relativement faible de provinces, nous proposons une stratégie économétrique relativement simple. Il s'agit avant tout de relier divers indicateurs de mobilité à la structure spatiale de chaque province, tout en y incluant un certain nombre de variables de contrôle, telles que le revenu. Le Tibet, en raison de données manquantes, est exclu de l'analyse. Enfin, en présence d'hétéroscédasticité sur les résidus, nous opérons une correction de White, et nous testons la multicolinéarité au moyen du calcul systématique des VIF (*Variance Inflation Factor*)[6].

[6] La correction dite « de White » fournit une estimation convergente de la matrice des variances-covariances des paramètres estimés, et permet ainsi de réaliser les tests post-estimation (White, 1980). La Variance Inflation Factor (VIF) quantifie la sur-estimation de la variance du coefficient en présence de multicolinéarité. La règle généralement retenue pointe un problème de multicolinéarité pour des VIF supérieures à 10. Ici, aucune VIF ne dépasse 5.

3. Une confirmation de l'influence de la structure spatiale sur les comportements de mobilité

Une première série de régressions porte sur la possession et l'utilisation de l'automobile (tableau 1), qui constituent un enjeu central dans les villes chinoises, dans la mesure où, comme nous l'avons mis en avant *supra*, l'enrichissement rapide du pays conduit à une motorisation accélérée, et une aggravation des émissions polluantes et de la consommation d'énergie. Les indicateurs disponibles sont, respectivement, la motorisation (nombre de véhicules possédés par habitant) et les passagers-km/hab. (c'est-à-dire le nombre de kilomètres parcourus multipliés par le nombre de passagers du véhicule, ramenés au nombre d'habitants).

Si le niveau de richesse individuelle a bien un effet sur la possession automobile, comme on peut s'y attendre, l'effet sur les distances parcourues n'est pas significatif : en d'autres termes, le niveau de richesse individuelle a un effet sur la capacité à supporter les coûts fixes de l'automobilisation mais non sur les coûts variables (l'utilisation du véhicule).

Tableau 1 : *Modèle explicatif de la possession/utilisation de l'automobile*

	Motorisation individuelle		**Passagers-km/hab.**	
	Coeff.	*t-value*	Coeff.	*t-value*
PIB/hab	.0015926	*2.77***	6.18e-07	*0.50*
Densité bâtie	-.0023218	*-1.92**	-4.95e-06	*-2.35***
Indice gravitaire	5.97e-09	*1.77**	1.80e-11	*3.49****
Taux d'urbanisation	-2.478047	*-2.07**	-.0033076	*-1.65*
Theil densités	9.978532	*1.04*	.0261782	*1.85***
Municipalités	-19.0796	*-1.00*	-.0980115	*-2.88****
Prix immobilier/m2	.0058269	*2.19***	5.58e-07	*0.12*
Constante	111.0608	*2.25***	.3872839	*5.45****
R2 adj.	**.78**		**.41**	

Source : CSY 2011, SIG GREThA, auteurs ; *p<0.10, **p<0.05 ; ***p<0.01

Comme attendu, les variables d'urbanisation (taux d'urbanisation) et de son intensité (densité bâtie) ont un effet négatif sur la motorisation : en effet, le milieu urbain, « proximité organisée » (Huriot, 1998), est celui qui permet d'utiliser les modes alternatifs à l'automobile de manière la plus efficace (sans perte de temps trop importante), ou tout simplement celui qui offre des alternatives à l'automobile (transports en commun). Seule la densité bâtie a une influence sur l'utilisation de l'automobile, ce que confirme la littérature internationale sur la ville compacte (Ewing, Cervero, 2010). Cependant, il n'est pas impossible que cet effet de la densité sur l'usage et la possession d'une automobile cache une influence latente : ainsi, les villes les plus denses sont aussi les plus pauvres, car les villes les plus riches, telles que Shanghai ou Pékin, ont tendance à s'étaler. Ainsi, il s'agirait, derrière l'effet de la densité, d'un effet de richesse, par ailleurs confirmé par l'influence positive du prix immobilier.

Enfin, les indices spatiaux confirment les hypothèses habituelles : l'indice gravitaire a un impact positif sur l'utilisation de l'automobile : plus les opportunités de déplacement sont nombreuses, plus les déplacements le seront. Plus intéressant est l'impact du Theil des densités qui, lui aussi, a un impact positif sur les déplacements et leur portée : ce qui montre que plus la densité est concentrée au sein de la région (structure monocentrique), plus les déplacements sont nombreux et/ou de longue portée, confirmant ainsi les premiers résultats empiriques obtenus par Nicolas *et al.* (2012) dans le cas de quatre grandes villes françaises.

La deuxième série de régressions porte sur les émissions polluantes liées à la mobilité (tableau 2). La variable de richesse des ménages a un impact sur les émissions polluantes, probablement en raison du lien avec l'automobilisation, mais de façon beaucoup moins significative. La densité bâtie des aires urbanisées a, quant à elle, l'impact négatif attendu sur les émissions polluantes. L'effet à la baisse des prix immobilier au mètre carré sur les émissions polluantes peut, quant à lui, être interprété en termes d'interaction avec les aménités environnementales. Non seulement celles-ci sont capitalisées dans les prix immobiliers, les poussant à la hausse, mais encore une forte valorisation immobilière conduit les résidents, dans une perspective de valorisation de leur capital, à faire pression sur les autorités pour une politique environnementale volontariste (Clingermayer, 2004). On pourrait pousser le raisonnement jusqu'à envisager l'émergence, dans certaines métropoles, d'une *Consumer City*, où la ville substitue à sa base industrielle des activités économiques de type résidentiel, et comme telle se doit de préserver, voire améliorer, le niveau de ses aménités naturelles et urbaines (Glaeser *et al.*, 2000).

Tableau 2 : *Modèle explicatif des polluants atmosphériques*

	Émissions de NOx/hab.		**Emissions de PM/hab.**	
	Coeff.	*t-value*	Coeff.	*t-value*
PIB/hab	.00016	1.97**	.0000121	1.23
Densité bâtie	-.0003616	-2.66**	-.0000275	-2.26**
Indice gravitaire	-1.91e-10	-0.72	-2.74e-11	-0.95
Taux d'urbanisation	-.0137017	-0.21	.0056516	1.05
Theil densités	.8551483	0.81	-.0011501	-0.01
Municipalités	-.6950702	-0.42	-.1472783	-0.72
Prix immobilier/m2	-.0006606	-3.50***	-.0000776	-2.93***
Constante	5.905808	1.33	.3168764	0.77
R2 adj.	**.60**		**.54**	

Source : CSY 2011, SIG GREThA, auteurs ; *p<0.10, **p<0.05 ; ***p<0.01

Conclusion

Face à l'augmentation rapide de la pollution atmosphérique, les autorités chinoises ont réagi en accroissant leur implication environnementale, plus particulièrement à partir du XIe Plan. Un des sujets les plus sensibles est sans doute celui de l'émission de polluants dus à la mobilité quotidienne en milieu urbain. Les autorités publiques, conscientes de l'essor de ces déplacements ont, pour l'instant, surtout cherché à améliorer l'efficacité des véhicules : elles ont émis des standards d'émissions pour les véhicules neufs (au niveau national, adoption des normes Euro I, II, puis III respectivement, en 2000, 2004 et 2007 ; Beijing a même adopté Euro IV depuis 2008) ; le MEP (*Ministry of Environmental Protection*) a aussi mis en place des règles sur les véhicules automobiles, « Rules on the Standard for Compulsory Retirement of Motor Vehicles » qui prévoient le retrait des véhicules qui ne satisfont pas les normes nationales de pollution (Feng, Liao, 2016).

En parallèle, des initiatives locales se sont développées pour limiter la motorisation des ménages. Shanghai a mis en place un quota sur les immatriculations d'automobiles ; Pékin impose la circulation alternée les jours de grande pollution, à l'instar de Paris ou Mexico. En ce qui concerne l'action sur la forme urbaine, on n'en est encore qu'aux premières expérimentations, à travers par exemple la mise en place des « éco-cités » en périphérie des grandes métropoles. Mais l'application systématique des principes d'aménagement de la Ville Compacte aux villes chinoises semble encore faire défaut. Quoiqu'il en soit, la « mobilité durable » est désormais un objectif crucial des villes chinoises, et il est fort possible que, sur ce sujet, Orient et Occident aient beaucoup à apprendre l'un de l'autre.

Bibliographie

Balme R., Romano G. C., 2014, « La politique énergétique au cœur de la modernisation chinoise », *Revue Française d'Administration Publique*, 2014/2, n° 150, 435-452.

Berroir S., Cattan N., Saint-Julien T., 1995, « Densité, concentration et polarisation », *Les Annales de la Recherche Urbaine*, 67, 43-54.

Burton E., 2000, « The compact city: just or just compact? », *Urban Studies*, vol. 37, n° 11, 1969-2001.

Cao X., Chen H., Li L., Zhen F., 2009, « Private car travel characteristics and influencing factors in Chinese cities – A case study of Guangzhou in Guangdong, China », *Chinese Geographical Science*, vol. 19, n° 4, 325-332.

Cervero R., Kockelman K., 1997, « Travel demand and the 3Ds: density, diversity and design », *Transportation Research vol. D*, vol. 2, n° 3, 199-219.

Cervero R., Wu K-L., 1998, « Sub-centring and commuting: evidence from the San Francisco Bay Area, 1980-1990 », *Urban Studies*, vol. 35, n° 7, 059-1076.

Chatman D. G., 2003, « The influence of workplace land use and commute mode choice on mileage traveled for personal commercial purposes », *82nd Transportation Research Board 2003 Annual Meeting*, 12-16 janvier 2003, Washington D.C.

Chen H., Jia B., Lau S.S.Y., 2008, « Sustainable urban form for Chinese compact cities: challenges for a rapid urbanized economy », *Habitat International*, vol. 32, 28-40.

Clingermayer J C., 2004, « Heresthetics and happenstance: intentional and unintentional impacts of the zoning decision-making process », *Urban Studies*, vol. 41, n° 2, 377-388.

Dawkins C. J., Nelson A. C., 2002, « Urban containment policies and housing prices : an international comparison with implications for future research », *Land Use Policy*, n° 19, 1-12.

Doulet J-F., 2015, « L'urbanisme chinois et l'émergence du modèle intégrationniste », *Métropolitiques*, 27 avril 2015 [en ligne].

Ewing R., 1997, « Is Los Angeles-Style sprawl desirable ? », *Journal of the American Planning Association*, vol. 63, n° 1, 107-126.

Ewing R., Cervero R., 2010, « Travel and the built environment. A meta analysis », *Journal of the American Planning Association*, vol. 76, n° 3, 265-294.

Feng L., Liao W., 2016, « Legislations, plans and policies for prevention and control of air pollution in China: achievements, challenges and improvements », *Journal of Cleaner Production,* n° 112, 1549-1558.

Frank L D., Pivo G., 1994, « Impacts of mixed use and density on utilization of three modes of travel : single-occupant vehicle, transit and walking », *Transportation Research Record*, n° 1466, 44-52.

Gallez C., Hivert L., 1998, « *BEED : mode d'emploi. Synthèse méthodologique pour les études 'budget énergie-environnement des déplacements'* », Rapport Convention ADEME-INRETS n° 690-9306-RB.

Geal S., Boyd O., Copsey T., Jianqiang L., Angang H., Fuqiang Y., Ellis L., Wei S., 2011, *China's Green Revolution: Energy, Environment and the 12th Five-Year Plan*, Chinadialogue, 56 p.

Glaeser E., Kolko J., Saiz A., 2000, « Consumer City », *NBER Working Paper Series*, n° 7790.

Gordon P., Richardson H. W., 1989, « Gasoline consumption and cities. A reply », *Journal of the American Planning Association*, vol. 55, n° 3, 342-345.

Guilhot L., 2015, « Le nouveau modèle de croissance de l'économie chinoise, un moyen pour relever le défi de la trappe à revenu intermédiaire ? », *XXXI*[es] *Journées du développement de l'Association Tiers-Monde,* Rouen, 3-5 juin.

Hamilton B W., 1989, « Wasteful commuting again », *Journal of Political Economy*, vol. 97, 1498-1504.

Huriot J-M., 1998, *La ville ou la proximité organisée*, Paris, Economica.

Jenks M., Burton E., Williams K., (ed.), 1996, *The Compact City : a sustainable urban form ?*, Oxford, E & FN Spon.

Kenworthy J. R., Laube F. B., 1999, « Patterns of automobile dependence in cities. An international overview of key physical and economic dimensions with some implications for urban policy », *Transportation Research Part A*, vol. 33, n° 1999, 691-723.

Laliberté P., 2002, « Un développement urbain pour réduire concrètement la dépendance à l'automobile », *VertigO*, vol. 3, n° 2, octobre, www.vertigo.uqam.ca.

Levinson D. M., Kumar A., 1997, « Density and the journey to work », *Growth and Change*, spring, vol. 28,147-172.

Liu Z., Geng Y., Lindner S., Guan D., 2012, « Uncovering China's GHG emission from regional and sectorial perspective », *Energy*, n° 45, 1059-1068.

Meunié A., Pouyanne G., 2015, « Les dynamiques de pollution dans les provinces chinoises », *XXXI*[es] *Journées de l'ATM*, Rouen, 3-5 juin.

Morand L., 2017, « Xiamen : succès d'un modèle environnemental inspiré de l'Occident et adapté à la Chine », Colloque *Connaissance, Gouvernance et Objectifs de la Ville Durable en Asie*, Lille, 12-13 janvier 2017.

Newman PW., Kenworthy J.R., 1989, *Cities and automobile dependence. An international sourcebook*, Brookfield, Gower Technicals.

Nicolas J-P., Pochet P., Poimboeuf H., 2001, « Mobilité urbaine et développement durable : quels outils de mesure pour quels enjeux ? », *Cahiers Scientifiques du Transport*, 41/2002, 53-76.

Nicolas J.-P., Vanco F., Verry D., 2012, « Mobilité quotidienne et vulnérabilité des ménages », *Revue d'économie Régionale et Urbaine*, 2012/1, 19-44.

OCDE, 2013, *études économiques de l'OCDE : Chine*, mars, 183 p.

Pinson G., 2010, « La gouvernance des villes françaises », *Pôle Sud*, n° 32, 73-92.

Pouyanne G., 2004, « Des avantages comparatifs de la ville compacte à l'interaction forme urbaine-mobilité. Méthodologie et premiers résultats », *Cahiers Scientifiques du Transport*, 45-2004, 49-82.

Pouyanne G., 2005, « étalement et mobilité quotidienne. à la recherche d'une forme urbaine 'soutenable' », in C. Lacour, E. Perrin, N. Rousier (éd.), *Les Nouvelles Frontières de l'Economie Urbaine*, Paris, éditions de l'Aube, 55-67.

Rajamani J., Bhat C. B., Handy S., Knaap G., Song Y., 2003, « Assessing the impact of urban form measures in nonwork trip mode choice after controlling for demographic and level-of-service effects », *82*[nd] *Transportation Research Board 2003 Annual Meeting*, 12-16 janvier, Washington D. C.

Ross C. L., Dunning A. E., 1997, *Land use transportation interaction : an examination of the 1995 NPTS data*, US Department of Transportation, 50.

Small K A., Song S., 1992. « 'Wasteful' commuting : a resolution », *Journal of Political Economy* », vol. 100, n° 4, 888-898.

Wang S., Hao J., 2012, « Air quality management in China: Issues, challenges and options », *Journal of Environmental Sciences*, vol. 24, n° 1, 2-13.

Welkers D., 1997, « La planification aux Pays-Bas », *économie et Humanisme*, n° 342, 35-41.

White H., 1980, « A heteroskedasticity-consistent covariance matrix estimator and a direct test for heteroskedasticity », *Econometrica*, vol. 48, n° 4, 817-838.

Wu F., 2015, *Planning for Growth: Urban and Regional Planning in China*, Londres, Routledge.

Xu Z., 2008, *Urbanisation et Croissance des Villes en Chine. Sciences de l'Homme et Société*, Thèse d'État, Université d'Auvergne-Clermont-Ferrand I.

You M., 2014, « Addition of PM 2,5 into the National Ambient Air Quality Standard of China and the contribution to Air Pollution Control: The Case Study of Wuhan, China », *The Scientific World Journal*, Hindawi, 10.

La promotion de la ville compacte a-t-elle amélioré l'accès aux ressources urbaines dans les métropoles japonaises ?

Une observation à partir des dynamiques de décroissance de la conurbation d'Osaka-Kyōto-Kobe

Sophie Buhnik

CRIA, UMR 8504 Géographie-Cités

Jusqu'au milieu des années 2000, utiliser les mots de « villes en décroissance » (*shrinking cities*) à propos des dynamiques urbaines du Japon contemporain paraissait étrange : ils renvoient en effet à des débats qui se sont formalisés à partir des années 1970-1980 dans l'étude des processus de désindustrialisation, d'évidement et de paupérisation des centres des agglomérations fordistes aux États-Unis et en Europe occidentale (Cunningham-Sabot, Fol, 2010). Par la suite, la notion s'est propagée dans les travaux décrivant les répercussions cumulées des transitions politiques, des restructurations économiques et du vieillissement démographique en Europe centrale et orientale (Pallagst *et al.*, 2013). Puis les impacts de la crise de 2007-2008 sur des territoires déjà fragilisés par la métropolisation[1] des systèmes urbains, ont contribué à diffuser la

[1] La métropolisation, par rapport à un processus de concentration que constitue la ville en général, se distingue par l'accroissement du poids des plus grandes villes dans la répartition des fonctions de commandement des échanges économiques mondiaux. Le processus métropolitain s'appuie sur une mise en réseau des principales agglomérations, les phénomènes de connexité l'emportant alors sur les relations de proximité. Les shrinking cities, frappées par une restructuration de leur base productive, se trouvent écartées de ce fonctionnement réticulaire de l'économie mondiale. Elles cumulent des symptômes de déclin d'autant plus difficiles à traiter que leurs recettes fiscales se réduisent : friches résidentielles et commerciales, infrastructures surdimensionnées,

notion de *shrinking city* bien au-delà des études urbaines occidentales. De plus en plus d'ouvrages insistent sur la nature transnationale des facteurs menant à la propagation de la décroissance urbaine en Asie Pacifique (Martinez-Fernandez *et al.*, 2012 ; Richardson, Nam, 2013), à savoir une concurrence accentuée entre villes globales matures et émergentes et une accélération du vieillissement des populations. D'un point de vue statistique, le Japon compte le plus de villes en décroissance : entre 2010 et 2015, deux tiers des communes japonaises ont perdu entre 5 et 10 % de leurs habitants (Yahagi, 2009). Et même si les formes courantes du déclin (maisons vides, ateliers fermés, rues commerçantes désertes) demeurent largement associées aux villes industrielles et/ou portuaires petites et moyennes, c'est au sein des aires ou sphères métropolitaines (*daitoshiken*) les plus peuplées de l'archipel – Tokyo, Osaka et Nagoya en premier lieu – que ces phénomènes progressent au rythme le plus élevé, bien que leur bilan démographique global reste stable pour le moment.

De ce fait, l'emploi de plus en plus fréquent de l'expression *shrinking city* dans la littérature japonaise[2] s'explique d'abord par une *bifurcation* démographique exceptionnelle, qui force les acteurs urbains à repenser des paradigmes de planification fondés sur une hausse de la demande domestique – en logements, en volume de produits consommés, etc. En raison du déclin continu des taux de nuptialité et de natalité entre 1980 et 2010, conjugué à l'espérance de vie la plus longue au monde, la part des résidents de plus de 65 ans pourrait excéder 40 % à l'horizon 2040. Le décroît de la population japonaise a commencé en 2008 et n'est pas compensé par les soldes migratoires internationaux annuels, si bien que le nombre d'habitants vivant sur l'archipel pourrait passer de 127 millions en 2005 à moins de 100 millions en 2050.

Ces tendances, toutefois, ne suffisent pas à comprendre pourquoi les dynamiques des aires métropolitaines japonaises se caractérisent depuis près de quinze ans désormais, par une concentration des flux résidentiels et des projets de redéveloppement dans et autour des quartiers d'affaires les mieux connectés aux réseaux économiques mondiaux. Selon des estimations du Ministère du Territoire (Mlit), seuls 2 % des quartiers

hausse du chômage et des habitants en situation de pauvreté. L'affaiblissement des éléments constitutifs de leur urbanité – la densité humaine et les fonctions économiques – dégrade l'image du territoire, décourage l'arrivée de nouveaux ménages et détériore in fine l'accès aux ressources des populations restantes.

2 Traduite soit en sinogrammes (*toshi no shukushō*), soit grâce à une transcription syllabique (on écrit alors *shurinkingu shiti*).

(*chō*) des villes japonaises gagneraient des habitants d'ici 2050, alors que 60 % d'entre eux pourraient voir leur population diminuer de moitié (Mlit, 2012). Durant les années 1980, la hausse vertigineuse des prix du sol a été la cause majeure de l'étalement des agglomérations, les ménages devant s'éloigner des centres pour accéder à la propriété d'un logement. Depuis l'éclatement en 1990 de la bulle à l'inverse, les quartiers centraux des principales villes japonaises ont bénéficié d'un « retour » des migrations résidentielles, à la faveur d'une baisse des valeurs foncières et de grandes opérations de régénération urbaine mêlant bureaux, complexes commerciaux et logements en condominium. Par contraste, les banlieues où se sont installés près de 100 millions d'individus entre 1950 et 1990, déclineraient d'autant plus que le pavillon ne représenterait plus le style de vie idéal des Japonais (Hino, Tsutsumi, 2015).

Une combinaison de déclin périurbain et de redensification des quartiers centraux semble propice à l'adaptation des villes japonaises aux besoins de mobilité d'une société âgée. En réalité, la recentralisation de la production urbaine n'a pas empêché une hausse du nombre de résidents souffrant d'un accès détérioré aux ressources urbaines. En 2011, 17,1 % des Japonais interrogés par la Direction générale des politiques de cohésion sociale trouvaient difficile de faire leurs courses à pied, contre 11,6 % en 2006 (Kudo *et al.*, 2012).

C'est pourquoi, dans le sillage de réflexions critiques sur l'appropriation politique et savante du lexique du développement urbain durable au Japon (Sorensen, 2010), nous interrogeons ici le rôle qu'a joué l'éloge de la ville compacte par l'administration centrale nippone, afin de justifier une restructuration compétitive de la gouvernance des métropoles. Nous nous focalisons à cette fin sur les dynamiques de peuplement de la conurbation Osaka-Kyoto-Kobe (Keihanshin) depuis le recensement de 2000. Le Keihanshin est la première région du Japon dont l'expansion fut structurée grâce aux stratégies de croissance de compagnies ferroviaires privées, intégrant transport, création de lotissement et fourniture de services dans des pôles de gare périurbains (illustration 1). Au milieu des années 1990, 20 millions de passagers empruntaient chaque jour ce système de mobilité remarquablement efficace. Depuis, les efforts continus des gouvernements libéraux-démocrates pour maintenir le rang mondial de Tokyo ont fragilisé le Keihanshin : beaucoup d'entreprises nées à Osaka ont déménagé leurs emplois tertiaires supérieurs vers la capitale, entraînant une migration des salariés qualifiés et réduisant les commandes auprès des PME locales (Buhnik, 2014).

À la lumière de travaux d'économie politique et urbaine, nous expliquons d'abord comment le renversement de la gouvernance des métropoles japonaises s'insère dans une remise en cause du régime de développement économique, social et urbain d'après-guerre. Puis notre argumentation s'appuie sur la cartographie de données publiques micro-locales (par quartier) et municipales, à plusieurs niveaux : les changements socio-démographiques observés dans les banlieues en déclin du sud d'Osaka de 2000 à 2010, sont recontextualisés à l'échelle du Keihanshin. Ces résultats indiquent dans quelle mesure les opérations de redensification des centres d'Osaka, Kyoto et Kobe contribuent à la *dé-densification* des espaces périurbains qui les environnent.

Illustration 1 : *la conurbation d'Osaka-Kyoto-Kobe (Keihanshin), organisation et densité par quartier en 2010*

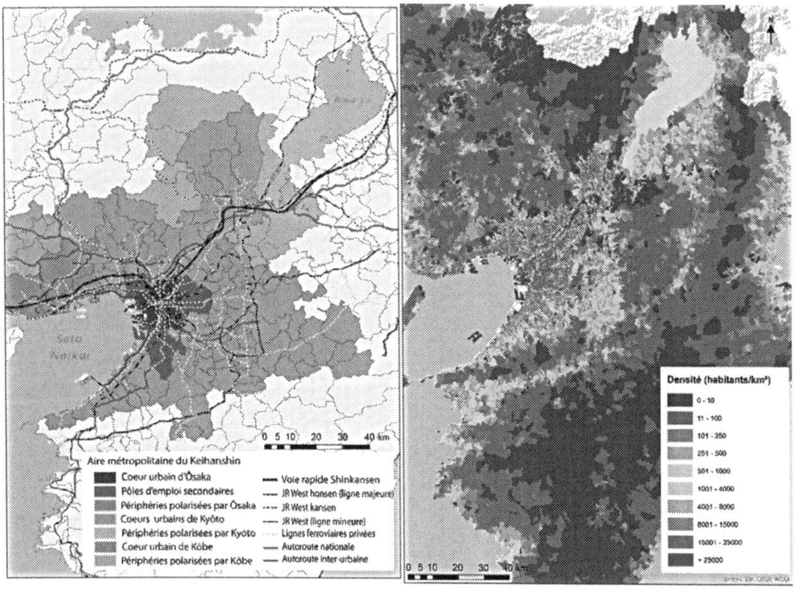

Sophie Buhnik, 2015

1. La conversion de l'État japonais à la « sélection et concentration » du redéveloppement urbain et l'essor des discours pro-ville compacte

Il est tout d'abord intéressant de constater que le succès des recherches japonaises sur les *shrinking cities* est proportionnel à l'essor du lexique de la ville compacte (*konpakuto shiti*) dans les discours de politique publique au Japon. Ce mouvement émerge dans les années 2000, soit dix ans après la fin de la bulle et après que l'étalement des agglomérations japonaise a atteint son *climax*. Au Japon pourtant, la déprise des territoires urbains et ruraux n'est pas un phénomène inédit, mais celui-ci relève de rapports de forces centre-périphérie de niveau régional plutôt qu'intra-urbain. L'urbanisation de la côte Pacifique de l'archipel s'est nourrie des migrations issues de régions rurales et périphériques, dont la déprise est jugée alarmante dès les années 1970. Le Parti libéral-démocrate (PLD) étant alors menacé de perdre la majorité parlementaire qu'il détient depuis 1947[3], celui-ci vote des plans de rééquilibrage qui ne diminuent pas sensiblement la macrocéphalie de Tokyo, mais qui compensent les effets économiques de la dévitalisation des régions périphériques grâce à des programmes d'infrastructures. Il en résulte que la déprise des territoires non métropolitains est vécue comme un revers non négligeable mais acceptable du redressement d'un pays en ruine en 1945 (Matanle, Rausch, 2011). À partir des années 1980, les protestations citoyennes contre les effets négatifs de la spéculation immobilière sur les paysages et les sociabilités des quartiers conduisent à une multiplication des actions d'urbanisme participatif. Mais la montée spectaculaire des prix des logements dans les agglomérations, entretenue par le mythe de la rareté foncière (Aveline-Dubach, 2008), nuit à l'efficacité des mesures prises pour contrôler les dégâts de l'étalement urbain.

Dans les années 2000 en revanche, la déprise continue de frapper des régions périphériques, mais s'installe aussi dans les banlieues des grandes villes, soit des territoires où la part des déplacements quotidiens de résidents vers un ou plusieurs pôles d'emploi centraux excède 20 % (Buhnik, 2014). Ce phénomène est contemporain d'une promotion des municipalités japonaises qui mettent en application les théories – au

[3] Le PLD a gouverné le Japon de 1945 à aujourd'hui (sauf entre 1993 et 1996 et de 2009 à 2012). Il est composé de courants ou factions « conservatrices » ou plutôt « libérales » (en matière économique).

demeurant assez floues – de la ville compacte. La municipalité de Toyama par exemple, est érigée au rang de modèle dans les « manuels de bonnes pratiques » du Ministère du Territoire, parce qu'elle a ouvert une ligne de tramway circulaire en centre-ville, et parce qu'elle encourage le relogement de ménages de plus de 65 ans propriétaires de pavillons à l'intérieur de ce périmètre. La municipalité a donc vu ses recettes augmenter après des années de déclin lié à la fuite des ménages primo-accédants vers les banlieues… quitte à appauvrir les communautés qui l'environnent, dans le jeu à somme négative qu'est la démographie du Japon contemporain[4] : faute de taux de natalité significatifs, les gains de population sont d'abord d'origine migratoire (Galloway, 2009).

À travers le cas de Toyama, on entrevoit comment l'institutionnalisation de la ville compacte répond à la stagnation réelle et perçue du Japon, mais selon deux orientations à la fois corrélées et conflictuelles. D'une part, la ville compacte – définie comme ville des petites distances, où tout type de déplacement peut être effectué à pied ou en transport en commun (Ōno, 2008) – apparaît comme une forme urbaine permettant de renouer des liens de proximité, dans un contexte où de vifs débats sur l'approfondissement des inégalités de revenus entre individus et entre territoires divisent les experts et l'opinion publique (Shirahase, 2011). D'autre part, le sentiment d'un déclassement des villes globales japonaises sur la scène internationale a poussé la Diète à promulguer des réformes de la décentralisation et des mesures autorisant des dérogations au code de l'urbanisme sur des territoires désignés. D'aucuns considèrent que ces dispositions législatives constituent le volet spatial d'un réétalonnage (*state rescaling*) de l'État développeur japonais (Hirayama, 2009 ; Tsukamoto, 2012).

L'État développeur peut se définir brièvement comme un État intervenant de manière stratégique voire systématique sur l'économie et l'allocation des ressources pour tirer le développement du pays, tout en promouvant les mécanismes de marché (Debanes, Lechevalier, 2014). L'épargne des ménages est canalisée vers des secteurs-clés de la politique industrielle, tandis que des investissements massifs en infrastructures (ponts, tunnels, autoroutes, etc.) visent à faciliter les circulations sur un archipel montagneux, et à garantir le plein emploi dans toutes les régions.

---

[4] Au début des années 1990, 37 % des ressources propres des collectivités locales japonaises provenaient de la perception de la taxe sur les « avoirs immobilisés » (*kotei shisan zei*), d'où l'importance de maintenir le nombre des résidents propriétaires.

Ces dépenses bénéficient aux entreprises grandes et moyennes, où l'on retrouve le plus de salariés masculins menant une carrière longue et jouissant d'un salaire à l'ancienneté. L'intégration des salariés à l'entreprise (Thomann, 2008) permet aux autorités publiques de concentrer les dépenses de sécurité sociale sur la couverture des retraites ; elle supporte aussi une structure familiale de type *male single-earner*, où les épouses se chargent des tâches domestiques, et reprennent éventuellement un travail une fois que les enfants sont entrés au collège. C'est le revenu du conjoint qui garantissait l'achat d'un terrain et d'une maison à faible durée de vie (quarante ans environ), et il était attendu des descendants qu'ils rebâtissent ce terrain pour y accueillir leur famille. Le système fiscal d'après-guerre, qui réduit la taxe foncière à un sixième de sa valeur sur les terrains bâtis, stimule la création de lotissements, tandis que la confiance générale dans l'appréciation des prix fonciers convainc les particuliers de s'endetter, sur plus de vingt-cinq ans dans les années 1980 (Aveline-Dubach, 2008).

Ce système est rendu caduc par la bifurcation démographique du Japon contemporain, l'accumulation des créances douteuses depuis les années 1990 hypothéquant quant à elle les espoirs de faire de Tokyo une plate-forme financière concurrençant Hong-Kong et Singapour. Un tel système incite aussi les pouvoirs publics à faire de la revalorisation foncière un instrument de politique macro-économique. C'est ce qui se produit quand en 1999, le Quartier général de la renaissance urbaine, rattaché au Cabinet du Premier ministre, préconise la délimitation de périmètres spéciaux de régénération urbaine pour accélérer la reconversion des friches laissées par la bulle. Des sociétés privées peuvent y obtenir le droit de réaliser de grands projets multifonctionnels et bénéficier à ce titre d'exonérations et de dérogations au code de l'urbanisme, à condition de garantir la présence « d'aménités » (espaces verts, récréatifs…) au sein de leurs projets (Hirayama, 2009). 40 % de ces périmètres ont été désignés au cœur de Tokyo, contre 25 % pour Osaka, Kyoto et Kobe réunis.

La politique de renaissance urbaine signifie ainsi un abandon des principes de rééquilibrage territorial, au profit d'une logique de « sélection et concentration » (*sentaku to shūchū*) des opérations de redéveloppement urbain, en vertu de principes d'austérité budgétaire mais aussi au nom de « l'effet de ruissellement ». En effet, le soutien à la régénération des quartiers les mieux connectés aux réseaux d'échanges internationaux vise à relancer les investissements privés et le secteur du tourisme : le séjour de clients étrangers est crucial pour compenser le déclin du marché intérieur.

En outre, la politique de renaissance urbaine a été mise en œuvre en même temps que la loi de décentralisation de 1999 : les transferts de l'État sous forme de travaux publics diminuent, mais les pouvoirs réglementaires des assemblées délibérantes des municipalités ont augmenté, tout comme le droit de regard des citoyens sur les études d'impact des nouvelles constructions (Marmignon, 2010). La rhétorique de la compacité urbaine a de la sorte légitimé la consolidation de l'attractivité des centres des métropoles, mais la macrocéphalie de plus en plus prononcée de Tokyo a mécontenté les électeurs et les élus ruraux du PLD. Élus et experts réclament aussi que la Loi sur les transports collectifs garantisse mieux le maintien des lignes ferroviaires de banlieue, ou du moins le remplacement des segments les plus déficitaires par des lignes de car suffisamment régulières (Horiuchi, 2014). En réaction, les gouvernements du Parti démocrate (PDJ, de 2009 à 2012) et celui du conservateur Abe Shinzō (depuis 2012) ont fait voter des programmes de revitalisation qui permettent le financement sur contrat de partenariats entre opérateurs privés et société civile, pour maintenir des services mobiles à la personne dans les territoires en déclin. Mais ils n'ont pas remis en cause les projets de ville compacte proposés par un nombre croissant de municipalités, au contraire : en 2014, le gouvernement Abe a annoncé qu'il autoriserait les villes régionales de plus de 100 000 habitants (hors de Tokyo, Nagoya et du Keihanshin) à dessiner leurs périmètres de rénovation urbaine, où la construction serait encouragée, tandis que les projets de grande ampleur hors de ces zones seraient plus lourdement taxés. à cela s'ajoutent les conséquences redoutées des fusions communales. Les communes japonaises, passées de 3 232 en 1999 à 1 727 en 2010, ont gagné en superficie et en influence, mais elles sont tentées de lutter contre leur endettement en regroupant leurs services, au risque d'accélérer la dévitalisation des quartiers situés autour des mairies des anciennes municipalités. La voie envisagée pour éviter ce problème consiste à présent en l'instauration de systèmes de péréquation fiscale entre les territoires « gagnants » et « perdants » au sein d'une municipalité fusionnée (Tsuji, 2013).

2. L'évolution du peuplement du Keihanshin : des pratiques d'habitat plus duales

Nous pouvons donc avancer qu'à l'orée des années 2000, la réforme de l'action territoriale de l'État japonais (qui était défendue par les factions libérales du PLD) a permis en quelque sorte à ce dernier de contrôler les effets prévisibles du déclin de la population japonaise, en repoussant hors de Tokyo (et secondairement, hors des cœurs économiques des autres grandes villes japonaises) les phénomènes de dévitalisation les plus marqués. C'est pourquoi l'expression de *shrinking city*, qui fait originellement référence aux villes post-fordistes, s'est popularisée parmi les chercheurs japonais travaillant sur les territoires perdants de ce réétalonnage de l'État développeur (Yahagi, 2009).

Faut-il pour autant prédire l'extinction des banlieues des principales agglomérations du Japon, comme on peut le lire dans certains médias japonais ? Une cartographie détaillée de l'évolution de plusieurs variables socio-économiques à l'échelle du Keihanshin (population totale, part des résidents de plus de 65 ans, prix fonciers, estimations du revenu moyen par quartier et tendances du logement) nous conduit à nuancer ce propos, ou du moins à souligner l'hétérogénéité spatiale des modalités de la rétraction périurbaine.

Une carte de l'évolution quinquennale de la population par municipalité montre tout d'abord que la quasi-totalité des communes qui continuent de croître dans la région (illustration 2) sont empruntée par le Shinkansen, c'est-à-dire la ligne de train à grande vitesse qui connecte Kobe, Kyoto et Osaka avec Nagoya et Tokyo en deux heures. Les données des détaillées des recensements nous enseignent que ces communes ont gagné des habitants par solde naturel et migratoire.

Illustration 2 : *L'évolution du nombre d'habitant par commune dans la région d'Osaka-Kyoto-Kobe depuis 2000*

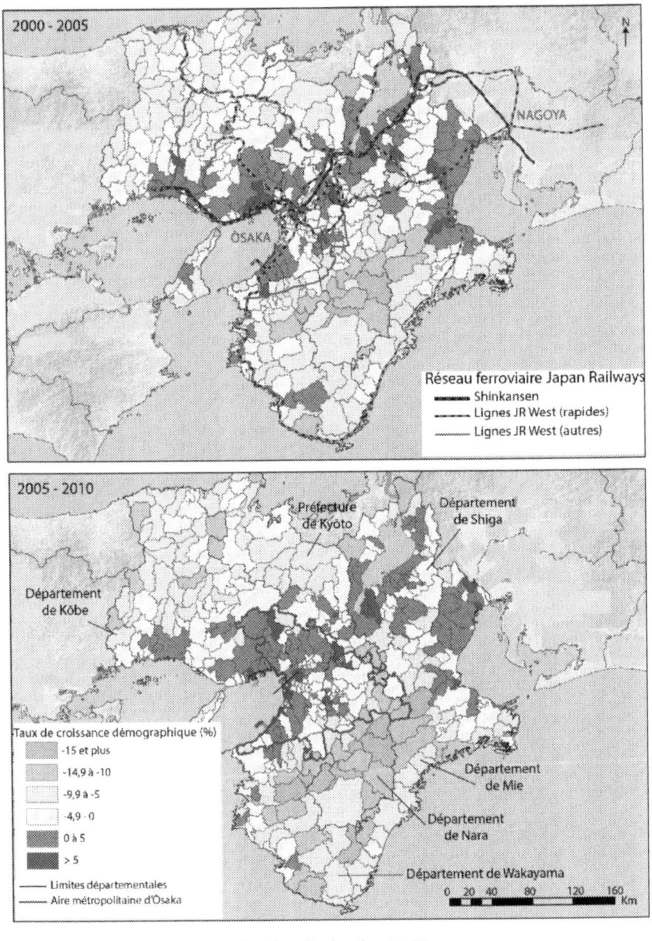

Sophie Buhnik, 2015

Cela traduit le fait que les acquéreurs de logements collectifs privés récents au cœur des principales villes du Japon ne sont pas que de « petits » ménages célibataires ou en couple, jeunes ou âgés. Les couples avec un enfant constituent aussi une proportion significative, a fortiori s'ils sont bi-actifs : en effet, les générations nées après 1975 font face à un accès moins certain à un emploi stable. L'addition de deux salaires permet de mieux couvrir les frais d'éducation des enfants, mais elle soulève l'enjeu du partage des tâches domestiques (toujours défavorable aux femmes), alors que les durées moyennes des journées de travail au Japon demeurent plus longues que la moyenne de l'OCDE. Dans ces conditions, la réduction des temps de parcours entre domicile et lieu d'emploi est devenue un déterminant des choix résidentiels.

Par contraste, les municipalités situées à plus d'une demi-heure de trajet ferroviaire (ou sans connexion directe) des centres d'emploi du Keihanshin (illustration 1) affichent des soldes migratoires négatifs, les nouveaux primo-accédants étant moins nombreux que les individus qui partent habiter ailleurs. Cela ne veut pas dire qu'il n'y a pas de nouveaux arrivants et que la construction de maisons neuves a cessé, comme l'indique l'illustration 3.

Illustration 3 : *Évolution démographique par quartier du Keihanshin, 2000-2010*

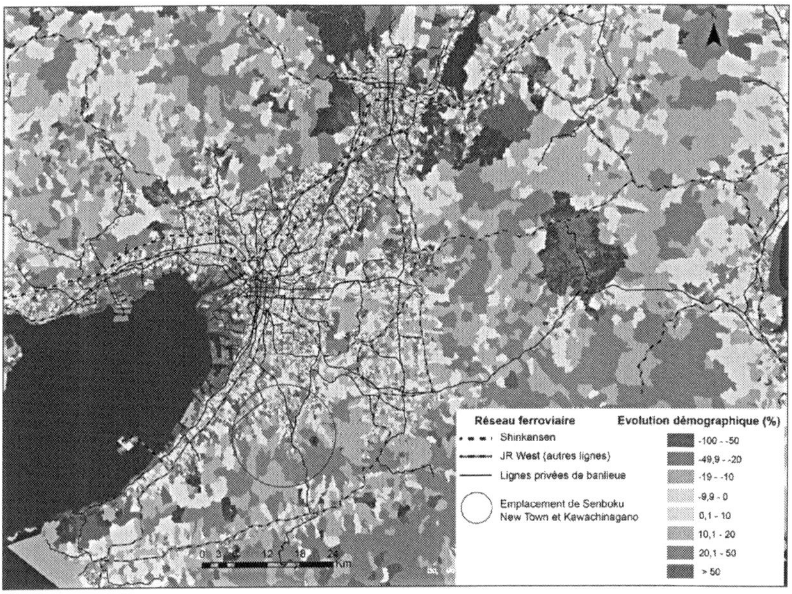

Sophie Buhnik, 2015

Dans les zones périurbaines de Senboku et Kawachinagano, cerclées sur la carte, les gains de population les plus élevés concernent des territoires éloignés des gares, à l'inverse de ce qui est observé au centre des métropoles japonaises. Les statistiques publiques et les enquêtes de la municipalité de Sakai que j'ai pu consulter révèlent qu'il s'agit avant tout de couples mariés avec enfants, mono-actifs ou bi-actifs, qui ont arbitré entre le lieu d'emploi du conjoint (source du revenu principal) situé sur le littoral, le domicile des parents à soigner (dans cette zone) et la recherche d'un environnement moins dense pour élever leurs enfants. Au niveau local, ils privilégient des terrains situés à distance des quartiers anciens obsolescents, et parce que la baisse des prix fonciers rend la construction neuve moins chère qu'une réhabilitation, à moins que les pouvoirs publics n'interviennent pour encourager des transactions dans le secteur du logement « d'occasion », un phénomène peu commun mais en développement au Japon.

Enfin, la hausse du taux de motorisation dans les banlieues de l'ensemble de l'aire étudiée provient en majorité des individus âgés de 60 à 75 ans : investis dans des actions de soin aux personnes du quatrième âge ou de bénévolat, ou d'agriculture communautaire, ils effectuent des trajets locaux que la forme radiale du réseau ferroviaire ne leur permet pas d'accomplir. En conclusion, la politique de soutien à la ville compacte mérite un réexamen critique, dans le contexte post-croissant du Japon contemporain : s'il est admis que l'étalement urbain ne peut plus persister quand une population vieillit et perd des habitants, on peut en revanche douter de l'intérêt de sacrifier des territoires jugés moins durables parce qu'ils seraient moins denses et plus motorisés.

Bibliographie

Aveline-Dubach N., 2008, *L'Asie, la bulle et la mondialisation*, Paris, Éditions du CNRS.

Buhnik S., 2014, « The Uneven Impacts of Demographic Decline in a Japanese Metropolis : A Three-Scale Approach to Urban Shrinkage Patterns in the Osaka Metropolitan Area », in N. Aveline-Dubach, S.-C. Jou et H-H. M. Hsiao (dir.), *Globalization and New Intra-Urban Dynamics in Asian Cities*, Taiwan, National Taiwan University Press, 199-238.

Debanes P., Lechevalier S., 2014, « La résurgence du concept d'État développeur : quelle réalité empirique pour quel renouveau théorique ? », *Critique internationale*, n° 63, 19-39.

Fol S., Cunningham-Sabot E., 2010, « Déclin urbain et Shrinking Cities : une évaluation critique des approches de la décroissance urbaine », *Annales de Géographie*, n°674, 359-383.

Galloway W., 2009, « Of Cities and Suburbs », *Town and Country Planning*, juillet-août 2009, 322-327, document en ligne, consulté le 30 novembre 2016 : http://www.jlgc.org.uk/en/pdfs/casestudies/WG.pdf.

Hino M., Tsutsumi J. (dir.), 2015, *Urban Geography of Post-Growth Society*, Sendai, Tohoku University Press.

Hirayama Y. 2009, « The governance of urban renaissance in Tokyo. Post-urbanization and enhanced competitiveness », in K.H. Mok et R. Forrest (dir.), *Changing Governance and Public Policy in East Asia,* Londres, Routledge, 303-323.

Horiuchi S., 2014, « 'Idōsuru kenri' no hoshō ga chiiki no kanōsei wo hiraku » (La garantie du « droit à se déplacer » soutiendra le potentiel de développement local), *Sekai*, n° 861, 105-111.

Kudo K.-I et *al.*, 2012, « Suggestion for Continuous Cooperation Derived from Cases of Services Supporting People with Limited Access to Shopping Facilities », *NRI Papers*, n° 170.

Marmignon P., 2010, *La création de l'urbain. Paysage urbain et socialité à Ôsaka depuis Meiji*. Saarbrücken, Éditions Universitaires Européennes.

Martinez-Fernandez C. et *al.*, 2012, « Shrinking Cities: Urban Challenges of Globalization », *International Journal of Urban and Regional Research*, 36/2, 213-25.

Matanle P., Rausch A. (dir.), 2011, *Japan's Shrinking Regions in the 21st Century: Contemporary Responses to Depopulation and Socioeconomic Decline*, Amherst, NY, Cambria Press.

Mlit 2012, *White Paper on Land, Infrastructure, Transport and Tourism in Japan*, document en ligne, consulté le 28 novembre 2016 : http://www.mlit.go.jp/english/white-paper/mlit-index.html

Ōno H., 2008, *Shurinkingu nippon. Shukushō suru toshi mirai no senryaku* (Le Japon rétrécissant. Stratégie d'avenir pour réduire les villes). Tokyo, Kajima shuppankai.

Pallagst K., Wiechmann T., Martinez-Fernandez C. (dir.), 2013, *Shrinking Cities: International Perspectives and Policy Implications*, New York, Routledge.

Richardson H.W., Nam Chang W. (dir.), 2013, *Shrinking Cities. A Global Perspective*. Londres, Routledge.

Shirahase S. (dir.), 2011, *Demographic Change and Inequality in Japan*. Victoria, Trans Pacific Press.

Sorensen A., 2010, « Urban sustainability and compact city ideas in Japan : the diffusion, transformation and deployment of planning concepts », in P. Healey, R. Upton (dir.), *Crossing Borders : International Exchanges and Planning Practices*, Londres, Routledge, 118-140.

Thomann B. 2008, *Le salarié et l'entreprise dans le Japon contemporain*, Paris, Les Indes savantes.

Tsuji T., 2013, « Zenkoku no chūsū kyoten toshi ni shūchū toshi seyo » (Concentrons nos investissements dans les aires urbaines centrales de nos régions), *Chūō Kōron*, 2013/7, 40-45.

Tsukamoto T., 2012, « Neoliberalization of the Developmental State : Tokyo's Bottom-Up Politics and State Rescaling in Japan », *International Journal of Urban and Regional Research*, vol. 36(1), 71-89.

Yahagi H., 2009. *Toshi shukushō no jidai* (L'ère des villes en décroissance), Tokyo, Kadokawa shoten.

Axe 3.2 – Entre mondialisation économique et course à la métropolisation : les villes de la connaissance

La *knowledge based city* : concepts et pratiques

Le cas de la Corée : de l'ubiquitous city à la tech-city

Patrizia Ingallina

Professeur, Université Paris-Sorbonne,
UMR 8185, ENeC (Espace Nature et Culture)

Introduction : *knowledge based city* : de quoi parle-t-on ?

La définition de la *knowledge based city* répond à une question posée au moment où un nouveau type d'économie, basée sur la connaissance, se fait route, à partir de la deuxième moitié du XXe siècle, après le déclin de l'industrie. Une série d'ouvrages souligne ce passage d'une économie basée sur la production à une économie basée sur la consommation (Zukin, 1996, 2009), avec comme conséquence pour les espaces de la ville, la construction de paysages urbains qualifiés de « brandscapes » (Klingmann, 2007) construits dans le seul but d'attirer des cibles, des consommateurs potentiels dans des lieux voués aux loisirs, aux activités ludiques, à *entertainment* (Clark, 2003). Les études sur les villes créatives ou sur les politiques culturelles, ont été menées parallèlement à celles sur la *knowledge based city*, concept établi à partir d'un domaine disciplinaire spécifique, le *knowledge management*. Les premières mettent davantage l'accent sur un modèle de ville basé sur la consommation, pour une société du même nom. Ce modèle a commencé à se développer autour des années 1960, bien que certains auteurs (Zukin, 2005) soulignent l'importance pour la ville des activités de shopping et de loisirs déjà à la fin du XIXe siècle, notamment avec l'essor des grands magasins et des cafés. La crise économique et financière récente a contribué à la relativisation de ce modèle basé sur la consommation au profit de la notion de *knowledge based city*, plus centrée sur la connaissance et sur les lieux et modes de production de celle-ci. Si la connaissance est un moyen de créer des économies, les lieux de production et de transmission de la connaissance, dans l'objectif d'innover économiquement et socialement, doivent retrouver une place centrale dans la ville. Il en est ainsi pour les universités et les laboratoires de recherche dont un nombre important d'auteurs souligne le nécessaire emplacement dans la ville, comme condition sine qua non pour l'innovation (Garner, 2012 ; Indergaard, 2012). Des world cities, comme New-York, Londres, Paris ont constitué le banc d'essai pour une série de projets qui s'inscrivent dans la logique de l'*urban knowledge based development*. Ces projets essaient de relancer la croissance économique en utilisant la ville comme un « hub » de connaissances. La Corée s'inscrit aussi dans cette tendance.

1. Smart city et *knowledge based city*

1.1. Le côté obscur de la Smart City

« With modern focus on knowledge based competitiveness the terminology is often used inconsistently because the concepts have not been defined precisely and unequivocally, at least as yet » (Ken, 2012).

Peut-on distinguer la *knowledge based city* de la *smart city*, en s'appuyant sur les seuls aspects liés à la compétitivité économique ? La notion de compétitivité a été élargie aussi à celle de qualité de la vie. Dès lors, d'autres facteurs rentrent en ligne de compte dans la réalisation de la ville du futur qui doit prendre en compte son environnement commercial et réglementaire, la qualité du capital humain et la qualité de vie, autant de facteurs de la « compétitivité globale » d'une ville.

De nombreuses villes, un peu partout dans le monde, ont pris conscience que leur performance ne dépendait pas seulement de la taille de la population, des installations de production et de leurs infrastructures, mais surtout de la disponibilité et de la communication des connaissances ainsi que de leur capital social et intellectuel. Ces villes ont été qualifiées de *smart* à partir d'une série de facteurs : leurs performances en termes de connaissances, de savoir-faire et de technologies disponibles[1].

[1] Voir l'enquête menée par l'Economist Intelligence Unit sur les villes les plus compétitives au monde (KEN, 2014)

Les villes *smart* sont caractérisées par une utilisation savante et organisée des nouvelles technologies pour des finalités différentes (éco-gestion, transfert d'énergies, assistance médicalisée etc.). Ainsi elles peuvent bénéficier de l'importance croissante des TIC, du capital social et environnemental, et deviennent également un concept et un instrument de marketing importants. Par-delà ces aspects d'efficacité technologique, d'autres considérations plaident pour la construction d'une ville qui soit aussi durable et socialement acceptable. La concentration de populations dans des zones urbaines est en constante augmentation et exerce une pression accrue sur l'écosystème mondial[2]. D'autres défis sont à relever pour améliorer la qualité de la vie, dans une ville éco énergétique et éco soutenable. Autrement dit, la notion de *smart city* se complexifie.

Largement utilisée, aussi bien par les sociétés spécialisées en hautes technologie que par les conseillers en politique, les développeurs et même les universités, la notion de *smart city* reste floue. « The Smart City is both a promise and a temptation. Whether they are young or old, citizens can expect that the easily accessible technologies can increase their individual quality of life, make their life easier or more enjoyable. The Smart City paradigm, clearly, has both a good and a dark side » (Kunzmann, 2014).

Si d'un côté les initiatives qui promeuvent la *smart city* voient dans les technologies intelligentes une aide dans la gestion des méga-villes, de l'autre elles se développent un peu partout dans le monde pour attirer les investisseurs et les médias.

Cet engouement pour la *smart city* montre que les villes sont des laboratoires privilégiés pour le développement des connaissances et pour leur application. Il existe sans doute encore de nouvelles implications sociales et économiques issues de l'introduction de technologies intelligentes dans la construction de la ville qui méritent restent à étudier. La mise en place de nouveaux programmes de recherche s'impose pour clarifier le sens et l'ampleur de la notion de *smart city*.

---

2 D'ici 2050, on estime que les citadins représenteront 86 % de la population mondiale dans les régions les plus développées et 67 % dans les régions moins développées. Dans l'ensemble, on s'attend à ce que 7 personnes sur 10 vivent dans les zones urbaines d'ici 2050 (KEN, 2014)

1.2. La knowledge based city (KBC) : un hub de connaissances

Une KBC peut être définie comme une ville qui encourage systématiquement l'apprentissage et la création de connaissances, disposant d'un environnement favorable à l'innovation, aux nouvelles créations ainsi que à la diffusion de connaissances dans un cycle vertueux. La KBC permet la participation d'acteurs divers, du citoyen aux groupes de réflexion, libérés des préoccupations de profit immédiat. Une KBC doit incarner un sentiment de propriété collective et d'identité partagée, précisément parce qu'elle possède une approche ouverte de l'information et permet la participation publique et l'articulation publique des pensées et des critiques (quadruple hélice)[3].

Certains auteurs (Carrillo, 2006, Carrillo *et al.*, 2014) pointent la convergence entre le fait que le XXIe siècle ait été qualifié de « Century of the Cities » en même temps que de Century of Knowledge or Learning ». La liaison est vite établie : la ville du 21e siècle sera une ville basée sur la connaissance et l'apprentissage.

La KBC est caractérisée par une part importante d'activités liées à la connaissance (écoles, universités, laboratoires de recherche, etc.) par rapport aux autres activités économiques. Elle doit disposer du capital humain nécessaire (en volume et en qualité) ainsi que des équipements, des infrastructures et du capital disponibles pour le bon fonctionnement des activités susmentionnées.

La réalisation d'une KBC, sous-tend la mise en place d'une stratégie soutenue par les acteurs décideurs et économiques. Le plan stratégique doit avoir comme ambition centrale la construction d'une compétitivité internationale basée sur la connaissance, permettant d'offrir des « knowledge services » à un marché international plus vaste (Carrillo, 2006, 2012). Les effets espérés sont en termes de retombées économiques. L'accent est donc mis sur la compétitivité, exprimée en termes de productivité (PIB).

---

[3] "Open Innovation 2.0 (OI2) is a new paradigm based on a Quadruple Helix Model where government, industry, academia and civil participants work together to co-create the future and drive structural changes far beyond the scope of what any one organization or person could do alone." Voir : Chesbrough, H. (2003) *Open Innovation: The New Imperative for Creating and Profiting from Technology*, and also Center for Open Innovation, Berkeley University; https://ec.europa.eu/digital-single-market/en/ict-innovation-horizon-2020.

La figure du cluster (Porter, 1990) semble donc être la plus propice pour illustrer à la fois l'essence, les effets espérés en termes de retombées économiques et la forme de la KBC. Plusieurs villes mondiales, aussi bien en Occident qu'en Asie, se développent suivant un processus de clustering territorial, basé sur l'assemblage université/entreprise dans des plateformes collaboratives, sans pour autant que les résultats, en termes de formes architecturale et urbaine, se ressemblent, tant le concept de cluster est controversé et soumis à des interprétations différentes.

1.3. *Problématiques soulevées par les* knowledge cities

La ville de la connaissance se veut attractive vis-à-vis des « knowledge workers », perçus aussi comme de nouveaux consommateurs. Il faut rappeler l'importance des « knowledge industries », appelées à remplacer définitivement les industries plus classiques désormais en déclin : « The term "knowledge-based industries" usually refers to those industries which are relatively intensive in their inputs of technology and/or human capital »[4].

Le passage de la théorie sur la KBC à la pratique n'est pas aisé, à plusieurs égards. D'abord parce que « knowledge workers » et « knowledge industries » nécessitent la création d'un système institutionnel nouveau, mieux adapté à la société de la connaissance.

Kunzmann (2008, 2012), observe que la principale difficulté pour passer de la théorie à la pratique consiste dans la complexité des institutions, des décideurs et des acteurs de la connaissance à l'œuvre dans un contexte déterminé (groupes de réflexion, pôles technologiques, instituts de recherche publics et privés, etc.), qu'il définit « complexe de connaissances ». Chacune de ces parties prenantes dans le processus de mise en place de la *knowledge based city*, relève de logiques individuelles et spécifiques qui peuvent entrer en conflit les unes avec les autres.

Des interrogations portent sur le rôle des universités, assimilé de plus en plus à celui d'un cluster d'innovation, dans la poursuite de l'innovation, dans les régions performantes en informatique et en biotechnologies (comme la Silicon Valley). Quel est leur apport réel en termes de connaissances vis-à-vis des entreprises et comment appliquer ces connaissances ? Quant à la poursuite de l'innovation, elle pose la question de la localisation la plus pertinente. Quels sont les milieux les plus favorables à l'innovation ? Les villes restent l'environnement privilégié

[4] https://www.oecd.org/sti/sci-tech/2087188.pdf.

des universités et des centres de recherche qui aspirent à l'innovation car elles sont traversées par des flux de personnes et d'idées et favorisent les interactions et les transferts (Indergaard, 2012). Les universités en ville peuvent aussi promouvoir un nouvel imaginaire économique à travers le principe de l'innovation ouverte, favorisant des efforts collaboratifs intersectoriels, interdisciplinaires et internationaux. Soutenues par une connectivité de plus en plus importante, les innovations sont alimentées au niveau mondial et leurs clients peuvent donc être partout dans le monde. Cela demande un changement des approches de la part des politiques ainsi que la mise en place de dispositifs concrets de soutien. Ce changement dans la nature de l'innovation, basée sur la communication pour échanger les connaissances, a renforcé les échanges entre les universités et les entreprises aidant aussi l'université à mieux se positionner par rapport au secteur économique local. L'idée d'écosystème innovant repose sur le niveau de « capacité d'absorption » associé à un cluster[5].

2. La Corée du Sud : de la U-City à la Tech-city

La Corée du Sud connaît depuis 1996 une croissance économique soutenue (Barjot, 2011). Elle a été, en 2010, la quinzième puissance économique mondiale (+6,1 % d'augmentation du PNB). Cette situation est due à la réorientation stratégique des années 1960 qui lui ont permis de passer, entre 1972 et 1979, à une croissance auto-entretenue. Cela a permis à l'économie coréenne de surmonter les différentes crises mondiales qui se sont succédées, en restant compétitive grâce à la présence d'entreprises telles que Samsung ou Hyundai. À partir des années 2000, la Corée a investi massivement dans des projets de R&D pour l'innovation à travers des politiques publiques orientées vers la création de villes « omniprésentes » et écologiques. D'autre part, elle a développé une politique orientée vers la création de clusters, portée aussi par les entreprises incitant à la collaboration avec les universités, poursuivant le modèle de la Silicon Vallée (Seoul Tech-City). La notion de mini-cluster, enfin, est issue du milieu des entreprises (ICCP – Industrial

5 « (la) capacité d'absorption d'un individu, d'une société, d'une organisation et des lieux à reconnaître la valeur de nouvelles connaissances externes, de les assimiler et de les utiliser à des fins commerciales », Cohen, W.M. et Levinthal, D.A. (1990), Absorptive capacity : « A New Perspective on Learning and Innovation », Administrative Science Quarterly, vol. 35 (1), Special issue :Technology Organizations and Innovation, 128-152.

Complex Cluster Program) qui cherchent à intégrer des universités, des organismes de recherche, et des organisations de soutien afin de résoudre les difficultés des entreprises par rapport à la R&D, au marketing, aux ressources humaines, au financement et à la commercialisation. Ainsi, la Corée s'inscrit totalement dans la logique de la KBC.

2.1. La ville « ubiquitous »

La ville « ubiquitous » est un concept importé des états-Unis. Le mot « ubiquitous » provient du terme latin ubiquus, qui signifie « existant partout » ou « existant n'importe quand, n'importe où », par référence à Dieu. Il a été adopté pour représenter l'environnement informatique où les réseaux sont accessibles, indépendamment du moment ou du lieu. Ce terme a été introduit dans le domaine informatique par Mark Weiser, chercheur au Centre de recherche Xerox de Palo Alto, qui a défini l'*ubiquitous computing*, à savoir un environnement informatique orienté vers l'homme où les ordinateurs cherchent à comprendre et à saisir les êtres humains pour mieux travailler pour eux et mieux répondre à leurs besoins (Jang M., Suh S.T., 2009). La U-city est caractérisée par l'intelligence des réseaux, la présence de plateformes et de services intelligents.

Les capteurs ou les caméras de vidéosurveillance sont intégrés dans les infrastructures de la ville, telles que les routes, les ponts ou les écoles, afin de relier ces structures à un réseau conçu pour gérer différents types de situations, y compris des crimes ou des catastrophes, sans intervention humaine. En mai 2006, le gouvernement coréen, a mis en place une « Feuille de route pour la mise en œuvre et la diffusion de l'innovation en R&D », sur la base d'un sondage sur la demande en matière de nouvelles technologies pour la prochaine décennie. Le modèle de ville Ubiquitous-Ecological (U-Eco City) a été choisi comme l'un des projets VC-10 (de projets à grande échelle finalisés à la commercialisation des résultats de la R&D). Cette politique vient combler un vide en matière de technologie écologique de pointe à travers des projets de R&D ayant la capacité de développer une technologie verte ultramoderne. La ville U-EcoCity, en somme, combine les avantages de l'U-City et de l'éco-ville actualisant le modèle de ville écologique. Dans cette catégorie est illustrée la ville de Dongtan, la première U-EcoCity actuellement partiellement réalisée. Elle est caractérisée par différents U-services tels que services tels que : le U-Traffic, le U-Parking et le U-Crime Prevention, un service administratif unique (KNHC, 2007). Aussi elle bénéficie d'un système de communication automatisé.

Le gouvernement coréen avec le soutien des principaux développeurs a mis au point un cadre législatif sur la U-City, avec des lignes guide pour réaliser quinze villes omniprésentes.

La loi U-City de 2008, stipule qu'une U-City fournit des services en tout temps. Cela permet davantage d'efficacité en termes de prestations et une amélioration de la compétitivité de la ville ainsi que de la qualité de la vie, à travers l'utilisation d'infrastructures construites avec la technologie U-City[6]. Depuis qu'elle été promulguée, la Corée a systématiquement construit des villes sous cette marque[7]. Depuis l'établissement du premier plan global U-City, en 2009, le MOLIT[8] a mené des projets pilotes U-City dans quinze gouvernements régionaux à travers le pays avec un investissement de 46 milliards de KRW. Pendant la première année d'application de ce plan, trois types de villes ou quartiers pilotes ont été identifiés, distingués en *old city*, *new city* et *new town* : Busan (old city), Songdo (new city) et Mapo (new town). Des structures ad hoc, de type administratif, financier et technologique ont été mis en place pour l'identification d'un modèle standard d'U-City. Les projets pilotes U-City cherchent à s'adapter aux régions concernées. Les modèles se diversifient en fonction des différents intérêts et objectifs de chaque région (la réduction de l'empreinte carbone, l'amélioration de l'efficacité énergétique des bâtiments et la création d'environnements résidentiels sécurisés).

Un des objectifs de l'U-City est aussi aider à développer les formations professionnelles avec des programmes destinés aux travailleurs, aux demandeurs d'emploi et aux étudiants. La recherche universitaire est impulsée et des programmes de soutien à l'apprentissage sont mis en place. Un total de 2,1 milliards de KRW a été fourni pour soutenir 1 237 travailleurs et 421 demandeurs d'emploi entre 2009 et 2012. Les projets U-City ont été totalement maîtrisés par le public jusqu'en 2014. Suite aux multiples critiques qu'ils ont suscités dues en partie au manque

---

6 Un système U-City est classé par trois étapes : la collecte d'informations, le traitement de l'information et l'utilisation de l'information. Voir : *Smart City. A primer on Korean Planning and Policy*, PKPP 2013-11: http://www.gdpc.kr/data/pkpp/11%20Smart%20City.pdf.

7 La loi U-City stipule que le Ministre des Sols, des Infrastructures et des Transports doit établir un plan détaillé tous les 5 ans pour la construction et la gestion efficaces d'une U-City. Voir : *Smart City. A primer on Korean Planning and Policy*, PKPP 2013-11.

8 Le MOLIT se situe comme leader d'un projet U-City, côté gouvernement. Il doit établir et coordonner le Plan global de l'U-City.

d'information et de participation citoyenne, ces projets sont désormais conduits par des consortiums public-privé.

2.2. *La Tech-City : une Silicon Valley à la Coréenne*

La stimulation de la coopération entre entreprises, universités et gouvernement, à travers la mise en place de clusters, est devenue une question centrale aussi en Corée, compte tenu des objectifs en termes d'innovation que le pays s'est fixés.

Séoul cherche à se positionner comme la plus importante plateforme de l'Asie du Nord Est pour l'économie globale en investissant massivement dans des industries innovantes. Le gouvernement de la Métropole est conscient de l'importance de l'innovation et de l'entreprenariat. Une « cluster-oriented-strategy » peut être considérée comme une politique très efficace pour Séoul afin de développer des nouvelles relations avec les entreprises qui investissent dans les R&D et les universités dans des secteurs spécifiques de la ville (Park, 2017). La création de clusters urbains devient dès lors un objectif clé pour le développement de la ville et l'amélioration de son image associé à la production de connaissances et à la performance technologique, optimisées par la création de quartiers dédiés dans lesquels la présence du binôme université/entreprise est une constante.

Certains auteurs (Perrin, Soulard, 2010) associent la notion de cluster à celle de Science city, qu'ils appliquent à la ville de Séoul et à ses projets urbains :

> Répondant souvent au nom évocateur de Science Cities, ces projets s'efforcent de connecter des institutions produisant ou diffusant de la recherche et du savoir (universités, écoles ou instituts de recherche spécialisés, musées, bibliothèques, etc.), avec des entreprises engagées dans des activités à haute intensité de R&D, des sociétés de service spécialisées dans l'accompagnement de start-up, mais aussi de mettre à disposition du logement, du commerce et toute la panoplie des services urbains que les chercheurs sont en droit de trouver à proximité -spatiale et/ou temporelle -de leurs laboratoires. Ils traduisent ainsi une vision plus holistique de l'aménagement urbain que celle dont se sont inspirées les technopôles dans les années 1990.

La notion de cluster caractérise le développement urbain de Séoul dont le territoire est marqué par la présence d'une série d'entreprises de technologies de l'information (TI) et de start-ups, le long du quartier d'affaires de Gangnam (GBD), appelé Seoul Venture Valley. À partir des années 2000, deux autres « clusters » ont été créés : Séoul Digital

Industrial Complex à Guro – baptisé Silicon Valley of Korea –, obtenu en transformant un ancien site industriel dans une nouvelle entreprise spécialisée dans le numérique, et Anyang Venture Valley, caractérisé également par une forte concentration d'entreprises informatiques. Leur création a inspiré Gwangyo Techno Valley (GTV), Pangyo Techno Valley – également baptisés Silicon Valley of Korea – et Sangam Digital Media City. En plus de l'informatique, les nouveaux clusters industriels visent également la biotechnologie, la technologie culturelle et la nanotechnologie, ainsi que la convergence de ces technologies.

Figure 1 : *Seouls TECH District.*

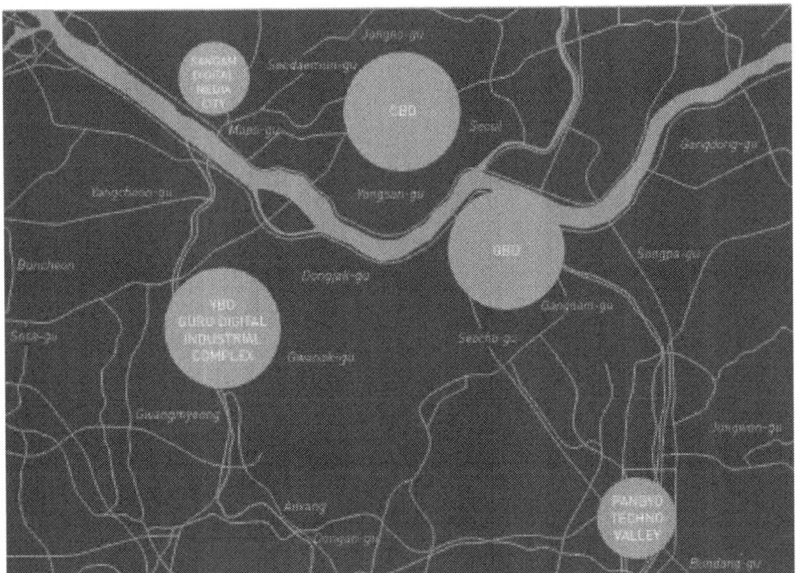

Source : Choi Y. (2017), *Tech Mushrooms in Seoul*, p. 63

Ces opérations ont réussi grâce à une politique incitative du gouvernement vis-à-vis des centres de recherche et d'innovation. Ces actions ont porté tant sur la baisse des prix des loyers (d'une moyenne de 30 dollars/m^2/mois dans le quartier central des affaires, à seulement 3 dollars pour le secteur de Digital Media City, par exemple) que sur l'offre foncière pour permettre l'implantation de bureaux à des prix très compétitifs, sans parler d'importants allégements fiscaux (Choi, 2017).

Le gouvernement a aussi mis en place une infrastructure de transport qui met, par exemple, GBD à quinze minutes de Pangyo Techno Valley. Ces clusters offrent aussi un support en matière de programmes de monitorat pour commercialiser de nouveaux produits et relier les start-up au capital-risque. Attirées par ces avantages, les entreprises ont quitté les aires centrales de CBD et GBD pour déménager dans ces nouveaux « business clusters ». La concurrence sera accrue lorsque la construction sera complétée par le Complexe industriel Magok Bio City dans les faubourgs de Séoul à Gangseo-gu et avec l'arrivée de l'écocité de Dongtan Techno et la deuxième Vallée de Techno. Ces clusters industriels qui incubent les start-ups et favorisent l'innovation sont essentiels à la vitalité future de l'économie coréenne, surtout lorsque la Chine proche monte rapidement dans la chaîne de valeur. Au fur et à mesure que ces entreprises commencent à mûrir, elles stimuleront également la demande de crédit-bail sur les marchés de bureaux principaux de CBD, GBD et Yeouido Business District (YBD).

2.3. *Le mini-clusters system*

Le cluster est un moteur du développement pan-régional en reliant les parcs industriels à travers le pays. Le gouvernement coréen a fait des efforts pour attirer des instituts de recherche, des organismes de soutien et des universités dans les parcs industriels afin d'accroître le potentiel de croissance grâce à un réseau de coopération étroit.

Le ICCP (Industrial Complex Cluster Program) a été réformé à travers le « Programme Pan Regional Cluster » en 2010 (projet de cluster régional 5 + 2 de la REA – Regional Economic Area). Cette politique visait à répartir les réalisations des programmes existants liés aux clusters à d'autres complexes industriels dans tout le pays via les unités REA (Koo, Park, 2013).

L'objectif principal de ce programme est de dynamiser les réseaux à travers des projets conçus dans des mini-clusters pour faire face aux difficultés rencontrées par les entreprises. Plus de 50 % du budget de l'ICCP a été investi dans ce programme. Le partenariat université/entreprise/recherche sont devenus opérationnels en 2010. Divers projets de soutien aux entreprises ont été restructurés et fusionnés dans le cadre du projet de promotion de la croissance de l'entreprise, avec un plan d'action détaillé qui comprenait la commercialisation de la technologie de fabrication, le soutien à la fabrication de produits, le marketing, l'éducation et la formation sur mesure et des solutions personnalisées.

Dans le processus de création de réseaux et de mise en œuvre de l'ICCP, le mini-cluster a joué un rôle central.

Un mini-cluster comprend une industrie, une université et un laboratoire de recherche localisés dans un secteur urbain, spécialisés dans des domaines industriels ou techniques spécifiques. Il permet de développer la coopération mutuelle, l'apprentissage en commun et le partage d'informations. Il est basé sur la participation d'acteurs innovants dans la région, tels que les grandes entreprises, les PME, les universités, les instituts de recherche, les organismes de soutien et les unités du gouvernement local. Le rôle du mini-cluster est de renforcer la solidité de l'ICCP favorisant le développement de projets grâce à une approche ascendante personnalisée. Les activités du mini cluster sont diverses (forums, séminaires d'innovation technique, ateliers, etc.) et sont finalisées à aider les entreprises à surmonter leurs difficultés et à se développer. Le nombre de mini-clusters est passé de 49, en 2005 (première année de l'ICCP), à 55 en 2010 (Koo, Park, 2013).

De nouveaux projets ont aussi été lancés, en 2010, dans le cadre du programme « Pan Regional Cluster ». Deux d'entre eux portaient sur la création de clusters régionaux et sur l'amélioration de la compétitivité mondiale. L'objectif de la mise en place de clusters pan-régionaux était de construire un réseau régional élargi-université-recherche-institution par la REA. Grâce à la construction de ce réseau, une synergie entre les programmes et les innovations en cluster est attendue. L'amélioration de la compétitivité mondiale est liée au réseautage mondial pour améliorer les performances des entreprises (aussi en termes de revitalisation des réseaux à l'étranger, pour la promotion de l'utilisation de la technologie à l'étranger, etc.).

Certains complexes industriels sont apparus comme des clusters de pointe : Guro, qui dans les années 1960 et 1970 était axé sur les industries de la perruque, du textile et de la couture, est apparu comme un pôle de haute technologie connu sous le nom de G Valley ; un cluster d'électricité et d'électronique a été créé à Gumi, un cluster de machines à Changwon, un cluster industriel optique à Gwangju et un pôle automobile à Ulsan. Les complexes industriels ont connu une croissance de la production, des exportations et de l'emploi grâce à de tels efforts, et ils ont également amélioré leur compétitivité grâce aux investissements accrus en R&D des entreprises participantes. En outre, un écosystème de coopération régionale a été organisé.

La coopération avec l'université a permis d'opérer des transferts de connaissances. Cependant, il reste encore des défis à relever pour que les complexes industriels soient transformés en espaces de l'économie créative orientée vers le futur.

Conclusion

Si la ville qualifiée de *smart* parvient à résoudre la plupart de ses problèmes d'ordre pratiques (en termes d'urbanisme, d'environnement, de transports, de gestion de l'énergie, etc.), la KBC est caractérisée par la capacité de développer d'excellents services de R&D, de formation et d'éducation dans certains domaines en les proposant systématiquement à d'autres villes et région du monde. à la différence de la *smart city*, qui comprends différents aspects et actions qui peuvent ne pas être tous programmés et coordonnés dans un plan unique, la KBC résulte d'une planification volontaire inscrite sur le long terme et préconisée dans le cadre d'une stratégie générale d'aménagement d'un territoire. Caractérisée par la présence de plateformes collaboratives entreprise/université/recherche, la KBC donne lieu à des formes de *clustering* territorial, répandus dans les *world class cities* du monde entier, de New-York à Séoul. Ce type de développement est désigné de *knowledge urbain development*. La ville de Séoul a adopté une politique pour le développement urbain basé sur la création de clusters. Cela a marqué aussi le passage d'une initiative essentiellement publique à une série d'initiatives mixtes (publiques-privées et privées) visant à faire de Séoul, la Silicon Valley d'Asie, soutenue par des clusters et des mini clusters interconnectés entre eux et avec les autres clusters du monde entier. L'originalité de cette approche réside d'abord dans le choix de ce double niveau de clusters pour assurer d'une part le développement économique dans certains secteurs (nanotechnologies, biotechnologies etc.) avec des jobs à la clé, de l'autre (à travers les mini-clusters) d'encourager à plus petite échelle le rapprochement des universités aux entreprises spécialisées dans certains secteurs afin de les aider dans le R&D et à surmonter leurs difficultés en proposant des projets innovants. La particularité consiste dans le fait que la demande d'associer à ce mini-cluster des universités et des laboratoires de recherche vient directement des entreprises. Kicox Industrial Complex est un acteur très important dans le développement de ces mini-clusters, qui consulte régulièrement des chercheurs internationaux pour être aidé dans leur choix de partenaires universitaires[9]. Il est bien sur difficile de mesurer les effets de ces actions encore en cours dont on peut apprécier le caractère volontaire, l'implication directe des partenaires privés et leur intérêt vers les universités, caractéristiques communes aux villes grandes et moyennes du monde entier.

Bibliographie

Arnkil R., Jarvensivou V., Koski P., Piirainen T., 2010, *Exploring quadruple helix. Outlining user-oriented innovation models*, Työraportteja 85/2010, Working Papers Tampere: University of Tampere, Institute for Social Research, Work Research Center.

Barjot D., 2011, « Le développement économique de la Corée du Sud depuis 1950 », in *Les Cahiers de la Framespa* [Online], 8, Online since 2 December 2011, connection on 18 April 2017. URL: http://framespa.revues.org/899 ; DOI : 10.4000/framespa.899.

Carrillo F.J., 2006, Edited by, *Knowledge cities: Approaches, experiences and perspectives*, Burlington, MA, Butterworth, Heinemann.

Carrillo F.J., Ygitcanlar T., Garcia B., Lönnqvist A., 2014, *Knowledge and the city. Concepts, applications and trends of knowledge-based development*, Routledge Taylor and Francis Group, London & New-York.

Chesbrough H., 2003, *Open Innovation: The New Imperative for Creating and Profiting from Technology*, and also Center for Open Innovation, Berkeley University.

Choi Y., 2017, « Tech Mushrooms in Seoul », in *Global Cities. The 2017 Report.*, Knight Frank, Newmark Grubb- Knight Frank. KnightFranck.com/Globalcities.

Clark T.N., 2003, *The city as an entertainment machine*, San Diego (CA), Elsevier.

Cohen W.M., Levinthal D.A., 1990, Absorptive capacity: « A New Perspective on Learning and Innovation », Administrative Science Quarterly, vol. 35 (1), Special issue : *Technology Organizations and Innovation*, 128-152.

ETRI, 2007, *U-City Infrastructure Activation Plan*: Electronics and Telecommunications Research Institute.

[9] Ingallina P., 2014, « Clustering policies in the world class cities: London, New-York and Paris », Conférence, Kicox International Conference, Séoul, 15/09/2014.

Garner C., 2012, « La capacité d'absorption : un facteur de réussite pour le transfert des connaissances entre université et entreprise », in Ingallina P., *Universités et enjeux territoriaux. Une comparaison internationale de l'économie de la connaissance*, Lille, Presses Universitaires du Septentrion, 239-253.

Indergaard M., 2012, « Réintégrer les universités dans le tissu urbain : l'assemblage d'un écosystème innovant à New-York », in Ingallina, P., *Ibidem.*

Ingallina P., 2010, « Attractivité et compétitivité : le rôle des knowledge industries en Ile de France », *Urbanisme*, n°82, 61-64.

Ingallina P., 2012, *Universités et enjeux territoriaux. Une comparaison internationale de l'économie de la connaissance*, Lille, Presses Universitaires du Septentrion, 323 p.

Jang M., Suh S.T., 2009, « U-City: New Trends of Urban Planning in Korea based on Pervasive and Ubiquitous Geotechnology and Geoinformation »: U-City New Trends of Urban Planning in Korea based on Pervasive and Ubiquitous Geotechnology and Geoinformation: http://link.springer.com/chapter/10.1007/978-3-642-12156-2_20.

Jeong K., 2007, « Implementation Strategies for Future Ubiquitous Cities Based on u- City Service Model » *Entrue Journal of Information Technology*, 6(1), 81-100.

KEN (Knowledge Economy Network), 2012, Knowledge cities and Smart cities, Weekly Brief n°20, Brussels: http://www.knowledge-economy.net/uploads/documents/2012/briefs/KEN%20Brief,%20No.%2020,%20Year%202.pdf.

Kim J., Cho C., 2007, *Readjustment Measures of Planning System for U-City*, Korea Research Institute for Human Settlements.

Klingmann A., 2007, *Brandscapes: Architecture in the Experience Economy*, MIT Presse.

Koo Y., Park S.O., 2013, « Innovation-driven cluster development strategies in Korea », in ERIEP, n°5, *Cluster policy for innovation and competitiveness*, mis en ligne le 26 février 2013, URL: http://revel.unice.fr/eriep/index.html?id=3514.

Kunzmann K., 2008, « Afterward » in Ygitcanlar, Tan, Koray Velibeyoglou, and Scott Baum: *Knowledge-Based Urban Development Planning and Applications in the Information Era*, Informations Science Reference, Hershey/New-York, 296-300.

Kunmann K., 2012, « La place de la connaissance dans le développement urbain », in Ingallina, P., *Universités et enjeux territoriaux. Une comparaison internationale de l'économie de la connaissance*, Lille, Presses Universitaires du Septentrion, 53-62.

Kunzmann K., 2014, « Smart cities a new paradigm of urban development », in Crios, 7/2014, 19 pages. https://www.academia.edu/9530213/SMART_CITIES_A_NEW_PARADIGM_OF_URBAN_DEVELOPMENT.

Park J., 2017 (à paraître), « Digital Media City in Seoul, toward new sustainable and innovative urban future », in Ingallina P., Charles D., *The Urban University and the Knowledge Economy: New Spaces of Interaction*, Routledge Advances in Regional Economics, Science and Policy.

Perrin L., Soulard O., 2011, *Science City Campus scientifiques et clusters dans les métropoles du XXIsiècle. Séoul : Digital Media City et Songdo New City*, IAu-IdF.

Porter M., 1990, *The Competitive Advantage of Nations*, London, Macmillan.

Weiser M., 1993, « Hot Topics: Ubiquitous Computing » *IEEE Computer*, October 1993.

Weiser M., 1993, *Some Computer Science Problems in Ubiquitous Computing*, Communications of the ACM, July 1993. (reprinted as "Ubiquitous Computing". *Nikkei Electronics*; December 6, 137-143.)

Zukin S., 2009, « Consuming Authenticity : espace de consommation, affirmation ou perte d'identité ? », in Ingallina, P. (dir.), *Attractivité des territoires : regards croisés*, Paris-La Défense, PUCA, 81-83.

Zukin S., 1996, *The Cultures of Cities*, Oxford, Blackwell.

Zukin S., 2005, *Point of purchase, How shopping changed american culture*, Routledge, New-York and London.

Knowledge economy and the sustainable city

The construction of a world-class university in Vietnam?

Divya Leducq
Dr. Ass. Pr. UMR CITERES, CNRS-University of Tours (France)

Helga-Jane Scarwell
Professeur, University of Lille - sciences and technologies (France)

Quoc Thong Nguyen
Président de l'Association des Architectes Vietnamiens et Professeur à l'Université d'Architecture de Hanoi (Vietnam)

Introduction

Since the introduction of the Doi Moi[1] policy, Vietnam has undergone considerable spatial and territorial transformations (Champs A., Cerise E., 2011). Hanoi, the capital of the country has committed to a growing urbanization in connection with the development of economic and industrial activities in the outskirts of Hanoi city. This dynamic is linked to the general emerging process of a large metropolitan area across the region.

In this particular context of socio-economic transition and spatial transformation, universities now play a key role. The Vietnamese government aims to position itself in the field of global competition, and sees universities as an urban object in the urban political momentum whose objective is to create a modern and functional Hanoi capital, in

1 Doi Moi is the name given to the economic reforms initiated in Vietnam in 1986 with the goal of creating a « socialist-oriented market economy ».

line with the requirements of international trade (Cerise, de Maximy, 2011). The creation of the University of Science and Technology in Hanoi (USTH) meets the emerging development needs of Vietnam, but also aims at strengthening the links between university and industry in the field of Research and Development (R&D) while developing new forms of public-private sector cooperation.

Vietnam's higher education system has been profoundly affected by international influences. These influences are readily apparent in contemporary attributes of the system, but they can also be seen in the longer history of higher learning in Vietnam, from at least the tenth century onwards. This enhancement of the role of knowledge in the economy and the Vietnamese society is not entirely new (Confucian tradition). This model has been abandoned. However, the construction of world-class University follows the Chinese example.

However, the emergence of a development based on the knowledge economy that relies on the development of prosperous economic areas, open to international competition under the Master Plan involving significant investment and the existence of stable conditions and of a creative framework. This contribution aims at demonstrating that in order to meet the challenge, the Vietnamese government, the university, the economy and society as a whole need to come together to tread a path that is unprecedented.

1. How is the knowledge economy – with universities as a key player – translated into political agendas and urban planning?

1.1. Higher education: a spatial key strategy for post-industrial economies

Since the 1990s, States, local authorities and corporations in the West have put forward the leading role of knowledge in the growth of nations and more specifically in terms of business competitiveness. The government's conviction that higher education is a pillar of the twenty-first century knowledge economy, and a key site for producing the highly skilled personnel that will be needed to promote Vietnam's further development, means the future for Vietnamese higher education is certain to be one of quantitative growth and development.

Since the Tenth Congress of the Communist Party (2006), the Vietnamese government has sought to modernize and develop an educational system, previously structured on the Soviet model, through development aid and especially through the Asian Development Bank (ADB), but also through intergovernmental or inter-university partnerships. In this perspective, Vietnamese national authorities adopted a reform plan called Vision 2020. At times unrealistic, some objectives however do conform more to international standards and thereby obtain financing. It was the case in 2010 when World Bank released 50 million dollars for the reform of the whole higher education system (Monthéard, 2012).

A significant percentage of students (60 %) should be trained in private universities by 2020. To maintain an annual economic growth of 7 to 8 %, Vietnam urgently needs to increase its workforce with properly trained staff. The national budget cannot finance such an effort. Indeed, to increase training capacity, the government is prioritizing the private sector as other ASEAN countries did. Most recently, the system is influenced by the outflow of Vietnamese students to study at foreign universities, by the growing presence of foreign universities in Vietnam and by the existence of numerous international alliances. Their influence perhaps is the long-standing nature of the brain drain from Vietnam.

Finally, the Shanghai Academic Ranking of World Universities is an authority in Asia, and Vietnam hopes one day to see one of its University enter this prestigious listing, which would be an asset of attractiveness to foreign investors.

This trend is linked to the rise of the Information Technologies (IT) from the eighties. This new mode of growth is related to the end of the Fordist industrial mode of production and is based on the search for new productivity gains and the ability to generate innovation to maintain a competitive edge (Guellec, 1999). Transition to post-industrial must be accompanied by a reflection on the role of knowledge as capital in economic growth, and the capacity of actors to generate, disseminate, protect and combine skills that will give them that competitive advantage and enable them to create value. In respect, it is possible to identify the production of knowledge through two indicators: spending on R&D and training (Guilhon, Levet, 2003).

This model is spreading to emerging countries that sometimes succumb to the hype surrounding world-class universities, even though they far exceed their needs and their higher education and research potential. Indeed, the World Bank (2000) itself contributed somewhat to this belief in the importance of higher education for capacity building and poverty reduction. However, in 2009, in view of the world economic crisis, it pointed out the limits of such a mantra by denouncing its inadequacy in relation to the needs of developing countries. According to the World Bank Report (2000) the countries eager to build international elite universities should determine whether they could afford to spend large amounts of money implying the construction and management of such institutions without affecting the rest of the education system. This quest for excellence testifies that universities have a key role to play in that particular context of global competitiveness. This is what we will demonstrate through the example of the creation of the USTH located on the site of a science park in Hoa Lac near the city core of Hanoi.

In 2008, the Vietnamese government passed a law to encourage the development of high technology in four areas: information technology, biotechnology, automation and new materials. This law provides fiscal and financial advantages to stimulate business implantation (*Le Courrier du Vietnam*, 2009). These benefits will encourage future technology transfer, as well as staff training in this area. In this context, the new French-Vietnamese USTH was created. Currently housed in the centre of Hanoi, it is awaiting relocation in the northwest quadrant of the 65-hectare site of Hoa Lac Hi-Tech Park (HHTP) and will be covering a total area of 1600 ha.

The USTH is a new model of Vietnamese university combining education, research and partnership in collaboration with private companies. The activities of USTH will comply with international standards of excellence. It will offer high-level science courses in order to train the future world-class lecturers and managers of Vietnam. Across Asia, higher education is first seen as a competitive supply market. That is why the Vietnamese government planned to develop four world-class universities, and so far approached France, Germany, Japan and the United States.

All answered but in different ways. Only Germany and France were willing to create real campuses of excellence. Japan favored an industrial development-oriented university. As for the United States, the project to create a branch of Columbia University was successful. Currently, only Ho Chi Minh City Faculty of Medicine and Columbia Southern University in Hanoi offer training programs respectively for B.Sc and

MBA. But these universities are facing rapid growth–market pressures and competition, as they do not meet standards of excellence.

In April 2012, Vietnamese Prime Minister Nguyen Tan Dung adopted the Vietnam Scientific and Technological Development Strategy for the period 2011 to 2020. The ambitious document states that science and technology must contribute significantly to the country's economic restructuring and growth, and will raise the value of high-tech applied products to 45 % of GDP. The transaction value of scientific and technological markets will increase to an average of 15-17 % a year. By 2015, Vietnam should have reached a ratio of 9-10 scientists and researchers for every 10,000 people. By 2020, Vietnam's 60 basic research and application agencies in those sectors should reach world standards, capable of resolving critical national problems, together with approximately 5,000 businesses engaged in science and technology and 60 high-tech incubators and nurseries for enterprises. To bring this strategy to life, proposed solutions have focused on finding appropriate resources (Vietnam Business Forum, 2013).

Hoa Lac High-Tech Park (HHTP) whilst accommodating new scientific institutes will also relocate other Hanoi universities (besides the Vietnamese-French USTH: most notably Hanoi Vietnam National University (VNU), which is under the direct control of the Vietnamese Prime Minister. In Hoa Lac, work on the new 1,000 ha campus for the VNU out of the projected 1,600 ha for HHTP has begun and the completion of the migration is expected by 2025 but it is likely to be completed ahead of schedule by 2018 because Vietnam borrowed 213 million US dollars from the ADB to finance the campus as it does not wish to pay additional loan interest. VNU will have 40,000 to 50,000 students.

The aim is to promote Hoa Lac technology transfer by cross-fertilization between industry, education and research. The whole campus should accommodate 60,000 students by 2020 and 100,000 by 2050 (HHTP, 2013). The Vietnamese ambitions are perfectly compatible with French ministerial policy that encourages universities to go global. The USTH fits into this context. This is a Vietnamese public university created and developed in partnership with France, through a consortium of higher education institutions and organizations and French research institutions. It is the second joint structure of the kind to emerge after the Vietnamese-German University (VGU) born in Ho Chi Minh City in 2008. However, the German-Vietnamese University (VGU) has a « discrete » research activity.

They are both exemplars of the knowledge economy model, spreading through the world, and are considered in the country as « new Vietnamese universities », modeled on the European graduate, post-graduate and doctoral system, with transparent management directly linked to the business world, so the registration fees are superior to traditional Vietnamese universities. Urban policies must now consider an approach to the territory that is not only attractive to local competitiveness but also, on a larger scale, is included in a broader urban project. The issue of academic development and more generally of the relationship between the university and its territory arises at different levels. We will demonstrate how the project of the world-class USTH, within the new growth model of the knowledge economy, contributes through Hoa Lac's HHTP to the attractiveness of Hanoi and what are the relations between those projects and the fabric and transformations of the entire city.

1.2. Connection between the university and the learning city

There is a need and opportunity to build the urbanity of Hoa Lac Science Park and to connect the University and the surrounding R&D activities with the city. The density of the academic landscape in Vietnam has gradually become unreadable (Monthéard, 2010) due to the number of private and public institutions that claim to meet the government's commitment to mass higher education albeit lagging far behind its major Asian neighbors.

Indeed, in 2005, an important higher education policy was approved for implementation, which was the so-called « Higher Education Reform Agenda (HERA) ». Based on HERA, several government initiatives are implemented and Training of 20,000 Ph.D.s for colleges and universities. In 2008, it was announced that New Model Universities (NMUs) would be established as public universities, which was one initiative under HERA. NMUs were supposed to be supported by foreign donors and foreign universities like Vietnamese-German University (VGU) and the University of Science and Technology of Hanoi (USTH) established with support from the French government and French universities.

From the Vietnamese point of view, the new university model is attractive because it offers a means to catch-up and converges with the most developed countries, even though « The University of the 21st century » has not yet produced all the desired effects in France.

2. Planning and designing the knowledge economy places: from the Master Plan to the reality of HHTP

2.1. Hanoi, the context of a developing city

Since the late eighties, the spatial reconstruction of the urban fabric of the Vietnamese capital has been driven by three factors:

- (I) A significant population growth due to both the renewal of administrative boundaries (development of the « Great Hanoi » through the establishment of a network of satellite towns), natural increase and migration from rural to urban cores. Hanoi therefore needs to accommodate an ever-growing population (figure 1).

Figure 1 : *Hoa Lac: a central satellite town in Hanoi Master Plan vision 2050*

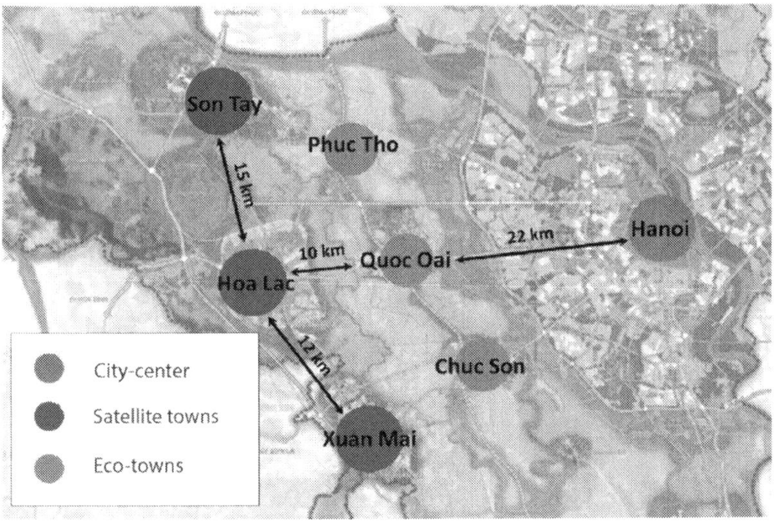

Source: Hanoi Master Plan 2030 vision 2050, HUPI

- (II) Economic, endogenous and exogenous development, led to the emergence of new zones which are all attachment points to densify the city.
- (III) Political reforms, including the Doi Moi put cities at the heart of economic renewal. The intervention of the provincial and local levels in planning also led to the metropolization process of the city; the growing number of projects funded by international investors is fueling the process.

The peripheral areas are at the same time the core and the driving force in the metropolitan area of Hanoi. Consequently, suburban areas are considered as a land reservoir serving mainly the industrialization and the residential processes threatening economic activities that were previously located there. In the selected projects of one of those peripheral areas, we observed the creation of new cities, which came including « satellite towns » and « eco-towns ».

2.2. Reading the Master Plan as a blueprint for knowledge economy strategy

Vietnam envies the success of « tiger » countries and « tiger cub » neighbors and also wants to plan its own new model city of modernity. The government-led project was decided as early as 1996 following the Eighth Congress of the Vietnamese Communist Party. And a document states the goal of making the country an industrialized country by 2020. The objective being to industrialize Vietnam that wants to relinquish its role as a subcontractor, by means of cooperation between high-tech companies, research and innovation, and university centers. The country is also seeking to develop its international cooperation in the high-tech sector.

This goal became operational with the Master Plan 2030-2050 of Hanoi and the Hoa Lac High Tech Park (HHTP) project. Thach That District[2] is looking to house HHTP, a science and technology park that will cover a total area of about 10,000 ha. It has been the subject of many feasibility studies by JICA (Japanese International Cooperation Agency) supported by several Vietnamese Ministries (Construction, Transport, Planning, Higher Education, Science and Technology) (JICA and Hanoi People's Committee, 2007). It will absorb migrants to relieve Hanoi, and welcome new metropolitan advanced features, amenities and facilities. Its development should respect the natural resources of the preexisting area and the surrounding. Ecotourism will also be developed in Dong Mo in the landscape area of the Natural Park of Ba Vi, with the creation of resorts and the Cultural Ethnic Vietnamese Village.

---

2 Thach That District located in the fringes of Hanoi and Hoa Lac is a part of this district.

2.3. *Designing Hoa Lac Hi-Tech Park (HHTP): the dream of a Vietnamese Silicon Valley?*

The Blueprint planning provides the finer details for the whole of the HHTP area and each area is numbered on the map below. According to our latest on-site observations, most parts of the Master Plan have not yet been completed but the descriptive of each one is clearly modeled on the Silicon Valley of California, with its good quality of life. For all the following areas described, activities causing pollution of air, water or waste are prohibited. Companies as well as housing promoters and developers will be encouraged to plant trees and lawns to improve the whole landscape of HHTP.

- The industrial park located in the southwest of Hoa Lac Hi-Tech Park (HHTP) and along the Thang Lang Hoa Lac Road bypass. This area will concentrate several businesses and storage centers. The high-tech production zone covers 34.7 % of the HHTP and has a density of 40-60 %. The architecture is regulated: building height should not exceed that of the city center (5 floors). Green strips of a width of 10-20 meters are provided along road D.
- The « software park » (IT Park) covers 4.8 % of the HHTP and has a density of 20-30 %. It is akin to Silicon Valley on Lake Tan Xa. The HHTP will be equipped with optical fiber installed by companies such as Viettel, FPT and VNPT.
- The Research & Development (R&D) area will play one of the largest roles in information technology, biotechnology, new materials technology and automation. Many international institutions will be located there to attract researchers and highly skilled workers, who should make up 5 % of the total workforce of the park. It covers 14.4 % of the HHTP and has a same density that the IT Park.
- The education and training area is located in northern HHTP, next to National highway 21A and Thang Long Highway. It is intended for home universities, vocational training centers in highly qualified skills. It is located close to the area of R&D area to strengthen ties. Green spaces will be devoted to sport, relaxation and will act as a buffer zone to protect the amphitheaters against noise from the rest of HHTP.
- The mixed-use zone, an area with multiple functions including commerce and business, will be divided into two parts in HHTP. A zone is located near the Thang Long-Hoa Lac Highway and

the other near Ho Chi Minh Highway. It covers 5.5 % of the HHTP and has a density of 40 to 50 %. The area hosts facilities (supermarkets, restaurants, hotels, offices and health services) and public spaces have a central part.

- Downtown will be adjacent to the R&D area, covering 3.2 % of the HHTP for a density of 40-50 %. An information center, a conventions hall, an exhibition area dedicated to of technologies, post office, police station, a library and a science museum are planned. Modern architecture, building projects with square shapes and open spaces will be encouraged. Green spaces are devoted to cultural exchanges, festivals and outdoor activities.
- Offices and residential areas inserted in a natural landscape (near the lake) will be at 2.7 % of the HHTP with a density of 35-45 %. Luxury housing, services and luxury shops, supermarkets, hospitals and international schools are being planned. The regulations allow architectural buildings over fifteen floors.
- The housing complex is located at the west of HHTP near Highway 21A. This slightly raised area from 13 to 22 meters. This neighborhood will be a high quality residential area for high-tech researchers and workers. Architectural rules allow the construction of a residential complex of high-rise villas and wooded areas.

2.4. USTH: French-Vietnamese cooperation for the science park

A strong connection between education and research with industry is perceived as the key success of USTH and ADB's loan was subject to the following five conditions: excellence in management; academic excellence from students to teachers; well-equipped research labs; transparent and constructive relationship between partners and achievement of quality standards.

The French companies operating in Vietnam were invited to participate in the foundation partnership. The construction of the university campus and various Hoa Lac development activities signify the commitment of the Vietnamese state to a knowledge-based economy. In addition, we observed that if Hoa Lac exponentially grows, its impact would affect not only education but also the whole economy of Hanoi.

2.5. Modern urbanism modeling the knowledge economy

The presentation of HHTP made to prospective investors (HHTP: Magnet for high-tech investment, January 16, 2013) featured all the technical innovations that would have a positive impact. The science park was designed to produce a model of intelligent urban community with new energy technologies and a new transport system. Hoa Lac is meant to be a « smart city », a city of the future combining new technologies, high performance networks with a better quality of life.

With respect to energy, the goal is to diversify the energy sources to include solar, wind and fuel cell energies performances. A comprehensive system of electrical transmission and distribution will enable high efficiency and grid stabilization. Hence, the residential areas as well as office buildings are expected to be eco-friendly, allowing a 40 % reduction of CO^2 emission and a 50 % reduction in energy bills. Electric vehicles will facilitate the transport system.

The quality of life will be improved and facilitated by using new technologies, for example smartphones will allow monitoring the residential areas with fire alarms and burglary protection systems. Household energy utilization like heating, ventilation, air conditioning, washing machines will also be regulated from these applications; hence resulting in a more efficient use of energy.

Regarding water resources, the Vinaconex facility will provide 600,000 m^3 a day from surface water. The Park's first drainage system and treatment plant will treat 6,000 m^3 used water per day with a targeted 36,000 m^3 in the second phase by 2016. The waste will be managed by URENCO, which also manages 80 % of the waste collection in Hanoi. The HHTP is expected to meet international environmental standards (ISO 14000) or Vietnamese Standards (TCVN).

Two structural highways will cross Hoa Lac, cutting the city into four functional quadrants: Ho Chi Minh Highway (21A oriented west/northwest) and Thang Long Highway (oriented north/south). The motorway junction is the central hub of the Hoa Lac satellite town and is expected to provide an interconnection at the regional level (figure 2). Thang Long Highway towards the east of the city center of Hanoi was built in 1997. It is 29 km in length; it is to be 40 meters wide with six fast lanes and four lanes for local traffic. A median lane will be reserved for future public transport, as well as two parallel broad bands of 20 meters on each side of the highway. Thang Long Highway already exists, although it has not yet reached its final stage of development and the existing traffic flow is minimal.

Figure 2 : *Thang Long Highway interchange as the center of the new city*

Sketch credit: N. Haï Tran, D. Leducq, H-J Scarwell, March 2015

The city also has a military airfield in the north, which should be used for civilian purposes by 2030. The ultimate aim is to achieve the goal of making Hanoi HHTP, with its core center USTH, the new Silicon Valley of Vietnam.

3. Urban stakes and developing issues of the Vietnamese knowledge economy: lessons from the construction of USTH university

The vision of development driven by the knowledge economy overvalues cognitive aspects at the expense of others. This is all the more regrettable since the adoption of global technical and technological standards by emerging economies that requires, above all, taking into account the multi-layered and multi-dimensional realities. In its mad rush to meet the world-cities qualities, Hanoi underestimates the difficulties arising from the importability of a hybrid and foreign development model, which might, instead of the desired effects, lead to a greater remoteness. Beyond the spatial planning of public facilities, some serious questions remain, that we would like to address in this part.

3.1. Lack of cohesion in the development phases of the science park

One of the central aims of phasing HHTP is to train highly qualified researchers, who can work or teach in R&D institutes and companies located on this perimeter. But in fact, beyond USTH, Hoa Lac will also be the site for the Japan International University and Ecological City[3] that boasts 150 million US dollars Japanese direct investments based on eco-industrial process (Nguyen Thanh, 2013). There is also a draft for two other universities that might not come out: one Russian for cultural reason and one American (Columbia) for interest purpose. The HHTP campus already houses a private university named FPT Software that works as an incubator for Information and Communication Technologies and a research centre with its dedicated servers and wired networks. FPT has established itself as a major player in digital development in Hanoi, so generate huge market-oriented funding amounts. The Vietnam Academy of Science and Technology (VAST)[4] will also be present. In reality, VAST is a governmental body supported by the Vietnam Ministry of Education and Training (MOET). The HHTP project not only splits the disciplinary landscape of higher education but it also leads to cooperation problems between Vietnamese institutions responsible for educational governance and introduce a strong and unfair competition among the stakeholders present on site.

3.2. Financial shortcomings

In the current uncertain economic climate, Vietnam does not have the capacity to finance a whole project of new city like Hoa Lac (*Le Courrier du Vietnam*, 2014b, 2014c). Regarding the long-term perspective, some

---

[3] Vietnam and Japan signed the Governmental Agreement on Scientific and Technological Cooperation in August 2006, thus creating a legal basis and an important prerequisite for later cooperation programs, funded by the Foreign Direct Investment.

[4] VAST equals to French National Center for Scientific Research only in the domains of experimental sciences (physics, mathematics, etc.) [http://www.vast.ac.vn/en/, accessed 4th April 2014].

questions arise concerning the ability to maintain the blueprint due to the poor performance of the Vietnamese economy. From 2012 until now, the Growth Development Product rates to +6 %, its lowest level in the last fifteen years.

In fact, the Vietnamese real estate market has been slowing down in recent years. However, from 2008 the country has not been spared by the global economic crisis: poor growth rate regarding the needs of a developing country and inflation peak (up to 23 % in 2011)[5]. In 2013, because of the situation, the development model choice was criticized from the ruling class: the cost of housing is nowadays twenty-five times higher than the national average income and social conditions continue to worsen (Delalande, 2013).

The available funds vanished due to the national economic austerity policies to address both challenges of equitable growth and difficulties faced by the banking sector. In addition, sometimes the public policy management woefully fails. Many developers of luxury housing and condominiums found themselves in difficulty because sales collapsed and the built houses no longer meet the expectations of homeowners. The planned satellite town of Hoa Lac does not figure as an exception. In fact, some urban projects along Thang Long Highway have already been dropped, land is left fallow and expropriations do not prevent the buffalo herders from letting their cattle graze on the former lands they used to have free access to.

3.3. Land acquisition and use perspectives

In 2009, Nguyen Thanh B., director of the University planning Committee, which falls under the MOET responsibility, stated: « The university campus is a prevalent organization model in the world. Unlike the current model of independent universities, it provides great advantages in terms of land and infrastructure cost savings » (AVI, 2009). However, if the transfer of Vietnam National University-Hanoi (VNU-H) to the suburban location of HHTP enables to meet international standards, the 40-kilometers distance from the city center discourages the most enthusiastic academics. Also, it will be difficult to convince researchers, teachers and students to dwell in Hoa Lac unless

5 UN Report « The Impact of the Global Commodity and Financial Crises on Poverty in Vietnam » [http://www.wider.unu.edu/publications/articles/en_GB/JGD-Vietnam/, accessed 24 September 2014].

exceptional – and consequently expensive – amenities lying on the campus. Moreover, regarding the transfer costs of VNU-H, Tran Duy T., Director of the Infrastructure and educational facilities Committee, stressed the role of universities in raising their proper funds: « The State doesn't have to purchase other land to set-up new facilities for VNU-H. To achieve the transfer to Hoa Lac, Rectors will have to assume a heavy responsibility by selling the existing property of the Faculties ».

Developers purchased many lands near Hoa Lac, contributing to property speculation without providing any real project. In reality, those remote and rural areas will have trouble-finding buyers. The location was mainly chosen for the scenic and design qualities, but is not fully conducive to such projects.

Regarding the area covered by Hoa Lac HHTP zone, the problems do concern other aspect than the shortage of land. Indeed, this technology and science park covers an area of 1,586 ha and spread over six cities located on the outskirts of Hanoi: Thach Hoa, Dong Truc, Tan Xa, Ha Bang, Binh Yen (Thach Thât District) and Phu Cat (Quoc Oai District). Even if Hoa Lac was launched fifteen years ago, parts of this area are still undergo land expropriation or delayed projects. « In fact, the New Land Law 2013 did not reform anything regarding expropriations. Those are still unframed and below the market price and each project generates its very own land problem » (interview with E. Cerise, March 2014). So, despite the difficulties encountered in land acquisition, HHTP Management Committee issued investment permissions to 60 projects, including leader names in the ICT sector such as Viettel, FPT, VNPT or BKAV. « The domestic software companies need a big area and a comfortable workspace for the psychological wellbeing of collaborators whose work is challenging. These hi-tech place perfectly meet our requirements », said Luong Thanh B., responsible for public relations at FPT Software. She added « The software village "F-Ville" will contribute to improve the position of FPT Software on the global market, as well as the development of Vietnamese computing activities » (FPT software, 2013).

3.4. Excellence and attractiveness in Sciences and Technologies (S&T)

The USTH project is based on a total budget of 213 million US dollars. Asian Development Bank (ADB) provides a loan of 193 million dollars while the Vietnamese Government gives 20 million dollars though equity funds. The projected budget breakdown is as follows: 100 million dollars is allocated to the construction work; 40 million dollars for laboratory equipment and related doctoral funding; 8 million dollars for the company that will handle the overall design of the USTH campus; and finally, 1 million dollars scholarships for promoting women, ethnic minorities and disabled persons. It provides a support for USTH as well as VAST in those subjects: Biotechnology – Pharmacology; Materials Science – Nanotechnology; Water – Environment – Oceanography; Information and Communication Technology; Renewable Energy; Space and applications. The USTH aims to issue international co-accredited degrees in France and Vietnam, which is why the partnership is based on a dual French-Vietnamese networked Consortium.

In order to be attractive and competitive, the USTH has reduced its tuition fees of 1500 to 750 US dollars per year, which is significantly less than the 3000 dollars tuition fees for FPT Software private University. So, the Vietnamese MOET will have to handle 50 % of the fees cost. Deserving students could get a scholarship exempting tuition fees (under Scholarship Programs 911). The scheme aims to train 400 doctors within the following ten years. USTH main objective is to develop a scientific and educational center of excellence by creating synergies between research and teaching. Another goal of the scheme is to ensure employability for the freshly graduates: they will leave the University with an international diploma co-issued by France and Vietnam modeled on the European system, not anymore on the Russian one.

Close collaboration between Centers of Excellence (CoE) in France and Vietnam must provide the diversity and richness of research and training. However, one email – subject « Labs Objectives » – sent by French Embassy to French universities, belonging to USTH Consortium, encouraging the creation of joint-laboratories in Hoa Lac evidenced that synergies between USTH and France CoE are still tentative. In addition, our latest direct observations on site, during March 2015, show that the future USTH Campus in HHTP remains mainly in brown fields.

On the Vietnamese side, VAST, the scientific partner of USTH is responsible for linking French researchers with all the Vietnamese scientists whose structures are associated with USTH. Since its creation in 2010, the USTH is located on the VAST Campus in central Hanoi. A currently under construction building should accommodate both USTH and VAST, but negotiations on the number of floors granted by VAST to USTH seem to vary over time. Their relations are even more complicated as they are not placed under the same ministerial responsibility: the Prime Minister for USTH and MOET for VAST. To promote excellence in S&T, USTH academic board obtain, after challenging negotiations, that the average salary of future USTH docents, appointed after taking an aptitude test, would be around 1200 US dollars a month while Vietnamese teachers do not earn more than 400 dollars. This wage should enable teaching staff to spend at least eight hours per day in the labs to carry out R&D.

The USTH now depend on a new supervisory regulating authority: this is the VAST. The USTH has lost its specific status and perhaps these goals as shown by the renunciation to get more doctors and the end of the 911 scholarships awarded.

Looking at the business plan, UTSH expected to attract around 5,000 students. PhD candidates of all S&T domains have the obligation to submit their thesis in France and to be back at most three months after their defense. The first batch of doctors trained in France will return to Vietnam by 2016. At the end, the former Director of USTH hopes that around 50 to 60 % of them will remain at the USTH but he is aware that there will be a natural loss that the attractive salary might forestall (personal interview, March 2014). The rest of the international visibility of USTH will be addressed by high-proficiency French, American and Australian recruitment on the first step, and by hiring Southeast and Pacific Asia academics (Thailand, Korea, Japan...) on the second step. Positively, the academic ratio – 75 % foreigner against 25 % Vietnamese – will be progressively reversed.

As we noticed above, the capacity of HHTP to attract students and academics in the remote location of Hoa Lac will play an important part in the success of USTH. Hong Kong University of Science and Technology (HKUST) is the main reference quoted for this so-called « New Vietnamese University ». The HKUST Campus itself was modeled on the American Columbia University that inspired the whole design of HHTP. Contrary to HHTP, HKUST cost a billion dollars and was funded by China's own equity funds. The USTH welcomes now approximately 650 students who are not enough visible on the scientific stage because the French-Vietnamese University is still waiting for its own building that architecture should reflect the cooperation between the two nations. By 2017, a large number of USTH scholarship students did not find a laboratory in France to host them. Moreover, the scholarships granted by the Vietnamese government should be replaced by a new system.

3.5. Bridging fundamental and industry relevant research

USTH location within a proactive industrial environment of HTTP certainly represents a favorable context for innovation but it remains to see how this will lead to the development of industrial process and capacities. At the roots of the project, the USTH Campus in HHTP was supposed to be supported by an entrepreneurial foundation that intends to encourage start-ups development with financial capital generating its own income. Due to the global economic downturn the starting expected capital of 3 million euros was not reach. Nonetheless, since the establishment of USTH, an increasing number of partnerships have been created and are used to generate industry-relevant research, especially with French companies such as Alstom, Veolia or Dassault (CATIA embedded software for data-management and navigating systems). Behind those examples of cooperation between USTH and industries, the chain of knowledge transfer between fundamental research and the corporate world remains tenuous.

3.6. Strengthening institutional, corporate and local governance

The co-presence of the USTH, Vietnamese and other foreign campuses on HHTP generated conflicts between contracting and potential authorities. Actually, the National University of Vietnam-Hanoi (UNV-H), which should have been responsible for the entire construction of the Vietnamese campus, lost its prerogative to the advantages of the Ministry of Construction since HHTP was declared of national interest. These conflicts even concerned the esthetics of the building that is two years old of delay. In March, 2017, the works should begin.

Because in the metropolitan area of Hanoi skyscrapers and new urban projects continue to gain on paddy fields, several riots occurred in recent years due to land abuse in a region where hundreds of unhappy countryman want to prevent more confiscation. The emergence of conflicts on land occupation immediately generated an unstable and unfavorable environment for new hi-tech companies settlement. In Hoa Lac, the expropriation issue has not been resolved and the concerned population has not been relocated, so the total land required for the science and technology park HHTP is not yet fully available (figure 3).

Figure 3 : *Transformation of eminent acquired agricultural land into empty field in HHTP*

Photo credit: D. Leducq, D. Tran Dinh, L. Jehl, J. Desmares, March 2014

Unless few and scattered information, no dialogue or public consultation were undertaken before the final approval of the five satellite towns and the three eco-towns (Forum Économique et Financier Franco-Vietnamien, 2012). Furthermore, other tensions occurred opposing national and local authorities in relation with the planning, organization and management issues of Hoa Lac satellite-town. All this leads to unsustainable land pressures, disorganized urban sprawl and contradictions between the rural way of life and the developing concrete jungle. The spatial planning process of HTTP should move towards a more concerted and negotiated planning. Urban governance and strong involvement of all types of stakeholders, starting to the less powerful to the most ones, appears to be an essential dimension, related to "sustainable development", to the success of USTH projects.

Conclusion

By the generated exchanges, knowledge economy allows a new kind of urbanization for wealth production based on research and innovation, and therefore implies the use of specific skills acquired in higher education institutions. By the creation of dedicated spaces and specific places, the planning phase as well as the managing one also constitute an opportunity for new governance between various actors coming from the private or the public sector. However, the case study of the new university USTH located on Hoa Lac science park (HHTP) shows that the decision process is still largely characterized by the top-down organization of the different levels of power, which can lead to negative effects regarding the expected new economic development of the metropolitan area. If this poor governance creates blockages and may prevent some projects from being launched when they might be beneficial for the whole country's economic development, these operations do contribute to the increasing attractiveness of the area and help to place Hanoi in the world-cities competition, which itself is an asset. A future study including land policy and land-market analysis could focus on the development aspirations regarding several awareness and interest of the concerned parties.

References

Welch A.R, 2009, "Internationalisation of Vietnamese Higher Education: Retrospect and Prospect", in Grant H., Martin H., Thanh N. (eds.), *Reforming Higher Education in Vietnam, Higher Education. Challenges and Priorities*, 197-215.

AVI, Ambassade de la République Socialiste du Vietnam en France, 2009, *Hanoi déménage ses universités en banlieue*. 27 July. Available at: http://www.ambassade-vietnam.com/index.php/acceuil/actualites/295-hanoi-demenage-ses-universites-en-banlieue- (accessed 6 April 2014).

Cerise E. and de Maximy R., 2005, "Voiries et recomposition urbaine à Hanoi", in Castiglioni F. Cusset J-M. Gubry P. Thiêng Nguyen T. and Huong Pham T. (eds) *La ville vietnamienne en transition*. Paris, Karthala, 45-72.

Champs A., Cerise E., 2011, "L'histoire d'Hanoï au prisme des cartes et des plans: ville et villages entremêlés", *Globe – Le blog de Planète Terre*. Available at: http://www.franceculture.fr/blog-globe-2011-06-01-l-histoire-d-hanoi-au-prisme-des-cartes-et-des-plans-ville-et-villages-entre-0 (accessed 27 may 2014).

Delalande P., 2013, *Vietnam. Les défis économiques internes et régionaux*, 10 January. Available at: http://www.franceculture.fr/emission-les-enjeux-internationaux-vietnam-les-defis-economiques-internes-et-regionaux-2013-01-10 (accessed 3 April 2014).

Fanchette S., 2011, "Périurbanisation, libéralisation du marché foncier et villages de métier. Le grand projet d'extension de Hà Nôi", *L'Espace Géographique*, t. 40, n° 1, 1-14.

Forum Économique et Financier Franco-Vietnamien, 2012, *Pour une urbanisation durable de la périphérie des villes vietnamiennes.* Hanoi: 9th session, 19-20 March. Available at: http://www.adetef.fr/Actualites/9e-session-du-Forum-Economique-et-Financier-Franco-Vietnamien-Pour-une-urbanisation-durable-de-la-peripherie-des-villes-au-Vietnam (accessed 8 December 2014).

FPT software company, 2013, *Newsletter May.* Available at: http://www.fpt-software.com/NewsLetters/Fpt-Software-Newsletter-May-2013-Issue-1-6-8-8-2013-10-9.html (accessed 2 April 2015).

Guellec D., 1999, *Économie de l'innovation*, Paris, La Découverte.

Guilhon B., Levet J-L., 2003, *De l'intelligence économique à l'économie de la connaissance.* Paris, Economica.

HHTP Management Board, 2013, "Hoa Lac Hi-Tech Park. Magnet for high-tech investment", 16 January. Available at: http://www.confindustria.it/Aree/NewsPub.nsf/6BD4D2B4B0003BF2C1257AFB00370180/$File/11-Pham%20Dai%20Duong%20HHTP%20Presentation_English_2013_01_16.ppt (accessed 1 April 2015).

JICA (Japan International Cooperation Agency) and Hanoi People's Committee, 2007, "The Comprehensive Urban Development Program in Hanoi Capital City of the Socialist Republic of Vietnam", (2 CD-ROM).

Le Courrier du Vietnam, 2009, "Les entreprises vietnamiennes se ruent vers les zones de hautes technologies", 15 september. Available at: http://lecourrier.vn/lecourrier/fr-fr/details/76/entreprise/68928/les-entreprises-vietnamiennes-se-ruent-vers-les-zones-de-hautes-technologies.aspx (accessed 6 April 2014).

Le Courrier du Vietnam, 2014b, "50.000 milliards de dôngs pour relancer le marché immobilier" 31 mars. http://lecourrier.vnagency.com.vn/lecourrier/fr-fr/details/24/construction/79815/50000-milliards-de-dongs-pour-relancer-le-marche-immobilier.aspx (accessed 27 may 2014).

Le Courrier du Vietnam, 2014c, "Le parc immobilier invendu a fortement baissé"22 février, availbale at: http://lecourrier.vnagency.com.vn/lecourrier/fr-fr/details/24/construction/77693/le-parc-immobilier-invendu-a-fortement-baisse.aspx (accessed 7 June 2014).

Monthéard X., 2010, "Mégapoles à l'assaut de la planète. À Hanoï, les gratte-ciel dévorent les rizières". *Le Monde diplomatique*. Available at: http://www.monde-diplomatique.fr/2010/04/MONTHEARD/19001 (accessed 15 march 2015).

Monthéard X., 2012, "Être étudiant au Vietnam. Très chères prestations étrangères", *Le Monde diplomatique*. Available at: http://www.monde-diplomatique.fr/2012/04/MONTHEARD/47564 (accessed 15 march 2015).

Nguyen T., 2013, "Vietnam and Japan Joining Hands to Develop Science and Technology", available at: http://vccinews.com/news_detail.asp?news_id=29813, (accessed 3 April 2014).

Vietnam Business Forum, 2013, *Full report* Available at: http://vbf.org.vn/documentation-center/forum-reports/cat_view/309-document-center/15-forum-reports/328-2013_full_reports.html (accessed 1 April 2015).

World Bank, Task Force on Higher Education and Society, 2000, "Higher education in developing countries: peril and promise", Washington DC: World Bank, 144 p. Available at: http://documents.worldbank.org/curated/en/2000/02/437224/higher-education-developing-countries-peril-promise (accessed 8 June 2014).

Le renouvellement urbain en Chine au service d'une économie créative et durable ?

Christine Liefooghe

Maître de conférences, Laboratoire TVES, Université de Lille 1, UFR de Géographie et Aménagement

> We are not content with being the world's factory;
> we want to be the world's studio, too.
> (Sinha, 2008, 4)

La décision du gouvernement de la République Populaire de Chine (RPC) d'adopter, à partir de 1978, un modèle de développement économique fondé sur l'exportation de biens industriels a fait entrer ce régime communiste dans le jeu d'une économie mondiale capitaliste et du libre-échange. Pas à pas, de manière pragmatique et politiquement contrôlée, la Chine est passée d'une économie socialiste planifiée par l'État reposant sur l'agriculture et l'industrie lourde à un « socialisme de marché » qui encourage la création d'entreprise, l'adoption de normes internationales, la montée en gamme des formations, l'innovation et la créativité. La Chine vient de vivre ses « Trente glorieuses » et le modèle est à bout de souffle. Concurrencée par des pays à main-d'œuvre moins chère, déstabilisée par des inégalités sociales et territoriales croissantes, gangrénée par de multiples formes de pollution, la RPC explore dès les années 2000 le potentiel de l'économie de la connaissance et du développement durable. Si, dans les représentations des Occidentaux, la Chine reste l'atelier du monde ou devient l'eldorado d'un marché à conquérir, les autorités chinoises soutiennent désormais le *Created in China* pour récupérer une plus grande part de la valeur ajoutée produite (Sinha, 2008). Mais encourager l'innovation et la créativité participe aussi d'une stratégie qui vise à hisser la Chine au rang de grande puissance capable d'imposer ses normes – technologiques pour commencer – et de jouer du *Soft Power* culturel et politique.

La transition urbaine a emboité le pas à cette transition économique. Croissance de la population urbaine, étalement des périphéries et densification en hauteur des villes, modernité architecturale et destruction des tissus urbains anciens accompagnent la transformation de l'économie chinoise, surtout dans les provinces littorales ouvertes au commerce international. Au gré des politiques de rééquilibrage du développement du pays vers les provinces intérieures, la diffusion du modèle de croissance par l'économie urbaine va atteindre tous les échelons du système de villes. Pourtant, la préoccupation environnementale et le tournant vers une économie de la connaissance innovante et créative poussent les autorités nationales et municipales à réviser les pratiques d'aménagement urbain. D'autant que la préservation du patrimoine architectural et urbain participe de l'attractivité des villes chinoises vis-à-vis des touristes et des investisseurs. L'objectif de ce chapitre est de montrer pourquoi et comment des politiques de renouvellement urbain s'entrecroisent avec des politiques économiques de création de clusters culturels pour donner réalité aux ambitions chinoises d'une économie créative dans un environnement urbain moins pollué.

1. Du *Made in China* au *Created in China* : enjeux pour les villes chinoises

1.1. Les industries culturelles et créatives : nouvelle étape de la transition économique

Quand les pays développés à économie de marché ont redéployé certaines productions industrielles vers les pays à main d'œuvre moins chère, ils visaient à se réserver les industries dites alors de haute technologie, c'est-à-dire fondée sur la recherche et l'innovation. Quand le Japon puis Taïwan, la Corée du Sud ou Hong Kong ont à leur tour exporté des produits innovants, l'Occident a misé sur son potentiel culturel et créatif pour différencier ses produits ; la production culturelle (cinéma, mode, jeux vidéo, etc.) a d'ailleurs contribué au *Soft Power* des États-Unis. La capacité à « faire de l'argent avec des idées » est formalisée par le britannique John Howkins (2001), autour de la notion de droit de propriété intellectuelle, tandis que l'américain Richard Florida (2002) met en valeur le rôle de la classe créative[1] dans la dynamique économique des métropoles. Des politiques visant à développer les Industries culturelles et créatives[2] (ICC) sont lancées dans les années 2000 par le gouvernement travailliste britannique pour promouvoir l'inventivité financière, technologique et culturelle de la « vieille Angleterre » afin de relancer l'économie et d'en renouveler l'image internationale. Dans ce schéma théorique, la Chine est reléguée au rang d'usine du monde, pour manufacturer les vêtements, jouets, machines à laver, télévisions et désormais ordinateurs et *smartphones* conçus en Europe, aux États-Unis, au Japon voire à Taïwan ou en Corée du Sud.

Pourtant, le rapport de la CNUCED de 2008 (cité par Tremblay, 2008) classe la Chine au premier rang mondial des exportateurs de produits créatifs en 2005 ! Si les critères pris en compte dans ce classement sont contestés, il n'en demeure pas moins que des publications de chercheurs ou consultants internationaux attestent de l'émergence en Chine d'une production dans les domaines culturels et créatifs dès le début des années 2000 (Sinha, 2008 ; Chou, 2012 ; Keane, 2013). Les domaines privilégiés par les autorités et les entreprises sont le cinéma, la télévision, les films d'animation, le design et l'architecture. De plus en plus d'emplois s'y créent et les formations se multiplient dans les villes chinoises. Shenzhen, ville créée pour l'industrie d'exportation dans les années 1980 à la frontière de Hong Kong, est Ville UNESCO du *design* depuis 2008 ; Shanghai l'est à son tour en 2010. La réputation d'un certain nombre d'artistes dépasse les frontières de la Chine, celle de dissidents comme Ai WeiWei, par exemple, mais aussi celle d'artistes désormais tolérés par le gouvernement parce qu'ils se sont fait une place sur le marché international de l'art contemporain. Le prestige de cinéastes comme Zhang Yimou[3] participe aussi du *Soft Power* culturel que le gouvernement chinois veut promouvoir. Car le développement de l'économie culturelle et créative en Chine est avant tout le fruit d'une volonté politique, qui se décline à différentes échelles géographiques (Shan, 2014).

---

1 Artistes, ingénieurs, chercheurs ou tout autre talent capable de créer de la valeur économique avec des idées.

2 Les ICC regroupent la création artistique (patrimoine, beaux-arts, théâtre, etc.), les industries culturelles (cinéma, audiovisuel, livres, etc.) et des produits/services à dimension esthétique (mode, architecture, design, jeux vidéo, etc.).

3 Il a, par exemple, obtenu l'Ours d'or au Festival de Berlin en 1988 pour son film *Le Sorgho rouge*.

1.2. Des clusters créatifs pour renouveler la ville industrielle chinoise

L'émergence des industries culturelles, des clusters créatifs et des espaces urbains qui sont dédiés à leur développement est le fruit de plusieurs politiques émises au niveau national pour faciliter la transition d'une économie industrielle polluante ou à main d'œuvre peu qualifiée vers une économie de la connaissance et de la créativité plus soutenable, d'un point de vue social et environnemental. Mais l'adoption par la Chine de ce modèle de développement, initié dans les pays occidentaux et véhiculé par les organismes internationaux (UNESCO, CNUCED, etc.), est le fruit d'un combat au sein même du Parti et du gouvernement national sur la place de la culture chinoise à l'échelle internationale et sur le degré de liberté à accorder à la créativité du peuple chinois. Ces débats ont émergé lors de l'adhésion de la Chine à l'Organisation mondiale du commerce et suite à la croissance des importations de produits culturels en provenance de Taïwan, de Corée du Sud ou des USA (Keane, 2009, 2013). La jeunesse chinoise, adepte du téléchargement, est attirée par le mode de vie occidental véhiculé par le cinéma et les films d'animation ; les conservateurs craignent alors la disparition des spécificités d'une civilisation chinoise millénaire et plaident pour un protectionnisme culturel. Ce dilemme éminemment politique a été contourné par la notion de *Soft Power*[4], qui passe entre autres par l'exportation de produits culturels et créatifs chinois hybridant les racines de la civilisation et la modernité de la création occidentale. Si le gouvernement garde la main sur les médias au nom de la stabilité politique et de l'harmonie sociale, le déplacement de la question du protectionnisme culturel vers l'objectif d'une économie créative exportatrice à forte valeur ajoutée a été un moyen de clore les débats au sein du Parti communiste chinois (PCC).

Cette nouvelle économie créative à construire a besoin de lieux de formation et de production, qui vont en fait permettre le recyclage des friches industrielles issues de la fermeture d'entreprises d'État obsolètes ou de la délocalisation des industries polluantes en périphérie des villes. Le gouvernement national incite en effet les autorités municipales à régénérer le coeur des villes grâce aux activités tertiaires et innovantes, en particulier à travers une politique de labellisation des clusters créatifs,

[4] Introduction de la notion de marché des industries culturelles en 2000 (x[e] plan quinquennal) et de celle d'industries créatives en 2004. En 2007, le Président Hu Jintao fait un discours sur le *Soft Power* culturel (Keane, 2013).

c'est-à-dire la localisation de grappes d'entreprises créatives dans d'anciens sites industriels (Zielke, Waibel, 2015). La transition vers une économie créative va donc s'accompagner d'une diversification des politiques de régénération urbaine : plutôt que de construire des bureaux d'architecture moderne en lieu et place des bâtiments industriels, les gouvernements locaux vont peu à peu adopter le modèle de la ville créative tel que lancé par les britanniques Charles Landry et Franco Bianchini (1995), celui de la réhabilitation des friches industrielles pour accueillir des activités culturelles et créatives. à l'échelle nationale tout autant que locale, la diffusion de ce référentiel urbain passe par un système de relations inter-personnelles *(guanxi)* entre des experts étrangers, des universitaires, des architectes-urbanistes et des entrepreneurs chinois, ainsi que des personnes influentes au sein du PCC[5] (Chou, 2012 ; Zheng, 2013). La régénération urbaine par l'économie créative s'accompagne ainsi d'une modification des pratiques d'aménagement urbain et des modes de gouvernance, aux différents échelons locaux et en articulation avec le niveau national et le PCC. Cette nouvelle gouvernance s'inspire du modèle de la « ville entrepreneuriale» (Harvey, 1989 ; Zheng, 2011), celui des Partenariats Public/Privé et des « coalitions d'acteurs » (Douay, Henriot, 2016). Comme nous allons le voir dans la seconde partie, l'adoption de ces modèles de développement est le fruit d'un apprentissage au filtre des spécificités culturelles et politiques de la Chine.

2. Les projets urbains artistiques ou créatifs : expérimentations et arbitrages politiques

2.1. Les friches artistiques ou la phase expérimentale de la régénération urbaine

Comme à New York, à Londres ou dans bien d'autres villes du monde, les artistes chinois ont joué un rôle pionnier dans la prise de conscience du rôle patrimonial et économique des friches industrielles intra-urbaines vouées à la destruction. Le site emblématique du modèle de régénération urbaine par la culture est le *798 Art Zone* de Beijing, qui s'est imposé pas à pas aux autorités comme un lieu de création d'art contemporain et un lieu de tourisme culturel de réputation internationale (Chou, 2012). L'aventure

[5] À l'exemple du *Chinese Academy of Social Science*, groupe de travail du Parti communiste chinois, ou du *Shanghai International Creative City Think Tank* dans le cadre du réseau UNESCO des Villes créatives (source : www.icreativecity.org/ThinkTank.asp).

commence pourtant, en 1996, par une initiative sans envergure : la création par des membres de l'Académie des Beaux-Arts de Pékin d'un studio provisoire dans un entrepôt loué au sein d'un complexe industriel qui doit laisser place en 2005 à un projet urbain autour des sciences et technologies. Cinq ans plus tard, le site est devenu un cluster naturel d'artistes qui se mobilisent pour éviter la destruction programmée du site. à partir de 2003, des festivals d'art contemporain et de musique expérimentale sont organisés pour alerter les populations et les politiques afin de préserver une architecture industrielle de style Bauhaus plutôt rare en Asie. L'installation de galeries d'art occidentales, la réputation croissante des artistes chinois sur le marché de l'art contemporain et la consécration du *798 Art district* par le magazine américain *Time* finissent par transformer la méfiance des autorités locales vis-à-vis de ces initiatives dissidentes. En 2004, le conflit entre les artistes et l'entreprise, qui veut démolir la zone industrielle, est arbitré par le gouvernement de Beijing qui plaide pour la protection patrimoniale du site, puis lui accorde en 2006 le label de cluster créatif. Le *798 Art zone* a attiré des centaines d'artistes et de créatifs (design, publicité, mode, etc.), ainsi que des fondations et galeries d'art. La multiplication des boutiques, librairies, cafés et restaurants a achevé de transformer cette vitrine internationale de l'art contemporain chinois en un espace de consommation culturelle que les autorités locales présentent comme le « SoHo chinois » (Chou, 2012). L'augmentation des loyers induite par ce succès a provoqué la migration de nombreux artistes locaux vers d'autres sites industriels de Beijing. Le processus n'est pas spécifique à la Chine et suit un schéma établi de valorisation marchande de quartiers culturels initiés par des communautés d'artistes (Liefooghe, 2015b).

Ce modèle de valorisation artistique d'anciens sites industriels s'est reproduit dans d'autres villes chinoises, à commencer par Shanghai : le M50, dans un quartier industriel en déclin de Suzhou Creek, à l'ouest du centre historique, a une histoire similaire à celle du 798 de Beijing. à la fin des années 1990, peintres, sculpteurs et photographes sont séduits par les volumes de ces filatures de laine, les louent à l'entreprise Shangtex et les rénovent. Les relations entre les artistes et Shangtex, qui doit gérer vingt-cinq sites d'industrie textile en déclin à Shanghai, sont cependant plus apaisées que pour le 798 malgré les incertitudes qui pèsent sur l'avenir d'un site artistique cerné de tours en construction (O'Connor, Gu, 2014). La décision du gouvernement de Shanghai de labelliser, en 2006, ce site artistique en cluster créatif éloigne pour un temps la question de sa rentabilité dans un contexte de forte pression immobilière. Soutenus par des galeristes et le monde de l'art, le *M50 Creative Garden,* associé au *Fine Art College of Shanghai University*, s'inscrit désormais dans les circuits touristiques internationaux (Sinha, 2008). Les 41 000 m^2 du M50 attirent également des entreprises de tous horizons, qui bénéficient des services d'aide à l'innovation proposés par le cluster[6].

À l'exemple du *798 Art Zone* et du M50, l'installation d'artistes dans des friches industrielles des villes chinoises relève, dans la phase initiale, d'une installation tolérée par les autorités locales, à titre provisoire. Dans le temps qui sépare la fin de la production industrielle du nouveau projet urbain, certaines entreprises rentabilisent leurs espaces en les louant à prix modiques à des artistes, parfois sous la houlette d'architectes ou de designers. L'émergence de communautés artistiques et créatives qui s'instituent comme force de proposition dans le devenir urbain du site qu'ils occupent peut être ressenti par les autorités politiques comme un acte de dissidence. Mais compte tenu du succès national et international de certaines de ces friches artistiques, les gouvernements locaux finissent par intégrer la régénération urbaine de ces sites dans une politique de patrimonialisation puis de création de clusters créatifs. Le processus peut donc être long, chaotique et incertain malgré les appuis politiques, à l'exemple de l'usine Redtory de Gangzhou (Zielke, Waibel, 2015). Comme à Beijing et Shanghai, mais dix ans plus tard, des artistes menés par un designer et architecte mobilisent leurs réseaux de relations – politiques – pour stopper le projet de démolition de l'ensemble industriel. Le charismatique maire de Gangzhou (Canton) voit dans cette démarche une occasion de transformer l'image de sa ville, celle d'un désert culturel, et de faire de Redtory le plus grand parc créatif de Chine. En 2009, le site industriel est placé sous protection patrimoniale pour dix ans. Une coalition informelle entre le maire et les artistes permet le développement de *Redtory Art+Design* par le gouvernement du district, sans investissement privé, dans le cadre de la politique de renouvellement urbain de 2009[7] qui promeut la ville dense. Ce pilotage politico-administratif permet de freiner la hausse des loyers malgré l'attractivité artistique, commerciale et touristique du site. Néanmoins, en 2010, la destitution du maire enclenche une nouvelle coalition entre le gouvernement municipal et les investisseurs privés, qui annonce en 2013 la démolition du site,

6 Source : « Creative Industry Parks in Shanghai », Shanghai Municipal Tourism Administration, avril 2009 (dépliant promotionnel).

7 La politique nationale intitulée *Three Old Renewal Policy* (*the old town, the old village and the old factory*) est expérimentée dans la province du Gangdong. Les terrains des entreprises d'État, par exemple, ne peuvent être vendus directement à un investisseur privé mais doivent être cédés au gouvernement local (Zielke, Waibel, 2015).

peu rentable, pour y construire une Cité de la finance internationale. Les impératifs nationaux de transition vers une économie créative, d'exurbanisation des industries polluantes et d'attractivité internationale de centres urbains renouvelés ont peu à peu instrumentalisé les friches artistiques au nom du référentiel de la ville mondiale (Chou, 2012).

2.2. Les clusters créatifs des villes chinoises : diffusion spatiale d'un produit immobilier

La ville chinoise cherche sa place dans le concert des métropoles mondiales qui comptent : elle se doit d'offrir une vie culturelle «vibrante» et un cadre urbain qui attire les talents (Florida, 2002). Pour y parvenir, la méthode utilisée emprunte cependant au modèle de régénération urbaine par la culture (O'Connor, Gu, 2014 ; O'Connor, Liu, 2014). En 2004 et 2005, les gouvernements municipaux de Beijing et Shanghai prennent conscience du potentiel économique des friches artistiques et élaborent des politiques pour transformer l'essai. Dès 2005, la municipalité de Shanghai sélectionne 75 sites industriels destinés à devenir des clusters d'industries culturelles et créatives, avec pour ambition de se hisser dans ce domaine derrière New York, Londres ou Tokyo. Ce recyclage des friches industrielles entretient par ailleurs la croissance du marché de l'immobilier de bureau (Zheng, 2011, 2013). La mise en concurrence des districts (niveau infra-municipal) entraine la multiplication des clusters créatifs, à Shanghai comme à Beijing, projets immobiliers de plus en plus grands[8], conçus comme des *Flagships* de niveau international en termes d'aménagement et de services associés. La symbolique industrielle participe de la scénographie architecturale mais utilise des éléments des anciens bâtiments (cheminées, structures métalliques, colonnes en béton, voire machines) comme ornement plutôt que par réel souci de préservation du patrimoine (Zheng, 2013). La « touche artistique et patrimoniale » accroît en effet la valeur de l'immobilier dans les villes chinoises post-modernes (Sinha, 2008) tandis que le modèle du cluster créatif, qui se diffuse depuis le début des années 2000 dans les grandes villes du monde et d'Asie de l'Est, est un argument commercial valorisé par les promoteurs des clusters créatifs labellisés (O'Connor, Gu, 2014).

[8] Les friches artistiques organiques occupent entre 1000 et 4000 m^2 alors que les clusters créatifs labellisés affichent des surfaces de 10 000 à plus de 80 000 m^2 (Zheng, 2011).

En 2006, le gouvernement national approuve les initiatives de Beijing et Shanghai. Dès lors, les clusters créatifs deviennent un modèle de développement pour les urbanistes (Chou, 2012 ; Zielke, Waibel, 2015). En une seule année, plus de 200 clusters créatifs sont lancés dans toute la Chine, dans une ambiance de compétition inter-urbaine et même entre districts infra-municipaux (Fu, Xu, 2009). L'objectif, cependant, n'est pas tant l'attractivité internationale que le développement des industries culturelles et créatives pour réussir la transition économique et urbaine. Ces projets sont portés par des développeurs privés ou des coalitions entre autorités locales et investisseurs immobiliers. Les prototypes iconiques expérimentés notamment à Shanghai sont imités, voire clonés : Xintiandi et *Bridge N° 8* (Zheng, 2013). Xintiandi est l'archétype d'un quartier patrimonial à vocation touristique et commerciale de niveau international, complexe de maisons néo-traditionnelles (*Shikumen*) justaposées à des centres commerciaux d'architecture contemporaine (He, Wu, 2007). Le modèle des clusters productifs rassemble par contre des bureaux, salles d'exposition, de formation et autres services de conseil aux entreprises. Imité par nombre de villes chinoises, le *Bridge N° 8 Fashion Creative Park*, installé dans une ancienne usine de construction automobile, est symbolique à plusieurs titres. Premier espace industriel réhabilité à Shanghai, il a été conçu avec l'aide d'un développeur de Hong Kong qui avait l'expérience de ce genre de mutation architecturale et fonctionnelle (Zheng, 2013). La *Shanghai Municipal Tourism Administration* (tourisme d'affaires) présente d'ailleurs le bâtiment-pont qui enjambe une rue comme une « métaphore du croisement entre histoire et modernisation », « le lien entre culture et talents de Chine et du monde »[9]. En fait, un certain nombre de projets combinent le volet productif et le volet consommation (Gu, 2014). Tel est le cas du *1933 Old Millfun* de Shanghai, cluster créatif planifié par les autorités locales : l'ancien abattoir style Art déco, construit dans les années 1930 par un architecte anglais renommé, constitue le bâtiment iconique du cluster, avec restaurants, salles d'exposition artistique et boutiques de design, tandis qu'un bâtiment adjacent d'architecture contemporaine complète l'offre en espaces de congrès et services aux entreprises[10]. Il a symboliquement été inauguré en novembre 2007 lors de la *Shanghai International Creative Industry Week* (Sinha, 2008).

---

9 Source : « Creative Industry Parks in Shanghai », *op. cit.*, (traduction de l'auteur).

10 Source : « Creative Industry Parks in Shanghai », *op.cit.*, et visite par l'auteur en juillet 2010.

Certains clusters créatifs de grande dimension peuvent être le ferment de la transformation de « morceaux de ville ». à Shanghai, le quartier de Yangpu, peuplé de plus d'un million d'habitants, est marqué par près de cent années de développement industriel (textile, machines, tabac, entrepôts). Trois millions de mètres carrés de bâtiments ont été réhabilités entre 2003 et 2010, transformés en clusters créatifs ou en parcs technologiques, en parallèle d'une vaste opération de rénovation de l'habitat et des espaces publics. Initiative conjointe de la municipalité de Shanghai, du comité du Parti communiste local et du district de Yangpu, ce nouveau « quartier de la connaissance et de l'innovation » est reconnu en 2010 comme site pilote national par le Ministère des sciences et technologies. Le *Shanghai International Fashion Center* est un de ces clusters créatifs : il occupe les 80 000 m^2 d'une usine textile des années 1930 réhabilitée avec le concours du cabinet d'architecture parisien Arte-Charpentier. Il a vocation à faire de Shanghai la capitale de la mode en Asie et associe pour ce faire un volet productif (ateliers de mode, bureaux), un volet consommation (magasins, restaurants, hôtels) et un volet promotionnel (hall pour les défilés)[11]. Au sud du pays, à la frontière de Hong Kong, la ville industrielle de Shenzhen n'existe que depuis l'ouverture de la Chine à la mondialisation dans les années 1980. Néanmoins, elle a amorcé dès 2003 un virage vers l'innovation et le *design*. Le groupe OCT est un développeur privé (ex-entreprise d'État) particulièrement actif dans cette mue vers les industries créatives, s'inspirant de projets urbains de Vancouver au Canada. Le cluster créatif OCT-Loft, officiellement ouvert en 2007, accueille sur ses 150 000 m^2 une galerie d'art contemporain (OCAT), des entreprises culturelles ou créatives et organise des événementiels telle que la Biennale d'architecture de Shenzhen en 2005 (O'Connor, Liu, 2014). En dépit de sa taille, le site est un succès car Shenzhen attire beaucoup de jeunes diplômés fascinés par l'ambiance tolérante et entrepreneuriale de la ville. Même si ce vaste cluster créatif fonctionne en mode clos, déconnecté du reste de la dynamique socio-urbaine, le succès d'OCT-Loft est presque l'exception qui confirme la règle. En effet, dans les autres villes chinoises, les développeurs privés privilégient la rentabilité locative et le fort *turn over*, induit, des occupants est préjudiciable à la construction d'écosystèmes créatifs et innovants (Zheng, 2011 ; Zheng, Chan, 2014).

11 Sources : « The Great Transformation of Yangpu », dépliant promotionnel du district de Yangpu, 2010. Visité par l'auteur en juillet 2010, sous le pilotage du Cabinet Arte-Charpentier Architectes de Paris/Shanghai.

La maximisation de la rente immobilière, et des taxes qui en découlent, font des clusters créatifs des produits immobiliers typiques du modèle international de la « ville entrepreneuriale » (Zheng, 2011 ; O'Connor, Gu, 2014).

Conclusion

Le référentiel occidental de la ville créative et des clusters d'industries culturelles et créatives doit beaucoup à l'expertise anglo-saxonne (Liefooghe, 2015a, 2015b). Il se diffuse en Asie dès le début des années 2000 à travers la circulation des universitaires et des architectes-urbanistes spécialistes en réhabilitation de friches industrielles. Hong Kong joue un rôle d'intermédiation dans la diffusion de référentiels liés à la mondialisation néo-libérale, ce qui n'est pas le moindre des paradoxes pour un pays communiste et longtemps anti-occidental. Shanghai, devenue ville globale, constitue un terrain d'expérimentation pour nombre de développeurs étrangers[12]. Les référentiels européens ou américains sont ainsi adaptés et interprétés à l'aune de la culture chinoise, avant de se diffuser dans le reste de la hiérarchie urbaine sous impulsion politique ou via les réseaux interpersonnels (Keane, 2009 ; Zheng, 2011, 2013). Ces « coalitions de croissance », caractéristiques du modèle de gouvernance de la « ville entrepreneuriale », privilégient les projets urbains de grande envergure, rentables et attractifs pour les talents internationaux hypermobiles. Ces *Flagships* immobiliers ont un rôle de marketing urbain dans une concurrence entre métropoles mondiales et leur succès économique peut contribuer aux avancées de carrière dans le système politique chinois. Les projets de clusters créatifs sont, en effet, préconisés par les XIe (2006-2010) et XIIe (2011-2015) plans quinquennaux afin de contribuer à la transition économique et urbaine de la Chine vers une économie plus qualitative et moins polluante. Néanmoins, les premiers résultats de la mutation vers une économie culturelle et créative engendre, comme en Occident, la gentrification et une fragmentation socio-spatiale des villes (Keane, 2009 ; O'Connor, Gu, 2014). Enfin, même si le gouvernement cherche à « réveiller le gène créatif de la culture

12 Le projet de Xintiandi à Shanghai est emblématique du transfert de compétence entre l'Occident et la Chine : il a mobilisé des experts de Boston (master plan), de Hong Kong (préservation du patrimoine), de Singapour (développement commercial des *Shikumen*), ainsi que le gouvernement du district de Luwan (politiques et relocalisations) et l'institut d'urbanisme de l'Université de Tongji à Shanghai (Zheng, 2013).

chinoise » (Sinha, 2008) à des fins de développement économique et de *Soft Power* international, le potentiel créatif du peuple reste sous le contrôle d'un parti unique garant de la conformité des modes de pensée des citoyens (Keane, 2013 ; Shan, 2014). La « bonne créativité », qui doit servir l'harmonie sociale en Chine (Sinha, 2008), est bien éloignée de la liberté revendiquée par l'avant-garde artistique à New York, Londres, Paris ou Berlin. La liberté marchande de posséder un véhicule individuel substitue par contre la pollution urbaine par les gaz d'échappement à celle des industries que le gouvernement souhaite moins polluantes.

Bibliographie

Chou T-L., 2012, « Creative Space, Cultural Industry Clusters, and Participation of the State in Beijing », *Eurasian Geography and Economics*, vol. 53, n° 2, 197-215.

Douay N., Henriot C., 2016, « La Chine à l'heure des villes intelligentes », *Information géographique*, n° 3, 89-104.

Florida R., 2002, *The Rise of the creative Class*, New York, Basic Books.

Fu X., Xu H., 2009, The Origin of Explosive Development of Creative Industry in China. Communication in the 2nd Research Seminar, RSA Research Network on Creative Industries and the Regions, Cardiff University (UK), 22-23 April.

Gu X., 2014, « Cultural Industries and Creative Clusters in Shanghai », *City, Culture and Society*, n° 5, 123-130.

Harvey D., 1989, « From Managerialism to Entrepreneurialism : the Transformation in Urban Governance in Late Capitalism », *Geografiska Annaler*, n° 71, 3-17.

Howkins J., 2001, *The Creative Economy. How People Make Money from Ideas*, London, Penguin Books.

Keane M., 2009, « Great Adaptations : China's Creative Clusters and the New Social Contract », *Continuum, Journal of Media & Cultural Studies*, vol. 23, n° 2, 221-230.

Keane M., 2013, *Creative Industries in China. Art, Design and Media*, Cambridge (UK), Polity Press.

Landry C., Bianchini F., 1995, *The Creative City*, London, Demos.

Liefooghe C. (dir.), 2015a, *L'économie créative et ses territoires*, Rennes, Presses Universitaires de Rennes.

Liefooghe C., 2015b, « Des quartiers dédiés à l'économie créative : concepts et enjeux pour les métropoles régionales françaises », in E. Campagnac-Ascher (dir.), *Economie de la connaissance : une dynamique métropolitaine ?*, Paris, Le Moniteur/POPSU, 193-235.

O'Connor J., Gu X., 2014, « Making Creative Spaces : China and Australia. An Introduction », *City, Culture and Society*, n° 5, 111-114.

O'Connor, J., Liu L., 2014, « Shenzhen's OCT-LOFT : Creative Space in the City of Design », *City, Culture and Society*, n° 5, 131-138.

Shan S-L., 2014, « Chinese Cultural Policy and the Cultural Industries », *City, Culture and Society*, n° 5, 115-121.

Sinha K., 2008, *China's Creative Imperative. How Creativity is Transforming Society and Business in China.* Singapore, John Wiley & Sons (Asia) Pte. Ltd.

Tremblay G., 2008, « Industries culturelles, économie créative et société de l'information », *Global Media Journal*, Édition canadienne, vol. 1, n° 1, 65-88.

Zheng J., 2011, « 'Creative Industry Clusters' and the 'Entrepreneurial City' of Shanghai », *Urban Studies* [on line], published online 22 june, 1-22.

Zheng J., 2013, « Creating Urban Images through Global Flows : Hong Kong Real Estate Developers in Shanghai's Urban Redevelopment », *City, Culture and Society*, n° 4, 65-76.

Zheng J., Chan R., 2014, « The Impact of Creative Industry Clusters on Cultural and Creative Industry Development in Shanghai », *City, Culture and Society*, n° 5, 9-22.

Zielke P., Waibel M., 2015, « Creative Spaces and the Local State in China : the Case of Guangzhou's Redtory Art+Design Factory », *City, Culture and Society*, n° 6, 27-35.

Réseaux sociaux, économie de la connaissance et chrono-urbanisme

Une première approche au service du développement durable dans la métropole de Shanghaï la nuit

Wenbo Hu
Géographe, Doctorant en aménagement et urbanisme
Université de Grenoble Alpes (IGA), Laboratoire Pacte (UMR 5194 CNRS), Université Grenoble Alpes, Grenoble

Luc Gwiazdzinski
Géographe, enseignant en aménagement et urbanisme, Université de Grenoble Alpes (IGA), Chercheur au laboratoire Pacte (UMR 5194 CNRS), Grenoble

Wanggen Wan
Directeur, Institute of Smart City, Shanghai University, Shanghai, China

1. Introduction

La nuit, dimension longtemps oubliée de la ville, est devenue un champ de tension et de dynamique central dans les grandes métropoles d'Europe, d'Amérique ou d'Asie (Gwiazdzinski, 2007). La colonisation de cette « face cachée de la ville » s'accélère et il y a désormais une vie après le jour. En termes de développement, l'inconvénient d'hier semble devenu une source de productivité et un marché où l'*edutainment* et le *shoppertainment* tiennent un rôle central. Dans le domaine scientifique, un nouveau champs de recherche transversal émerge avec les « nights studies » (Straw, 2016).

Nous proposons d'étendre ces investigations aux villes chinoises et tout particulièrement à la métropole géante de Shanghaï et d'élargir la réflexion aux enjeux de développement durable et de chrono-urbanisme (Gwiazdzinski, 2007). Au delà de la seule question nocturne, cette recherche exploratoire doit également permettre de mettre en lumière l'importance de l'information, de la connaissance et de l'intelligence collective (Lévy, 1997) dans les démarches de développement durable (Gwiazdzinski, 2015) et de montrer l'intérêt d'une approche spatio-temporelle des systèmes urbains.

Sur la base du traitement de données issues du réseau social *SINA micro-blog*, le *Facebook* chinois, nous tenterons d'identifier et de caractériser différents états de stabilisation du marché dans l'espace que nous qualifions de *mercatuspatium*[1]. L'analyse des nuits de la métropole chinoise sera complétée à partir d'immersions sur le terrain nocturne et d'enquêtes auprès de différents acteurs. L'ensemble pourrait permettre de mettre en évidence l'existence et l'intérêt de figures et agencements socio-spatiaux temporaires, que nous qualifions de « clusters de consommation ».

2. Le cadre d'une économie nocturne durable

La « nuit » apparaît comme un soutien social dans les villes chinoises. L'économie nocturne qui était historiquement développée en Chine (Zhang, Wang, 2013) a disparu lors de la guerre et de la période Maoïste où toutes les activités privées furent interdites. Le « Denïsme » a permis une ouverture à partir des années 70 avec une libéralisation socio-économique (Ong, 2006) et un afflux important de populations rurales vers les grandes villes (Maddison, 2007). Cette arrivée massive a entrainé une explosion de l'économie autonome (Meng, 2001) autour des compétences folkloriques (objets d'arts, artisanat, gastronomie, etc.) principalement sous forme informelle (étals dans les rues, entités flottantes) et en soirée (18h-24h). L'intégration progressive s'est appuyée sur l'économie formelle et le déploiement de services spécialisés avec une extension de certaines activités vers le cœur de la nuit.

Le développement de la nuit a entrainé une réaffectation souple de la main-d'œuvre. Par le biais de la croissance intersectorielle, cette réaffectation aurait permis d'améliorer le revenu des populations concernées, et « d'améliorer sensiblement la production totale du système (Ranis, 2004).

---

1 Du latin « mercatus » (marché) et du « spatium » (spatialisation).

Bénéficiant de la liberté de déplacement, ces nouvelles activités se sont d'abord installées à proximité de points géographiques à forte potentialité consommative, le plus souvent des centres géométriques de ville, des quartiers ou/et des infra-quartiers (Hu *et al.,* 2016). En une vingtaine d'années, certains acteurs ont élargi leur production et de nouveaux concurrents se sont implantés à proximité pour partager le marché (GPCNE, 2016). Cette activité a progressivement rempli l'espace des rues piétonnes, aux abords des quartiers résidentiels fermés ou au centre de quartiers ouverts. Elles ont entrainé l'émergence de nouveaux sous-regroupements et permis d'intégrer davantage de main-d'œuvre.

On assiste à *une spatialisation variable des marchés* créant des polarités fractales nocturnes à l'échelle infra-urbain (Hu, Gwiazdzinski, Wan, 2016).

Ce développement a entrainé des effets négatifs : déchets, bruits, embouteillages, occupations irrégulières d'espaces, etc. Plusieurs dispositifs de régulation ont été mis en place par les autorités locales afin de limiter ces effets négatifs et de favoriser la fluidité, par le recours à de nouveaux partenariats public-privé et par la maîtrise du foncier.

C'est dans ce cadre mouvant que se déploie la recherche sur la nuit de Shanghai et ses 23 millions d'habitants avec une triple entrée : la spatialisation des activités, leurs temporalités et le déploiement de dispositifs managériaux. Elle a pour but de mieux appréhender les dynamiques nocturnes à l'œuvre à partir de l'utilisation de nouvelles données issues des réseaux sociaux, de saisir les régulations en cours sur le marché de l'emploi et d'anticiper les conflits entre les populations et quartiers de la ville à plusieurs temps.

3. Démarche méthodologique

Plusieurs étapes ont été nécessaires pour effectuer l'analyse de la spatialisation des marchés nocturnes.

3.1. Collecte des données

Dans un premier temps, nous avons collecté les données de *SINA micro-blog*, le *Facebook* chinois, plate-forme ouverte où les utilisateurs fournissent volontairement des informations postées et automatiquement géo-référencées.

À partir d'observations effectuées à Shanghaï en été et en hiver 2014 (Hu, Gwiazdzinski, Wan, 2016), nous avons limité notre créneau horaire à un intervalle de 17h00 à 5h00 que nous appellerons « nuit ». Sur cette période, nous avons récupéré 282 184 *posts* sur les activités nocturnes dont 101 493 postés par les hommes et 180 691 par les femmes (Sina, 2014).

3.2. Filtrage et localisation des données

Dans un deuxième temps, nous avons filtré ces 282 184 posts selon huit catégories d'activités nocturnes légales s'appuyant sur nos observations préalables sur le terrain. Nous avons construit un algorithme de « rattrapage » des infos-clés abordées (mots et descriptions ayant certaines corrélations directes et/ou indirectes permettant de constituer des catégories) dans les commentaires des *posts* effectués entre 17h00 et 5h00 du matin. à partir de ces listes de pratiques de services, nous avons pu localiser les données filtrées sur la carte, établir huit catégories d'activités nocturnes et construire une représentation spatiale des activités nocturnes permettant de repérer les centralités et de développer l'analyse des rapports socio-spatiaux.

3.3. Analyse spatio-temporelle des activités nocturnes

Sur ces premières représentations, nous avons constaté une polarisation des activités nocturnes autour de seize pôles spécifiques à partir des calculs de distance des activités. Grâce au filtrage par catégories d'activités nocturnes, nous avons pu analyser séparément les organisations des activités pour les seize points de concentration. Cela nous a permis d'observer la distribution inégale des activités catégorisées et de rendre visible les fonctionnalisations fractales des espaces.

3.4. Analyse multi-scalaires complémentaires

L'analyse est accompagnée par les études multi-scalaires pour étudier la genèse, la variation, la régulation, la programmation et la spatialisation de la nuit de Shanghai. Ce travail d'analyse théorique a été complété par plusieurs traversées nocturnes (Gwiazdzinski, 2006) et immersions sur les espaces identifiés qui ont permis d'obtenir « une image plus complète » de la nuit de Shanghai ainsi que par une analyse de la littérature chinoise encore peu développée sur les activités nocturnes.

4. Une complexité des nuits de Shanghaï

Nous produisons ici, une première caractérisation des activités nocturnes de Shanghaï, et une image spatio-temporelle de ces spatialisations.

4.1. Structure représentative et polarisation des activités nocturnes

Sur les 282 184 échantillons retenus nous avons réussi à identifier 34 721 activités économiques nocturnes pertinentes pour l'analyse. La gastronomie est l'activité la plus importante avec 62 % du total. Les services autour de la beauté arrivent en seconde place (avec 15 %) devant la récréation (11 %). Les activités de shopping et les services autour de l'hôtellerie se partagent 8 % du total.

Ces activités identifiées sont distribuées principalement autour de seize points avec des niveaux différents de concentrations (figure 1) dans une logique de « cluster de consummation » : 1-The Bund, 2-Nanjing Road, 3-Lujiazui, 4-Huaihai Road, 5-Xiantiandi, 6-People's Square, 7-Xujiahui, 8-Tianzifang, 9-Yuyuan Road, 10-Zhongshan Park, 11-Hengshan Road, 12-Changli Road, 13-Linfen Road, 14-Tonbei Road, 15-Wujiaochang, 16-Zhongyuan Road.

Figure 1 : *Organisation spatiale des activités nocturnes à Shanghaï (Hu, Gwiazdzinski, Wan, 2016)*

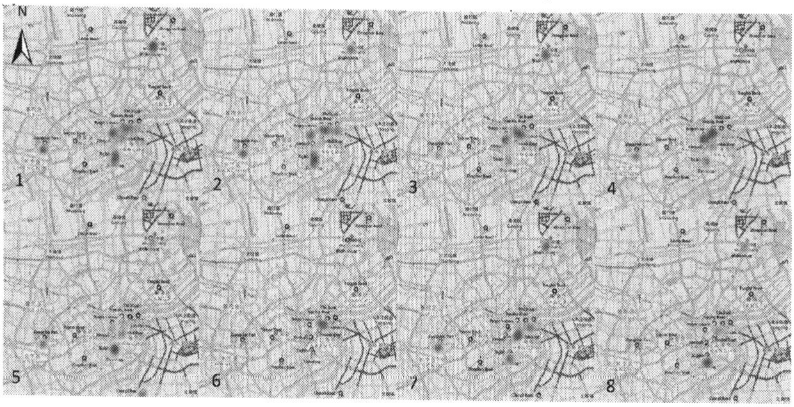

Source : Institut of Smart City, Pacte

4.2. Polarisation des activités nocturnes

Nous pouvons analyser les profils spatio-temporels d'activités des seize principaux pôles nocturnes.

4.2.1. Structuration différenciée des clusters

Les seize pôles identifiés sont multifonctionnels avec une hybridation (Gwiazdzinski, 2016) des activités. Cependant, la répartition et la structuration des activités varient en fonction des pôles (figure 2).

Figure 2 : *Distributions spatiales des principales activités nocturnes à Shanghaï (Hu, Gwiazdzinski, Wan, 2016)*

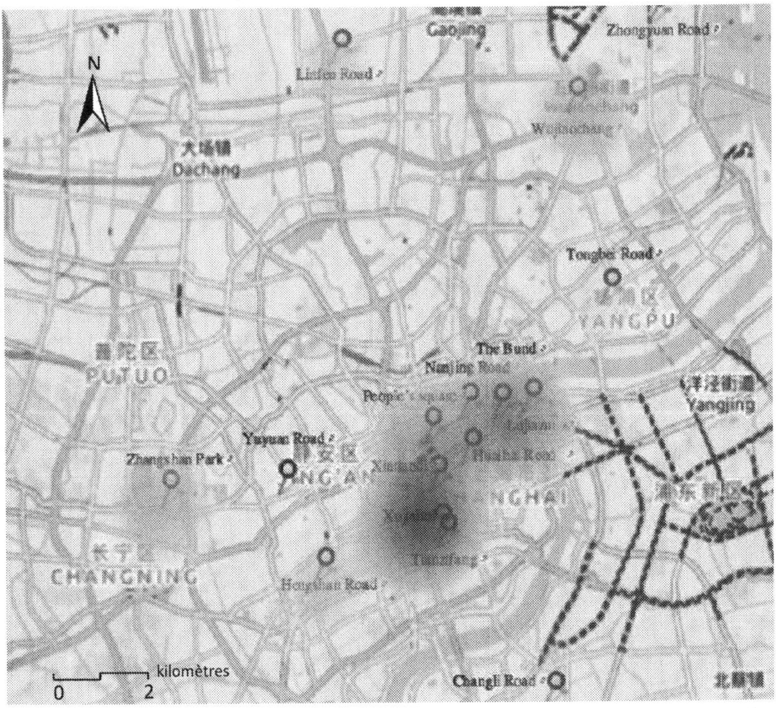

Distance réduite entre des activités — Distance élevée entre des activités

Source : Institut of Smart City, Pacte

La gastronomie est présente sur l'ensemble des seize pôles avec une forte importance sur treize d'entre eux. *Wujiaochang* est le point où elle montre la dynamique le plus forte. *People's square* occupe le deuxième place et le troisième pôle est *Zhongshan Road*. Le pôle le plus faible en restauration est *Tongbei Road, Linfen Road* et *Zhongyuan Road*. Les activités récréatives sont principalement présentes dans les quartiers centraux et peu ailleurs. Les activités autour de l'hôtellerie sont localisées au centre historique : *The Bund, Nanjing Road* et *Xujiahui*. Les autres activités ont des répétitions inférieures à dix occurrences. Le shopping nocturne n'a pas beaucoup de concurrence. Les activités autour de la beauté se trouvent principalement autour des *malls* de *Xujiahui, Zhongshan Park* et *Wujiaochang* et spécialement à *Changli Road*. Les activités liées au mariage se retrouvent exclusivement sur *The Bund* et marginalement sur *Xujiahui*. Les activités liées à la famille se situent principalement dans les secteurs résidentiels : *Tongbei Road, Changli Road* et *Zhongshan Park*.

Sur tous ces pôles, les activités sont inégalement diversifiées avec des qualités différentes : dans les quartiers de *The Bund, Nanjing Road, Lujiazui, Huaihai Road, Xiantiandi, People's Square*, la plupart des activités sont de qualité supérieure. C'est moins le cas à *Wujiaochang* malgré un nombre supérieur d'activités et à *Xujiahui*. C'est dans ces six premiers pôles que les activités autour de l'hôtel, du tourisme et de récréation sont les plus développées avec ces clients d'origines géographiques variées et une faible répétition des consommations.

Le qualité de services est plus basse dans les pôles de *Wujiaochang, Xujiahui* et *Zhongshan Park* avec une augmentation des activités autour de la gastronomie et une réduction des autres types d'activités, notamment dans l'hôtellerie et le tourisme.

Environ 70 % des activités des secteurs de *Linfen Road, Zhongyuan Road* et *Changli Road* se déploient dans la gastronomie (respectivement 66,2 %, 74,1 % et 69,7 %) avec une intensité moindre qu'au centre. Les activités sont de petites tailles avec des prix de vente plus bas. L'organisation fonctionnelle de ces points est plus simple avec beaucoup moins d'activités présentes mais une multiplication de la même offre.

Les secteur de *Xintiandi* et *Hengshan Road* concentrent les activités de consommation de boissons alcoolisées présentes sur toute la longueur des rues, soit 2,3 kilomètres.

Les activités de consommation se localisent selon plusieurs critères comme le partage des passages clientèles et le coût des consommations. Les pôles perdurent dans le temps grâce à une certaine flexibilité, des adaptations et une hybridation relative des activités.

5. Dispositifs de régularisation « intelligente »

Sur la base de ces études, nous voyons que d'un point de vue macro, le déplacement des activités est le résultat de la concurrence parmi des acteurs et entre acteurs-consommateurs. Les autres facteurs externes (contrôle, spéculation, changement environnemental, etc.) accélèrent ou retardent ce processus.

Dans un premier temps, la nuit intègre successivement les mains-d'œuvre par le biais de la croissance intersectorielle. Cette intégration est amplifiée par certaines maximisations des polarisations spatio-temporelles des activités nocturnes. Il faut prendre en compte les impacts sur les autres secteurs et les risques de concurrence sur la main d'œuvre.

Dans un deuxième temps, les stratégies des pouvoirs publics permettent un certain équilibre du système spatial. La concentration des activités est favorable à cette stabilisation, mais elle exige une intervention institutionnelle « intelligente » (taxation, code du travail, investissement, etc.) et différenciée par site. La redéfinition de ces caractères public-privés (conditions de cession et de transfert, dispositifs public-privé, etc.) des espaces traités permet une adaptation au marché et une flexibilité aux besoins des différents acteurs.

Dans un troisième temps, le volume de cette concentration est principalement limité par le marché local. L'intervention institutionnelle est parfois nécessaire pour manager « intelligemment » la nuit. Les autorités locales cherchent à favoriser les activités même informelles à l'intérieur de certains secteurs à travers principalement trois types de moyens d'aménagement : *les Projets BOT* et leurs dérivés, *les clusters d'investissement directs* et *les points d'articulation sociale.*

5.1. Les Projets BOT

Le BOT, le single du *Build-Operate-Transfer*, est un moyen d'agir des pouvoirs publics qui permet l'accessibilité des acteurs (capitaux) privés aux projets public, à travers des transferts de la « concession » de l'usufruit de l'espace aux opérateurs privés pendant certaines périodes. Le secteur public assure le déploiement de certaines infrastructures favorables à la dynamisation de ces espaces (routes, alimentation en électricité et en chauffage, transports publics, etc.) et le règlement pour les usagers. Ces modalités sont souvent appliquées sur les centres importants des villes selon les caractères des quartiers environnants.

Les acteurs ont souvent la garantie d'un faible niveau de taxes et de loyers réduits pendant la durée du contrat, sorte de compensation faite aux acteurs pour leur adaptation permanente au marché. Ils s'installent dans les étages différents du bâtiment en fonction des catégories des produits. Ce sont généralement des magasins à succursales et des activités de qualité : grandes marques, boutiques thématiques (ou spécialisées), salons artistiques, etc.

5.2. Les clusters d'investissement directs

Il s'agit de zones dédiées aux achats immobiliers[2] des acteurs indépendants. Elles se présentent généralement sous une forme de « rues spécialisées » autour de « bars » ou de la « gastronomie » et privilégient les piétons comme à *Hengshan Road et Changli Road* par exemple. Sans management des opérateurs privés, ces acteurs sont donc pris dans la concurrence intense et la sursaturation (Fu, 2011). Tout au long des deux kilomètres de *Hengshan Road*, on trouve un alignement interminable de bars qui proposent des activités similaires. Ils se différencient avec leurs identifications (décorations, ambiances, thématiques, évènements, etc.) dans une logique d'accroissement de la compétitivité. Ils abusent parfois de l'innovation avec des nouveautés étranges ou bizarres, afin de développer des nouveaux marchés à court terme (Li, 2015) et d'attirer une nouvelle clientèle.

5.3. Les points d'articulation sociale

Il s'agit d'un dispositif spécial et protectionniste qui souhaite transformer « la nuit négative » en une « nuit positive ». Ils se trouvent normalement aux sein ou à proximité des quartiers résidentiels. Ces points sont principalement ouverts aux migrants peu qualifiés et aux chômeurs. Il s'agit de leur permettre de circuler sur le marché dans un cadre des activités artisanales comme à *Linfen Road.* Ils donnent une formalité spatiale aux acteurs informels, leur apporte un revenu supérieur au revenu moyen par habitant de Shanghaï. Ils disposent également d'un temps de travail réduit de moitié par rapport à un travailleur diurne pour un revenu de 30 à 125 euros par jour. Pour comparaison, un *col blanc* travaille 8 heures pour 24 euros par jour (He, 2013).

---

[2] Également l'usufruit.

Ces dispositifs ont un impact positif sur les autres secteurs comme le commerce de détail ce qui entraîne un cercle vertueux pour les quartiers et l'économie urbaine en général. On note cependant des effets de concurrence et un impact négatif sur le secteur formel qui est concurrencé.

6. Conclusion

Nous avons débuté nos réflexions en rappelant que construire la ville durable consistait notamment à disposer d'informations et de données fines sur le système urbain, ses espaces, ses temps, ses rythmes et ses usages dans une logique d'intelligence collective (Lévy, 1997) territorialisée et d'économie de la connaissance (Ygitcanlar, 2008 ; Ingallina, 2016). Dans des ensembles métropolitains aussi complexes et vastes que Shanghaï, cette capacité à disposer d'informations sur le système urbain, l'organisation spatio-temporelle des activités et les comportements des usagers est stratégique pour le développement, l'aménagement, la gouvernance métropolitaine et les « politiques publiques » (Thoenig, 2013). C'est particulièrement vrai pour la période nocturne, un espace souvent oublié sur lequel acteurs et chercheurs manquent particulièrement de données (Gwiazdzinski, 2006, 2014).

C'est le sens de cette première analyse exploratoire menée sur les nuits de Shanghaï à partir des données de consommation et d'activités nocturnes collectées sur SINA Micro-blog. Elle a permis d'aboutir à un certain nombre de résultats.

Le premier résultat tangible est que l'analyse des données des réseaux sociaux peut effectivement fournir des informations ascendantes intéressantes sur des ensembles urbains gigantesques où d'autres éléments d'analyse sont difficilement disponibles ou mobilisables. Le traitement permet de produire de premières représentations à l'échelle de la métropole. Les vérifications faites sur place dans les quartiers identifiés pendant une phase postérieure d'immersion ont confirmé la validité de ces informations.

Le second résultat est que cette méthodologie offre une possibilité de réfléchir l'aménagement et le développement urbain dans une logique de chrono-urbanisme au service du développement durable en prenant soin de temps spécifiques de la ville comme la nuit. Elle nous permet d'imaginer le développement des outils d'un « urbanisme des temps » et d'un « urbanisme de la nuit ». Elle peut apporter des arguments au déploiement de la figure de la « ville malléable » (Gwiazdzinski, 2007) prônant la polyvalence et la modularité des espaces et des bâtiments afin de limiter la consommation d'espace et favoriser l'intensité urbaine.

La troisième contribution concerne l'organisation spatiale de la cité et les « clusters » (Porter, 1998) de consommation et d'activités définis par les comportements des usagers et la prise en compte des distances (Zhou, Wan, 2007). La nuit de Shanghai donne un exemple de stabilité d'un réseau hiérarchisé de centres de types christalériens (Christaller, 1933) à un niveau infra-urbain. Dans leur gestion des centralités urbaines nocturnes, les autorités chinoises semblent favoriser l'articulation entre approche *top-down* et approche *bottom-up*, entre aménagements planifiés et usages.

Enfin, plus globalement, nous savons que la réflexion sur la ville durable vise notamment à limiter la consommation d'espace, à maintenir l'intensité urbaine et le lien social et à diminuer les consommations énergétiques. Sur le premier point de la consommation d'espace, la polarisation des activités nocturnes et l'existence de clusters sont des éléments intéressants à creuser. Sur le second point, nous avons trouvé cette intensité de vie et d'activités dans les clusters de consommation nocturnes de la métropole de Shanghaï où la définition du géographe Paul Claval s'applique vraiment : la ville est avant tout « un lieu de maximisation des interactions » (1982). Le troisième point lié à la consommation d'énergie est bien plus problématique. Si les débats sur l'éclairage urbain et la pollution lumineuse (Mison, 2001 ; Falchi, 2016) n'ont pas la même intensité en Chine qu'en Europe ou aux États-Unis, le problème existe bel et bien. En 2013, la ville de Hong Kong réputée pour skyline, fut classée à la première place sur la planète pour la pollution lumineuse[3]. Le même constat s'impose pour les dangers du travail de nuit (INSERM, 2012) et nous invite à prendre soin de nos nuits autour d'une question : le jeu en vaut-il la chandelle ?

Bibliographie

Bureau national de statistique de la Chine, 2010, *Chiffres de la population en 2010*, document en ligne, consulté le 27 Octobre 2016 : http://data.stats.gov.cn/search.htm?s=2010%20%E4%BA%BA%E5%8F%A3.

[3] *South China Moring Post*, 2013-20-3

Christaller W., 1933, *Die zentralen Orte in Süddeutschland.* Gustav Fischer, Jena.

Claval P., 1982, « La logique des villes. Essai d'urbanologie », in C. Norman, (dir.), *Géographie économique et sociale*, Paris, Département d'anthropologie de l'Université Laval, vol. 8, n° 1, 152-154.

Falchi F. et *al.*, 2016, « The new World Atlas of artificial Night sky brightness », *Science Advances*, vol. 2, n° 6.

Fu L., 2011, « Weaving City and Retention in Urban Renwal – the Research of Space and Place of Tianzifang in Shanghai », *Fujian architecture & construction* (Fujian), vol. 155.

GPCNE, 2016, « Revenu sur les activités nocturnes de Shijiazhuang de 15 Avril-5 Août 2016 », Shijiazhuang, rapport de GPCNE, document en ligne, consulté le 21 Août 2016 : http://www.360doc.com/content/16/0907/23/22010781_589194253.shtml.

Gwiazdzinski L., 2006, « Les traversées nocturnes », in M. Le Floc'h (dir.), *Mission repérage*, Paris, éditions l'entretemps, 241-242.

Gwiazdzinski L., 2007, « Redistribution des cartes dans la ville malléable », *Revue Espace, Population, Sociétés*, n° 3.

Gwiazdzinski L., Klein O., 2014, « Du suivi GPS des individus à une approche chronotopique, Premiers apports d'expérimentations et de recherches territorialisées », *Netcom,* vol. 28, n° 1-2, 77-106.

Gwiazdzinski L., 2015, « The Urban Night: a Space Time for Innovation and Sustainable Development », *Articulo,* vol. 11, 1-15.

Gwiazdzinski L., 2016, *L'hybridation des mondes*, Grenoble, élya éditions.

He J.-L., 2013, « Le revenu d'un petit acteur nocturne surpasse celui d'un col blanc », *Finance – Netease.* Beijing, NetEase, document en ligne, consulté le 11 Septembre 2016 : http://money.163.com/13/0806/08/95J58MGD00252V0H.html.

Hu W., Gwiazdzinski L., Wan W., 2017, « Les nuits de Shanghaï. Première approche spatio-temporelle à partir des réseaux numériques sociaux », *Netcom and Communication studies,* vol. 30, n° 3-4.

Hu W.-B., 2014, « Temporal-Spatial limits of nocturnal life », in L. Gwiazdzinski, *Urban Fabric,* actes de colloque (Grenoble 7 Avril 2014), Grenoble.

INSERM, 2012, étude CECILE.

Lévy P., 1997, *L'Intelligence collective : Pour une anthropologie du cyberspace*, Paris, La découverte, 245.

Li X., 2015, « Déclin de Hengshan Road, Shanghai », *Xinmin Net*, document en ligne, consulté le 8 Marc 2016 : http://shanghai.xinmin.cn/xmsq/2015/12/25/29184567.html.

Maddison A., 2007, *Development Centre Studies Chinese Economic Performance in the Long Run*, Paris, OCDE.

Meng X., 2001, « The Two-Tier Labor Market in Urban China », *Journal of Comparative Economics* (USA), vol. 29, 485-504.

Mison B., 2001, *Light Pollution*, Springer, 216 p.

Ong A., 2006, Neoliberalism as a mobile technology, *Transactions of the Institute of British Geographers* (London), vol. 32 (1), 3-8.

Porter M., 1998, *On competition*, Boston, Harvard Business Review Books.

Ranis G., 2004, Labour surplus economies, *Center discussion paper no.900*, Yale University, New Haven, UK.

Sina Micro-blog, 2014, *Résultats du troisième trimestre*, Chine, rapport de Sina Micro-blog, document en ligne, consulté le 27 Septembre 2016 : http://data.weibo.com/report/reportDetail?id=297.

The Law of Land Administration of the People's Republic of China, Article 56, document en ligne, consulté le 16 Décembre 2014 : http://www.gov.cn/flfg/2007-03/19/content_554452.htm.

Straw W., 2016, « Media and the urban night », *Articulo – Journal of Urban Research* 11(2015), http:// articulo.revues.org/3098.

Thoening J.-C., 2010, « Politique publique », in Boussaguet (dir.), *Dictionnaire des politiques publiques*, Éditions de Sciences Po, 420-427.

Wang H.-J. et *al.*, 2006, « Urban land gradation method based on spatial clustering », *Geomatics and Information Science* (Wuhan), vol. 31, n° 7, 628-631.

Yigitcanlar T. et *al.*, 2008, « Rising knowledge cities: the role of urban knowledge precincts », *Journal of knowledge management*, vol. 12, n° 5, 8-20.

Zhao Z., 2004, « Rural-urban Migration in China », *China Economic Quarterly* (Beijing), vol. 3, n° 3, 517-536.

Postface 1

De la durabilité à la résilience dans les villes asiatiques, vingt-cinq ans de réflexion

Frédéric Durand

Professeur de géographie à l'université Toulouse II-Jean Jaurès, chercheur au LISST-CIEU, UMR 5193, chercheur associé à l'Institut de recherches Asiatiques (IrAsia) UMR 7306

Depuis un quart de siècle, la question de la « durabilité » s'est imposée dans les questionnements urbains et plus globalement sociétaux, au point qu'elle a fini par se banaliser et paraître évidente. Une prise de recul par rapport à ce que la manière dont le monde était considéré avant la popularisation de cette expression permet de montrer les limites de cette approche et de percevoir en quoi elle peut s'avérer paradoxalement contre-productive.

De fait, la notion de « durabilité » qui est désormais liée de façon quasi intrinsèque à celle de « développement durable », particulièrement dans les pays des Suds, a seulement véritablement pris place dans les discours urbains à partir de la conférence des Nations unies sur l'environnement à Rio en 1992, qui était elle-même héritière de la réflexion coordonnée par Gro Harlem Brundtland dans le rapport *Notre Avenir à tous*, en 1987. Ces questionnements avaient cependant eu des précurseurs, notamment en 1972 la première conférence sur l'environnement de l'ONU à Stockholm ainsi que le rapport du Club de Rome, et, en 1976, la première conférence de l'ONU sur les « établissements humains »[1], Habitat I, qui s'était tenue à Vancouver.

Ces conférences de 1972 et 1976 restaient toutefois relativement confinées à des milieux intellectuels restreints, tandis que le rapport du

[1] Dans le vocabulaire onusien, les « établissements humains » (Human settlements, en anglais) correspondent principalement aux espaces urbanisés.

Club de Rome a été abusivement critiqué alors qu'une grande partie des problèmes qu'il soulevait continue de faire sens au XXIe siècle (Durand, 2008, 72). En outre, à l'époque, les problèmes d'environnement étaient surtout assimilés aux pollutions chimiques ou industrielles et aux dégradations des milieux « naturels ». Ainsi la Charte Mondiale de la Nature, établie par l'ONU en 1982, déclarait notamment : « La civilisation a ses racines dans la nature, qui a modelé la culture humaine et influé sur toutes les œuvres artistiques et scientifiques, et c'est en vivant en harmonie avec la nature que l'homme a les meilleures possibilités de développer sa créativité, de se détendre et d'occuper ses loisirs ».

La notion de durabilité était présente, mais en relation avec l'habitat naturel et non avec l'environnement urbain : « Les bienfaits durables qui peuvent être obtenus de la nature sont fonction du maintien des processus écologiques et des systèmes essentiels à la subsistance, ainsi que de la diversité des formes organiques, que l'homme compromet par une exploitation excessive ou par la destruction de l'habitat naturel ».

Dans cette « Charte Mondiale de la Nature », ce que recouvrait l'expression « l'homme », décrit comme potentiellement destructeur, n'était pas précisé explicitement. La majorité des lecteurs devait toutefois considérer qu'il s'agissait essentiellement de ceux des sociétés techno-industrielles vivant dans des villes. De fait, jusqu'au milieu des années 1980, les discours sur le « développement » et nombre de dirigeants de pays dits « en développement » pensaient que l'expansion des espaces urbanisés devait être contrôlée et même freinée, notamment parce que les villes concentraient le secteur tertiaire regardé comme moins « productif » que les secteurs primaire et secondaire. Ces discours étaient récurrents chez les intellectuels de gauche et dans les pays de mouvance communiste, qui avaient d'ailleurs instauré des mesures strictes pour limiter l'exode rural et contrôler la croissance urbaine. Pour eux, les villes étaient généralement les lieux d'un secteur « informel » illégal, assimilé aux trafics et à la délinquance, ou à la « culture noire » mélange d'influences mafieuse et impérialistes risquant de pervertir ce qui aurait été les cultures « traditionnelles » ou l'esprit « révolutionnaire ».

Ces visions négatives des villes ont évolué au début des années 1990 sous le coup de deux changements : l'essor de la notion de « développement durable » et l'approche en terme de « productivité urbaine ».

Avec la conférence de Stockholm en 1972 et la Charte Mondiale de la Nature en 1982, les Nations unies avaient insisté sur la nécessité de tenir compte des « limites » et de la « surexploitation » implicite des sociétés techno-industrielles. Par-delà de nombreuses ambiguïtés, la conférence de Rio en 1992 a pris le contre-pied de ces raisonnements en considérant que le principal responsable de la dégradation de l'environnement aurait été la « pauvreté » (Rist, 2001, 294). Ainsi, il aurait désormais fallu toujours plus de croissance et de « développement » économique pour résoudre le problème de l'environnement. Loin d'être une évidence, le « développement durable » se révèle ainsi être une idéologie au sens étymologique du terme (système d'idées servant à interpréter le monde). Son caractère discutable ne signifie pas que tout ce qui serait fait en son nom serait forcément négatif, mais qu'il a été créé pour éviter de remettre en question le mode de fonctionnement des sociétés techno-industrielles.

Cette caractéristique est apparente dans l'évolution du regard sur les villes, notamment à travers la notion de « productivité urbaine ». À partir des années 1990, un nombre croissant d'analystes a insisté sur le fait que les villes auraient été plus « productives », c'est-à-dire auraient plus contribué à la croissance du PIB national que les zones rurales (Douglas, 2005). Ce constat était en partie biaisé car de nombreuses industries pas forcément « urbaines » étaient localisées dans ou à proximité des villes. En outre, ce constat tendait aussi à négliger le fait que la forte urbanisation de l'Amérique Latine n'avait pas forcément amené un « développement », tandis qu'à l'inverse certains pays comme la Thaïlande avaient connu une amélioration sensible de leur niveau de vie moyen en restant très ruraux. Reste que cette idée de « productivité » urbaine traduisait aussi l'augmentation d'un secteur tertiaire porteur de dynamisme économique dans le contexte de la fin de la confrontation Est/Ouest et de l'émergence de la mondialisation contemporaine.

Face au caractère considéré comme « inéluctable » de la croissance mondiale des villes, la conférence Habitat II à Istanbul en juin 1996 s'est inscrite dans la ligne des discours sur le « développement durable ». Sa déclaration finale faisait encore référence au paradigme des années 1970, selon lequel les « modes de consommation et de production non viables » se seraient situés au Nord : « Pour améliorer la qualité de la vie dans les établissements humains, nous devons lutter contre la détérioration des conditions qui, dans la plupart des cas, et plus particulièrement dans les pays en développement, a atteint un seuil critique. À cette fin, nous devons nous attaquer de manière globale, entre autres, aux problèmes suivants : modes de consommation et de production non viables, en particulier dans les pays industrialisés ».

Toutefois, avec l'essor des « nouveaux pays industrialisés » au Sud dans les années 1980, cette qualification tendait à perdre son sens initial de pays de l'OCDE ou de pays de la première Révolution industrielle, pour s'étendre aux pays devenus leurs « ateliers ». D'ailleurs en conformité avec la logique selon laquelle l'essentiel des problèmes résidaient dans la pauvreté, sans percevoir la contradiction potentielle entre la lutte contre la pauvreté pour une amélioration de l'environnement et le fait que les pays industrialisés avaient des « modes de consommation et de production non viables ». La déclaration finale de la conférence Habitat II indiquait ainsi : « Nous sommes conscients de la nécessité d'intensifier notre action et notre coopération en vue d'améliorer les conditions de vie dans les villes et villages de tous les pays du monde, en particulier les pays en développement, où la situation est particulièrement grave ».

1. Une expérience originale sur le « développement » et sur les villes d'Asie

Dans le cadre d'un parcours universitaire, j'ai été confronté à ces questions qui pourraient paraître assez théoriques lors d'un Master d'*Aménagement Appliqué aux Pays en Voie de Développement* à l'université Paris 7 à la fin des années 1980, puis via une expérience professionnelle de gestion de projets de coopération décentralisée avec l'Asie au sein de l'Agence Cités Unies Développement de la Fédération Mondiale des Villes jumelées, de 1993 à 1996. À l'époque, le concept de « développement durable » était encore nouveau. Il paraissait à beaucoup comme la solution à tous les problèmes, puisqu'il était censé permettre de continuer la croissance économique, tout en y intégrant le social et l'environnement. Les constats en matière de pollution étaient de fait inquiétants en Asie, qui restait pourtant la région la plus rurale du monde. Quelques faits emblématiques permettaient toutefois d'entrevoir les risques à venir. Ainsi par exemple, la ville chinoise de Benxi était devenue en 1989 la première ville « invisible par les satellites » tant la pollution atmosphérique était importante. C'était une des raisons qui avaient amené la Commission Européenne à financer en 1993 le premier programme de coopération décentralisée en matière d'environnement pour l'Asie (MECP *Municipal Environment Cooperation Programme*). Il visait à renforcer les partenariats entre collectivités territoriales d'Europe et d'Asie afin de favoriser l'échange de savoir-faire Nord-Sud, mais aussi Sud-Sud. Sur le papier, les partenariats semblaient prometteurs, d'autant qu'ils associaient aussi la Commission des Nations Unies pour la région Asie

Pacifique (CESAP) et le réseau de villes principalement asiatiques Citynet basé à Yokohama.

De nombreuses failles sont cependant apparues. Sous couvert de coopération, la Commission Européenne était surtout intéressée par la possibilité de promouvoir les partenariats publics/privés de ses entreprises en Asie. De son côté, la CESAP montrait la typique incapacité onusienne à aborder ouvertement et pragmatiquement les problèmes. Ainsi par exemple, lors d'une visite dans la ville chinoise de Wuhan (près de cinq millions d'habitants au milieu des années 1990) qui s'était proposée pour devenir pilote du réseau en matière de traitement des déchets, il s'averra que tous les projets étaient falsifiés et que les grandes installations de recyclage ou de compostage étaient seulement ouvertes lors des visites de délégation. Pourtant personne n'osait le faire remarquer.

Un autre exemple frappant, et même choquant, avait été l'organisation à Mumbay en Inde d'un grand congrès largement centré sur la pauvreté urbaine. Le congrès avait lieu au Taj Mahal Palace, l'hôtel le plus luxueux de la ville. Dans les salons, les grands sentiments et les bonnes intentions dominaient, notamment de la part de la municipalité de Mumbay face aux « pauvres ». En visitant le quartier de Dharavi, considéré comme le plus grand « bidonville » d'Asie, la situation s'avéra cependant différente des clichés. Certes, l'hygiène était problématique et les conditions de vie précaires, mais la population faisait preuve d'une capacité à s'organiser impressionnante. Elle avait notamment été capable de créer des filières de récupération et de recyclage des déchets sans équivalent avec ce qui se faisait en Europe. Ses représentants ne demandaient pas de l'aide matérielle, ni même forcément des conseils, mais un minimum de respect de leur dignité et de leurs droits. En effet, l'ancienne décharge de Dharavi, autrefois en périphérie, était devenue un quartier central avec un potentiel foncier présentant des enjeux financiers majeurs. Tandis que les habitants investissaient leurs maigres revenus dans la construction de locaux en dur ou d'équipements collectifs, la municipalité envoyait régulièrement les bulldozers à l'aube, afin de les maintenir dans un état de précarité et de pouvoir les expulser plus facilement lorsqu'elle le jugerait opportun. Reste que, dans le monde de la coopération décentralisée, il n'aurait pas été « politiquement correct » de dénoncer cette attitude des autorités.

Un autre exemple, moins problématique humainement, mais posant question d'un point de vue universitaire a été le constat d'une urbanisation « artificielle » de l'Asie. Ainsi, par exemple, face au sentiment qu'il fallait s'urbaniser pour augmenter la productivité et donc se « développer », le gouvernement vietnamien décida en 1996 d'agrandir l'aire administrative de certaines villes, dont Da Nang, qui accéda même au rang de « ville-province ». Cet agrandissement amena la ville à passer de 370 000 habitants au recensement de 1989 à plus d'un million en 2015, mais via l'intégration de nombreux habitants ruraux dans le périmètre.

Ce type d'élargissement administratif peut être utile pour mettre en place une gestion de type métropolitaine, mais il nuit certainement aux analyses et aux comparaisons statistiques. Ainsi, comment et à quoi comparer une ville chinoise comme Chongqing qui s'est vue attribuer en 1997 une aire métropolitaine de 82 400 km², soit à peine moins que la superficie de l'Autriche ? Cela a-t-il encore du sens de parler de « ville ». Et pourtant, combien de documents d'expertise ou de recherche utilisent ces données sans précaution ?

2. Du mirage de la « durabilité » à la résilience du futur

Les tendances amorcées dans les années 1990 se sont confirmées dans les années 2010. L'essor de la mondialisation a conforté l'importance des villes et particulièrement des métropoles dans l'économie. L'idée de freiner la croissance urbaine n'est plus guère porteuse, face à une image des villes de plus en plus positive. Même un concept comme le « secteur informel » considéré comme négatif voilà trois ou quatre décennies, est devenu symbole de flexibilité et d'adaptabilité aux demandes des marchés.

À la valorisation de l'urbain s'ajoutent de nouvelles perspectives qui mettent en avant l'environnement, comme les éco-quartiers ou les smart-cities, même si dans ce dernier cas, les villes hyper technologiques risquent d'être plus fragiles voire plus consommatrices d'énergie. L'environnement a en tout cas envahi les discours, dans les limites de son association systématique au « développement durable » dont on a vu les travers. Ainsi, les déclarations dans le cadre de la conférence Habitat III qui s'est tenue à Quito en octobre 2016, ne montrent pas d'innovations fondamentales par rapport à la conférence Habitat II vingt ans auparavant : « Nous sommes encore loin de remédier comme il le faudrait à ces difficultés et aux problèmes existants ou naissants, à l'heure où il importe de tirer parti des perspectives qu'offre l'urbanisation en tant que moteur d'une croissance économique durable et partagée, du développement social et culturel et de la protection de l'environnement, ainsi que dans le rôle qu'il pourrait jouer dans la réalisation d'un développement transformateur durable ».

Par-delà le souci environnemental affiché, la priorité reste visiblement une « croissance économique durable ». Cela pourrait ne pas paraître choquant si cette conférence ne s'inscrivait pas dans le contexte de l'après COP 21. En effet, pour atteindre les objectifs de l'Accord de Paris de décembre 2015, un seul scénario du GIEC est envisageable, le RCP 2.6, le plus vertueux qui suppose que le monde parviennent à une économie zéro carbone fossile à l'horizon 2070/2080, alors que les énergies fossiles représentent encore plus des trois quarts de la consommation planétaire et a fortiori urbaine.

Ce défi majeur n'a pas complètement échappé aux dirigeants des grandes villes et notamment à celles du C40, aussi connu sous le nom de *Cities Climate Leadership Group*, qui s'est engagé à œuvrer pour que le réchauffement planétaire ne dépasse pas +1,5°C[2]. Ce groupe qui compte 90 agglomérations en avril 2017 (dont une trentaine d'asiatiques), représente 600 millions d'habitants (8 % de la population mondiale), et produit 25 % du PIB global mais aussi 70 % des émissions de gaz à effet de serre planétaires (illustration 1).

Illustration 1 : *Les villes asiatiques du C40*

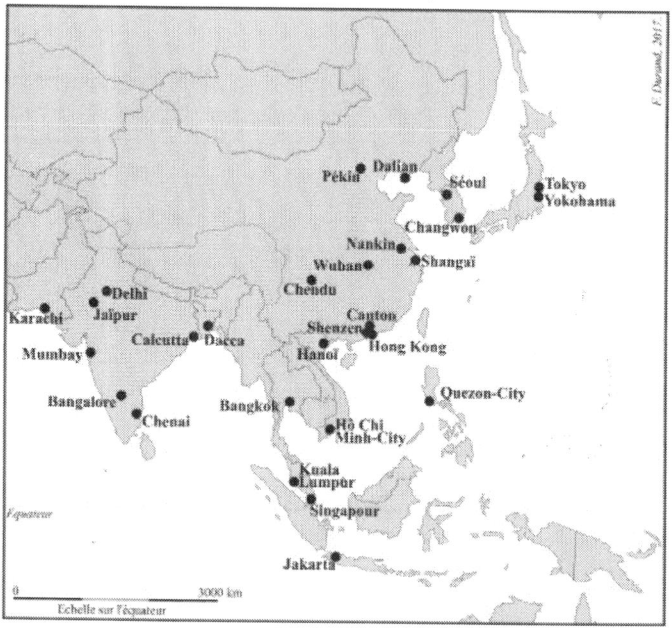

Source : C40 Cities Climate Leadership Group

2 Voir le site du C40 : http://www.c40.org [date de consultation, 18 avril 2017].

Même si le dernier chiffre inclut des émissions à caractère industriel, cela concerne aussi l'ensemble des politiques d'aménagement, de construction et de transport. Ce chiffre des émissions révèle ainsi l'importance des villes dans les décennies à venir pour éviter des perturbations majeures tant climatiques qu'économiques[3]. Aux côtés des États, les villes devraient donc jouer un rôle essentiel dans l'atténuation du réchauffement climatique, ce que les politiques actuelles s'inscrivant dans le « développement durable » ne prennent pas en compte à la hauteur de l'ampleur des enjeux et des contraintes, notamment en Asie face à la motorisation accélérée, à l'essor de la climatisation (très consommatrice en énergie) ou au manque d'attention accordé à l'isolation.

L'autre immense défi auquel les villes vont être confrontées sera l'adaptation aux manifestations du réchauffement climatique qui, quelles que soient les mesures des prochaines décennies, ne pourront pas être toutes évitées. Une projection publiée dans la revue *Nature* (Camilo *et al.*, 2013) considère que les premières villes mondiales dont les populations risquent de souffrir de ce réchauffement sont situées en Asie : Manokwari en 2020, Jakarta en 2029, Mumbay en 2034, Tokyo en 2041, Bangkok et Pékin en 2046 (illustration 2).

Illustration 2 : *Projection de la date de début d'un ressenti du réchauffement climatique*

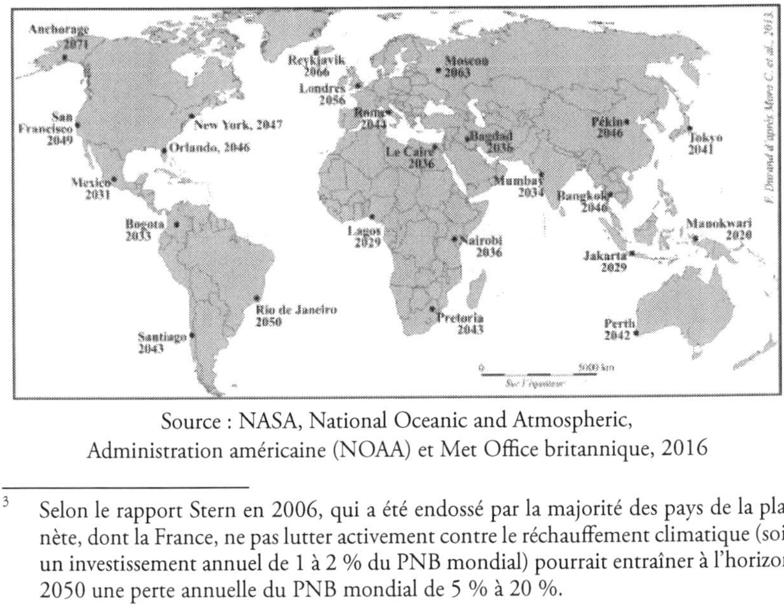

Source : NASA, National Oceanic and Atmospheric, Administration américaine (NOAA) et Met Office britannique, 2016

[3] Selon le rapport Stern en 2006, qui a été endossé par la majorité des pays de la planète, dont la France, ne pas lutter activement contre le réchauffement climatique (soit un investissement annuel de 1 à 2 % du PNB mondial) pourrait entraîner à l'horizon 2050 une perte annuelle du PNB mondial de 5 % à 20 %.

On peut sans doute questionner la précision de ces projections, sachant aussi que le phénomène ne sera pas restreint à l'Asie. Ces valeurs fournissent néanmoins un ordre de grandeur des délais avant que la situation des villes ne deviennent régulièrement problématique. D'ici une trentaine d'années, la majeure partie de l'Asie sera exposée à des menaces de type sécheresses, inondations accrues, canicules, etc. Sans compter qu'après avoir longtemps envisagé des valeurs de moins d'un mètre, l'Agence américaine océanique et atmosphérique (NOAA) considère désormais comme plausible une montée des océans d'entre 2 et 2,7 mètres d'ici 2100, ce qui ne manquera pas de poser des problèmes majeurs aux grands ports et aux villes proches du littoral, dont de nombreuses métropoles asiatiques (NOAA, 2016).

Dans ce contexte, qui s'inscrit dans la perspective d'une possible Anthropocène dont peu perçoivent vraiment les implications (Bonneuil, Fressoz, 2013), l'approche en terme de « développement durable » a des chances de devenir obsolète au cours des décennies à venir, les villes notamment asiatiques ayant vraisemblablement plus à réfléchir à leur capacité à réduire les impacts négatifs de l'effet de serre en amont et en aval. L'idée de « résilience urbaine » afin de protéger les populations et de limiter les pertes humaines comme économiques pourrait donc devenir plus pertinente que celle d'une « durabilité » qui reste par-delà les discours intrinsèquement liée à la recherche de la croissance.

Bibliographie

Assemblée Générale de l'ONU, 2017, *Nouveau Programme pour les villes*, A/RES/71/256, 25 janvier 2017.http://www.lacult.unesco.org/docc/Nueva_agenda_urbana_fra.pdf.

Bonneuil C., Fressoz J.-B., 2013, *L'Événement Anthropocène*, Paris, Le Seuil.

Douglas C., 2005, « Théories économiques de la ville », *L'Économie politique* n° 27, 2005/3, 82-97.

Durand F., 2008, *La Décroissance, rejet ou projets ?*, Paris, éditions Ellipses.

Mora C. et *al.*, 2013, « The projected timing of climate departure from recent variability », *Nature* 502, 10 octobre 2013, 183-187.

NOAA (National Oceanic and Atmospheric Administration), 2016, *Regional Sea Level Scenarios for Coastrisk Management* : file:///C:/Users/M/Downloads/CARSWG%20SLR%20April%202016.pdf.

Rist G., 2001, *Le Développement, histoire d'une croyance occidentale*, Paris, Presses de SciencePo.

Stern N., 2006, *Review on the Economics of Climate Change*, Government of the United Kingdom. http://webarchive.nationalarchives.gov.uk/20100407172811/http://www.hm-treasury.gov.uk/stern_review_report.htm.

UNCHS/Habitat, 1996, *Déclaration d'Istanbul sur les établissements humains*, New York, ONU : http://www.un.org/french/ga/istanbul5/declaration.htm.

Postface 2

Que nous apprennent les villes d'Asie ?

Pistes pour la recherche urbaine et la formation des futurs urbanistes

Christophe Demazière

Professeur en Aménagement-Urbanisme, Département Aménagement, Université de Tours, UMR 7324 CITERES, CNRS Université de Tours, Président de l'Association pour la Promotion de l'Enseignement et de la Recherche en Aménagement-Urbanisme (APERAU France-Europe)

La ville est un lieu irremplaçable de transactions sociales, d'échanges commerciaux et d'innovations de tous ordres. Mais le fonctionnement urbain produit aussi des atteintes nombreuses à l'environnement, au point que le terme de « ville durable » peut sembler un oxymore, à moins d'avoir une lecture normative propre à l'urbaniste. En Asie, en raison de la croissance démographique et de l'urbanisation très rapides, les défis à relever sont particulièrement intenses et multiples. Est-il possible d'ajouter quoi que ce soit aux contributions des spécialistes rassemblées dans cet ouvrage ? Probablement pas. Mais l'auteur de ces lignes, un chercheur qui a très peu fréquenté l'Asie et nettement plus l'Europe, peut au moins s'essayer à dresser des parallèles entre des interventions urbaines si différentes sur les deux continents. Il peut aussi pointer quelques directions de recherche sur l'urbanisme en Asie. Enfin il peut tirer quelques leçons pour la formation des futurs urbanistes où qu'ils soient dans le monde.

Si on accepte de laisser de côté l'urbanisation informelle, ce qui est d'ailleurs fort contestable car elle est sans doute majoritaire, que peut-on dire sur la production urbaine en Asie depuis la conversion de tous les gouvernements asiatiques au libre-échange ? À partir des contributions rassemblées dans cet ouvrage, il est possible de distinguer trois phases.

Un premier temps est celui du décloisonnement des modes de développement nationaux et de leur inscription dans la mondialisation. Les grands promoteurs immobiliers ont alors un rôle central dans la production urbaine, du moins au niveau des très grandes régions urbaines. Cette situation n'est pas propre à l'Asie : on peut discerner un même processus d'investissements étrangers sélectifs dans les pays d'Europe centrale et orientale à la fin du socialisme. On note que, dans les deux cas, les villes moyennes ou de petite taille ont été oubliées, reléguées (Seys, 2015). Partout, l'initiative des transformations urbaines assises sur des capitaux extérieurs revient aux gouvernements, qui ont favorisé ce type de développement, mais parfois l'ont également encadré et sécurisé.

Plusieurs contributions montrent que les investissements directs étrangers ont procédé par opportunité, par exemple en Chine ou en Inde. La production urbaine qui en résulte est hétéroclite. Elle peut éventuellement satisfaire l'architecte adepte des immeubles de grande hauteur, mais pas l'urbaniste ni le sociologue car elle produit de la fragmentation urbaine et de la ségrégation socio-spatiale, voire un non sens urbain dans le cas des *ghost cities* chinoises. Et pourtant, l'urbanisation en situation de *tabula rasa*, qui a été imaginée en Europe mais pratiquée de façon exceptionnelle, en lien avec les destructions de la deuxième guerre mondiale, semble ici un cas fréquent. En Corée, en Indonésie ou ailleurs, le nombre de villes nouvelles réalisées interroge, d'autant que sur d'autres continents – on pense ici à l'Afrique –, de tels développements restent à l'état de plans ou sont inachevés.

Pour un Européen, il y a un grand absent dans ce jeu d'acteurs de la production urbaine à l'asiatique : la collectivité locale. Comment l'expliquer ? Les gouvernements centraux ont tenu à piloter de près le développement urbain, qui a des implications politiques lourdes. Selon le proverbe allemand, « l'air de la ville rend libre » ; l'encadrement politique ou culturel des citadins est certainement plus difficile que celui des ruraux. D'importants changements sociaux se produisent dans les grandes villes, qui peuvent avoir des répercussions politiques. Même dans des systèmes fédéraux ou décentralisés, ce qui est loin d'être le lot commun en Asie, des procédures d'urbanisme dérogeant au droit commun ont été mises en place, pour aller vite, limiter la contestation et enfin bénéficier de la croissance économique. Mais après tout, n'en est-il pas de même en Europe, à chaque fois que l'enjeu du développement économique s'impose sur toute autre considération ? On peut penser ici à Aéroconstellation à Toulouse (Escaffre, Jaillet, 2016) ou à *Parque Expo* à Lisbonne (Carrière, Demazière, 2002). Ceci dit, il serait pertinent d'analyser de façon plus fine la contribution des gouvernements locaux à l'urbanisation en Asie. Dans un même pays, comme l'Inde, leur attitude face au développement peut être variable, que ce soit au plan spatial ou temporel (Leducq, 2011). Toujours dans l'esprit de mieux caractériser les acteurs du changement urbain si rapide dans certaines portions du Sud global, on peut pointer également le rôle nodal des intermédiaires locaux des grands promoteurs immobiliers (David, Halbert, 2010).

Un deuxième temps est celui de la conversion apparente aux valeurs de l'urbanisme tel qu'il est pratiqué dans les villes occidentales – du moins dans les grandes villes et les zones centrales –, et tel qu'il est mis en avant dans les forums internationaux. En contraste avec la période précédente, les villes asiatiques s'attacheraient à la préservation du patrimoine, le renouvellement serait prioritaire par rapport aux extensions urbaines, l'attention serait portée aux espaces publics, des projets de *transit oriented development* guideraient l'urbanisation future, etc. Cette seconde phase est donc celle d'une composition urbaine partant des activités humaines (et non des fonctions) et visant à améliorer l'habitabilité des villes. L'urbaniste trouve ici beaucoup plus sa place que dans le premier mouvement d'urbanisation. Comme en Occident, il est amené à travailler non seulement avec l'architecte et le promoteur, mais aussi avec le paysagiste, le sociologue ou l'écologue. Comme exemples de projet à hauteur d'homme, on pourrait citer le célèbre exemple de la renaturation de la rivière Cheonggyecheon à Séoul. Dans cet ouvrage, Tan Lely analyse un cas similaire d'embellissement urbain à Shangaï, la *Gubei Pedestrian Promenade*. Les interventions ne sont pas seulement curatives mais parfois préventives. C'est ainsi qu'on peut interpréter la planification d'Amaravati, future capitale de l'Andhra Pradesh.

L'enchaînement rapide des deux phases permet de pointer d'énormes capacités d'apprentissage, y compris à partir de ce qu'on pourrait qualifier trop rapidement d'« erreurs » urbanistiques ou de « désastres » écologiques. Visiblement, des leçons en sont tirées. En contraste, les grands projets de la rive sud de la Méditerranée apparaissent bien statiques (Cattedra, 2010). Néanmoins, il reste à généraliser ces lignes directrices dans les villes du continent asiatique, et non pas à les expérimenter de façon homéopathique. Différentes pistes d'analyse s'ouvrent aux chercheurs. Il s'agit par exemple de se pencher sur la part d'interprétation des

« modèles » et sur l'adaptation au contexte. En contrepoint, il semble tout aussi pertinent d'explorer la vitalité sociale des villes d'Asie, qui peut expliquer la rapidité des changements. Dans son film Urbanité/s, Jacques Lévy (2013) a montré comment, dans la ville chinoise de Chongqing (plus de 10 millions d'habitants), l'espace public est le lieu d'activités sociales intenses, désintéressées et diversifiées. Au final, les villes asiatiques, bien qu'incomplètes et malcommodes à certains égards, n'auraient-elles pas autant – sinon plus – d'urbanité que les centre-villes occidentaux marchandisés ?

Une troisième période d'urbanisation programmée s'est ouverte. Elle consiste à penser les villes à partir de leur environnement naturel. Au Bangladesh, à Bangkok ou au sud de la Chine, les villes se sont parfois développées dans des deltas. L'urbanisation a porté atteinte aux ressources environnementales, tandis que les moussons et le changement climatique accroissent les risques d'inondation et de submersion. Il est donc nécessaire de restaurer les écosystèmes, d'inscrire l'urbanisation dans les trames vertes et bleues, de favoriser la résilience. En Europe, on dispose encore de trop peu d'exemples en ce sens. Il y aurait donc sur ce sujet beaucoup à apprendre de l'Asie. Certes, *IBA Emscher Park* a constitué en Allemagne, sur un territoire de 800 km^2, un remarquable programme de reconversion environnementale et urbaine. Après la forte dégradation environnementale provoquée par une industrialisation non maîtrisée, la restauration d'un état écologique acceptable semblait un préalable à un éventuel rebond. Cependant, l'expérience remonte aux années 1990 et, surtout, elle s'est appliqué à un territoire en décroissance démographique et économique, ce qui constitue un cas opposé à celui des villes d'Asie, Japon mis à part. Là-bas, l'urbain est synonyme de défis environnementaux majeurs pour les urbanistes : artificialisation des terres agricoles, pollution de l'air, respect du cycle de l'eau, etc.

Face aux défis actuels et futurs, il est tentant de penser que tout un bouquet de solutions techniques, y compris parmi les plus modernes, doivent être mises en place. On peut citer les lignes de train à grande vitesse pour relier les grandes villes en Chine, les tunnels routiers de Bangkok pour assurer le drainage en cas de fortes pluies, et surtout les nombreux projets de *smart cities* en cours de réalisation au Japon, en Inde ou en Indonésie. Là comme en Europe, ne s'agit-il pas d'instrumentaliser l'urbain, les vrais enjeux étant d'ordre économique et géopolitique, autour de la maîtrise d'avancées technologiques et de leur imposition au reste du monde ? Comme dans la première phase de production urbaine décrite plus haut, on perçoit la main des gouvernements et la présence de forts intérêts privés, cette fois dans les secteurs de l'énergie, de la construction ou des TIC. Pourtant l'effet d'une « TICisation » du fonctionnement urbain sur la qualité de l'environnement n'est pas évident. Par exemple, la substitution des TIC aux déplacements est faible (Graham, Marvin, 1999), tandis que la sobriété énergétique n'est pas forcément au rendez-vous dans les *smart cities*. On a ici besoin de travaux critiques, allant au-delà du postulat que la ville technologique est performante sur le plan environnemental et social.

En parallèle à l'intensification des recherches, les défis de l'urbanisation en Asie et plus largement dans le Sud global amènent à souligner l'importance de la formation des urbanistes. Ces dernières années, l'ONU a énoncé des priorités internationales en faveur du développement urbain durable. De 2004 à 2014, l'UNESCO a souhaité appuyer la prise en compte du développement durable dans les programmes d'enseignement supérieur (*United Nations declaration of the Decade of Education for Sustainable Development*). Par ailleurs, en septembre 2015, l'Assemblée générale des Nations-Unies a adopté des *Sustainable Development Goals*, parmi lesquels l'objectif 11 – « faire des villes et des établissements humains des endroits sûrs, inclusifs et soutenables » – retient notre attention. L'UNESCO (2005) considère que l'urbanisme est un champ prioritaire de formation supérieure pour répondre efficacement aux enjeux de fragmentation sociale, de perte de biodiversité, de raréfaction des ressources énergétiques non renouvelables et d'intensité croissante des risques naturels dans un contexte de changement climatique. Il s'agit d'anticiper les changements dans l'usage du foncier, d'imaginer des dispositifs régulant la forme urbaine ou encore d'assurer la cohérence entre interventions sectorielles.

Or, quels que soient les pays et les continents considérés, les formations à l'urbanisme et à l'aménagement du territoire ont la plupart du temps – et fort heureusement – une forte orientation appliquée. Elles mettent la réalisation d'exercices préprofessionnels – tels que l'atelier sur commande ou les stages – au cœur de leur démarche pédagogique (ONU Habitat, 2009). Pour satisfaire cette orientation, ces formations sont nécessairement imprégnées des éléments institutionnels, légaux et culturels propres à chaque contexte national – et parfois supranational lorsque c'est pertinent, comme en Europe. Malgré tous leurs mérites, ces cursus sont confrontés de plus en plus à la question suivante : comment développer une pédagogie internationale de l'urbanisme ? La réponse traditionnelle est celle de la mobilité des étudiants. L'internationalisation des contenus des cursus est plus lente ; elle peut même être problématique, car la pertinence opérationnelle des formations suppose une bonne connaissance par les diplômés des institutions et des systèmes d'action de leur pays de travail.

Au milieu des années 2000, selon un décompte fait par le *Global Planning Education Association Network*, qui fédère toutes les associations de formations supérieures à l'urbanisme, il existait à peine autant d'écoles (260) en Afrique, Amérique latine et Asie réunies que dans le monde développé, alors que la population urbaine y était double (ONU Habitat, 2009). D'ici à 2050, la population urbaine devrait y être cinq fois plus importante qu'en Occident. Le même décompte, aussi approximatif soit-il, montrait qu'un pays sur deux dans le monde n'avait aucune formation supérieure en urbanisme ou aménagement, tandis que dix pays concentraient la moitié des écoles. Face aux besoins considérables d'urbanistes dans le Sud global, la mobilité d'étudiants de ces pays vers les universités occidentales pose la question de la pertinence des formations dispensées pour agir ensuite dans des contextes si différents de ceux du Nord. C'est pourquoi, en complément de formations bien établies, à vocation nationale ou continentale, Bish Sanyal (1989, 1990) a suggéré aux universités des pays du Nord de développer des programmes appliquant une approche « un seul monde » (« one-world ») aux questions d'urbanisme. Selon ONU Habitat (2009, 70), « l'approche « un seul monde » de l'enseignement supérieur à l'urbanisme vise à offrir une formation pertinente sur le plan international, quelle que soit la localisation envisagée de la pratique du futur diplômé ».

À la lecture des contributions à cet ouvrage, il semble évident que l'orientation pédagogique « un seul monde » peut, mieux que des cursus nationaux conçus au Nord pour les problèmes du Nord, répondre aux besoins de formation des futurs urbanistes du Sud global. Cette orientation pédagogique « un seul monde » n'est cependant pas sans défi (Bina *et al.*, 2016). Par exemple, la pratique et la recherche en urbanisme ont de plus en plus souligné l'importance du lieu et de l'identité. Il est donc judicieux d'intégrer dans ce type de cursus l'analyse d'une variété de modèles d'intervention urbanistique et d'expliciter leurs soubassements culturels. Il faut aussi éviter de mettre trop l'accent sur les notions propres aux pays anciennement industrialisés, en particulier anglo-américains, qui dominent la production scientifique. La concrétisation de cette approche doit s'appuyer sur une équipe pédagogique active sur le plan international, mais aussi recourir aux TICE pour de la formation ouvrant sur la pluralité des façons de faire de l'urbanisme. Les *Urban lectures* d'ONU Habitat, les *International Planning Case Studies* et d'autres contenus pédagogiques encore à venir pourront certainement y contribuer. Les associations d'écoles d'urbanisme et d'aménagement ont aussi un rôle à jouer pour amplifier ce mouvement. établies sur une base nationale (au Brésil, en Turquie ou Indonésie, par exemple), continentale (*Association of European Schools of Planning*) ou linguistique (Association pour la Promotion de l'Enseignement et de la Recherche en Aménagement et Urbanisme), elles peuvent, en s'associant, stimuler l'échange transnational sur des situations urbaines et sociales diversifiées et en changement rapide. Ce n'est peut-être pas un hasard si le premier congrès mondial des écoles d'urbanisme, en 2001, s'est tenu à Shangai.

Bibliographie

Bina O. *et al.*, 2016, « Urban studies and the challenge of embedding sustainability: A review of international master programmes », *Journal of Cleaner Production,* n° 137, 330-346.

Carrière J.-P., Demazière C., 2002, Urban planning and flagship development projects: lessons from the case of EXPO 98, Lisbon, *Planning Practice and research,* vol. 17(1), 69-79.

Cattedra R., 2010, « Les grands projets urbains à la conquête des périphéries », *Les Cahiers d'EMAM*, 19, mis en ligne le 10 février 2012, consulté le 06 juillet 2016. URL : http://emam.revues.org/114.

David L., Halbert L., 2010, « Logiques financières globales et fabrique de la ville », in P. Jacquet (dir.), *Regards sur la Terre. L'annuel du développement durable*, Paris, Presses de Science Po, 91-108.

Escaffre F., Jaillet M.-C. (dir.), 2016, *Une trajectoire métropolitaine. L'exemple de Toulouse*, Paris, Le Moniteur.

Graham S., Marvin, M., 1999, « Planning Cyber-Cities? Integrating Telecommunications into Urban Planning », *Town Planning Review*, vol. 70 (1), 89-114.

Leducq D., 2011, *Géographie des systèmes territoriaux de l'innovation informatique dans l'Inde urbaine*, thèse de doctorat de géographie et aménagement, Université de Lille 1.

ONU Habitat, 2009, *Planning Sustainable Cities: Global Report on Human Settlements*, Londres, United Nations Human Settlements Programme.

Sanyal B., 1989, « Poor Countries 'Students in Rich Countries' Universities: Possibilities of Planning Education for the Twenty-first Century », *Journal of Planning Education and Research*, vol. 8(3), 139-155.

Sanyal B. (ed.), 1990, *Breaking the Boundaries: A One-World Approach to Planning Education*, New York, Plenum Press.

Seys F.-0., 2015, *De l'étude des transitions et des mutations démographiques en Europe centrale et orientale à l'évaluation de l'intégration des variables démographiques dans les projets d'aménagement et d'urbanisme*, habilitation à diriger des recherches, université de Lille 1.

UNESCO, 2005, *UN Decade of Education for Sustainable Development 2005-2014*, Paris, UNESCO.

Filmographie

Lévy J., 2013, *Urbanité/s*, https://vimeo.com/channels/1143186/84457863.

ÉcoPolis

La collection ÉcoPolis est dédiée à l'analyse des changements qui se produisent simultanément dans la société et dans l'environnement quand celui-ci devient une préoccupation centrale.

L'environnement a longtemps été défini comme l'extérieur de la société, comme ce monde de la nature et des écosystèmes qui sert de soubassement matériel à la vie sociale. Les politiques d'environnement avaient alors pour but de « préserver », « protéger », voire « gérer » ce qui était pensé comme une sorte d'infrastructure de nos sociétés. Après quelques décennies de politique d'environnement, la nature et l'environnement sont devenus des objets de l'action publique et il apparaît que c'est dans un même mouvement que chaque société modèle son environnement et se construit elle-même. Cette dialectique sera au centre de la collection.

Directeur de collection : Marc Mormont,
Professeur à la Fondation universitaire luxembourgeoise
(Université de Liège, Belgique)

Dans la collection

N° 29 – Divya Leducq, Helga-Jane Scarwell et Patrizia Ingallina (dir.), *Modèles de la ville durable en Asie. Utopies, circulation des pratiques, gouvernance*, 2017, 420 pages.

N° 28 – Ludovic Ginelli, *Jeux de nature, natures en jeu. Des loisirs aux prises avec l'écologisation des sociétés*, 2016, 240 pages.

N° 27 – Xavier Arnauld de Sartre, *Agriculture et changements globaux. Expertises globales et situations locales*, 2016, 204 pages.

N° 26 – Bernard Hubert et Nicole Mathieu (dir.), *Interdisciplinarités entre Natures et Sociétés. Colloque de Cerisy*, 2016, 396 pages.

N° 25 – Arnaud Buchs, *La pénurie en eau est-elle inéluctable ? Une approche institutionnaliste de l'évolution du mode d'usage de l'eau en Espagne et au Maroc,* 2016, 331 pages.

N° 24 – Valérie Deldrève, *Pour une sociologie des inégalités environnementales,* 2015, 243 pages.

N° 23 –Zhour Bouzidi, *Se coordonner dans un périmètre irrigué public au Maroc.* Contradictio in terminis ?, 2015, 373 pages.

N° 22 – Laura Silva-Castañeda, Étienne Verhaegen, Sophie Charlier, An Ansoms (dir.), *Au-delà de l'accaparement. Ruptures et continuités dans l'accès aux ressources naturelles*, 2014, 244 p.

N° 21 – Xavier Arnauld de Sartre, Monica Castro, Simon Dufour, Johan Oszwald (dir.), Political ecology *des services écosystémiques*, 2014, 288 pages.

N° 20 – Céline Granjou, *Micropolitiques de la biodiversité. Experts et professionnels de la nature*, 2013, 202 pages.

N° 19 – Corinne Larrue (dir.), *Le régime institutionnel d'une nouvelle ruralité. Analyses à partir des cas de la France, des Pays-Bas et de la Suisse*, 2013, 214 pages.

N° 18 – François Bertrand et Laurence Rocher (dir.), *Les territoires face aux changements climatiques. Une première génération d'initiatives locales*, 2013, 269 pages.

N° 17 – Véronique Ancey, Isabelle Avelange, Benoît Dedieu (dir.), *Agir en situation d'incertitude en agriculture. Regards pluridisciplinaires au Nord et au Sud*, 2013, 419 pages.

N° 16 – N° 16 – Cécilia Claeys and Marie Jacqué (eds.), *Environmental Democracy Facing Uncertainty*, 2012, 185 pages.

N° 15 – Josiane Stoessel-Ritz, Maurice Blanc, Nicole Mathieu (dir.), *Développement durable, communautés et sociétés. Dynamiques socio-anthropologiques*, 2012, 230 pages.

N° 14 – Philippe Hamman, Christine Blanc et Cécile Frank, *La négociation dans les projets urbains de tramway. Éléments pour une sociologie de la « ville durable »*, 2011, 246 pages.

N° 13 – Denise Van Dam, Michel Streith et Jean Nizet (dir.), *L'agriculture bio en devenir. Le cas alsacien*, 2011, 140 pages.

N° 12 – Philippe Hamman et Jean-Yves Causer (dir.), *Ville, environnement et transactions démocratiques. Hommage au Professeur Maurice Blanc*, 2011, 291 pages.

N° 11 – Géraldine Froger (dir.), *Tourisme durable dans les Suds ?*, 2010, 316 pages.

N° 10 – Muriel Maillefert, Olivier Petit et Sandrine Rousseau (dir.), *Ressources, patrimoine, territoires et développement durable*, 2010, 283 pages.

N° 9 – Philippe Hamman et Christine Blanc, *Sociologie du développement durable urbain. Projets et stratégies métropolitaines françaises*, 2009, 260 pages.

N° 8 – François Mélard (dir.), *Écologisation. Objets et concepts intermédiaires*, 2008, 214 pages.

N° 7 – David Aubin, *L'eau en partage. L'activation des règles dans les rivalités d'usages en Belgique et en Suisse*, 2007, 247 pages.

N° 6 – Géraldine Froger (dir.), *La mondialisation contre le développement durable ?*, 2006, 315 pages.

N° 5 – Laurent Mermet (dir.), *Étudier des écologies futures. Un chantier ouvert pour les recherches prospectives environnementales*, 2005, 411 pages.

N° 4 – Jean-Baptiste Narcy, *Pour une gestion spatiale de l'eau. Comment sortir du tuyau ?*, 2004, 342 pages.

N° 3 – Pierre Stassart, *Produits fermiers : entre qualification et identité*, 2003, 424 pages.

N° 2 – Cécilia Claeys-Mekdade, *Le lien politique à l'épreuve de l'environnement. Expériences camarguaises*, 2003, 245 pages.

N° 1 – Edwin Zaccaï, *Le développement durable. Dynamique et constitution d'un projet*, 2002 (2e tirage 2003), 358 pages.

www.peterlang.com

Imprimé en France
FROC032318011019
22291FR00007B/50/P

9 782807 604247